建筑给水排水及采暖工程施工质量问答

宋　波　主编

中国建筑工业出版社

图书在版编目（CIP）数据

建筑给水排水及采暖工程施工质量问答/宋波主编.
北京：中国建筑工业出版社，2007
ISBN 978-7-112-09713-5

Ⅰ.建… Ⅱ.宋… Ⅲ.①建筑-给水工程-工程质量-问答②建筑-排水工程-工程质量-问答③房屋建筑设备：采暖设备-建筑安装工程-工程质量-问答 Ⅳ.TU8-44

中国版本图书馆CIP数据核字（2007）第159609号

本书以问答的形式对涉及建筑给水排水及采暖工程施工质量的知识进行详解，包括基本规定、室内给水排水系统、室外给水排水系统、卫生器具、建筑中水系统、游泳池水系统、采暖系统、锅炉等系统的安装和验收，还针对相关质量验收的表格资料的填写作专门说明。本书设置的问题针对性和操作性强，是给水排水及采暖工程从业人员必备参考资料。

* * *

责任编辑：丁洪良
责任设计：赵明霞
责任校对：孟　楠　陈晶晶

建筑给水排水及采暖工程施工质量问答
宋　波　主编

*

中国建筑工业出版社出版、发行（北京西郊百万庄）
各地新华书店、建筑书店经销
北京密云红光制版公司制版
北京市安泰印刷厂印刷

*

开本：787×1092毫米 1/16 印张：17¾ 字数：429千字
2008年1月第一版 2008年1月第一次印刷
印数：1—4000册 定价：**30.00**元
ISBN 978-7-112-09713-5
（16377）

《建筑给水排水及采暖工程施工质量问答》
编写委员会

主　　编：宋　波

参加编写人员：刘锋钢　安玉衡　李铁军　弓经远　庞文亮　周同明
王佰春　马　杰　姚永安　张卫东　廖嘉瑜　罗　红
毛俊奇　唐玉连　王群堂　高　彬　黄晓峰　陈　鹊
魏作友　林柏寿　田巍然　宋思光　张　怡　梁　映
左宏伟　史新华　王　军　胡宇飞　王宗元　丁颖超
于声远　柳　松　罗炳忠　黄　琰

参 编 单 位：中国建筑科学研究院
深圳市建设工程质量监督总站
福建亚通新材料科技股份有限公司
上海新奇五金有限公司
总装备部建设工程质量监督总站
沈阳市建设工程质量监督站
哈尔滨市建设工程质量监督站
沈阳市市政工程设计研究院
国际铜业协会（中国）
沈阳山盟建设集团有限公司
金地集团武汉房地产开发有限公司
武汉建工安装工程有限公司

前　言

《建筑给水排水及采暖工程施工质量验收规范》GB 50242—2002（以下简称施工质量验收规范）是判定暖通工程合格与否的惟一依据，同时，又是施工过程中严格执行的技术文件之一，只有在过程中严格遵守施工质量验收规范中各项要求，才能制造出合格的产品。

施工质量验收规范实施以来，发现许多工程仍存在着一定的质量问题。分析造成的原因是多方面的，其中存在着对施工质量验收规范条文涵义理解上的偏差，造成无法正确执行施工质量验收规范条文要求的现象。

正确理解施工质量验收规范的条文内容，并在实际工程中得以应用，是技术质量管理工作的主要内容之一。为了更好地帮助暖通工程技术质量人员学习、掌握、运用好施工质量验收规范，本书对于该规范条文所涉及到的内容以问答的形式，从条文的编制背景、编制该条文的目的、怎样落实该条文以及条文的实施措施进行了阐述。体现在以下三个方面：

一、针对性

本书比较全面、系统的介绍了施工质量验收规范的内容，是学习施工质量验收规范的参考书，对于施工质量验收规范所涵盖的内容均进行了阐述。

二、指导性

施工质量验收规范的内容贯穿施工全过程。在施工管理制度的建立与执行、技术方案编制与审批、材料进场检验与验收、施工过程检查与控制、施工质量的检查与评定等各个施工阶段，都有具体的要求。本书力求从多个方面对于涉及到施工质量验收规范内容的知识进行详解，是一本有关水暖专业知识的培训教材。

三、可操作性

在施工管理过程中，经常遇到的问题不仅是要知道干什么，而更重要的是要清楚怎么干。本书以问答的形式，强调了如何避免违反施工质量验收规范，对于正确运用施工质量验收规范，有很强的可操作性。

本书由宋波主编，参加编写的人员见编写委员会名单。

本书的编写过程中，得有到了有关同行的大力支持和帮助，也参考了一些专著和期刊，在此一并表示感谢。

由于作者水平有限，书中难免有错误之处，恳请广大读者批评指正。

编　者

2007 年 5 月

目　录

第一章 基本规定

1.0.1 为什么建筑给水排水及采暖安装工程施工现场应具有必要的施工技术标准、健全的质量管理体系和工程质量检测制度？

《建筑给水排水及采暖工程施工质量验收规范》GB 50242—2002 第 1.0.3 条要求，施工中采用的工程技术文件、承包合同文件对施工质量验收的要求不得低于该规范的规定。施工技术标准包括企业依据有关国家标准、行业推荐性标准、检验方法结合企业实际所编制的施工工艺、施工操作规程以及达到相应的质量控制指标的措施等。在工程实际中，施工单位应根据承包合同文件和本单位对具体工程的质量要求制定相应的施工技术标准，并由施工单位总工程师批准后方能实施。给水排水及采暖工程的施工技术标准的主要内容为：各种管道的施工方案、工艺与技术要求，质量控制要点，质量通病的预防。

建筑给水排水及采暖工程质量控制应为全过程的控制，它包括原材料控制、工艺流程控制、施工操作控制、每道工序的质量检查、各道相关工序间的交接等环节的质量管理和控制要求，还应包括满足规范与施工图要求所作的检验和检测。施工单位还应通过内部的审核与管理者的评审，找出质量管理体系中存在的问题和薄弱环节，制订改进的措施并跟踪、检查、落实，使质量管理体系不断健全和完善。这是不断提高施工质量的保证。

建筑给水排水及采暖工程质量检测制度包括两方面的内容：一是用于建筑安装工程的材料、半成品、成品、建筑构配件、器具和设备，必须进行进场检验，对其提供的资料文件结果有怀疑时可进行见证送检或复检，这是保证建筑工程质量的关键；二是各种严密性试验与强度试验，各种通水、冲洗试验；这是保证工程施工质量的强制性措施。依据《建筑法》和《建筑工程质量管理条例》的规定，“建筑施工企业对工程的施工质量负责”、“施工单位必须建立、健全施工质量的检验制度”。建筑给水排水及采暖工程质量检测应在监理工程师的批准与监督下进行，以保证其真实性。

建筑安装施工技术标准、质量管理体系和工程质量检测制度三者结合，缺一不可，共同组成了施工现场的质量保证体系。

1.0.2 建筑给水排水及采暖工程设计文件、施工技术标准、施工组织设计或施工方案，应由什么单位批准后方可实施？

根据《建筑工程施工图设计文件审查暂行办法》（建设［2000］41 号文），建筑给水排水及采暖工程设计文件应由建设行政主管部门审查。施工图由建设行政主管部门委托具有资质的审图单位审查，施工技术标准由施工单位总师室批准后实施。施工组织设计或施工方案经施工单位技术负责人审核后报工程总监批准后方可实施。

1.0.3 给水排水及采暖安装工程施工组织设计或施工方案应包括哪些基本内容？

根据《建设工程施工现场管理规定》（1991 年 12 月 5 日建设部令第 15 号）第十一条

的规定，结合给水排水分项工程的特点，给水排水工程施工组织设计或施工方案是以建设项目施工组织总设计为基础进行编制的，它包括以下基本内容：

①工程概况：如地理位置、栋数、层数、建筑面积、项目的建设、勘察、设计、监理、监督、总承包和分包单位名称，给水排水方式及管道连接方式，主要设备材料；

②施工平面布置图。包括以下内容：将要建设的建筑物位置及施工面位置，井架位置，施工及消防道路位置，材料、成品、半成品、设备及施工机械仓库位置，办公室、宿舍、食堂位置，变配电、消火栓、施工用水管线位置；

③施工准备、施工部署：确定施工方案、施工程序、顺序及施工方法，确定工作计划，工期计划，施工技术标准，质量目标；

④施工安排；

⑤施工技术方案；

⑥施工进度计划控制；

⑦施工技术措施；

⑧工程量的计算：包括材料、成品、半成品、设备、施工机械及劳动力的需要数量；

⑨降低成本措施、安全施工技术措施和成品的保护措施。

1.0.4 建筑给排水及采暖工程施工前应做好哪些方面的工作?

（1）技术准备

对于图样、图集、规范、规程、标准等，说明是否满足工程使用，落实解决方法和解决时间。组织有关人员审图、会审，进行设计交底。未解决的问题要落实解决方法和解决时间。

应包含下列技术工作计划：编制综合管线图、编制施工试验工作计划、编制隐、预检工作计划、编制调试工作计划和方案、编制加工订货工作计划及技术要求、根据工程施工管理确定需要编制的分部分项施工方案的计划、完成时间、审批权限（可绘制表格）。样板、样板间施工计划、编制声像计划。

新技术（“四新”技术）的应用应包括制定“四新”技术在本工程上的应用推广计划。

学习、培训工作计划包括：根据工程施工管理的特点和需要，结合管理和操作人员的实际情况，制定出有针对性的规范、规程、标准、文件的学习计划；对特殊人员上岗证的要求和培训计划。

技术准备工作是施工前必须做好的工作，才能为以后的正确施工，为工程创优打下基础，一定要体现出技术先行的原则。包括图样的审核、设计交底和施工方案的编制、施工方法及技术措施的确定、工序怎样搭接和工序质量的控制、技术交底的原则和落实等都属于技术准备的工作范畴。技术准备工作做得好，就为以后的施工工期和质量的控制打下良好的基础，才能使工程按预定目标得以顺利进行。

（2）施工现场用房准备

要明确现场休息与办公用房、材料堆放场地以及现场操作场地的位置。怎样创造良好的施工作业环境，包括道路的通畅，各墙体坐标的及时定位，50线（或1m线）及时标出、施工孔洞的封堵、施工作业场地的照明、试压或灌水用水源及泄水排放等，都是应该在施工之前安排好。在施工方案中要明确现场准备工作的协调配合关系，知道怎样落实这些工作。

（3）施工现场物资准备

各管道系统主要管材、附件和设备的种类、规格、型号和数量；应明确材料、设备的采购范围和供应方式，以及各方所要负担的责任，检验、交接办法；所选用机械设备和小型工具的数量、进场时间；工程所需用的一次性材料计划的提出时间。

（4）施工现场人员准备

根据水暖工程施工的特点以及各管道系统、设备安装难易程度、工程创优质量目标和工期的要求，明确安排施工管理人员的组成，以及与其负担工作相适应的技术资质等级、岗位证书的证明；质量保证体系构架以及分工、主要管理人员的职责；施工作业队伍的选择方式，作业班组人员的技术等级的要求；各阶段施工人员的数量需要及安排原则。

1.0.5　为什么说图纸会审是保证施工质量的重要环节之一？

图纸会审是工程施工前的一项技术工作。由建设、监理、设计和施工单位有关人员参加，集体会审图纸。通过图纸审查工作，可以把设计图纸本身存在的问题以及设计图纸中涉及的施工工种之间存在的问题，在图纸会审设计交底会上加以解决。因此，做好本专业图纸的审查工作和专业间图纸的会审工作，对减少施工图纸中的差错，搞好各工种之间的配合，保证工程顺利进行，提高施工质量，都具有重要意义。对于所提出的问题在图纸会审会上加以解决，注明解决方案，不能当时解决的，注明解决的责任方及解决时间。并形成图纸会审记录，由参与会审的各方签字确认。图纸会审记录可以作为以后办理变更洽商的依据，也是工程结算依据之一。

1.0.6　建筑给水排水及采暖工程质量管理的主要内容是什么？

（1）施工质量的重要性

在《建筑给水排水及采暖工程施工质量验收规范》GB 50242—2002 第 3 章基本规定中，突出了质量管理、材料设备管理和施工过程质量控制三大内容，是全规范的共同纲领和核心，其中包括：

《建筑给水排水及采暖工程施工质量验收规范》GB 50242—2002 强调了质量管理的方法和要求，是参加质量管理的各方必须遵守的内容。施工企业在施工时必须具有必要的技术标准、健全的质量管理体系和工程质量检测制度。要求施工单位应推行过程控制和检查评定控制的质量管理体系，进行施工方案的控制、原材料进场控制、工艺流程控制、施工操作方法控制、每道工序质量检查、各道相关工序间的交接检验以及专业工种之间等中间交接环节的质量管理和控制。为了保证施工质量管理和质量验收达到新规范的要求，相应要制定诸如“暖卫工程技术规程”、“暖卫工程创优实施细则”等企业内部文件，以辅助新规范的落实。健全的质量管理体系是落实新规范的重要保证，完善的工程质量检测制度和齐备的检测设备是落实新规范的前提，没有齐备的检测设备是很难想象判定质量结果是否符合施工质量验收规范的要求。

（2）施工应遵守的依据

施工质量验收规范强调应按工程设计文件和技术标准施工，施工作业首先要满足设计图纸要求。修改设计图纸应有设计单位出具设计变更通知单或办理工程变更洽商，任何单位及个人不得擅自变更设计。

(3) 施工前应编制施工组织设计（方案）

在工程施工前施工单位应编制施工组织设计（方案），经过企业内部讨论、审批之后（分包单位编制的还要经过总包方审核），报监理进行审查批准，经过批准后方可施工，可促使施工计划的实施得到有序和科学的保证，能使施工组织设计（方案）真正起到指导施工的纲领性文件的作用。

(4) 施工质量验收人员应具备相应任职资格

作为百年大计的工程质量问题，关键取决于人的因素。所以，《建筑给水排水及采暖工程施工质量验收规范》GB 50242—2002 强调了施工企业承担施工所应具备的条件和参加工程质量验收各方人员所应具备的专业技术资格。不懂专业施工技术，不掌握、理解施工质量验收规范而对施工工程质量如何贸然作出判断，对工程质量本身就是一件可怕的事情。

(5) 严把材料、设备进场检验

材料、设备质量的好坏对施工质量有直接的影响，因此，把好设备、材料质量验收关至关重要。工程所使用的物资包括材料、成品、半成品、配件、设备等，在使用前要检查其出厂质量证明文件（包括产品合格证、质量合格证、检验报告、试验报告、产品生产许可证和质量保证书），质量证明文件应反映工程位置、规格数量、性能指标，并与实际进场物资相符，应符合国家技术标准或设计要求。《建筑给水排水及采暖工程施工质量验收规范》GB 50242—2002 强调工程所用主要材料、设备必须具有中文质量合格证明文件。建筑市场上关于质量合格证明文件的文字表达方式必须遵守国家有关规定，这也是维护国家主权的客观要求。在材料、设备进场时，《建筑给水排水及采暖工程施工质量验收规范》GB 50242—2002 规定了必须经过监理工程师的核查确认，经监理工程师验收合格后方可使用到工程当中。

(6) 阀门的进场试验

《建筑给水排水及采暖工程施工质量验收规范》GB 50242—2002 规定了阀门在安装前应进行强度和严密性试验，且比原规范有更合理的要求。试验规定在每批阀门中抽查10%，且不少于1个。对于安装在主干管上起切断作用的闭路阀门，则应逐个试验。对试验压力及持续时间也作了明确规定。而原规范规定抽查10%，如果不合格时，再抽查20%，仍不合格则须逐个试验，这对施工单位来说，工作量无疑增大了。如果按10%、20%及逐个试压的方式试下去，则相当于施工单位代替了厂家出厂试压，在客观上则起了保护伪劣产品的作用。抽检存在风险，所以规定在主干管的重要阀门要逐个试验。

(7) 管道焊接弯头的连接

管道使用冲压弯头时，弯头的外径应与管道外径相同。因冲压弯头为无缝钢管冲制，当连接焊接钢管时，这两种钢管的对应直径与实际直径存在差异，就会出现焊缝错位的不美观现象，且在弯头处过水断面也减小，以及可能出现焊缝不良的情况。

(8) 施工过程交接检查

《建筑给水排水及采暖工程施工质量验收规范》GB 50242—2002 规定建筑给水排水及采暖工程与相关专业之间应进行交接质量检验，并形成记录。这是为了搞好各专业工序之间的协调及明确质量责任，是落实施工的中间过程控制所必须做到的内容。一般是上下施工工序由不同施工单位施工，两者之间要做交接检查，并形成记录。

(9) 质量验收从分项工程检验批开始

在对于质量验收方面，《建筑给水排水及采暖工程施工质量验收规范》GB 50242—

2002 提出了检验批的概念，是作为施工过程中的最小检验单位，把分项工程分成若干个检验批进行验收，充分体现了施工质量验收规范重视过程质量控制的一个方面。各检验批的质量合格才能保分项工程质量合格，各分项工程质量合格才能保子分部工程质量合格，子分部工程保分部工程，这样形成阶梯状验收模式。

1.0.7　建筑给水排水工程施工及验收常用的规范、规程及图集有哪些？

（1）《建筑工程施工质量验收统一标准》GB 50300—2001

（2）《建筑给水排水及采暖工程施工质量验收规范》GB 50242—2002

（3）《建筑给水排水设计规范》GB 50015—2003

（4）《采暖通风与空气调节设计规范》GB 50019—2003

（5）《给水排水标准图集》S1、S2、S3—2002

（6）《建筑排水硬聚氯乙烯管道工程技术规程》CJJ 29—98

（7）《通用阀门压力试验》GBJ/T 13927

（8）《生活饮用水卫生标准》GB 5749—2006

1.0.8　对设备、材料、配件、器具的质量控制有哪些基本要求？

（1）材料的检验

工程物资进场后，水暖工长要组织有关人员对进场物资进行自检，合格后填写报验表报请监理工程师验收；由建设、监理及施工方参加对进场物资进行检查验收，填写《材料、构配件进场检验记录》。

检验内容包括：物资出厂质量证明文件及检测报告是否齐全；实际进场物资数量、规格、型号等是否满足设计和施工计划要求；物资外观质量是否满足设计要求或规范规定。

合格证必须是中文的表示形式，应具备产品名称、规格、型号、国家质量标准代号、出厂日期、生产厂家的名称、地址、出厂产品检验证明或代号。同种材料、同一种规格、同一批生产的要一份，如无原件应有复印件并指明原件存放处。

对于水暖专业的进场物资应具备的文件有以下方面：

①各类管材应有产品质量证明文件。

②管件、法兰、衬垫等原材料及焊接材料和胶粘剂等的进场均应检查是否应有出厂合格证。

③阀门、调压装置、消防设备、卫生设备、给水设备、中水设备、排水设备、采暖设备、热水设备、散热器、锅炉及附属设备、各类开（闭）式水箱（罐）、分（集）水器、安全阀、水位计、减压阀、热交换器、补偿器、疏水器、除污器、过滤器、游泳池水系统设备等应有产品质量合格证及相关检验报告。

④对于国家及地方规定的特殊设备及材料，如消防、卫生、压力容器等，应附有相应资质检验单位提供的检验报告。如安全阀、减压阀的调试报告、锅炉（承压设备）焊缝无损探伤检测报告、给水管道材料卫生检验报告、卫生器具环保检测报告、给水配件节水准入证明、水表和热量表计量鉴定证书等都必须有专业检测机构提供。

⑤绝热材料应有产品质量合格证和材质要求检验报告。使用到高层建筑内的绝热材料还要有防火等级的检验报告。

⑥主要设备、器具应有安装使用说明书。

(2) 设备开箱检查

对于设备进场后，由建设、监理、施工和供货单位共同开箱检验并做记录，填写《设备开箱检验记录》。

(3) 设备及附件的试验

对于设备及管道附件进场还要进行试验，填写试验记录。设备、阀门、密闭水箱(罐)、成组散热器以及其他散热设备安装前，均应进行强度试验，填写《设备及管道附件试验记录》。按子分部工程进行填写，分别编号。

1.0.9 管道上的阀门在安装前为什么要做耐压强度和严密性试验？应如何进行？

在给水排水及采暖工程中，管道阀门主要是对管道内的介质起切断和调节流量及压力的作用。为了满足系统安全可靠地运行，需要阀门应具有耐压强度、封闭严密和开启灵活等性能。根据国内市场阀门产品质量状况和阀门的特殊功能的要求，为确保工程安装的质量，阀门应在安装前做好耐压强度和严密性试验。试验的目的是检验阀门的耐压强度能否满足工作压力的要求；阀门的密封是否严密；阀门的密封填料是否密实无渗、漏现象；阀门的操作机构是否灵活等。在施工实际中，有的施工人员认为阀门安装在管道上与管道系统一起进行水压试验，就可以代替阀门的耐压强度和严密性试验，这种做法是不正确的。因为阀门在与管道一起进行水压试验时，阀门所处的开启状态是不一致的，多数处于开启状态，少数处于关闭状态。处于开启状态的在试验中只能检验其耐压强度而检验不了阀瓣与阀座之间的严密性，处于关闭状态的可以检验其严密性但检验不了耐压强度的性能，这两种情况对于阀门操作机构的开启灵活性都不便于进行试验，一旦因阀门质量问题发生渗、漏，则水压试验不可能合乎要求。

阀门的耐压强度和严密性试验一般采用水压试验的方法。试验应在每批同牌号、同型号、同规格的阀门中抽查10%的比例，数量较少时不得少于一个。对于安装在主干管上起切断作用的闭路阀门，应逐个进行耐压强度和严密性试验。在试验过程中还应反复开启几次，以检验开启是否灵活和严密性是否可靠。

阀门试验持续时间 **表 1.0.9**

公称直径 *DN* (mm)	最短试验持续时间（s）		
	严密性试验		耐压强度试验
	金属密封	非金属密封	
≤50	15	15	15
65～200	30	15	60
250～450	60	30	180

阀门的耐压强度和严密性试验，应符合以下规定：耐压强度的试验压力为阀门公称压力的1.5倍；严密性试验压力为阀门公称压力的1.1倍；试验压力在试验持续时间内应保持不变，且壳体填料及阀瓣与密封面处无渗、漏。球阀、闸阀及旋塞阀应进行双向打压试验。阀门试验的持续时间应不少于表1.0.9的规定。

1.0.10 管道支、吊架有几种类型？应如何正确安装？

(1) 管道支、吊架常用的几种类型

1）活动支架

活动支架的作用是均匀分配并承担管道、热媒、保温材料、管道上的管件或阀门等全部荷载。活动支架除了承担以上基本荷载外，还可允许管道在支架上自由活动。

①活动支架的种类有：滑动支架、滚动支架、吊架、弹簧支吊架等。热水管道和采暖管道系统常用的多是滑动支架和吊架。

②活动支架的安装原则是：

a. 墙体不能作为托架。管道穿过墙体时，不能用墙体作为活动支架，而应从墙面两侧各向外量出 1m，以确定墙体两侧的两个活动支架的位置。

b. 中间等分，不超最大。管道在穿墙、转弯处活动支架定位后，剩余的长度，按不超过最大间距值的原则，均匀等分设置活动支架，以消除支架间距设置不均匀的缺陷。

c. 托稳转角。管道转弯时的支撑应可靠，从管道转弯的墙角、补偿器安装的墙角各向外量过 1m，使活动支架定位。

2）固定支架

固定支架不允许管道有任何方向移位和转动的支承点。它承受着相邻活动支架的水平摩擦力产生的轴向水平推力；各类管道热膨胀补偿器产生的推力和反作用力；管道和介质的荷重。固定支架的作用是限制管道的任何方向的位移，使管道的直线部分分段膨胀，从而便于对管道分段进行热膨胀补偿。固定支架必须按设计规定的位置安装，同时其结构必须满足受力要求并将管道固定，一旦某一固定支架失效，其所受的应力将会集中到相邻的固定支架上，严重时会损坏支架、补偿器或管道。

每两个相邻的固定支架之间设有一个补偿器和若干个活动支架。固定支架有架空和埋地两种形式。

固定支架的安装涉及到管道的安全运行问题。所以，固定支架的安装位置必须由设计人员根据需要在图样上予以确定，施工人员不得随意在管道上任意增加或减少固定支架的数量，不得任意改动固定支架的安装位置；固定支架的构造和型式必须符合设计要求，对于图样上不明确的应找设计人员予以确认，不得随意自由确定固定支架的型式和构造。

3）导向支架

导向支架是限制或引导管道在某些方向位移的支承点。导向支架的安装位置和导向方向应按设计规定施工，其受力状况及安装方法与活动支架相同。

导向支架的作用是保证管道沿同一轴线滑动，以避免管道的位移。导向支架一般用于要求无位移的套筒或波纹补偿器的管道上，它可使管道保持在同一轴心的位置上。

4）弹簧支、吊架

弹簧支、吊架用于有垂直位移的管道和设备，它承受着管道和设备的荷重和动荷载。

（2）正确安装

1）管道的支、吊架安装应符合下列规定：

①位置正确，埋设应平整牢靠；

②固定支架与管道接触应紧密，固定应牢靠；

③滑动支架应灵活，滑托与滑槽两侧间应留有 3～5mm 的间隙，并留有一定的偏移量；

④无热伸长管道的吊架、吊杆应垂直安装；

⑤有热伸长管道的吊架、吊杆应向热膨胀的反方向偏移；

⑥固定在建筑结构上的管道支、吊架不得影响结构的安全。

2）钢管水平管道的支、吊架最大间距应符合表 1.0.10-1 规定：

①管道支、托、吊架位置正确，埋设应平整牢固。支架埋设深度应符合所采用图集的要求，型钢型号应按设计或图集要求选择，不允许以小规格代替，焊缝应平整牢固、焊透，支架应平直。支架在安装时应做好除锈、防腐处理，涂刷均匀不脱皮、不起泡。

②滑动支架应灵活，滑托与滑槽两侧间应留有 3～5mm 间隙，纵向移动量应符合设计要求。

③固定支架与管道接触应紧密，固定应牢靠。水平干管上的支架应均匀受力，不允许个别支架悬空或找坡不合格造成管道变形。

④无热伸长管道的吊架、吊杆应垂直安装。

⑤有热伸长的管道，在安装吊架和滑动支架时，考虑管道受热伸长后的位移，当采用吊架时可将吊杆安装一个角度，其倾斜方向与管道热伸缩方向相反；采用滑动支架时，其滑托仍在型钢支架上，在安装时应向热媒流动方向的反方向移动 50mm 左右，避免滑托移下支架而被卡住。

⑥对于塑料管以及复合管如果采用金属制作的管道支架，应在管道与支架间加非金属垫或非金属半圆管托。

⑦固定在建筑结构上的管道支、吊架不得影响结构的安全。

⑧管道支、吊、托架的安装的间距应符合规范相应的要求。严禁将支、吊、托架安装在焊口上，与接口或焊口的距离必须大于 100mm。

钢管管道水平支、吊架的最大间距　　表 1.0.10-1

公称直径（mm）		15	20	25	32	40	50	70	80	100	125	150	200	250	300
支架最大间距（m）	保温管	1.5	2	2	2.5	3	3	4	4	4.5	5	6	7	8	8.5
	不保温管	2.5	3	3.5	4	4.5	5	6	6	6.5	7	8	9.5	11	12

塑料管及铝塑复合管管道的支、吊架最大间距应符合表 1.0.10-2 的规定。

塑料管及铝塑复合管管道支、吊架的最大间距　　表 1.0.10-2

管径（mm）			14	16	20	25	32	40	50	63	75	90	110	125	160
最大间距（m）	立管		0.6	0.7	0.9	1.0	1.1	1.3	1.6	1.8	2.0	2.2	2.4	2.4	2.5
	水平管	冷水管	0.4	0.5	0.6	0.7	0.8	0.9	1.0	1.1	1.2	1.35	1.55	1.55	1.6
		热水管	0.2	0.25	0.3	0.35	0.4	0.5	0.6	0.7	0.8				

铜管管道的支、吊架的最大间距应符合表 1.0.10-3 的规定。

铜管管道支、吊架的最大间距　　表 1.0.10-3

公称直径（mm）		15	20	25	32	40	50	65	80	100	125	150	200
最大间距（m）	垂直管	1.8	2.4	2.4	3.0	3.0	3.0	3.5	3.5	3.5	3.5	4.0	4.0
	水平管	1.2	1.8	1.8	2.4	2.4	2.4	3.0	3.0	3.0	3.0	3.5	3.5

管道支架形式较多，具体参考标准图选用，几种典型支、吊架及托架形式如图 1.0.10-1～图 1.0.10-4 所示。

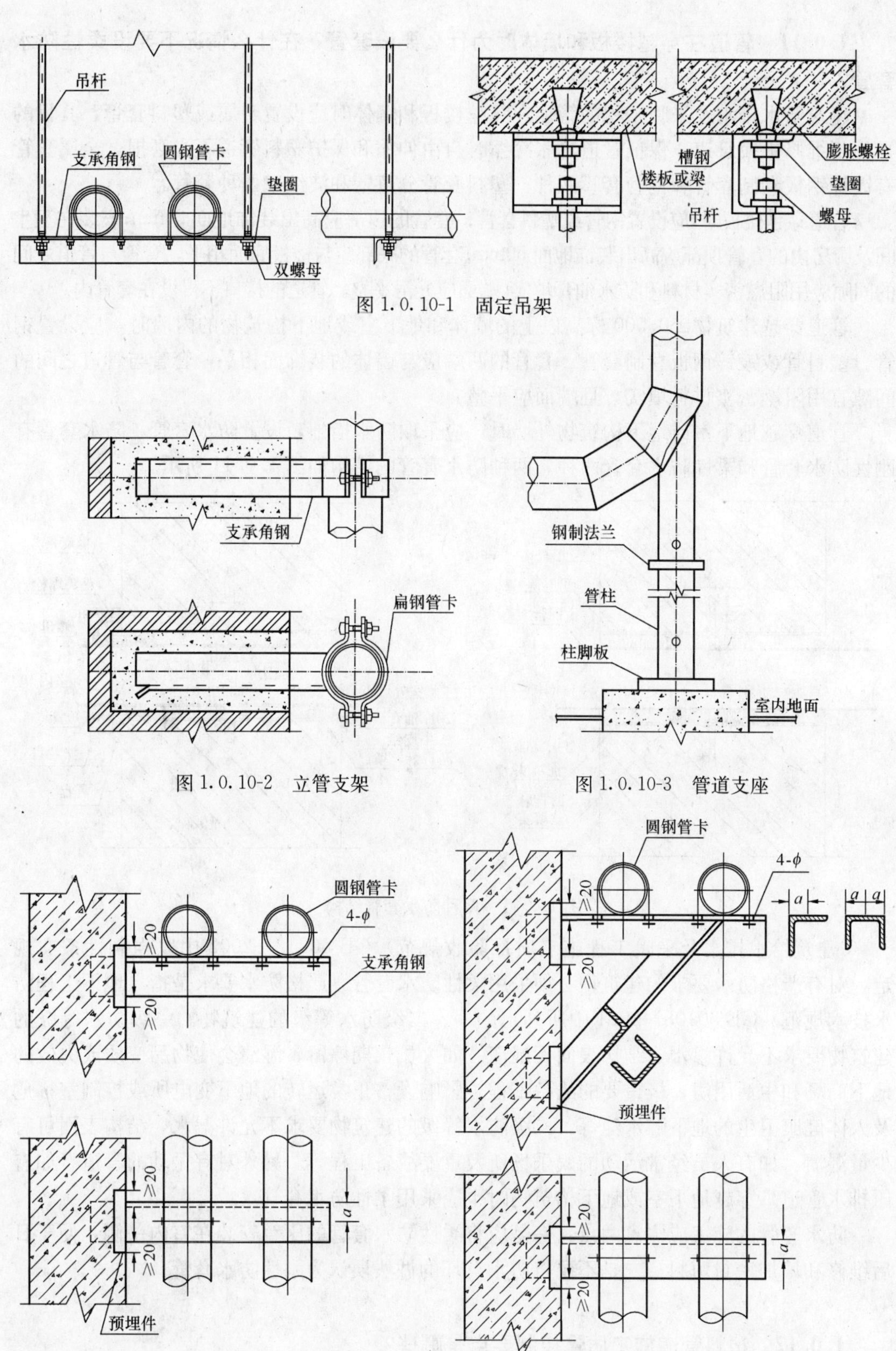

图 1.0.10-1 固定吊架

图 1.0.10-2 立管支架

图 1.0.10-3 管道支座

图 1.0.10-4 水平管道托架

1.0.11 管道在穿越楼板和墙体时为什么要设套管？在什么情况下要设柔性防水套管？

建筑给水排水及采暖工程的管道在穿越楼板和墙体时应设置金属或塑料套管，其目的是便于维修更换管道，保证管道热胀冷缩时自由伸缩和保护塑料管道不受磨损。金属套管有镀锌钢板卷制套管和钢管套管两种；塑料套管分直壁和波纹壁两种套管。

管道穿越楼板时,应设置钢管或塑料套管。套管的顶部应高出装饰地面20mm;安装在卫生间及厨房内的套管顶部应高出装饰地面50mm;套管的底部应与楼板底面相平。套管与管道之间的间隙应用阻燃密实材料和防水油膏填实,端面应光滑平整。管道的接口不得设在套管内。

管道穿越建筑物±0.000标高以上的墙体和地下室或地下构筑物的内墙时，应设置钢管、塑料管或镀锌钢板卷制套管。套管的两端应与墙体的装饰面相平，套管与管道之间的间隙宜用阻燃密实材料填实，且端面应平整。

管道穿越地下室或地下构筑物外墙时，应采取防水措施，设置防水套管。防水套管有刚性防水套管和柔性防水套管两种。两种防水套管的结构如图1.0.11所示。

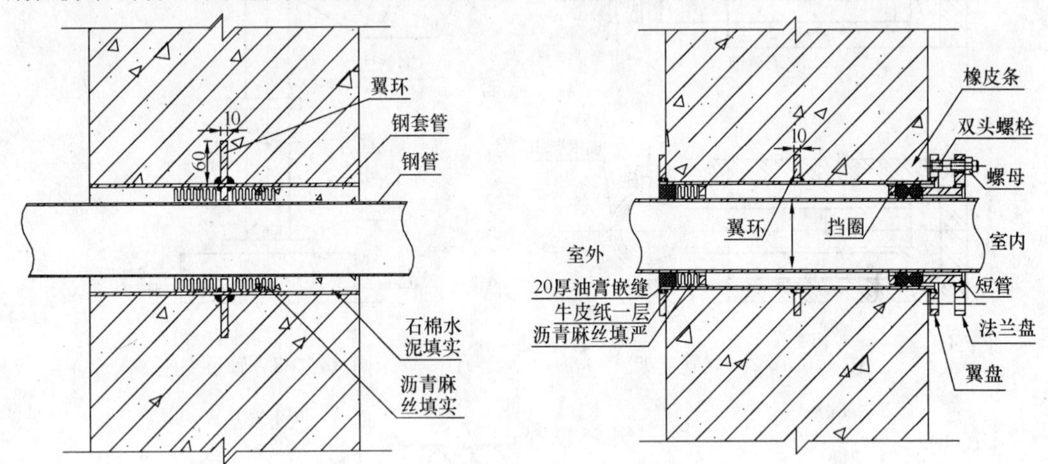

图1.0.11 两种防水套管结构

《建筑给水排水及采暖工程施工质量验收规范》GB 50242—2002中以强制性条文规定，对有严格防水要求的建筑物必须采用柔性防水套管。严格防水要求是指《地下工程防水技术规范》GB 50108—2001中所列出的一、二级防水等级的建筑物。一级防水等级的建筑物要求不允许渗水，结构表面无湿渍。如人员长期停留、湿渍会使物品变质或失效的地下商场和生活用房；极重要的战备工程；影响设备正常运转的地下变电所或控制室；危及人体健康卫生的地下贮水池等。二级防水等级的建筑物要求不允许漏水，结构表面可有少量湿渍。如有人员经常活动的娱乐场所及重要战备工程等。另外对有振动的管道（如有压排水管道）穿越地下室或地下构筑物时也应采用柔性防水套管。

防水套管的施工应注意两点：一是应将柔性防水套管的压兰安装在室内一侧，便于日后维修和填加密封填料；二是不要将防水翼环的做法误认为刚性防水套管。

1.0.12 塑料管道施工质量控制要点是哪些？

目前应用于建筑安装工程较普遍的塑料管材主要有PVC-U、PP-R、PP-C、PEX、

PB及铝塑复合管等，其性能及应用范围见表1.0.12-1。

塑料管材的物理性能及应用范围　　表1.0.12-1

管材名称	线膨胀系数（mm/m·℃）	工作温度（℃）	工作压力（MPa）	接头形式	应用范围
PP-R	1.8×10^{-4}	0～95	0.6	热熔连接	给水、热水采暖、热水供应
PP-C	1.8×10^{-4}	0～70	0.6	热熔连接	给水、低温热水采暖
PEX	1.5×10^{-4}	0～95	0.6	卡套式连接 卡箍式连接	热水采暖、热水供应
PB	1.3×10^{-4}	0～95	1.0	插接式连接	给水、热水采暖、热水供应
铝塑复合管	2.5×10^{-5}	0～45 0～90	1.0 0.6	卡套式连接	给水、低温热水采暖、热水供应
PVC-U	7.0×10^{-5}	0～45	0.6	卡套式连接 粘接、胶圈连接	给水、排水

根据塑料管材强度较低，线膨胀系数较大，接头易出现爆脱和渗、漏等弱点，在工程施工中应严格控制以下几方面的操作质量。

(1) 管道膨胀节的安装

当塑料管用于热水采暖和热水供应系统时，应严格按照设计要求设置膨胀节。如设计无要求时，应按式（1.0.12-1）计算管道的轴向伸缩量：

$$\Delta L=\Delta t\cdot L\cdot \alpha \tag{1.0.12-1}$$

式中　ΔL——管道轴向伸缩长度（mm）；

Δt——计算温差（℃）；

L——自由伸缩管段长度（m）；

α——管材线膨胀系数［mm/（m·℃）］。

当塑料管用于排水系统时，由于管径较大，且排水温度变化也比较大，应当在每层楼的立管上和大于2m长的无汇合管件的直线横支管上设置膨胀节。在采暖和热水供应系统中，利用管道转弯进行自然补偿时，必须校核自由臂长度是否满足最小自由臂长度要求。其最小自由臂长度可由式（1.0.12-2）确定（图1.0.12）：

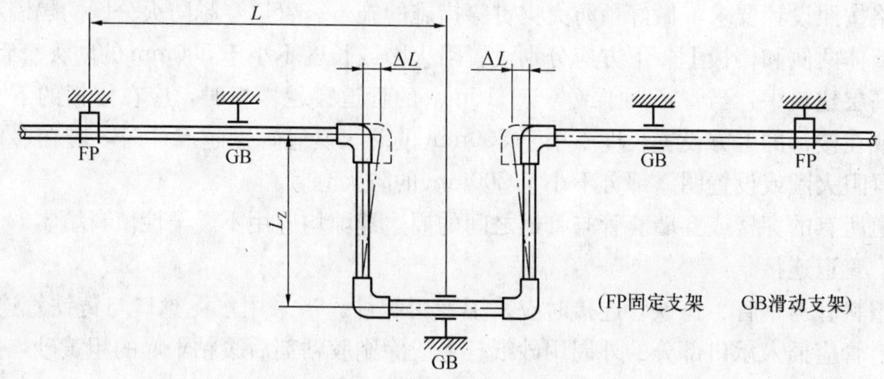

图1.0.12　管道自然补偿示意图

$$L_Z=1.1(\Delta L\cdot d_e/300)^{1/2} \tag{1.0.12-2}$$

式中　L_Z——最小自由臂长度（m）；

ΔL——自固定支架起的管道伸缩长度（mm）；

d_e——管道外径（mm）。

最小自由臂 L_Z 不得大于管道支架间距规定的长度。

当塑料管用于室内给水系统时，由于管径较小，且给水水温与安装环境温度差别较小，管道的热胀冷缩可以利用自然补偿和支架的约束力解决而不需另设膨胀节。

（2）管道支、吊架的安装

管道直线段的支架间距，冷水管不宜大于6.0m，热水管不宜大于3.0m。塑料管道明装时，支、吊架数量要大大多于金属管道的支、吊架数量，如设计无明确要求时，应符合表1.0.10-2的要求。

管道暗装于墙体或楼地面内时，应采用U型卡架将其固定。

塑料管道采用金属支架或卡架时，支、卡架与管道之间应夹垫橡胶或塑料垫片，以防管道伸缩时被刮伤。

（3）管道的保护

塑料管道在垂直穿越墙体和楼板时应加钢制或塑料制套管加以保护，套管内径应比穿越管外径大10～20mm；在做埋地或嵌墙铺设时，进、出地面或墙面处应采用硬聚氯乙烯波纹护套管。护套管的弯曲半径不应小于5D；出地面高度为50mm；出墙面处与墙面平齐；进地或进墙部分长度不得少于200mm。

用于排水系统的管道在穿越楼板和墙体处以及其他系统穿越楼板处为固定支撑时可以不加套管。

管道在穿越地下室墙体、基础和沉降缝时，管道除应加设套管外，管道上方还应有不小于150mm的净空。穿越结构伸缩缝时还应在伸缩缝隙处设置膨胀节。

管道埋地敷设时，严禁铺设在冻土和未经处理的松土上，与管道直接接触的基层和回填土不应有尖硬的石块及其他物品。

塑料管用于低温热水地板辐射采暖的加热盘管埋地部分不得有接头，在浇筑填充层时应使盘管内保持一定压力，以免受到损坏。

（4）满足消防要求的安装

严格按照设计要求，做好预防火灾贯穿措施的施工。管道穿越防火分区的隔墙和楼板时，在墙体两侧和楼板上、下方应分别设置阻火圈或长度不小于500mm的防火套管。

在高层建筑中，当管径大于或等于110mm的管道穿越楼板时，应在楼板的下方设置阻火圈或在楼板的上方设置长度不小于500mm的防火套管；穿越墙体时，应在墙体两侧分别设置阻火圈或设置明露部分不小于200mm的防火套管。

管道所有的穿楼或穿墙套管与管道之间的周边缝隙均应用不燃柔性填料填实。

（5）管道连接

①塑料管与钢管、铸铁管连接时应采用专用配件。当采用水泥捻口与铸铁管连接时，先将塑料管应插入承口部分的外周用砂纸打毛或涂刷胶粘剂后滚粘干燥的粗黄砂，插入后用油麻丝填嵌均匀，再用水泥捻口；

②外径大于160mm的硬聚氯乙烯管道可以采用橡胶圈接口。施工时，应将承口内橡胶圈沟槽、插口工作面及橡胶圈清理干净；橡胶圈安装在承口的沟槽中，不得装反

和扭曲；插口端应倒角，并划出插入长度标线，要保证规定的最小插入深度；为安装方便可在插口端外表面和橡胶圈内侧涂上润滑剂（润滑剂应为肥皂水或洗洁液，不是润滑油），但不得涂到橡胶圈的沟槽内；最后将连接管道的两段中心线对正，用手扳葫芦或其他机械将管一次插入至标线，若插入阻力过大，切勿强行推进，以防橡胶圈扭曲，产生渗、漏；

③外径小于 160mm 的硬聚氯乙烯管道宜采用粘接连接。粘接时应将插口端部倒角，锉成坡口，划出插入长度标线；用毛刷将胶粘剂均匀涂刷在插口外侧和承口内侧结合面处，然后找正方向用力将管端插入承口；并将管道旋转 90°，不得用锤子打击；承插口接口连接完毕后，应及时将挤出的胶粘剂擦拭干净，并静置至接口固化为止；

④热熔连接时应注意以下几点：

a. 热熔连接的管材、管件必须是同一厂家、同一材质、同一型号的产品，避免由于材料的分子结构及物理性能不同熔接在一起而产生质量隐患；

b. 热熔连接必须满足的技术要求见表 1.0.12-2；

c. 加热后的管材应水平无旋转地推进到已加热的管件内，用力不要过猛，同时控制推进深度，以防管材端面弯曲，在管端内径形成一个档圈，缩小管道过流截面积；

d. 矫正管件的方向、角度或同轴性时，严禁旋转，防止由于旋转造成的管材、管件壁厚变薄。

热熔连接的技术要求 **表 1.0.12-2**

管材外径（mm）	熔接深度（mm）	加热时间（s）	插接时间（s）
20	14	5	4
25	15	7	4
32	16.5	8	6
40	18	12	6
50	20	18	6
63	24	24	8
75	30	30	10
100	42	48	18

⑤卡套式连接与卡箍式连接的质量控制要点基本相同。首先应用专用剪刀或细齿锯进行断料，管口如有毛刺、不平整或端面不垂直管轴线时应修整好；管口内壁应做倒角，并用整圆器将管口整圆；用力将管件本体内芯插入管内腔，直至管件根部；卡套式连接是用锁紧螺帽锁紧接头，卡箍式连接是用专用夹紧钳夹紧箍环；

⑥插接式连接不同于卡套式连接，也不同于卡箍式连接，其最大特点是：管道接头可以拆卸维修。重新组装时需卸掉螺母盖，将管子和接头分离，重新装上新的夹环、隔圈和O型环，即可进行再次插接。需注意的是旧夹环不得再用。

1.0.13 为什么承压管道和设备应做水压试验，非承压管道和设备应做灌水试验?

承压管道系统和设备的水压试验是为了检验其系统和设备组合安装后的严密性及承压

能力，确保运行安全，达到使用功能；避免在保温和隐蔽之后再发现渗、漏，造成不必要的损失；减少投入使用后的维修难度和维修工作量。非承压管道系统和设备的灌水试验是为了检查其管道系统和设备组合安装后的严密性，通水能力和静置设备的满水防渗、漏能力。在《建筑给水排水及采暖工程施工质量验收规范》GB 50242—2002 中，水压试验和灌水试验被规定为强制性条文。该条包括了建筑室内给水排水、热水供应、采暖和室外给水排水、供热管网、建筑中水、游泳池及供热锅炉与辅助设备安装各章的相关内容。需要指出的是室内雨水管道宜采用铸铁管或焊接钢管管材，如采用硬质塑料管管材，其管件的性能和连接方式应能满足灌水试验的要求。

为了达到水压试验和灌水试验的检验目的，统一标准、规范检验方法、便于操作者掌握，根据国内、国外的成熟经验，规范规定当设计未说明试验压力时，水压试验压力均为工作压力的 1.5 倍，但不能小于 0.6MPa；特殊管道和设备的水压试验压力值应执行设计和规范相关条款的具体要求；灌水试验应达到满水或灌水高度的要求。

水压试验和灌水试验应注意管道和设备试验的位差，充分考虑系统静水压力的作用，确保试验的安全，防止管道和设备的超压损坏，对高层建筑要分区或分层进行试验。

各种金属管道系统的水压试验，都是在试验压力下观测 10min。由于系统接头部位较多，水容量较大，允许在试验压力下有压降。室内管道系统允许压降不大于 0.02MPa；室外管道系统允许压降不大于 0.05MPa。降到工作压力下应保持压力不变，较长时间的检查应无渗、漏现象。由于塑料管材的可塑性比金属管材大，需要较长一些时间的观察才能真实反映出系统的压降和渗、漏情况，因此塑料管道在试验压力下 1h 内压力降不应大于 0.05MPa，然后降至工作压力的 1.15 倍，稳压 2h，压力降不应大于 0.03MPa，同时各连接处不应有渗、漏现象。设备的水压试验则要求在试验压力下 10min 内无压降，无渗、漏现象。管道和设备的灌水试验应在满水或符合灌水高度的条件下静置 24h，观察四周及底部是否渗、漏，水位应不降，且无渗、漏为合格。

管道系统和设备的水压试验和灌水试验的水温不应过低，以接近环境温度为宜。水温过低可能会在管道和设备的外壁产生结露现象，对试验的结果产生不利影响。

1.0.14 管道在穿过建筑结构伸缩缝、防震缝及沉降缝敷设时应如何安装？

建筑结构的伸缩缝、防震缝及沉降缝是根据建筑物的规模、结构及当地地质条件等因素而采取的对建筑物的安全保护措施。在上述结构缝两侧的建筑物基础是各自独立的，因而在建筑物的使用年限内有可能由于自身的沉降或地质变化引起的沉降出现结构缝两侧墙体的垂直方向相对位移。穿过结构缝敷设的各种管道如果没有采取有效的保护措施，就可能因墙体错位受到剪力作用，产生变形甚至破裂。

建筑给水、排水及采暖系统管道在穿越建筑结构的伸缩缝、防震缝及沉降缝敷设安装时应采取符合下列原则的有效保护措施：

①在结构缝及两侧墙体或基础的孔洞范围内不允许管道有接口或管件，同时在墙体两侧的管道应敷设在原土层或经过夯实处理的基层上，管道及管道支墩、支座严禁铺设在冻土和未经过处理的松土上；

②结构缝两侧墙体或基础的孔洞尺寸应保证在管道或管道保温层外皮上、下部均留有不小于 150mm 的净空距离，以满足建筑物在一般情况下的沉降变化时不至于损伤管道

(图 1.0.14-1)；

③敷设钢管、铜管或塑料管道时可在墙体的两侧分别设置柔性连接配件，如波纹管、橡胶软接头等。在穿墙部分的管道应安装钢制套管，套管内径应比管道或保温层外径大二号，且安装时管道应与套管同心（图 1.0.14-2）。敷设铸铁管道时可采用柔性接口连接，如橡胶圈接口、青铅接口等；

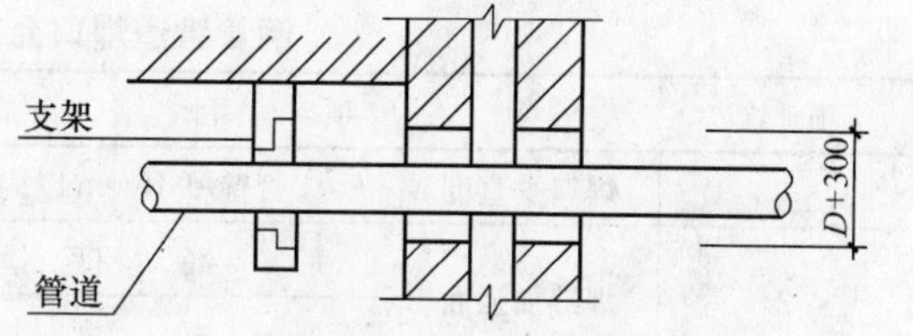

图 1.0.14-1 管道穿越结构缝留洞示意图

④钢管、铜管或塑料管管道在穿墙处如管径较小时可做成方形补偿器形式，水平安装。穿墙部分的管道还应安装钢制套管（图 1.0.14-3）。

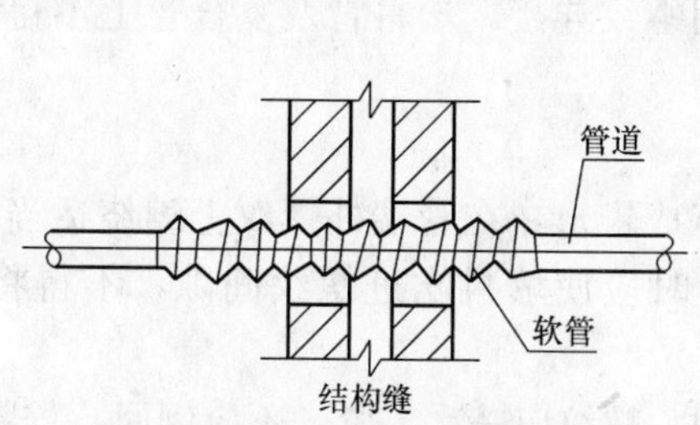

图 1.0.14-2 管道穿越结构缝的柔性连接示意图

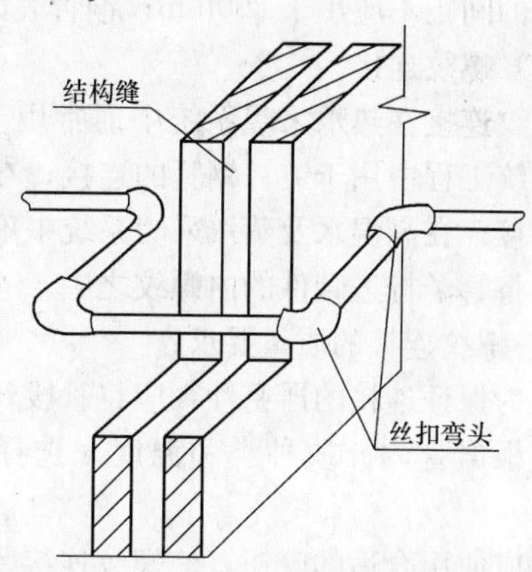

图 1.0.14-3 管道穿越结构缝的补偿式连接示意图

1.0.15 建筑给水、排水及采暖工程管道的连接方法有几种？质量要求重点是什么？

在建筑给水、排水及采暖工程中由于系统管道采用的管材和输送的介质不同，其连接方式也不相同。随着新型管材的不断涌现，管道的连接方法也越来越多样化。下面介绍几种常见的管道连接方法及质量要求。

(1) 焊接连接

焊接是较普遍的管道连接形式，与其他连接形式相比较，具有连接牢固、接口严密、强度高和节省管道配件、降低工程造价、工效高等优点。工程安装所采用的焊接通常都属于熔化焊，常见的熔化焊又分气焊、电弧焊和钎焊。

管道及管件连接的焊接质量应符合下列要求：

1) 焊缝外形尺寸应符合图纸和操作工艺的规定，焊缝高度不得低于母材表面，焊缝与母材应圆滑过渡；

2) 焊缝及热影响区表面无裂纹、未熔合、未焊透、夹渣、弧坑和气孔等缺陷；

3) 对有无损探伤检查要求的焊接工程的焊缝，其无损探伤的检测数量和结果应达到相关规定的质量等级；

4) 钢管管道焊口外观检测的允许偏差应符合表 1.0.15-1 的规定；

钢管管道焊口允许偏差和检验方法 **表 1.0.15-1**

项次	项目			允许偏差	检验方法
1	焊口平直度	管壁厚 10mm 以内		管壁厚 1/4	焊接检验尺和游标卡尺检查
2	焊缝加强面	高　度		+1mm	
		宽　度			
3	咬　边	深　度		<0.5m	直尺检查
		长　度	连续长度	25mm	
			总长度（两侧）	小于焊缝长度的 10%	

5）铜管焊接的焊缝表面不得有裂缝、烧穿、结瘤、夹渣、气孔等缺陷；直管段相邻两焊缝的间距不应小于 200mm；铜管表面和热影响区不应有过热和变黑灰现象。

（2）螺纹连接

螺纹连接在热水采暖系统中通常用于管径小于或等于 32mm 的焊接钢管的连接；在给水系统工程中用于镀锌钢管的连接；在塑料及复合管道中用于专用管件与金属管道或设备的连接。在高温水及蒸汽采暖系统中不宜采用螺纹连接。塑料管及复合管上不得套丝，也不得将管子拧进管件的内螺纹之中。

1）螺纹连接的质量要求：

①为保证连接的严密性，应将管段丝扣加工成锥形，在管端外螺纹上缠绕适当填料。填料应根据管内介质种类和温度来选择。拧管时应使填料吃进螺纹间隙，不得将填料挤出；

②应使用合适的管钳，使螺纹连接紧密牢固。螺纹应一次上紧，不应倒回，拧紧后螺纹根部应有外露螺扣，一般为 2～3 扣；

③螺纹连接后应进行外观检查，清除外露油麻，对外露螺扣应进行防腐处理。

焊接管道丝扣连接时，套丝扣要注意所连接的对象。管道与管道连接采用标准丝扣，管道与阀门连接要采用短丝，管道与设备连接时丝扣采用长丝。

2）管道的切割：

①为防止切割后的钢管断面产生倾斜偏差，宜将管子外壁画垂直管中心线的切割线。切割时应将管材放在砂轮锯卡钳上，对准画线卡牢，切忌一边切割一边转动管子，要保持管子稳固不动。

②管子切割后，切口应作处理，要求用砂轮或锉刀修锉平整，无毛刺和飞边；用切管器切割时，切断处无收口缩颈现象。

③管子的端面应与管轴线垂直，偏差值最大不超过管径的 1%，且不超过 2mm。

④切割后管口质量不能影响管螺纹的加工或焊接；管口要求无毛刺、铁渣和裂纹等缺陷。

⑤切割后的镀锌或镀铬钢管内外防腐层均无破坏。

3）管道螺纹的加工：

管道螺纹连接的强度和严密度，取决于管螺纹的加工质量、填料及拧紧力。管螺纹加工的长度、锥度、表面光洁度、椭圆度必须符合要求，一切丝扣不圆整、烂牙、丝扣局部损伤、细丝、偏丝等缺陷均应在加工过程中予以消除；填料应按要求加好，螺纹清洁、规整、无断丝；拧紧的力度要适当。螺纹连接管道安装后的管螺纹根部应有 2～3 扣的外露螺纹，多于的麻丝应清理干净并做好防腐处理。镀锌管道安装时，镀锌层被破坏地方要做好防腐处理。管道套丝的要求见表 1.0.15-2。

管道丝扣连接要求 **表 1.0.15-2**

公称直径		普通丝头		长　丝		短　丝	
公制（mm）	英制（in）	长度（mm）	螺纹数（牙）	长度（mm）	螺纹数（牙）	长度（mm）	螺纹数（牙）
15	1/2	14	8	50	28	12	6.5
20	3/4	16	9	55	30	13.5	7.5
25	1	18	8	60	26	15	6.5
32	5/4	20	9			17	7.5
40	3/2	22	10			19	8
50	2	24	11			21	9
70	5/2	27	12				
80	3	30	13				
100	4	33	14				

丝扣在制作时，应按管子规格选用对应的板牙，丝扣加工时常会存在如下问题，应该在操作时注意：

①螺纹不正。产生原因是绞板上的卡子未卡紧，因而绞板中心线和管子中心线不重合或手工套丝时两臂用力不均绞板被推歪而产生；管子端面锯切不正也会引起套线不正。

②细纹螺丝。由于板牙顺序弄错或板牙活动间隙太大造成。对于手工套丝，往往一个丝头要经过两次以上操作才能套好，用力不够，压不紧往往会造成螺纹细丝。

（3）法兰连接

法兰连接适用输送各种介质、各种压力及温度的管道连接。用于管道与阀门，管道与设备和经常需要拆卸的部位连接。

1）法兰连接的质量控制要点如下：

①法兰应垂直于管子中心线，管端插入法兰，插入深度为法兰厚度的 1/2。法兰的内外面均需焊接，法兰内侧焊缝不得凸出密封面；

②法兰装配时，两法兰密封面应相互平行，法兰不得强制对口连接；

③法兰连接时均应用垫片加以密封，垫片不得凸入管内，其外圆接近螺栓孔为宜。不允许放双垫或放偏垫；

④连接法兰的螺栓，直径和长度应符合标准，拧紧后突出螺母的长度不应大于螺杆直径的 1/2。

焊接法兰焊接时，管子应插入平焊钢法兰内一定深度，一般为法兰盘后的 1/2，但最多不超过法兰盘厚度的 2/3，且平焊钢法兰的内外面必须与管子焊接。法兰连接时垫片只能使用一次，如中间需要拆卸时，应重新更换新垫。管道对接平行度与中心线垂直。

2）法兰连接要符合以下要求：

①对接平行、紧密，与管子中心线垂直，双面施焊，法兰螺栓应长短一致，朝向相同，螺栓露出螺母部分应为螺栓直径的一半。

②法兰连接螺栓紧固时，应依次由左到右，按对角均匀施加扭力，分三次进行：第一次按对称跨中法，拧紧程度为70％；第二次按间隔法，拧紧程度为90％；第三次按顺序法，拧紧程度为100％。

③法兰不得直接焊在弯管或弯头上，一般连接在长度至少100mm以上的直管段上。

④法兰与法兰连接应保证垂直度或水平度，使其自然吻合，以免管道或设备产生额外应力。

⑤支管上的法兰距主管外壁净距应在100mm以上，过墙管道上的法兰与墙面净距为200mm以上。

⑥法兰连接组对时，垫片应放在法兰的中心位置，不得偏斜，除设计要求外，不得使用双层、多层或倾斜形垫片。

⑦连接法兰的螺栓，直径和长度应符合标准，拧紧后，突出螺母的长度不应大于螺杆直径的1/2，并且一致，朝向合理。涂抹黄油无锈蚀，便于拆卸检修。

(4) 承插连接

承插连接适用于铸铁管、塑料管、钢筋混凝土管等管道的连接。承插连接根据接口密封材料不同又分为粘接、熔接、捻口和胶圈等几种接口形式。

承插连接的质量应符合下列要求：

①管道采用承插粘接接口，胶粘剂应涂刷均匀周到，粘接后管道应平直，管端插入承口的深度不得小于表1.0.15-3的规定；

管端插入承口的深度　　　表1.0.15-3

公称直径（mm）	20	25	32	40	50	75	100	125	150
插入深度（mm）	16	19	22	26	31	44	61	69	80

②熔接连接的管道外侧结合面应有一道均匀的熔接圈，不得出现局部熔瘤或熔接圈凸凹不匀现象，管道内侧结合面应平整，熔接圈不应凸出管内壁。管材及管件的熔接深度、加热时间应满足表1.0.12-2的规定；

③采用橡胶圈接口的管道，允许沿曲线敷设，每个接口的最大偏转角不得超过2°。橡胶圈应安装在承口的胶圈沟槽内，不得装反或扭曲，沟槽内及胶圈与管子接触面内不得有泥土或杂物，插口端部与承口根部应留有不小于3mm的间隙；

④铸铁管承插连接采用水泥捻口时，油麻必须清洁，填塞密实，水泥应捻入并密实饱满，其接口面凹入承口边缘的深度不得大于2mm。对口间隙应不小于3mm，最大间隙不得大于表1.0.15-4的规定。

铸铁管承插捻口的对口最大间隙（mm）　表1.0.15-4

管　径	沿直线敷设	沿曲线敷设
75	4	5
100～250	5	7～13
300以上	6	14

铸铁管沿直线敷设时，承插捻口的环形间隙应符合表1.0.15-5的规定；沿曲线敷设时，每个接口允许有2°转角；捻口用的水泥强度应不低于32.5MPa。

(5) 专用接头管件连接

专用接头管件连接适用于塑料管及复合管管道，管件应是与管道相匹配的产品。各种

铸铁管承插捻口的环型间隙（mm）　　　　表 1.0.15-5

管　径	标准环形间隙	允许偏差	检验方法
75～200	10	+3 −2	尺量检查
250～450	11	+4 −2	
500	12	+4 −2	

规格管道弯曲半径小于管子外径5倍时，应采用专用弯头连接，不得在接头处100mm范围内摵弯；连接的管子端头必须与管中心垂直，其内外塑质表面不得有纵向划痕，更不能缺肉；连接紧固后管道应平直，卡箍（套）安装的方向应一致。

1.0.16　建筑铜管管道安装工程质量验收有哪些特殊要求?

随着我国经济的不断发展，人们生活水平的逐步提高，铜管以其适配性强、经久耐用、环保卫生和不易腐蚀、污染等优势被逐步推广应用在建筑给水及热水供应工程中。

铜管管道是建筑给水管道工程中的一个种类，连接方式有钎焊连接、冷压连接、卡套式连接及法兰连接。其安装工程质量验收的共性要求已在《建筑给水排水及采暖工程施工质量验收规范》GB 50242—2002 中有所涉及。鉴于铜管的化学性能和机械性能的自身特点，在施工及质量验收时还应有些特殊要求。

（1）铜管的加工

铜管的切割、坡口加工、弯管及翻边等只能用冷加工的方法进行。

①铜管及覆塑铜管的切割可采用手锯或机械切割，不得采用氧气—乙炔火焰切割，管子切口的端面应与管子轴线垂直；

②铜管及覆塑铜管的坡口应采用锉刀或坡口机加工，不得采用氧气—乙炔火焰切割；

③铜管及覆塑铜管摵弯时不宜采用热摵，一般外径在108mm以下者采用冷弯，外径在108mm以上者应采用压制弯头或焊接弯头。

④建筑给水用薄壁紫铜管的安装连接方式见03S407-1标准图。

（2）铜管管道的连接

①钎焊连接时，焊口的搭接长度为管壁厚度的6～8倍，管道外径D小于或等于28mm时，搭接长度为1.2～1.5D；

②铜管与铜合金管件或铜合金管件与铜合金管件间焊接时，应在铜合金管件焊接处使用助焊剂，焊接完成后，应清除管外壁的残余熔剂；

③铜管冷压连接时应采用专用压接工具，管口断面应垂直、平整且无毛刺，管材插入管件的过程中密封圈不得扭曲变形。

（3）管道试压

管道水压试验应符合设计要求，如设计未注明时应符合以下规定：

①试验压力为管道系统工作压力的1.5倍，但不得小于0.6MPa；

②水压试验前，对试压管道应采取安全有效的固定和保护措施；

③在试验压力下观察，10min内压力降不应大于0.02MPa，不渗、不漏；然后降至工作压力检查，在检查期间应无压力降和渗、漏现象。

（4）质量验收

①管道焊接表面不得有裂纹、烧穿、结瘤、夹渣、气孔和过热等缺陷；

②管口翻边表面不得有皱折、裂纹和刮伤等缺陷。翻边连接后的铜管道应保持同轴度，其偏差为：$DN\leqslant$50mm 时，不大于 1mm；$DN>$ 50mm 时，不大于 2mm；

③管道支、吊架宜采用铜合金制品，当采用钢支架时，管道与支架间应设软隔垫；

④铜管管道安装工程的偏差应符合表 1.0.16 的规定。

铜管管道安装工程的允许偏差和检验方法 **表 1.0.16**

<table>
<tr><th></th><th colspan="3">项　目</th><th colspan="2">允许偏差</th><th>检验方法</th></tr>
<tr><td>1</td><td>焊口平直度</td><td colspan="2">管壁厚 10mm 以内</td><td colspan="2">管壁厚 1/3</td><td rowspan="3">用焊接检验尺及游标卡尺检查</td></tr>
<tr><td rowspan="2">2</td><td rowspan="2">焊缝加强面</td><td colspan="2">高　度</td><td colspan="2">+1mm</td></tr>
<tr><td colspan="2">宽　度</td><td colspan="2">+1mm</td></tr>
<tr><td rowspan="3">3</td><td rowspan="3">咬　肉</td><td colspan="2">深　度</td><td colspan="2"><0.5mm</td><td rowspan="3">用尺和焊接检验尺检查</td></tr>
<tr><td rowspan="2">长　度</td><td>连续长度</td><td colspan="2">10mm</td></tr>
<tr><td>总长度（两侧）</td><td colspan="2">小于焊接长度的 25%</td></tr>
<tr><td rowspan="3">4</td><td rowspan="3">坐标及标高</td><td>室　外</td><td>地沟、架空</td><td colspan="2">15mm</td><td rowspan="3">经纬仪、水准仪、直尺拉线检查</td></tr>
<tr><td rowspan="2">室　内</td><td>架　空</td><td colspan="2">10mm</td></tr>
<tr><td>地　沟</td><td colspan="2">15mm</td></tr>
<tr><td rowspan="2">5</td><td rowspan="2">水平管道纵横方向弯曲</td><td colspan="2">DN≤100mm</td><td>1‰</td><td rowspan="2">最大 20mm</td><td rowspan="2">用水平尺、直尺和拉线检查</td></tr>
<tr><td colspan="2">DN>100mm</td><td>1.5‰</td></tr>
<tr><td>6</td><td colspan="3">立管垂直度</td><td>2‰</td><td>最大 15mm</td><td>用直尺和吊线检查</td></tr>
<tr><td>7</td><td colspan="3">成排管道在同一平面上的间距</td><td colspan="2">+5mm</td><td>直尺拉线检查</td></tr>
<tr><td>8</td><td colspan="3">交叉管外壁或保温层的间距</td><td colspan="2">+10mm</td><td>用直尺尺量检查</td></tr>
<tr><td>9</td><td colspan="3">弯管椭圆率</td><td colspan="2">8%</td><td>用外卡钳和直尺检查</td></tr>
<tr><td rowspan="2">10</td><td colspan="2" rowspan="2">弯管弯曲角度
（PN≤10MPa）</td><td>每米</td><td colspan="2">±3mm</td><td rowspan="2">用样板和直尺检查</td></tr>
<tr><td>最长</td><td colspan="2">±10mm</td></tr>
<tr><td>11</td><td colspan="3">弯管折皱不平度</td><td colspan="2">2mm</td><td>用外卡钳和直尺检查</td></tr>
</table>

第二章　建筑给水系统工程安装

第一节　室内给水系统工程安装

2.1.1　高层建筑生活给水系统有哪几种常见的给水方式?

给水系统的选择，应根据生活、生产、消防等各项用水对水质、水温、水压和水量的要求，结合室外供水系统等综合因素，经技术经济等方面比较而定。

高层建筑生活给水系统的竖向分区，应根据使用要求、材料设备性能、建筑物层数、卫生器具给水配件承受的最大工作压力等条件，结合利用室外给水管网的水压合理确定。

对建筑高度不超过 100m 建筑的生活给水系统，一般可采用垂直分区并联供水或分区减压的供水方式，即低区根据市政管网水压合理确定供水层数，中、高区可采用变频并联供水方式（不设置高位生活水箱）或采用水泵与屋顶水箱联合、分区减压的供水方式。

对建筑高度超过 100m 的建筑，一般采用垂直串联供水方式，即设中间水箱，使中间水箱上下供水高度小于 100m，再按建筑高度不超过 100m 的情况确定供水方式。

2.1.2　高层建筑消防给水系统有哪几种常见灭火系统? 特种消防系统包括哪几种类型?

1）高层建筑消防给水系统一般包括室内、外消火栓给水系统和自动喷水灭火系统。

设置消火栓给水系统是作为高层民用建筑最基本的灭火设备，这是因为：

①高层民用建筑由于火势蔓延迅速、扑救难度大、火灾隐患多、事故后果严重。

②在用于灭火的灭火剂中，水和泡沫、卤代烷、二氧化碳、干粉等比较具有使用方便、灭火效果好、价格便宜、器材简单等优点。因此，《建筑防火设计规范》规定：不论何种类型的高层民用建筑，不论何种情况（不能用水扑救的部位除外）都必须设置室内和室外消火栓给水系统。

自动喷水灭火系统，是当今世界上比较普遍使用的固定灭火系统。国内外应用实践证明：该系统具有安全可靠、经济实用、灭火成功率高等优点。因此规范规定：建筑高度不超过 100m 的一类高层建筑及其裙房，除普通住宅和高层建筑中不宜用水扑救的部位外，均应设自动喷水灭火系统。建筑高度超过 100m 的高层建筑，除面积小于 5.00m^2 的卫生间、厕所和不宜用水扑救的部位外，均应设自动喷水灭火系统。

2）特种消防系统主要包括：卤代烷、七氟丙烷、二氧化碳气体消防系统，泡沫灭火系统、水喷雾灭火系统等。由于部分火灾（例如，发电机房、高、低压配电房等）不宜用水扑救，而需用特种消防系统，在选择特种消防系统时应遵循安全、可靠，尽量对环境不产生污染的原则。

2.1.3 国家对生活饮用水有哪些规定标准？

为了贯彻“预防为主”的方针，向居民供应符合卫生要求的生活饮用水，保障人民的身体健康特制订了《生活饮用水卫生标准》GB 5749—2006，其中，对生活饮用水水质提出了最低标准，水质常规指标及限值见表 2.1.3。

水质常规指标及限值　　表 2.1.3

指　　标	限　　值
1. 微生物指标①	
总大肠菌群（MPN/100mL 或 CFU/100mL）	不得检出
耐热大肠菌群（MPN/100mL 或 CFU/100mL）	不得检出
大肠埃希氏菌（MPN/100mL 或 CFU/100mL）	不得检出
菌落总数/（CFU/mL）	100
2. 毒理指标	
砷/（mg/L）	0.01
镉/（mg/L）	0.005
铬（六价）/（mg/L）	0.05
铅/（mg/L）	0.01
汞/（mg/L）	0.001
硒/（mgL）	0.01
氰化物/（mg/L）	0.05
氟化物/（mg/L）	1.0
硝酸盐/（以 N 计）/（mg/L）	10 地下水源限制时为 20
三氯甲烷/（mg/L）	0.06
四氯化碳/（mg/L）	0.002
溴酸盐（使用臭氧时）/(mg/L)	0.01
甲醛（使用臭氧时）/（mg/L）	0.9
亚氯酸盐（使用二氧化氯消毒时）/（mg/L）	0.7
氯酸盐（使用二氧化氯消毒时）/（mg/L）	0.7

指　　标	限　　值
3. 感官性状和一般化学指标	
色度（铂钴色度单位）	15
浑浊度（散射浑浊度单位）/NTU	1 水源与净水技术条件限制时为 3
臭和味	无异臭、异味
肉眼可见物	无
pH	不小于 6.5 且不大于 8.5
铝/（mg/L）	0.2
铁/（mg/L）	0.3
锰/（mg/L）	0.1
铜/（mg/L）	1.0
锌/（mg/L）	1.0
氯化物/（mg/L）	250
硫酸盐/（mg/L）	250
溶解性总固体/（mg/L）	1000
总硬度（以 $CaCO_3$ 计）/(mg/L)	450
耗氧量（COD_{Mn} 法，以 O_2 计）/（mg/L）	3 水源限制，原水耗氧量 6mg/L 时为 5
挥发酚类（以苯酚计）/(mg/L)	0.002
阴离子合成洗涤剂/（mg/L）	0.3
4. 放射性指标②	指导值
总 α 放射性/（Bq/L）	0.5
总 β 放射性/（Bq/L）	1

注：①MPN 表示最可能数；CFU 表示菌落形成单位。当水样检出总大肠菌群时，应进一步检验大肠埃希氏菌或耐热大肠菌群；水样未检出总大肠菌群，不必检验大肠埃希氏菌或耐热大肠菌群。

②放射性指标超过指导值，应进行核素分析和评价，判定能否饮用。

为了保障水质标准和卫生要求，标准中还对水源的选择、水源卫生的防护、水质的检验等方面做了若干规定。

2.1.4 何谓自由水头？常用卫生洁具对自由水头的要求标准是什么？

自由水头又称流出水头，是指配水点（即各种卫生器具）前水流流出所需的压力。这个压力主要是为了克服该卫生器具内因摩擦冲击或流速变化而产生的阻力。只有克服该阻力，水才能顺畅流出。如低于该压力，出水量就会减少，或根本无法流出水来。不同的卫生器具所需的自由水头均不同，表 2.1.4 列出了常用卫生器具的自由水头值。

卫生器具自由水头 **表 2.1.4**

序号	卫生器具名称	配水点前所需自由水头（MPa）	序号	卫生器具名称	配水点前所需自由水头（MPa）
1	污水盆（池）水龙头	0.020	10	大便器冲洗水箱浮球阀	0.020
2	住宅厨房洗涤盆（池）水龙头	0.015	11	大便槽冲洗水箱进水阀	0.020
3	食堂厨房洗涤盆（池）水龙头	0.020	12	小便器手动冲洗阀	0.015
4	普通水龙头	0.040	13	小便器自动冲洗水箱进水阀	0.020
5	住宅集中给水龙头	0.020	14	小便槽多孔冲洗管	0.015
6	洗手盆水龙头	0.020	15	实验室化验龙头（鹅颈）	0.020
7	洗槽水龙头	0.015	16	净身器冲洗水龙头	0.030
8	淋浴盆水龙头	0.020	17	饮水器冲洗水龙头	0.020
9	淋浴器	0.025～0.040	18	家用洗衣机给水龙头	0.020

注：①淋浴器所需的自由水头按控制出流的启闭阀件前计算；

②大便器、小便器的自闭式冲洗阀，洒水栓和室内洒水龙头等的自由水头或有特殊要求卫生器具的自由水头，其数值应按产品要求确定。

2.1.5 给水管道内产生水击的原因是什么？如何避免？

在有压管路中流动的水由于某种外界因素（如阀门突然关闭或水泵突然停车）使水流速度突然变化，动量变化又引起压强突然变化，这时，往往从给水管内发出声响或振动，该现象称为水击。升压和降压交替进行时，对于管壁或阀门的作用有如锤击一样，因此也称为水锤。

由于水击而产生的升压，可以达到正常压强的几倍，而且增压与减压的频率很高，且会产生较大的高频噪声，造成对环境的影响，严重时会使管道破裂。为了防止水击造成的危害，工程上常采用如下方法避免水击：

①合理选择管径，使管内水流速度控制在允许范围内；

②以缓闭止回阀、消声止回阀或多功能水泵控制阀代替水泵出水管上的止回阀；

③在水泵出水管上安装水锤消除器；

④在管道系统最高点处设置自动排气阀，以避免管道内积气导致在水流动时与空气撞击而出现振动、噪声。

2.1.6 室内给水系统的管材、管件有哪些基本要求？

①给水系统采用的管材和管件，应符合现行产品标准的要求，满足给水系统的工作压力，且管道工作压力不得大于产品标准标称的工作压力；

②采用的管材和管件及配套所用的材料，必须达到饮用水卫生标准，不得污染水质；

③管材和管件必须满足敷设处的耐腐蚀性要求、承受荷载的能力、温度和变形要求；

④一般选用的管材和管件安装连接要方便可靠；

⑤当通过管道内的水有腐蚀性时，应采用耐腐蚀性管材或在管道内壁采取防腐蚀措施。

2.1.7 怎样防治给水管道连接接口的质量通病?

常用给水管道接口有螺纹连接、法兰连接、焊接、承插连接、熔接、粘接和沟槽式连接等。

管道各种连接方式接口的质量通病为接口有返潮、滴水、泄漏等现象。

(1) 螺纹连接的给水管道质量通病的防治

①原因分析:

a. 螺纹光洁度、扣数、圆锥度不符合规定或断丝、缺扣;

b. 接口松动或拧紧后倒扣，填料缠绕不当或填料不符合规定、老化，被挤入管内或脱落;

c. 管道安装后，没有认真进行严密性水压试验;

d. 管配件有砂眼，丝扣有裂纹;

e. 支架间距过大，受力不均，接口被踩蹬。

②预防措施:

a. 管螺纹必须加工成1∶16的圆锥形，螺纹表面光滑端正，无毛刺，无断丝、缺扣现象;

b. 管道连接后，将露出的白漆、麻丝清除干净，管道安装完毕，应按设计和施工规范进行强度和严密性试验，接口有漏水应及时修补，直至试压符合要求为止;

c. 管道支吊架、防晃支架间距应符合施工验收规范规定，安装牢固，接触紧密，坡度、标高正确;

d. 安装时工人不能站在管道上操作，应在人字梯上。

(2) 法兰连接的给水管道质量通病的防治

①原因分析:

a. 管子端头与法兰连接时，法兰端面和管子中心线不垂直，致使两法兰面不平行，无法上紧螺栓造成接口处渗漏;

b. 垫片质量不符合规定或老化，垫片在法兰面间垫放的厚度不均匀，造成渗漏;

c. 法兰螺栓安装不合理或紧固不严密，造成渗漏;

d. 法兰与管端连接质量不好，造成渗漏。

②预防措施:

a. 安装法兰时首先要注意使螺栓孔平行，其次法兰要对平找正，其垂直偏差不超过±1～2mm;

b. 法兰间垫片的材质和厚度应符合设计和施工验收规范的要求，安装垫片时要做成带把的形状，不准加两层或多层垫，位置不得倾斜，垫片表面不得有沟纹、断裂等缺陷，法兰密封面要清理干净;

c. 法兰使用的螺栓要符合设计和验收规定，拧紧螺栓时要对称成十字交叉式进行，不要一次拧紧一颗螺栓;

d. 管道与法兰焊接或丝扣连接时，要注意连接质量，不要造成渗漏现象。

(3) 熔接的给水管道质量通病的防治

①原因分析:

a. 管材及管件不符合设计规定，没有质量检验部门的产品合格证;

b. 切断管材时，管子端面不平整，有毛边、毛刺现象;

c. 没有达到加热时间就进行熔接；

d. 在熔接过程中，移动、转动管件和管道，或在连接件上施加压力。

②预防措施：

a. 提供的管材和管件应符合设计规定，并附有产品说明书和质量合格文件，不得使用有损坏迹象的材料，如发现管道或管件质量有异常要及时更换；

b. 切断管材时，必须使端面垂直于管轴线，切断后管材断面应除去毛边和毛刺，管材与管件连接时端面必须无损伤、清洁、干燥、无油；

c. 连接前应检查通电加热的电压，加热时间应符合熔接机具及管件生产厂家的有关规定，在规定的加工时间内，刚熔接好的接头还可以校正，但严禁旋转；

d. 在熔合及冷却过程中，不得移动、转动管件或管道，不得在连接件上施加任何压力。

（4）承插连接的给水管道质量通病的防治

①原因分析：

a. 管道承插口处有裂纹，操作时接口清理不干净，填料与管壁间连接不紧密，填料不合格或配比不准造成渗漏；

b. 对口不符合规定，致使连接不牢或接口操作不当造成渗漏；

c. 接口连接后养护不认真或冬期施工保温不好，接口挨冻造成渗漏；

d. 地下管安装位置不适或回填土方法不当，造成管道受力不均而损坏管道或零件，造成渗漏；

e. 没有认真进行水压（或充水）试验，零件或管道有砂眼、裂纹现象。

②预防措施：

a. 对口前应认真清理管口，清除接口处及管内杂物，保证管内清洁及接口处填料的粘着力。在对口时，应将管子的插口顺着介质流动方向，承口逆向水流方向，接口四周间隙应一致；

b. 观察或听声音辨别管子的承插接头部分是否有裂纹，如有，应更换或截去裂纹部分；

c. 接口材料应按照设计和施工验收规范要求配制，接口养护是一项重要工作，操作得再好，养护不好，也会使接口渗漏，冬季时要注意防冻；

d. 管道支墩要牢靠，位置合适，管沟回填时要分层夯实；

e. 严格按照施工验收规范要求进行水试验，认真检查有否渗漏现象，发现管子及零件有问题要及时更换或处理。

（5）胶圈连接的给水管道质量通病的防治

①原因分析：

a. 管道承插口有砂眼、裂纹现象，操作时接口清理不干净；

b. 胶圈质量不符合规定或老化，橡胶圈未嵌入承口凹槽内；

c. 地下管道安装位置或回填土方法不当，造成管道受力不均而损坏管道或零件，造成渗漏；

d. 没有认真进行水压（或充水）试验，零件或管道有砂眼、裂纹现象。

②预防措施：

a. 观察或听声音辨别管子的承插接头部分是否有裂纹，如有应更换或截去裂纹部分；

b. 对口前应先清除承口内壁和插口外壁的沥青和泥砂以及法兰密封面或管箍表面的污垢、毛刺，如连接口有凹凸面时，应用砂轮磨平；

c. 施工时保证胶圈的推入应平直，不可扭转，需要完整地镶进凹槽内，防止胶圈扭转或局部凸出（闷鼻）现象；采用无承口或法兰压盖连接时，要拧紧紧固螺栓；

d. 管道支墩要牢靠，位置合适，管沟回填时要分层夯实；

e. 严格按照施工验收规范要求进行水试验，认真检查有否渗漏现象，发现管子及零件有问题要及时更换或处理。

（6）粘接的给水管道质量通病的防治

①原因分析：

a. 管道、管件壁薄、偏心，或有砂眼裂缝，安装时未检查清理；

b. 胶粘剂失效或粘接未完全固化前移动过早或管道、管件不配套，接口间隙小；

c. 支架间距过大，管子有“塌腰”现象，造成渗、漏；

d. 管道安装完毕后未认真做灌水试验。

②预防措施：

a. 选用配套、合格的管材、管件，切割面平直且与轴线垂直，要清理毛刺，粘合面如有油污、尘砂、水渍必须擦净，管端插入承口必须有足够深度以保证有足够的粘合面；

b. 最好使用管材和管件生产厂提供或推荐的胶粘剂，胶粘剂涂刷结束应将管子插口立即插入承口，轴向需用力准确，管道插入后应扶持1～2min，再静置以待胶粘剂完全干燥固化，管道粘接后静置时间按美国ANSI/ASTMD2855建议，当环境温度：

15～40℃静置时间至少30s；

5～15℃静置时间至少1min；

－5～5℃静置时间至少2min；

－20～5℃静置时间至少4min；

c. 支吊架间距要符合施工验收规范规定，埋设、固定要牢固，与管子接触紧密，防止“塌腰”产生；

d. 做好灌水、通水试验，发现漏水及时修复或更新管材、管件。

（7）卡箍连接的给水管道质量通病的防治

①原因分析：

a. 管材及管件不符合设计规定，没有质量检验部门的产品合格证；

b. 橡胶密封胶圈不匹配或卡入沟槽内；

c. 卡箍螺栓安装不合理或紧固不严密，造成渗漏；

d. 支架间距过大，管子有“塌腰”现象，造成渗漏；

e. 没有认真进行水压试验，配件或管道有砂眼、裂纹现象。

②预防措施：

a. 管材及配件应符合国家现行的有关产品标准，管件优先采用成品沟槽式管件；

b. 应采用机械截管，管外端应平整光滑，不得有划伤橡胶圈或影响密封的毛刺，压槽应用专用滚槽机压槽，槽深应符合配件厂家要求，橡胶密封圈使用管件生产厂提供或推荐的产品，涂润滑剂后装在连接段中央，将卡箍套在胶圈外，并将边缘卡入沟槽中；

c. 将带变形的螺栓插入螺栓孔，并将螺母旋紧，拧螺栓时应对称交替旋紧，防止胶圈起皱；

d. 严格按照施工验收规范要求进行水试验，认真检查有否渗漏现象，发现管子及配件有问题要及时更换或处理。

2.1.8 室内给水管道敷设有哪几种方式?

一般分明装敷设、暗装敷设、埋地敷设和地沟内敷设等形式。

(1) 明装敷设

在室内、走廊、顶棚下敷设管道。多用于民宅、普通办公楼、工厂车间或公共建筑、高层建筑的设备层内等，该方式安装维修管理方便，造价低，缺点是影响室内美观，易集尘结露。

(2) 暗装敷设

指管道在吊顶内，墙体内或管道井内的敷设。多用于大型建筑、高层建筑等装修标准要求高的建筑，或需要保护的管道。该安装方式不影响室内装修，干净美观，缺点是维修管理不方便，造价高。

(3) 埋地敷设

多用于给水引入管的敷设，埋地管道要作好防腐处理。

(4) 地沟内敷设

多用于厂房的多种管道同沟敷设。

2.1.9 如何防治室内给水管道的支吊架安装的质量通病?

(1) 室内给水管道质量通病的现象

管道支吊架设置不规范、不统一，观感差；管道支吊架安装间距过大，标高不准，接触不紧密不牢固，管道投入使用后，有局部“塌腰”现象；管道支吊架固定方法不对，安装不牢，管道投入使用后，支架松动或变形。

(2) 原因分析

管道支吊架设置时未按图集要求，随意性较大，操作工人责任心不够，依照建筑梁、板、柱等确定定位尺寸，水平方向、垂直方向出现偏差；管道支吊架间距不符合规定，管道投入使用后，重量增加；弯曲的管道在安装之前未调平、调直；支架安装前所定坡度、标高不准，安装时未及时纠正；支架埋设安装不平正、不牢固；支架固定方法不对，安装不符合要求；支架埋入深度不够，灌细石混凝土或砂浆时未捣实养护；未按要求设固定支架；使用后受外力作用而松动，造成支架不受力。

(3) 防治措施

①管道支架安装前，首先要根据图集要求对不同管径、不同走向、不同排列的单管、双管或多管设置吊架、托架或固定支架，做到规范化、统一化、标准化，减少施工的随意性；

②支架安装前应根据管道设计坡度和起点标高，算出中间点、终点标高，弹好线，固定支架时不能以楼板作为水平面，必须要吊垂线，然后再根据管径、管道保温情况，按“墙不作架、托稳转角，中间等分，不超最大”原则，并参照 GB 50242 规定的不同管径允许的最大间距，定出各支架安装点及标高进行安装；

③支架安装必须保证标高、坡度正确，平正牢固，与管道接触紧密，不得有扭斜、翘曲现象；弯曲的管道应在安装之前进行调直，不能用支架来调直管道；

④安装后如果管道产生“塌腰”现象，应拆除“塌腰”部分管道，增设支架，使其符合设计要求；

⑤固定支架必须按设计规定的位置安装，让管道平稳地敷设在支架横梁上，使每个支架都能受力；在有热位移的管道上，固定支架应在伸缩器预拉伸前固定；

⑥管道试用后，发现支架安装不符合规定或松动，应修整加固或重新安装。

2.1.10 塑料给水管道施工中应注意哪些事项？

①塑料给水管的管材和管件应具备卫生检验部门的检验报告或认证文件，具有质量检验部门的质量合格证，同时胶粘剂必须有出厂合格证等。

②管材和管件外观质量应满足要求，内外壁应光滑、平整、且无气泡、裂口、裂纹、脱皮和严重的冷斑及明显的痕纹、凹陷。

③管道安装前，必须清除管材和管件内外的污垢和杂物，安装过程中，应防止其与油漆、沥青等有机物接触。

④管道穿越墙壁、楼板时应预埋套管，管道嵌墙暗敷时应配合土建预留，若尺寸设计无规定时，其嵌墙宽度为 d_e＋60mm，深度为 d_e＋30mm。

⑤管道架空敷设时，架空管上部净空不宜小于 100mm。

⑥塑料管水平安装支架应符合表 2.1.10-1 的规定，若采用金属制作的管道支架，应在管道与支架间加衬非金属垫或套管。

塑料管管道支架的最大间距　　表 2.1.10-1

管径（mm）			16	18	20	25	32	40	50	63	75	90	110
最大间距（m）	立　管		0.7	0.8	0.9	1.0	1.1	1.3	1.6	1.8	2.0	2.2	2.4
	水平管	冷水管	0.5	0.5	0.6	0.7	0.8	0.9	1.0	1.1	1.2	1.35	1.55
		热水管	0.25	0.3	0.3	0.35	0.4	0.5	0.6	0.7	0.8		

⑦给水塑料管可以采用橡胶圈接口、粘接接口、热熔连接、专用管件连接及法兰连接等形式。塑料管与金属管件、阀门等的连接应使用专用管件连接，不得在塑料管上套丝。

⑧塑料给水管穿越地下室外墙应设金属防水柔性套管，穿越屋面处，应采取有效的防水措施。

⑨塑料给水管道应远离热源，管道与热源的距离应满足其技术要求，一般立管离灶边净距不得小于 400mm，与供暖管道的净距不得小于 200mm。

⑩安装质量标准及检验方法见表 2.1.10-2。

安装质量标准及检验方法　　表 2.1.10-2

项　目	质 量 要 求	检 验 方 法	检 查 数 量
水压和注水试验	在规定时间内，必须符合设计要求和规范规定	按系统检查分段试验记录	按系统全检查
坡　度	应符合设计要求和规范规定	检查测量记录或用水准仪（水平尺）直尺拉线和尺量检查	按系统内每 100mm 直线管段抽查 3 段。不足 100m 不应少于2段

续表

项目	质量要求	检验方法	检查数量
支、吊、托架安装	位置应正确，埋设平正、牢固，砂浆饱满，但不应突出墙面。与管道接触紧密、固定牢靠，并应垫以非金属垫片，铁锈、污垢应清除干净，油漆应均匀无漏	用手拉动和观察检查	按系统内支、吊、托架件抽查10%，但不得少于5件
热熔表面	应光洁，焊条排列均匀、紧密，宽窄应一致	观察检查	按系统内接口数抽查10%，但不应少于5件
粘　接	应牢固，连接件之间应紧密无孔隙		
丝　接	紧固管端应清洁不乱丝，并留2～3扣螺纹		
法兰盘（包括松套法兰盘）	对接应平行、紧密，垫片不应使用双层，与管道中心线应垂直。螺帽应在同一侧，螺栓露出螺帽的长度不应大于螺栓直径的1/2	用扳手拧试、尺量检查和观察检查	

2.1.11　钢塑复合管施工应注意哪些事项？

钢塑复合管既有塑料管的耐腐蚀性、钢管的强度，又有类似镀锌钢管传统的安装方法，但现场安装时还应注意以下几点：

①管端、管螺纹清理加工后，应进行防腐、密封处理，宜采用防锈密封胶或聚四氟乙烯生料带缠绕螺纹。

②钢塑复合管经切割、套丝、倒角、开孔并经清理后必须在裸露的金属面上均匀涂刷两遍进口专用防腐涂料，以防锈蚀及污染。

③若现场压槽涂层被破坏，需用火焰法将压稽处预热，均匀洒上同材料粉末，然后第二次加热至粉末呈熔融状态即可，加热时喷嘴距离管外壁约100mm，以免烧伤锌镍合金层。

④管道与配件连接完毕后，外露的螺纹部分、钳痕和表面损伤的部位应涂防锈密封胶。

⑤卡箍式连接的管道在压槽时，应掌握好沟槽的深度，标准深度见表2.1.11。

⑥钢塑复合管架空敷设时，管道支承架作法与安装镀锌钢管相同。

卡箍式连接管道压槽沟槽的标准深度　　表2.1.11

管径（mm）	沟槽标准深度（mm）	允许公差（mm）
*DN*80～*DN*150	2.20	+0.50
*DN*200～*DN*250	2.50	+0.50
*DN*300	3.00	+0.50

⑦架空敷设的钢塑复合管在可能结冰的情况下，需要保温，作法按常规；室内明露部分，要有防结露措施。

⑧内外涂塑钢塑复合管埋地敷设时，为防止结冰，要埋设在冰冻线以

下。敷设时首先要开挖沟槽，在设计无具体规定时，其沟底宽度应大于管道外径加0.3m；沟槽底应平整，并夯实；当遇到可能损伤管道的物体时应挖出，并深挖0.2m，然后铺垫细砂土并夯实至设计标高。埋地管道回填时，管顶上侧200mm以内的回填土不得有尖硬物，以免损坏管道涂塑层。

2.1.12 铜管施工中应注意哪些事项?

①安装前应仔细核对管材的牌号及合格证，外观应当满足以下要求：

a. 横向的突出高度和凹入深度不大于0.35mm；

b. 纵向划痕深度不大于0.03mm。

②管道的切断可采用钢锯，砂轮切割机，紫铜可采用等离子弧切割，打坡口时要用锉刀，不得用火焰切割的方法加工坡口。

③管道调直时，要用木榔头或橡皮锤轻轻敲击，逐段调直，在金属平台上调直时要用木板铺垫，以防止划伤管表面。

④铜管弯曲一般采用冷弯。

⑤薄壁铜管连接可采用承插焊接，当$DN \leqslant 32$mm时一般采用高熔点的锡焊条焊接，也可采用银焊或铜焊；当$DN>32$mm时，一般宜采用银焊或铜焊条焊接。

⑥铜管垂直或水平安装的支架间距应符合表2.1.12-1的规定。

铜管管道支架的最大间距　　表2.1.12-1

公称直径（mm）		15	20	25	32	40	50	65	80	100	125	150	200
支架最大间距	垂直管	1.8	2.4	2.4	3.0	3.0	3.0	3.5	3.5	3.5	3.5	4.0	4.0
	水平管	1.2	1.8	1.8	2.4	2.4	2.4	3.0	3.0	3.0	3.0	3.5	3.5

⑦铜管穿越墙及楼板时应加钢套管，套管间应填加绝缘物。

⑧安装质量标准及检验方法见表2.1.12-2。

安装质量标准及检验方法　　表2.1.12-2

项目	质量标准	检验方法	检查数量
管材、管件、焊接材料	型号、规格、质量必须符合设计要求和规范规定	检查合格证、验收或试验记录	按系统全部检查
焊缝表面	不得有裂纹、气孔和未熔合等缺陷	观察和用放大镜检查	按系统内管道焊口全部检查
焊缝探伤检查	黄铜气焊焊缝的射线探伤必须按设计或规范规定的数量检验	检查探伤记录，必要时可按规定检验的焊口数抽查10%	
焊缝机械性能检验	焊接接头的机械性能必须符合有关规范的规定	检查试验记录	
管道试压	管道的强度、严密性试验必须符合设计要求和规范规定	按系统检查分段试验记录	按系统全部检查
冲洗	管道系统必须按设计要求和规范规定进行冲洗	检查冲洗记录	

2.1.13 不锈钢管道施工中应注意哪些事项?

①安装前应对管道和阀件进行清洗，除去油渍和其他污物。

②不锈钢管与碳钢制品接触处应垫不含氯离子的橡胶、塑料、红柏纸或在钢法兰接触面涂以绝缘漆。

③不锈钢管采用焊接时，一般采用手工氩弧焊或手工电弧焊，焊条应在 150～200℃温度下干燥 0.5～1h，焊接环境温度不得低于－5℃。不锈钢焊缝上不允许打号，可用涂色等方法予以标记，焊条应与母材质相同。

④不锈钢管同一焊缝返修不应超过两次。

⑤不锈钢管道作水压试验时，水中氯离子含量不应超过 25×10^{-6}。

⑥不锈钢管道安装标准及检验方法见表 2.1.13。

不锈钢管道安装标准及检验方法 **表 2.1.13**

项　目	质 量 标 准	检 验 方 法	检 查 数 量
管材、管件、焊接材料	型号、规格、质量必须符合设计要求和规范规定	检查合格证、验收或试验记录	按系统全部检查
焊缝外观	表面及热影响区不得有裂纹、过烧；焊缝表面不得有气孔、夹渣等缺陷	观察和用放大镜检查。要求着色探伤者检查记录	按系统内管道焊口全部检查
氩弧焊缝	表面不得有发黑、焊渣和钨的飞溅物等缺陷		
焊缝无损探　伤	焊缝的射线探伤必须按设计要求或规范规定的数量检查。有特殊要求者，必须符合有关规定	检查探伤记录，必要时可按规定检验的焊口数抽查 10％	
焊缝机械性　能	焊接接头的机械性能必须符合规定	检查试验记录	
管道试压	强度、严密性试验必须符合设计要求和规范规定	检查分段试验记录	按系统全部检查
冲　　洗	管道系统必须按设计要求和规范规定进行冲洗	检查冲洗记录	
支、吊、托架安装	位置应正确、平正、牢固，与管道接触的垫板应和管道材质相同（也可用非金属垫板），且与管道接触紧密。滑动、导向支架的活动面与支承面接触良好，移动灵活。吊架的吊杆应垂直，丝扣完整，锈蚀、污垢应清除干净，油漆均匀，无漏涂，附着良好	用手拉动和观察检查	按系统内支吊、托架的件数各抽查 10％，但不应少于 3 件

续表

项目	质量标准	检验方法	检查数量
法兰连接	对接应紧密、平行、同轴，与管道中心线垂直。螺栓受力应均匀，并露出螺帽 2～3 丝扣，垫片安置正确。松套法兰管口翻边折弯处应为圆角，表面无褶皱、裂纹和损伤	拧试、观察和用尺检查	按系统内法兰的类型各抽查 10%，均不应少于 3 处
管道坡度	应符合设计要求和规范规定	检查测量记录或用水准仪（水平尺）检查	按系统内每 50m 直线段抽查 2 段，不足 50m 抽查 1 段

2.1.14 给水系统管道安装的允许偏差有哪些规定？如何检验？

（1）给水系统管道安装工程的允许偏差和检验方法见表 2.1.14。

给水管道安装的允许偏差和检验方法 **表 2.1.14**

项次	项目			允许偏差（mm）	检验方法
1	水平管道纵横方向弯曲	钢管	每米全长 25m 以上	1≤25	用水平尺、直尺、拉线和尺量检查
		塑料管复合管	每米全长 25m 以上	1.5≤25	
		铸铁管	每米全长 25m 以上	2≤25	
2	立管垂直度	钢管	每米 5m 以上	3≤8	吊线和尺量检查
		塑料管复合管	每米 5m 以上	2≤8	
		铸铁管	每米 5m 以上	3≤10	
3	成排管段和成排阀门		在同一平面上间距	3	尺量检查

（2）检验方法

1）检查数量：

①水平管道纵、横向弯曲按系统直线管段长度每 50m 抽查 2 段，不足 50m 不少于 1 段；穿越分隔墙管道，以隔墙为段数，抽查 5%，但不少于 5 段；

②立管垂直度：一根立管为 1 段，两层及其以上建筑物按层分段，各抽查 5%，但均不少于 10 段。

2）测量点长度与方法：

在 50m 长水平管段上测量时，每测点长不少于 5m；管段长小于 50m 时，测点长不小于 2m；管段长小于 2m，可不检查；分隔墙间的管段长度小于 5m，按全长测量。测量方法是在管子顶部，把两个等高支承点分别放在抽查管段的两端位置，测量两端之间的最大高度和最小高度，其差被测量管段长度相除，即得每 1m 的实际安装偏差。垂直立管测量时，管长小于 500mm，不检查；管长超过 500mm 时，按 500mm 长度算；管长超过 700mm以上时，可按 1000mm 计算；立管中有分支阀门等，仍按直管长度计算。立管垂直度测量方法是靠墙、柱等围护结构表面的立管，应测两点，即正面测一点，侧面测一点；沿墙角敷设的立管，应测两墙角间的正面点。

2.1.15 怎样控制给水管道安装质量？如何防治安装质量通病？

（1）给水管道流水不畅或堵塞

1）现象：

给水管道安装后通水，水流不畅，甚至有堵塞。

2）原因分析：

①管道安装前未清除管内杂物和断口毛刺，螺纹接口处聚四氟乙烯生料胶、麻丝、白漆等填料挤入管内；沟槽或法兰连接橡胶密封圈滑入管内，热熔连接温度过高管头粘在一起；

②施工中甩口、管口未及时封堵或封堵不严；给水箱使用前未冲洗或冲洗不净，使用后未及时加盖致使杂物落入，阀门阀板脱落等，堵塞管道；

③通水前管道系统未冲洗或冲洗不干净。

3）防治措施：

①管道安装前，必须除尽管内杂物、勾钉和断口毛刺；使用管子割刀切断管子时，管口易产生缩口现象，一般应用管铣再扩口一下，以保证断面不缩小；对已使用过的管道，应绑扎钢丝刷或扎布反复拉拖，清除管内水垢或杂物；

②螺纹接口用的白漆、麻丝等缠绕要适当，不得堵塞管口或挤入管内；沟槽或法兰连接时要注意把橡胶密封胶圈全部压入沟槽内，热熔连接时要控制好温度时间，以防管头因温度过高而粘接，致使管道堵塞或流水不畅；

③管道在施工时须及时封堵管口，以防交叉施工时灰浆、石块等杂物、异物落入；给水箱安装后，要清除箱内杂物，及时加盖；

④管道施工完毕后应按设计或施工验收规范要求对系统进行水压试验，在系统投入使用前应用水反复对系统进行冲洗；

⑤当发现管道流水不畅或有堵塞时，必须仔细观察，用榔头敲打判断堵塞点，然后拆开疏通；若阀板脱落，拆开阀门修复或更换合格阀门装好。

（2）给水管道渗漏

1）产生部位：

①管道连接处；

②管道与器具（配件）连接处。

2）原因分析：

①给水管道投入使用前没做水压试验，或试验不合格就投入使用；

②管材和器具（配件）不合格，预制管段和管件保管不善，导致损坏，但仍用于管道安装；

③截管时，切口不平齐，有飞边和毛刺；

④管道螺纹连接接口不牢固、严密性差；沟槽或法兰连接时，橡胶密封胶圈老化或滑入管内，螺栓紧固时不牢；热熔连接时温度时间控制不好，致使管道熔坏或连接不牢脱落；

⑤管道与器具给水阀门、水龙头、水表等连接不牢；

⑥管道坡度不符合要求，试压或吹洗后不能排净存水，冬期管道及管件内有存水，但没有保温措施，导致冻裂；

⑦管道支（托）架安装不牢，管道产生沉陷情况，拉坏接口。

3）防治措施：

①管道安装完毕，必须进行水压试验，试验合格后再涂刷防腐涂料或包扎保温材料，然后才准许投入使用。如果有隐蔽管道，要做好隐蔽前的各种试验记录；

②必须选用合格管材、器具及配件；如果有预制管段、管件，应妥善保管，防止损坏、破裂导致渗漏；

③截管时，切口必须平齐，并要清掉毛刺、飞边，一旦产生缩径，必须进行扩径；

④管道安装接口必须牢固、严密。具体要求见 1.0.15 条问答；

⑤管道与器具（配件）连接必须牢固、严密：

a. 给水配件应与卫生器具配套，并采用定型合格产品，给水配件安装必须严密，严禁渗、漏；

b. 坐便器的连接组装必须牢固，螺纹扣接点应具有良好的密封性，严禁有渗水漏水现象；

c. 蹲便器严禁采用普通阀门，安装冲洗阀时，要在阀下设防污器（即空气隔断），防止生活用水被污染；

⑥管道支、吊、托架必须安装牢固，并且要与管道贴紧；

⑦管道坡度必须正确，一般为 2%～5%，以便于水压试验或冲洗试验后能把管内存水排净，防止冬季冻裂管道及器具、配件。

2.1.16　防水套管安装的技术要求是什么？如何防治质量通病？

防水套管一般分为刚性防水套管和柔性防水套管两种形式，刚性套管一般用于穿越建筑物混凝土基础、墙体、水池的管道；柔性套管多用于穿越防水要求严格的基础、水池等处管道。套管在制作时应按图纸及标准图集要求加工；安装时，应核对标高位置。

（1）技术要求

①穿越地下室、地下墙基或水池壁、底的防水套管，均应在混凝土浇筑前埋置好。套管的固定可加焊固定钢筋连接于混凝土钢筋上，套管与钢模板结合处可点焊定位。防水套管在非混凝土墙壁上，应在套管埋设部位浇筑混凝土墙，范围比套管的翼环直径大 200mm。

②防水套管应垂直墙面水平埋设，或根据穿管的坡度要求设置相应的坡度。若套管与墙壁有一定夹角斜置，套管长度应相应加长至两端管口与墙面平。

③柔性防水套管埋设时，压盘和胶圈应取下，另行保管，翼盘上螺孔用油纸塞好保护（或用黄油脂涂满保护），待到管道安装时，将翼盘螺孔清理干净，压盘、胶圈套在管道上，然后将管道穿入套管找正找平，最后用压盘将胶圈压入环行间隙，压盘的压紧螺栓，十字交叉对称压紧。

④刚性防水套管有Ⅰ～Ⅳ型，安装时应符合如下要求：

a. Ⅰ型套管为铸铁双承接轮，用于铸铁管道，墙厚应与双承接轮长度同，墙厚不足时应加厚，加厚部位直径应大于双承接轮外径 300mm；

b. Ⅱ型套管为带阻水翼环的钢套管，用于非金属管道，墙厚应不小于 200mm，墙厚不足时应加厚，加厚部位直径应大于翼环直径 200mm；

c. Ⅲ型为焊接阻水翼环的预埋钢管，两端与管道焊接连接，墙厚应不小于200mm，墙厚不足时与Ⅱ型套管一样加厚。Ⅲ型预埋钢管长度应每端出墙面300mm，便于焊接操作，若水池内口不连接管道的，预埋钢管应与墙面平；

d. Ⅳ型为焊有阻水翼环的钢套管，适用于钢管道，要求墙厚不小于200mm，墙厚不足时与Ⅱ型套管一样加厚。

⑤管道穿入Ⅰ、Ⅱ、Ⅳ型刚性套管找平找正后，套管与管道的环形间隙中间部位填嵌油麻，两端用石棉水泥或自应力水泥填塞捻打密实（图1.0.11)。

(2) 质量通病防治

①现象：

a. 套管尺寸大小不符合要求；

b. 套管的位置、标高不符合设计要求；

c. 有坡度要求的管道穿越基础、隔墙未放坡度或倒坡；

d. 套管受力变形造成渗水。

②原因分析：

a. 放置套管时，套管尺寸按照穿越的管道尺寸未加大，套管放置时固定不牢，造成移位；

b. 套管的位置、标高未按照设计和现场要求，随意放置；

c. 未考虑管道坡度，工作责任心不够；

d. 翼环选用的板厚不符合要求。

③预防措施：

a. 预埋套管时，应核对套管尺寸与穿越的管道管径是否对应，套管放置时要采取有效措施固定牢固；

b. 套管的位置、标高应严格按照设计要求放置，浇筑混凝土时要有专人看护；

c. 有坡度要求的管道穿越基础、隔墙放置套管时根据穿管的坡度要求放置相应的坡度；

d. 套管翼环板厚的选用应根据不同管径按照标准图集要求选用；

e. 柔性套管的密封填料和压盘安装要符合要求。

2.1.17 普通套管安装的技术要求是什么？如何防治质量通病？

普通套管一般适用于穿越没有防水要求的墙体、楼板等处的管道，施工时应及时配合土建施工预埋套管。

(1) 技术要求

①安装在墙壁内的套管，宜在墙壁砌筑时或浇筑前预埋，也可待墙壁砌好后打洞，用砂浆预埋。过墙套管应垂直墙面水平预埋，套管两端与墙饰面齐平。穿墙套管与管道之间缝隙宜用阻燃密实材料填实，且端面须光滑。

②穿越楼板的套管应在地面抹灰或铺饰面之前埋置，套管底部应与楼板底面相平，安装在楼板内的套管，其顶部应高出装饰地面20mm；卫生间及厨房内的套管，其顶部应高出装饰地面50mm。楼板套管的固定，可在套管两侧地面高度处焊两根圆钢，搁置在地面上，然后用砂浆封堵洞隙，若洞隙较大，板底加托板，托板用铁丝吊在套管两侧的圆钢

上，然后灌细石混凝土封堵。封堵前须用水冲洗，楼板堵洞宜采用二次灌堵，且抹面平整。穿过楼板的套管与管道之间缝隙应用阻燃密实材料和防水油膏填实，端面须光滑。

③管道的接口不得设在套管内。

(2) 质量通病防治

①现象：

a. 管道安装时，穿过楼板、剪力墙处开洞、割筋；

b. 套管的尺寸、位置、标高不符合要求；

c. 保温管道穿墙处结露；

d. 管道与套管之间渗水；

e. 套管与楼板接触处渗水。

②原因分析：

a. 管道穿墙、楼板处施工时，未按设计和规范要求设置套管；图纸要求了解不全，漏放、错放套管；

b. 操作人员未按图纸、规范要求施工，技术人员检查不到位；

c. 保温管道在安装之前，未设置套管，或设置的套管尺寸未考虑保温要求，套管内管道未保温；

d. 套管未出装饰面，套管穿卫生间、厨房间出地面高度不够，管道与套管之间未用阻燃密实材料和防水油膏填实；

e. 套管吊模不到位，吊模未分两次灌堵，吊模后未浇水养护。

③预防措施：

a. 在主体施工时，全面认真熟悉图纸要求，密切配合土建施工放置套管；

b. 施工之前，技术人员与操作人员进行技术交底，需要预留套管的位置，在施工图纸上标注尺寸、标高、轴线位置，施工中跟踪检查，没有技术人员的签字，不得隐蔽；

c. 保温管道在安装时，预先考虑穿墙、穿楼板的套管，并要满足保温层的厚度要求；

d. 穿越楼板的套管应在地面抹灰或铺饰面之前埋置，套管底部应与楼板底面相平，安装在楼板内的套管，其顶部应高出装饰地面 20mm，而在卫生间及厨房内的套管，其顶部应高出装饰地面 50mm。套管与管道之间缝隙应用阻燃密实材料和防水油膏填实，端面须光滑。

e. 套管吊模之前，需将套管周边的混凝土凿毛，且须用水冲洗；吊模宜采用细石混凝土二次灌堵，完成后浇水养护并用水试验，确保套管与楼板之间贴实，不渗不漏。

2.1.18 给水管道水压试验有何规定？如何进行水压试验？

水压试验是对管道接口、管材及阀门的强度和严密性的检验，也是工程验收之前必须进行的一个主要控制项目。

(1) 水压试验标准的规定

给水管道的水压试验必须符合设计要求。当设计未注明时，各种材质的给水管道系统的试验压力均为工作压力的 1.5 倍，但不得小于 0.6MPa。

检验方法：金属及复合管给水管道系统在试验压力下观察 10min，室内管道压力降不应大于 0.02MPa；室外管道压力降不应大于 0.05MPa；然后降到工作压力进行检查，应不渗不漏；塑料管给水系统应在试验压力下稳压 1h，压力降不得超过 0.05MPa，然后室内管道在工作压力的 1.15 倍状态下稳压 2h，压力降不得超过 0.03MPa，同时检查各连接处不得渗漏；室外管道降到工作压力进行检查，压力应保持不变，不渗不漏，并做好检验记录。

（2）水压试验

①水压试验要有批准的试验方案，试验人员应分工配合，各负其责，熟悉工作范围，掌握试验标准；

②试验管道系统和设备的中间控制阀门应全部开启，预留管口要封堵；

③向试验管道系统和设备注水时，应先开启高处排气阀门排气，并由下至上向管道系统注水，待水注满后，关闭进水阀，稳定半小时后继续向系统注水，以排气阀出水无气泡时为准，最后关闭排气阀；

④向管道系统和设备加压，启动加压泵加压，先缓慢升压至工作压力，停泵检查，观察各部位应无渗漏，压力不降后，再升压至试验压力，停泵稳压，按批准的试验方案进行全面检查。在确认管道系统和设备试验合格后，降至工作压力，再做长时间的检查，确认全系统各部位仍无渗漏、无裂纹，则管道系统的严密性和承压能力合格。经现场参加试验验收的各方同意后，待工作压力逐渐降至零，填写试验记录。

（3）注意事项

①验收前要全面检查管材、阀件、支架是否符合设计和规范要求，管道不应涂漆和保温；

②管道系统各分支的最高点应设放气阀，最低点设泄水阀；

③对于高层建筑，可根据管道布置采用分层或分区做，合格后再按系统整体试验；对于位差较大的管道系统，要考虑静压的影响，以最高点的压力为准，但最低点的压力不得超过管道附件及阀门的额定压力；

④选用试验压力表时，一般选用精度不应低于 1.5 级，量程为试验压力值 1.5～2 倍的压力表；

⑤水压试验时，严禁对管身、接口进行敲打或修补缺陷，遇有缺陷时，应作出标记，卸压后修补；

⑥冬季试验时要有防冻措施。

2.1.19 为什么生活给水管道安装完成后要进行冲洗、消毒和通水试验？如何进行？

根据《建筑给水排水及采暖工程施工质量验收规范》GB 50242—2002 规定：生产给水系统管道在交付使用前必须冲洗和消毒，并经有关部门取样检验，符合国家《生活饮用水卫生标准》GB 5749—2006 方可使用，管道冲洗和消毒是施工验收的强制性要求项目。管道冲洗和消毒的目的是保证给水管网的洁净、防止管腔内积存脏物、杂质和滋生微生物及细菌，同时还规定，给水管道应进行通水试验，防止管道或设备被堵塞影响使用，保证满足给水要求。

（1）管道冲洗

①冲洗要在给水管道试压后、竣工验收前进行；

②冲洗时要避开用水高峰期，保证冲洗的强度；

③给水管道系统各环路阀门启闭灵活、可靠，且不允许冲洗的设备与冲洗系统隔开，临时供水装置运转正常，增压水泵性能符合要求，扬程不超过工作压力，流速不低于工作流速，冲洗水能排出；按分区、分段冲洗，在冲洗前应将系统内孔板、喷嘴、滤网、节流阀、水表等全部卸下，等冲洗后再复位；

④先冲洗底部干管，后冲洗水平干管、立管、支管，由给水入口至控制阀的前面接上临时水源，向系统供水，关闭其他支管控制阀门，只开启干管末端最底层的阀门，由底层放水并引至排水系统；启动增压水泵向系统加压，由专人观察出口水质水量情况，出水速度如无设计规定时，应按不小于 1.5m/s 的出水水流速度冲洗。底层主干管冲洗合格后，按顺序冲洗其他各干、立、支管，直至全部系统管道冲洗完毕为止，冲洗后，如实填写冲洗记录，然后将拆下的部件仪表及器具复位，检查验收人员签字；

⑤注意事项：

a. 冲洗排出管管道断面不应小于被冲洗管段最大断面的 60%，一般冲洗排出管管径比被冲洗管段最大管的管径小一号；

b. 冲洗时，管道阀门应全部打开，冲洗后应将管道中的水泄空，以免积水冻坏管道。

（2）管道消毒

管道消毒应采用含量不低于 20mg/L 的氯离子溶液浸泡 24h 后，然后再冲洗，直至水质检验部门取样化验合格为止。

（3）通水试验

给水系统在竣工验收时根据设计要求应同时开放最大数量的配水点，检验是否全部达到设计额定流量。

①根据设计要求同时开放的配水点，均开启至最大流量，从中选有代表性的几个配水点作检测。设计未明确同时开放配水点数量时，可以开启全系统三分之一的配水点；

②用一定容量的水桶，在检测配水点盛水，测定盛满水的时间，计算出实际流量是否符合设计额定流量。允许偏差不大于 10%。

2.1.20 室内给水管道的防腐应注意哪些事项？

室内给水管道防腐应注意以下几个方面：

①钢管和铸铁管要做外防腐，一般采用加强型石油沥青或环氧煤沥青防腐。

②敷设在找平层内或管槽内的金属给水管也要考虑外防腐问题，一般采用刷石油沥青或环氧煤沥青防腐。

③钢塑复合管，镀锌钢管套丝扣时，被破坏的镀锌层表面及外露螺纹部分应做防腐处理，镀锌钢管与法兰的焊接处应二次镀锌。

④一般室内给水钢管、钢支架等外表面要进行防腐处理。明装管道必须涂刷一道防锈漆，两道面漆，以起到装饰和标志作用；暗装管道必须涂刷二道防锈漆。

⑤管道连接采用焊接方式时，为防止发生腐蚀，一般焊缝的金属性能和化学成分采用与母材相同或相近的材料。

⑥采用不锈钢管道，为防止腐蚀，要注意不锈钢管一般不宜直接与碳素钢管件焊接，若必须焊接，必须采用异种钢焊条或不锈钢焊条；不锈钢管与碳钢制品接触处应衬垫不含

氯离子的橡胶、塑料、红柏纸或在钢法兰接触面涂上绝缘漆；由于不锈钢管在预制加工、焊接过程中，会使管道表面的氧化膜损坏或氧化，也会有其他不耐腐蚀的颗粒附着在管子表面引起局部腐蚀，所以不锈钢管要进行酸洗钝化处理。

2.1.21 高层建筑对消防水箱设置高度有什么要求?

《高层民用建筑设计防火规范》GB 50045—95 第 7.4.7 条规定：采用临时高压给水系统（独立设置或区域集中）的高层建筑物应设置高位消防水箱。消防水箱的主要作用是供给高层建筑初期火灾时消防用水水量，并保证相应的水压要求。

消防水箱的设置高度主要与建筑物高度有关。当建筑高度不超过 100m 时，高层建筑最不利点消火栓静水压力不应低于 0.07MPa；当建筑高度超过 100m 时，高层建筑最不利点消火栓静水压力不应低于 0.15MPa。当高位水箱不能满足上述静压要求时，应设增压设施。根据《高层民用建筑设计防火规范》GB 50045—95 7.4.8 条规定：设有高位消防水箱的消防给水系统，其增压设施应符合如下规定：

①增压水泵的出水量，对于消火栓给水系统不应大于 5L/s；对于自动喷水灭火系统不应大于 1L/s。

②气压罐的调节水容量 450L。

2.1.22 箱式消火栓安装如何防治安装质量通病?

(1) 现象

①消火栓栓口朝向不对；

②栓口中心距楼地面标高、箱底标高、栓口距箱后面及侧面距离不符合规范要求；

③水龙带不按规定放置；

④栓口接管与箱底留孔间隙未进行防火封堵；

⑤暗装的消火栓箱箱体变形，箱门开启不灵。

(2) 原因分析

①未按规定安装；

②安装箱体及栓口时，未考虑装饰层厚度；栓口安装时，未按规定尺寸施工；

③施工时不认真；

④不符合消防要求；

⑤消火栓箱洞口上部不设置过梁，箱体受到荷载变形，导致箱门开启不灵。

(3) 预防措施

①箱体厚度不得小于 240mm，满足栓口朝外安装的技术规定；

②栓口中心安装高度为 1.1m，允许偏差为 20mm，安装时要考虑装饰层的厚度；消火栓阀中心距箱后内表面为 100mm；阀门距箱侧面为 140mm；箱底安装高度为 0.95m，若带自救式卷盘，箱底安装高度为 0.90m；

③水龙带应根据箱内构造，挂在箱内的挂钩或水龙带盘上；

④按照消防要求，应用防火材料将栓口接管与箱底留孔间隙进行防火封堵；

⑤消火栓箱体上部应设置过梁，防止箱体受压变形，影响箱门的开启。

2.1.23　室内消火栓系统安装完成后为什么必须做试射试验？试射试验如何进行？

根据《建筑给水排水及采暖工程施工验收规范》GB 50242—2002 4.3.1 规定：室内消火栓系统安装完成后，应取屋顶层（或水箱间内）试验消火栓和首层两处消火栓做试射试验，达到设计要求为合格。由于受到建筑物内布局、分隔及建筑物层高的影响，室内消火栓能不能覆盖整个建筑的防火区，取用是否方便可靠，水压和出水量是否满足设计要求，应通过实测检验，但不可能对消火栓逐个试射，故取用有代表性的三处：屋顶层（或水箱间内）试验消火栓和首层两处消火栓做试射试验。屋顶层的试验消火栓试射可测消火栓出水流量和压力（充实水柱）是否满足设计要求，首层取两处消火栓试高压，可检验两股充实水柱同时到达消火栓应到达最远点的能力。对高层分区的室内消火栓系统，每个分区的最低层和最高层室内消火栓也要进行试射。

试射试验

①试射前的准备工作：

a. 试射试验要有批准的方案，试射人员要能正确使用水枪，能正确判断充实水柱长度；

b. 找好试射场地，试射现场一定要有人值班，屋顶应向院内无人停留处试射；首层要选择未装修、无任何设备、物资的部位试射，找好排水出路；

c. 屋顶消火栓压力表应经校验，指针转动灵活、准确；首层消火栓栓口压力应不低于 0.5MPa。

②试射步骤：

选定消火栓⟶开启消防泵加压⟶控制指定部位试射⟶认定试射结果⟶试射结束⟶记录；

③试射的充实水柱要密实，不散花，充实水柱实射长度要符合设计要求，设计无要求时，应符合表 2.1.23 的规定。

室内消火栓充实水柱长度表　　表 2.1.23

建筑物性质	充实水柱（m）	建筑物性质	充实水柱（m）
建筑高度≤24m 的多层建筑、体积≤5000m³ 的库房	≥7	甲、乙类厂房、超过四层的厂房和库房	
超过 6 层的多层民用建筑、高度小于 100m 的高层建筑	≥10	高度大于 100m 的高层建筑	≥13
		高层工业建筑、高架库房	

④在消防竣工平面图上确定首层试射的消火栓（任意两个相邻的室内消火栓），找到其应到达最远点的房间和部位；屋顶试射要检查压力表及去屋顶的门窗是否均已打开。

⑤找到首层拟选的消火栓打开消火栓箱，取下消火栓水龙带迅速接好栓口和水枪，打开消火栓阀门，立即拉到要测试的房间和部位，按水平向上 30°～45°角试射，按下消防泵启动按钮，观察两股水柱是否同时达到，目测充实水柱长度，并做好记录；试射屋顶层试验消火栓时，与首层步骤相同，同时观察压力表读数是否满足设计要求。

⑥试射完毕后，关闭消防水泵，将消火栓水枪、水带等恢复原状，及时排水，清理现场。

2.1.24 常用的水喷淋灭火喷头有几种型式？其安装有哪些要求？

（1）水喷淋灭火喷头按系统可分三类

①闭式喷头：适用于湿式、干式、干湿式自动喷水灭火系统；

②开式喷头：适用于水幕系统和雨淋喷水灭火系统；

③特种喷头：适用于扑灭高架仓库的深层火灾、电器设备火灾的自动喷水灭火系统。

（2）常用的喷头按安装和布水形式

①标准型喷头：

a. 直立型：喷头向上安装，适用于明装管道的场所；

b. 下垂型：喷头向下安装，适用于暗装管道或有吊顶的场所；

c. 普通型：喷头可上、下安装。

②装饰性喷头：

a. 隐藏式喷头：喷头只露出有效布水部分；

b. 密封式喷头：火灾时，热敏密封盖自动掉落弹出喷头喷水灭火；

c. 边墙式喷头：适用于无吊顶的旅馆客房和无法布置直立型、下垂型喷头，或无法布置代水幕用的加密喷头的地方。

（3）喷头安装

①喷头安装应在系统试压、冲洗合格后进行；

②喷头安装时宜采用专用的弯头、三通；

③喷头安装时，不得对喷头进行拆装、改动，并严禁附加任何装饰性涂层；

④喷头安装应使用专用扳手，严禁利用喷头的框架旋拧；喷头的框架、溅水盘产生变形或释放原件损伤时，应采用规格、型号相同的喷头更换；

⑤当喷头的公称直径小于 10mm 时，应在配水干管或配水管上安装过滤器；

⑥安装在易受机械损伤处的喷头，应加设喷头防护罩；

⑦喷头安装时，溅水盘与吊顶、门、窗、洞口或墙面的距离应符合设计要求；

⑧当喷头溅水盘高于附近梁底或高于宽度小于 1.2m 的通风管道腹面时，喷头溅水盘高于梁底、通风管道腹面的最大垂直距离应符合表 2.1.24-1 的规定；

喷头溅水盘高于梁底、通风管道腹面的最大垂直距离 表 2.1.24-1

喷头与梁、通风管道的水平距离（mm）	喷头溅水盘高于梁底、通风管道腹面的最大垂直距离（mm）	喷头与梁、通风管道的水平距离（mm）	喷头溅水盘高于梁底、通风管道腹面的最大垂直距离（mm）
300～600	25	1200～1350	180
600～750	75	1350～1500	230
750～900	75	1500～1680	280
900～1050	100	1680～1830	360
1050～1200	150		

⑨当通风管道宽度大于 1.2m 时，喷头应安装在其腹面以下部位；

⑩当喷头安装在不到顶的隔断附近时，喷头与隔断的水平距离和最小垂直距离应符合表 2.1.24-2 规定。

喷头与隔断的水平距离和最小垂直距离　　表 2.1.24-2

水平距离（mm）	150	225	300	375	450	600	750	>900
最小垂直距离（mm）	75	100	150	200	236	313	336	450

2.1.25　自动喷水灭火管网安装应注意哪些事项?

自动喷水灭火系统管网安装时要注意以下几方面：

（1）管材、管件及连接方式

①施工时所用的管材和管件，在施工前应清除管内外的脏物和异物，并校直管道；

②用在有腐蚀性环境内的管道、管件以及埋地管道，安装前必须进行防腐处理；

③管道应采用钢管，其材质应符合《输送流体用无缝钢管》GB/T 8163—1999，《低压流体输送用镀锌钢管》GB/T 3091—2001 的要求；

④管网安装应采用螺纹、沟槽式管接头或法兰连接，连接后均不得减少过水断面面积；管内壁不得有毛刺、铅油及麻丝等杂物；

⑤管道变径时，应采用异径管或异径管件，不得采用补芯。

（2）管道敷设

①管道一般应明设，横干管可以安装在地下室、技术层、管廊或楼层的顶板下、吊顶内，也可沿地面的管沟敷设，主立管应安装在管道竖井或沿墙面敷设；

②管道不应安装在水泵的正上方，不应成为疏散通道的凸出物，不应埋设在地板结构层内，不应穿越变配电室、风管、烟道和排水沟道等；

③管道穿越墙体和楼板时，应加设钢套管，钢套管与管道的间隙应采用不燃的纤维填料填实，并用弹性油灰封口；

④管道穿越地下室的外墙、地下构筑物的墙壁或水池（箱）时，应在墙壁、池壁、箱体上设防水套管；

⑤主干管穿越沉降缝、变形缝等时，应采取补偿措施，可安装柔性短管或制作弹性Π型管（参见图 1.0.14-1～图 1.0.14-3）；

⑥管道穿越基础、承重墙、沉降缝等时，管顶距结构的净距离应不小于 100mm；

⑦地上的消防管道应涂以红色或红色环道，以区别于其他管道。

（3）管道的技术要求

①水平安装的管道宜有坡度，并应坡向泄水阀。充水管道的坡度不宜小于 2‰，准工作状态不充水的管道坡度不宜小于 4‰；

②管道安装位置应符合设计要求，当设计无要求时，管道中心与建筑结构的最小距离应符合表 2.1.25-1 的要求；

管道中心与建筑结构的最小距离　　表 2.1.25-1

公称直径（mm）	25	32	40	50	70	80	100	125	150	200
距　离（mm）	40	40	50	60	70	80	100	125	150	200

③末端试水装置的连接管，其管径不应小于 25mm；

④干式系统、预作用系统的供气管道，采用钢管时，管径不宜小于 15mm；采用铜管

时，管径不宜小于10mm。

(4) 管道的支、吊架和防晃架

①管道应固定在建筑结构上，支撑点应能承受充满水的管重再加上114kg的附加荷载；管道的支、吊架的间距应满足表2.1.25-2的要求；

管道支架或吊架的间距 **表2.1.25-2**

公称直径（mm）	25	32	40	50	70	80	100	125	150	200	250	300
距离（m）	3.5	4	4.5	5	6	6	6.5	7	8	9.5	11	12

②设管支、吊架时应不影响喷头的喷水效果，一般吊架与喷头的距离不宜小于300mm，与末端喷头的距离不应大于750mm；

③在$DN \geqslant 50$悬吊管道的每段配水干管或配水管上应至少设置一个防晃支架。防晃支架应承受管道、配件和管内水重的总重量的50%的水平方向推力，而不产生永久变形或损坏。应在立管的底部和顶部设固定支架，楼层间要隔层设固定支架；

④在坡度较大的屋面板或楼板下面安装配水管时，应采取防止管道下滑措施。

2.1.26 报警阀的安装应符合哪些要求？

报警阀是自动喷水灭火系统中的重要阀件，在安装时应符合以下要求：

1）应先安装水源控制阀和报警阀，并保证水流方向正确；再进行报警阀的辅助管道连接，并在安装前进行管道冲洗，避免泥沙污物沉积，堵塞报警阀的环形槽。

2）报警阀应安装在明显、便于操作、且无冰冻危险的地方。距地面高度为1.2m左右，两侧距墙不少于0.5m，正面距墙不小于1.2m，安装报警阀的位置应有排水设施。

3）一个报警阀组控制的喷头数应满足以下规定：

①湿式系统、预作用系统不宜超过800只；干式系统不宜超过500只；

②当配水支管的喷头同时保护吊顶上方和下方空间时，应将数量较多一方的喷头数计入报警阀组的控制的喷头总数。

4）每个报警阀组供水的最高与最低位置的喷头，其高差不宜大于50m。

5）水力警铃的工作压力不应小于0.05MPa，并且应设在有人值班的地点附近，或过道、走廊处，与报警阀有连接的管道，其管径为DN20mm，总长度不宜大于20m。

6）报警阀组附件的安装应符合下列要求：

①安装在报警阀上的压力表应便于观测；

②排水管和试验阀应安装在便于操作的位置；

③水源控制阀安装应便于操作，且应有明显开闭标志和可靠的锁定设施；

④应在报警阀组系统一侧，安装系统调试、供水压力和供水流量检测用的仪表、管道及控制阀，管道过水能力应与系统过水能力一致；当供水压力和供水流量检测装置安装在水泵房时，应在报警阀组系统一侧安装控制阀门。

7）湿式报警阀组的安装应符合下列要求：

①应使报警阀前后的管道中能顺利充满水；压力波动时，水力警铃不应发生误报警；

②在报警水流通路上的过滤器前方，要有便于排渣操作的空间。

8）干式报警阀组的安装应符合下列要求：

①应安装在不发生冰冻的场所；

②安装完成后，应向报警阀气室注入高度为50～100mm的清水；

③充气连接管接口应在报警阀气室充注水位以上部位，且充气连接管的直径不应小于15mm；止回阀、截止阀应安装在充气连接管上；

④气源设备的安装应符合设计要求和国家现行有关标准的规定；

⑤安全排气阀应安装在气源与报警阀之间且靠近报警阀的位置；

⑥加速排气装置应安装在靠近报警阀的位置，且应有防止水进入加速排气装置的措施；

⑦低气压预报警装置应安装在配水干管一侧；

⑧下列部位应安装压力表：

a. 报警阀充水一侧和充气一侧；

b. 空气压缩机的气泵和储气罐上；

c. 加速排气装置上。

2.1.27　雨淋阀组的安装应符合哪些要求？

雨淋阀组是自动喷水灭火系统、预作用系统、循环灭火系统等闭式系统的重要组件，其安装应符合以下要求：

①雨淋阀组应设置在专用阀室内，环境温度不得低于4℃；

②阀组应尽量设置在靠近保护区域、便于操作的地方，应急手动阀应在火灾时能安全接近并方便及时操作；

③雨淋阀组开启控制装置应安全可靠；

④预作用系统雨淋阀组后的管道若充气，其安装应按干式报警阀组有关要求进行；

⑤雨淋阀组安装时，雨淋阀中心距地面的高度应为1.2m，两侧距墙的距离不应小于0.5m，正面应有不小于1.2m的空间；多组雨淋阀排列设置时，阀间净距不应小于0.5m；

⑥雨淋阀组设有试验阀及回流阀时，应注意保持操作阀门中心的离地高度不超过规定，试验阀的高度不大于1.7m；

⑦水源控制阀应有明显的启闭标志和锁定装置；

⑧水力警铃应安装在公共走道（廊）或值班室的外墙上，并须安装检修和试验用的阀门；保证当水进入系统侧的管线达到阀瓣组件上面0.5m以上高度时，水力警铃报警，水力警铃管道采用镀锌钢管，当长度小于6m时，采用*DN*15mm的，当长度不大于20m时，采用*DN*20mm的，水力警铃的启动压力不应小于0.05MPa；

⑨由传动腔引出的传动管上的电磁阀，应竖直安装在水平管道上，防止偏心磨损；

⑩雨淋阀安装处应有排水设施，采用有组织排水。

2.1.28　为什么自动喷水灭火系统中必须设置水流指示器和信号阀？二者安装时有何要求？

水流指示器是以系统水流推动机械装置发出信号的专用组件，它反映管内水的定向流动状态，显示闭式喷头的动作区或开式喷头的工作状态，实现报警的目的，因此是自动喷水灭火系统的重要组件，在自动喷水灭火系统中是必须设置的组件。

信号阀是安装在水流指示器之前，控制所在管道区域的供水和检修，属常开阀门，是安全信号阀，它利用电信号显示阀门的启闭状态，管理人员从信号显示装置上可以得知阀门的开关状态和开启程度，以防阀门误动作，提高消防供水的安全度。信号阀也是自动喷水灭火系统的重要组成部分，必须设置。

安装要求：

①水流指示器的最大工作压力为1.2MPa；

②水流指示器在水冲击试验中，受到水冲击后应能迅速复位；

③水流指示器在2.4MPa水压下，持续5min，不得有破裂渗漏、永久变形和损坏等情况；

④水流指示器进行绝缘电阻测定时，在规定部件之间的绝缘电阻应大于2MΩ；

⑤水流指示器要在管道试压冲洗后方可安装；并应安装在水平管道上，竖直正装，不能倒装和侧装；若安装在立管上，水流必须是从下向上流动；

⑥水流指示器的上部应有足够的空间便于检修和调整；

⑦水流指示器应安装在信号阀的下游，距信号阀不宜小于300mm，防止阀后涡流影响，便于检修和更换；

⑧安装水流指示器时，浆片或膜片一般宜垂直管道，不能反装，离管底应有足够的间隙和距离，保证浆片或膜片动作灵活，不允许有擦伤，安装后不得有渗漏；

⑨水流指示器一般明设，若在吊顶内安装必须标明水流指示器的位置；

⑩一个水流指示器只能控制监视一个支系的管网，这个支系的管网不应跨越楼层和防火分区；若一个防火分区内设置若干个水流指示器，则各水流指示器控制监视的枝状管系不允许交叉；

⑪在仓库货架内设喷头和顶板下设喷头的，为正确判断火灾发生的部位和喷头的工作状态，货架内的喷头与顶板下的喷头应分别设置水流指示器；

⑫必须按电器元件接线图焊接，不得有虚焊，焊好后应将元件脚用绝缘软管套封，防止转架碰接短路，外露导线需要留足长度，金属表面应除锈涂漆。

2.1.29　自动喷水灭火系统中为何必须安装排气阀？其安装有何要求？

（1）为何必须安装排气阀自动喷水灭火管网设置排气阀的主要目的是防止管道被腐蚀，防止影响系统动作，防止管道和附件被损坏。自动喷水灭火系统在伺服状态时，管网顶部会聚集被压缩的空气，随着环境温度的变化，会对管道产生化学腐蚀和电化学腐蚀；当管网内有空气时，整个管网系统不能充满消防用水，特别是上层管网，当有火灾时，若先喷出的是压缩空气，将会延误喷头的喷水时间，影响系统灭火效果；此外，水在重力和压缩空气的推动下，会产生水力冲击，损坏管道及附件，因此在自动喷水灭火系统中必须安装排气阀。

（2）排气阀的安装要求

①对闭式管网系统，应设置自动排气阀，对预作用系统和开式系统应设受控制的排气装置；

②自动排气阀应在管道系统试压冲洗后安装，设置在立管顶部或配水管的末端，安装不应有渗漏；

③安装的规格和部位应符合图纸要求，便于检修，安装方向要正确，阀体内应清洁无堵塞；

④排气阀上游要设控制阀，平时常开。当排气阀故障时，关闭控制阀，检修排气阀，保证系统仍可正常运作。

2.1.30 消防管网安装完毕后，为何要对其进行强度试验、严密性试验和冲洗？

消防管网安装完毕后，投入运行前，都应进行强度试验、严密性试验和冲洗。

强度试验实际上是对系统管网的整体结构进行一种超负荷考验，是检验系统结构强度性能的重要指标，是检验管道、管件、附件、连接部位、支承结构和基础等组成部分的机械强度，保证管道系统在工作条件下有足够的强度，试验压力必须高于管道系统的最大工作压力。对于室内消火栓系统，水压强度试验压力应为设计压力的1.5倍，但不应低于0.6MPa；对于自动喷水灭火系统，当系统设计工作压力小于或等于1.0MPa时，水压强度试验压力应为设计压力的1.5倍，但不应低于1.4MPa，当系统设计压力大于1.0MPa时，水压强度试验压力应为该工作压力加0.4MPa。强度试验的另外一个目的是希望通过超载应力处理，降低残余应力的峰值。因为在组装管道、焊接管口、接管挖孔时会使管道局部产生组装应力和焊接应力，致使管道产生脆性破坏和疲劳裂纹，通过强度试验形成超压，使局部高应力区屈服，重新分配应力，缓和应力集中的现象。

严密性试验是在强度试验合格后，在工作压力下稳压24h，以无泄、无漏为合格。严密性试验的目的是检查管道系统的焊缝及附件连接处的渗漏情况，检验系统的严密性，严密性试验应检验管道、设备、附件及仪表等系统的所有组成部分。

冲洗是在强度试验之后，严密性试验之前进行的项目，冲洗的目的是清除管内的焊渣、泥土和砂石等杂物，保证管道系统水质和系统正常动作，消防管道的冲洗是用速度不小于3m/s的水流连续进行，直至进出口的水色透明度基本一致为合格。对冲洗管径大于100mm的管道，还可对其焊缝死角和底部进行敲打，震松焊缝上死角处和管道底部的焊渣、药皮、氧化层及沉淀物，使它们在高速水流的冲刷下呈漂浮状态被带出管道，若不彻底冲洗，可能会造成管网、附件、喷头受堵，影响灭火。

2.1.31 自动喷水灭火系统调试前应具备什么条件？调试内容有哪些？

（1）调试前应具备的条件

①应在系统施工完成后进行；

②消防水池（箱）已储备设计要求的水量；

③消防气压给水设备的水位、气压符合设计要求；

④系统供电正常；

⑤与系统配套的火灾自动报警系统处于工作状态；

⑥湿式喷水灭火系统管网内已充满水；干式、预作用喷水灭火系统管网内的气压符合设计要求；阀门等附件均无泄漏。

（2）调试的内容

①水源测试：按设计要求校核消防水池（箱）的容积和设置高度，检验消防储水的技术措施；校核消防水泵接合器的数量和供水能力，并用移动式消防泵做供水试验；

②消防水泵调试：用自动或手动方式启动消防水泵时，消防水泵应在60s内投入正常运行；用备用电源切换方式或备用泵切换启动消防泵时，消防水泵应在60s内投入正常运行；稳压泵在模拟设计启动条件下应立即启动，当系统达到设计压力时，稳压泵应自动立即停止运行；

③报警阀调试：

a. 湿式报警阀调试时，在试水装置处放水，报警阀应及时动作，水力警铃应发出报警信号，当湿式报警阀进口水压大于0.14MPa、放水流量大于1L/s时，报警阀应及时启动；带延迟器的水力警铃应在15～90s内发出报警铃声，压力开关应及时动作，并反馈信号；

b. 干式报警阀调试时，开启系统试验阀，报警阀的启动时间，启动点的压力，水流到试验装置出口所需的时间，均应符合设计要求；

c. 干湿式报警阀调试时，当差动型报警阀上室和管网的空气压力降至供水压力的1/8以下时，试验装置应能连续出水，水力警铃应发出报警信号；

d. 雨淋阀组调试利用检测、试验管路进行。用设计的自动或手动方式启动雨淋阀，启动装置动作后，雨淋阀应在15s之内启动，试验管路应输出设计要求的水流；公称直径大于200mm的雨淋阀调试时应在60s之内启动。雨淋阀调试时，当报警水压为0.05MPa，水力警铃应发出报警铃声。

④排水装置调试：开启排水装置的主排水阀，应按系统最大设计灭火水量做排水试验，并使压力达到稳定，试验过程中，从系统排出的水应能全部从室内排水系统排走；

⑤联动试验：采用测试仪表或其他方式，对火灾自动报警系统的各种探测器输入模拟火灾信号，火灾自动报警控制器应发出声光报警信号并启动自动喷水灭火系统；

⑥启动一只喷头或以0.94～1.5L/s的流量从末端试水装置处放水，水流指示器、压力开关、水力警铃和消防水泵等应及时动作并发出相应的信号。

2.1.32 自动喷水灭火系统竣工验收包括哪些内容？具体有何要求？

消防给水系统竣工验收是工程建设的重要环节，应由建设主管单位主持，公安消防监督机构、建设、设计、监理和施工单位参加，验收不合格不得投入使用。验收的主要内容如下：

1）系统供水水源检查：

①当选用城市给水管网作系统水源时，应有两条来自室外不同给水管网的进水管；

②若室外给水管道为枝状或只有一条进水管时，应设消防水池；

③当选择消防水池作水源时，其消防水池的容量要符合设计要求；

④当选择天然水源作水源时，除水量、水质应符合设计外，还要有保证枯水期最低水位时也不影响水量的措施；

⑤有冰冻危险的水源，应有不影响灭火时的用水措施。

2）系统水源流量和压力检查试验：

①常高压给水系统和临时高压给水系统，通过检测试验装置进行放水试验，流量和压

力应符合设计要求；

②当采用市政管网给水系统时，应按常高压或临时高压给水系统的要求试验，流量、压力应符合设计要求。

3）消防泵房检查试验：

①消防泵房建筑耐火等级、设置位置、安全出口和应急照明等应符合设计要求；

②工作泵、备用泵、吸水管、出水管和出水管上的泄压阀、信号阀等的规格、型号、数量应符合设计要求；若出水管上安装闸阀时，应锁定在常开位置；

③消防水泵应采用自灌式引水或其他可靠的引水措施；

④消防水泵出水管上应安装试验用的放水阀及排水管；

⑤有备用电源，且有自动切换装置时，应试验主、备用电源的切换；

⑥设有消防气压给水设备的泵房，当系统气压降到设计最低压力时，能通过压力开关信号启动消防水泵。

4）消防水泵接合器数量及进水管位置应符合设计要求，消防水泵接合器应进行充水试验，且系统最不利点的压力、流量应符合设计要求。

5）消防水泵启动检查试验：

①分别开启系统的每一个末端试水装置，水流指示器、压力开关等信号装置功能均应符合设计要求；

②打开消防水泵出水管上放水试验阀，当用主电源启动消防水泵时，消防水泵应启动正常；关掉主电源，主、备用电源应能正常切换。

6）系统管网检查试验：

①管网所用材质、管径、接头防腐及防冻措施应符合设计和规范要求；

②管网排水坡度应符合设计要求，局部不能排空的管段应设 *DN*25 辅助排水管；

③系统最末端，每一分区最末端应设末端试水装置，预作用和干式喷水灭火系统最末端还应设有排气阀；末端试水装置应包括压力表、闸阀、试水口及排水管，且排水管径不小于 25mm；

④管网不同部位安装的报警控制阀、闸阀、止回阀、电磁阀、安全信号阀、水流指示器、减压孔板、节流管、比例减压阀、压力开关、柔性接头、排水管、自动排气阀、末端泄压阀等应符合设计要求；

⑤干式喷水灭火系统容积大于 1500L 时，应安装加速排气装置；

⑥预作用喷水灭火系统充水时间不应超过 3min；

⑦供水立管上不应安装其他用途的支管或水龙头；

⑧配水支管、配水管、配水干管及供水立管设置的支架、吊架和防晃支架应符合设计要求。

7）系统报警阀检查：

①系统报警阀各组件，应符合设计和产品标准要求；

②打开放水试验阀，测试流量和压力应符合设计要求；

③检查水力警铃设置位置是否正确，测试时，水力警铃喷嘴处压力不应小于 0.05MPa，距警铃 3m 远处警铃声强不应小于 70dB；

④打开手动放水阀或电磁阀，检查雨淋阀动作应可靠；

⑤检查报警阀、控制阀上下是否安装有安全信号阀或闸阀，若安装有闸阀，是否锁定在常开的位置。

8）喷头检查试验：

①喷头规格、型号、喷头安装间距、喷头与顶棚、障碍物、墙、梁等距离是否符合设计和规范要求；

②有腐蚀性气体的环境和有冰冻危险的场所安装的喷头，是否采取了保护措施；

③有碰撞危险的场所安装的喷头是否加了防护罩；

④大空间、高顶棚以及其特种场所，是否设计安装了特种喷头；

⑤向下安装的喷头，当三通下需接短管时，是否安装了带短管的专用喷头；

⑥喷头公称动作温度与环境温度是否协调，且应符合规范要求。

9）根据设计和使用要求，对系统进行灭火模拟功能试验，要符合以下要求：

①报警阀动作，警铃鸣响；

②水流指示器动作，消防控制中心有信号显示；

③压力开关动作，压力灌充水、空压机或排气阀启动，消防控制中心有信号显示；

④电磁阀打开，雨淋阀开启、消防控制中心有信号显示；

⑤消防泵启动，消防控制中心有信号显示；

⑥加速排气装置投入运行；

⑦消防应急广播投入运行；

⑧其他消防联动系统投入运行；

⑨区域报警器、集中报警控制盘有信号显示。

10）系统竣工验收应提供以下文件：

①批准的竣工验收申请报告、设计图纸、公安消防监督机构的审批文件、设计变更通知单、竣工图；

②地下及隐蔽工程验收记录、工程质量事故处理报告；

③系统试压、冲洗记录；

④系统调试记录；

⑤系统联动试验记录；

⑥系统主要设备、材料和组件的合格证或现场抽检报告；

⑦加速排气装置投入运行记录；

⑧系统维护管理规章、维护管理人员登记表及上岗证等。

11）填写系统检查验收评定表。

2.1.33 常用的泡沫灭火系统有几种类型？

（1）低倍数泡沫灭火系统

低倍数泡沫灭火系统主要适用于易燃或可燃液体的生产、贮存、运输和使用场所，如石油化工企业、油库、装卸栈台、船舶码头、采油平台、汽车库和飞机库等火灾危险场所。低倍数泡沫灭火系统按泡沫喷射方式分为液上喷射、液下喷射、泡沫喷淋和自动喷水-泡沫联用喷淋系统四类。按设备安装方式分为固定式、半固定式和移动式三类。

1）液上喷射低倍数泡沫灭火系统

①系统组成。液上喷射低倍数泡沫灭火系统由固定消防泵组、压力式空气泡沫比例混合装置、泡沫产生器、各类控制阀、管道及附件组成（图 2.1.33-1）。

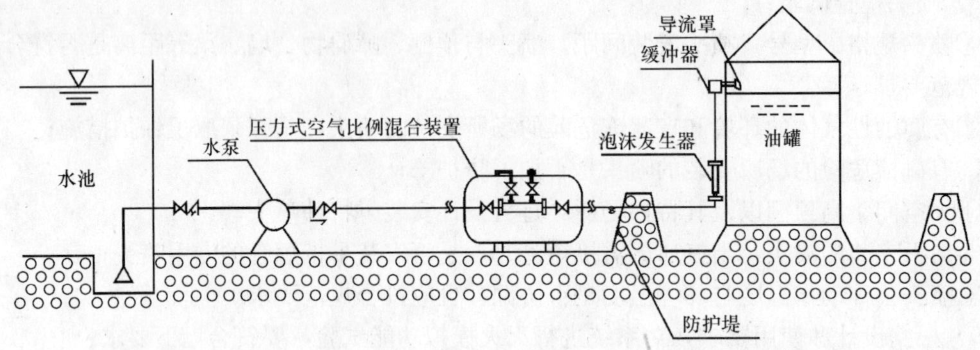

图 2.1.33-1　液上喷射低倍数泡沫灭火系统示意图

②工作原理。在油罐发生火灾时，首先开启泵组出水管阀，自动（或手动）启动消防水泵机组，压力水经过泡沫比例混合器时中间孔板产生负压而将泡沫液吸入，并按一定比例（3%或 6%）与水混合形成泡沫混合液，混合液经管输入泡沫发生器，再由泡沫发生器的吸气口吸入空气形成泡沫，通过缓冲器、导流罩沿油罐内壁流淌至燃烧的油面上，产生厚厚的一层泡沫覆盖在油面上，将火窒息扑灭。

③应用场所。独立油库的地上固定顶立式常压贮罐、地上浮顶油罐、化工企业燃油罐、油罐区等火灾危险场所。

2）泡沫喷淋系统

泡沫喷淋系统是指用泡沫喷头喷洒泡沫的固定式灭火系统。

①系统组成。泡沫喷淋系统主要由消防加压泵组、压力式空气泡沫比例混合装置、泡沫喷头、各种阀、管道及附件和火灾探测报警、控制系统等组成（图 2.1.33-2）。

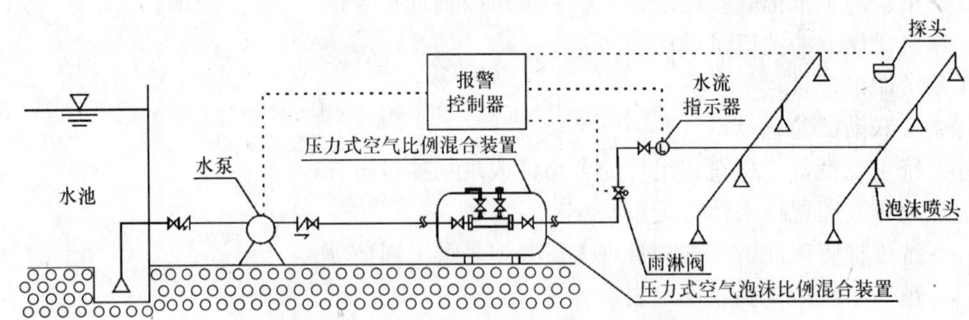

图 2.1.33-2　泡沫喷淋消防系统示意图

②工作原理。当被保护的场所发生火灾后，自动探测系统报警，自动（或手动）启动消防泵组，压力水经过泡沫比例混合器中间孔板产生负压而将泡沫液吸入，并按一定比例（常采用 6%～7%）混合形成泡沫混合液并通过管道送到被保护场所的泡沫喷头，流经喷头的泡沫混合液与由于负压而吸入的空气混合并经滤网和分流片形成泡沫，均匀的喷洒在被保护对象的表面，以隔绝空气将火扑灭。

③应用场所。适用于室内外一切易燃液体火灾或一切堆放易燃液体的地方。如装卸油

品的栈桥、码头、柴油发电机房、易燃液体储存仓库、卧式油罐、油泵房、燃油锅炉房、汽车库、飞机维修库等。

3）自动喷水——泡沫联用系统：

自动喷水与泡沫联用灭火系统是将低倍数泡沫比例混合装置（有隔膜）与自动喷水灭火系统进行有机的结合，混合液通过洒水喷头喷到受保护区进行灭火。

①系统组成。自动喷水与泡沫喷淋联用系统是将压力式空气泡沫比例混合装置接入到自动喷水系统中构成联用系统，它主要由消防加压泵组、湿式报警阀、带胶囊的泡沫液贮罐、压力式比例混合器、信号闸阀、水流指示器、喷头、各类控制阀、管道及附件和火灾探测、报警、控制系统等组成（图 2.1.33-3）。

②工作原理。当被保护的场所发生火灾时，位于保护区的自动探测系统报警，火灾区域上方的闭式喷头爆裂喷水，该区域的水流指示器动作，湿式报警阀打开，水力警铃启动，压力开关动作，消防控制中心经对水流指示器、压力开关的报警信号分析，确认发生火情后，向水泵及比例混合器装置的电磁阀发出启动信号，系统产生的泡沫混合液通过喷头形成泡沫喷向保护区，以隔绝空气将火扑灭。

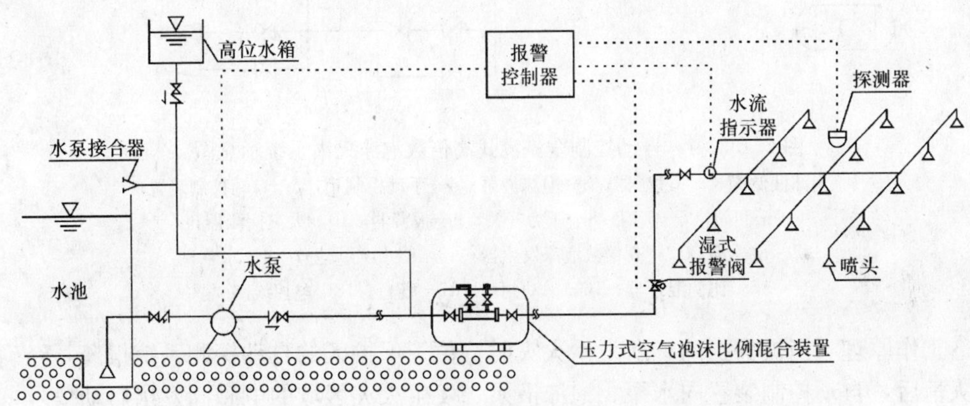

图 2.1.33-3　自动喷水—泡沫联用灭火系统示意图

③主要技术参数：

a. 比例混合器工作压力：0.6～1.2MPa；

b. 比例混合器通径及相对应的混合液流量：

$$DN100(4\sim32\mathrm{L/s});DN150(12\sim48\mathrm{L/s});$$

c. 混合比：3%或 6%；

d. 泡沫液类型：水成膜泡沫液（AFFF）或成膜氟蛋白泡沫液（FFFP）；

e. 泡沫罐容量：0.6m^3、1m^3、2m^3、3m^3 卧式或立式。

④应用场所：

自动喷水——泡沫联用系统能迅速扑灭油类及 A、B 类混合火灾，并有效地防止复燃，因此被广泛应用于停车场、停车库、柴油发电机房、锅炉房等场所。

(2) 高倍（中倍）数泡沫灭火系统

高倍（中倍）数泡沫灭火系统是近几年来国内外发展起来的一种灭火新技术，相对低倍数泡沫系统而言又有发展和延伸，具有灭火能力强，灭火速度快，成本低，无污染等特点。

①系统组成。高倍（中倍）数泡沫灭火系统主要由消防加压泵组、柔性等压置换式比

例混合器、高（中）倍泡沫发生器、各类控制阀、管道及附件和火灾探测、报警、控制系统等组成（图 2.1.33-4）。

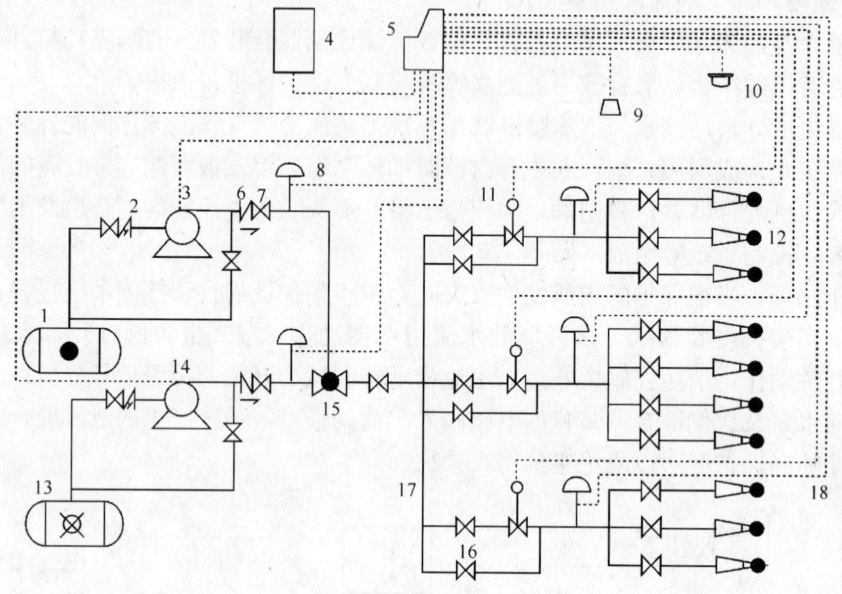

图 2.1.33-4　自动控制全淹没式高倍数泡沫灭火系统示意图

1—泡沫液储罐；2—过滤器；3—泡沫液泵；4—手动控制箱；5—自动控制装置；6—止回阀；7—阀门；8—压力开关；9—报警器；10—火灾探测器；11—电磁阀；12—高倍数泡沫发生器；13—储水罐（池）；14—水泵；15—比例混合器；16—手动阀门；17—管道；18—电控线路

②工作原理。当被保护的场所发生火灾时，位于保护区的自动探测系统报警，经确认发生火情后，自动控制装置向水泵、泡沫液泵、发生火灾区域的电磁阀发出启动信号，系统产生的泡沫混合液通过高（中）倍数泡沫发生器形成泡沫迅速充满大面积（大空间）的火灾区，以全淹没的方式将明火和暗火一道扑灭。

③主要技术参数：

a. 水源压力：0.6～1.2MPa；

b. 泡沫液罐容量：0.5～1.3m^3；设计压力 1.2MPa；

c. 泡沫比例混合器：柔性等压置换式，PHY4～PHY100；

d. 发泡倍数：201～1000（高）/21～200（中）；

e. 泡沫发生器：电动式/水力驱动式；

f. 中央控制柜：微机总线式/单片机/一般控制柜。

④应用场所。适于有限空间内实施大面积灭火，如：飞机库、油库、矿井、仓库、石油液化气站、隧道、货船、石油码头、图书馆等场所。

2.1.34　泡沫灭火系统施工前应具备哪些条件？怎样检验其主要设备和材料？

（1）施工前应具备的条件

①施工单位应经消防部门审核批准；

②施工人员应经专业培训并考核合格，持证上岗；

③应具备的技术资料：

a. 设计施工图、设计说明书、设备的安装使用说明书以及其他必备的技术文件；

b. 泡沫发生装置、泡沫比例混合器、固定式消防泵组、消火栓等主要设备的国家质量监督检验测试中心出具的检测报告和产品出厂合格证；阀门、压力表、管道过滤器、金属软管、管道及管件等出厂检验报告或合格证；

④设计单位要向施工单位进行技术交底，并有记录；

⑤设备、管道及管件的规格和型号要符合设计要求；

⑥与施工有关的基础、预埋件和预留孔要检验并符合设计要求；

⑦场地、道路、水、电等临时设施应满足施工要求。

（2）主要设备和材料的外观检验

①应对泡沫发生装置、泡沫比例混合器、泡沫液储罐、消防泵或固定式消防泵组、消火栓、阀门、压力表、管道过滤器、金属软管等设备及零配件进行外观检查，并应符合以下要求：

a. 无变形及其他机械性损伤；

b. 外露非机械加工表面保持涂层完好；

c. 无保护涂层的机械加工面无锈蚀；

d. 所有外露接口无损伤，堵盖等保护物包封良好；

e. 消防泵或固定式消防泵组盘车应灵活、无阻滞，无异常声音，高倍数泡沫发生器用手转动叶轮应灵活；固定式泡沫炮的手动机构应无卡阻现象；

②应对管道及管件进行外观检查，并符合以下要求：

a. 表面无裂纹、缩孔、夹渣、折叠、重皮和不超过壁厚负偏差的锈蚀或凹陷等缺陷；

b. 螺纹表面完整无损伤，法兰密封面平整光洁无毛刺及径向沟槽；

c. 垫片无老化变质或分层现象，表面无褶皱等现象。

2.1.35 泡沫灭火系统设备安装应符合哪些规定?

（1）泡沫液储罐的安装规定

①泡沫液储罐的安装位置和高度应符合设计要求，当设计无规定时，泡沫液储罐四周应留有宽度不小于 0.7m 的通道，泡沫液储罐顶部至楼板或梁底的距离不得小于 1.0m。消防泵房主要通道的宽度，应大于泡沫液储罐外形的最小尺寸；

②常压泡沫液储罐的安装方式应符合设计要求，当设计无规定时，应根据常压泡沫液储罐的形状按立式或卧式安装在支架或支座上，支架应与基础固定；

③压力泡沫液储罐的支架应与基础固定，安装时不宜拆卸或损坏其储罐上的配管和附件；

④压力泡沫液储罐安装在室外时，应根据环境设置防晒、防雨、防冻措施。

（2）泡沫比例混合器的安装应符合以下要求

①泡沫比例混合器安装时，液流方向应与标注的方向一致；

②环泵式泡沫比例混合器的安装应符合下列规定：

a. 环泵式泡沫比例混合器的安装坐标及标高的允许偏差为±10mm；

b. 环泵式泡沫比例混合器的连接管道及附件的安装必须严密；

c. 备用的环泵式泡沫比例混合器应并联安装在系统上。

③带压力储罐的压力式泡沫比例混合器应整体安装，并应与基础牢固固定；

④压力式泡沫比例混合器应安装在压力水的水平管道上，泡沫液的进口管道应与压力水的水平管道垂直，其长度不宜小于1.0m；压力表与压力式泡沫比例混合器的进口处的距离不宜大于0.3m；

⑤平衡压力式泡沫比例混合器应整体垂直安装在压力水的水平管道上；压力表应分别安装在水和泡沫液进口的水平管道上，并与平衡压力式泡沫比例混合器进口处的距离不宜大于0.3m；

⑥管线式、负压式泡沫比例混合器应安装在压力水的水平管道上，吸液口与泡沫储罐或泡沫液桶最低液面的距离不得大于1.0m。

（3）泡沫发生装置的安装应符合以下规定：

①低倍数泡沫产生器的安装应符合下列规定：

a. 液上喷射的横式泡沫产生器应水平安装在固定顶储罐罐壁顶部或外浮顶储罐罐壁顶端的泡沫导流罩上；

b. 液上喷射的立式泡沫产生器应垂直安装在固定顶储罐罐壁顶部或外浮顶储罐罐壁顶端的泡沫导流罩上；

c. 水溶性液体储罐内泡沫溜槽的安装应沿罐壁内侧螺旋下降到距罐底1.0～1.5m处，溜槽与罐底平面夹角宜为30°；泡沫降落槽应垂直安装，其垂直度允许偏差不应大于10mm，坐标及标高的允许偏差为±5mm；

d. 液下喷射的高背压泡沫产生器应水平安装在泡沫混合液管道上。

②中倍数泡沫发生器的安装位置及尺寸应符合设计要求，安装时不得损坏或随意拆卸附件；

③高倍数泡沫发生器的安装应符合下列规定：

a. 距高倍数泡沫发生器的进气端小于或等于0.3m处不应有遮挡物；

b. 在高倍数泡沫发生器的发泡网前小于或等于1.0m处，不应有影响泡沫喷放的障碍物；

c. 高倍数泡沫发生器安装时不得拆卸，并应固定牢固。

④泡沫喷头的安装应符合下列规定：

a. 泡沫喷头的规格、型号、数量应符合设计要求；

b. 泡沫喷头的安装应在系统试压、冲洗合格后进行；

c. 泡沫喷头的安装应牢固、规整，安装时不得拆卸或损坏其喷头上的附件；

d. 顶喷式泡沫喷头应安装在被保护物的上部，并应垂直向下，其坐标及标高的允许偏差，室外安装为±15mm，室内安装为±10mm；

e. 水平式泡沫喷头应安装在被保护物的侧面并应对准被保护物体，其距离允许偏差为±20mm；

f. 弹射式泡沫喷头应安装在被保护物的下方，并应在地面以下；在未喷射泡沫时，顶部应低于地面10～15mm；

⑤固定式泡沫炮的安装应符合下列规定：

a. 固定式泡沫炮的立管应垂直安装，炮口应朝向防护区；

b. 安装在炮塔或支架上的固定式泡沫应牢固；

c. 电动泡沫炮的控制设备、电源线、控制线的规格、型号及设置位置、敷设方式、接线等应符合设计要求。

（4）固定式消防泵组的安装应符合以下规定：

①固定式消防泵组应整体安装在基础上，并应固定牢固；

②固定式消防泵组不应随意拆卸，确需拆卸时，应由生产厂家进行；

③固定式消防泵组应以工字钢底座水平面为基准进行找平、找正；

④固定式消防泵组与相关管道连接时，应以固定式消防泵组的法兰端面为基准进行测量和安装；

⑤固定式消防泵组进水管吸水口处设置滤网时，其滤网的过水面积应大于进水管截面积的 4 倍；滤网架的安装应坚固；

⑥附加冷却器的泄水管应通向排水设施；

⑦内燃机排气管的安装应符合设计要求，当设计无规定时，应采用直径相同的钢管连接后通向室外。

（5）管道、阀门和消火栓的安装应符合以下规定：

①泡沫混合液管道和阀门的安装：

a. 泡沫混合液立管安装时，其垂直度偏差不宜大于 0.002；

b. 泡沫混合液立管连接的金属软管安装时，不得损坏其不锈钢编织网；

c. 泡沫混合液水平管道安装时，其坡向、坡度应符合设计要求；

d. 泡沫混合液管道上设置的自动排气阀应直立安装，并应在系统试压、冲洗合格后进行；放空阀应安装在低处；

e. 泡沫喷淋系统干管、支管、分支管的安装还应符合现行国家标准《自动喷水灭火系统施工及验收规范》GB 50261—2001 的有关规定；

f. 高倍数泡沫发生器进口端泡沫混合液管道上设置的压力表、管道过滤器、控制阀应安装在水平支管上。

②液下喷射泡沫灭火系统泡沫管道和阀门的安装：

a. 泡沫水平管道安装时，其坡向、坡度应符合设计要求，放空阀应安装在低处；

b. 泡沫管道进储罐处设置的钢质控制阀和止回阀应水平安装，其止回阀上标注的方向应与泡沫的流动方向一致；

c. 泡沫喷射口的安装应符合设计要求。当喷射口设在储罐中心时，其泡沫喷射管和泡沫管道应固定在与储罐底焊接的支架上；

③泡沫混合液管道、泡沫管道埋地安装：

a. 埋地安装的泡沫混合液管道、泡沫管道应符合设计要求；安装前应做好防腐，安装时不应损坏防腐层；

b. 埋地安装采用焊接时，焊缝部位应在试压合格后进行防腐处理；

c. 埋地安装的泡沫混合液管道、泡沫管道在回填土前应进行隐蔽工程验收，合格后及时回填，要分层夯实，并应填写隐蔽工程验收记录表。

④消火栓的安装应符合下列规定：

a. 泡沫混合液管道上设置消火栓的规格、型号、数量、位置、安装方式应符合设计要求；

b. 消火栓应垂直安装；

c. 当采用地上式消火栓时，其大口径出水口应面向道路；当采用地下式消火栓时，应有明显的标志，其顶部出口与井盖底面的距离不得大于400mm；

d. 当采用室内消火栓或消火栓箱时，栓口应朝外或面向通道，其坐标及标高的允许偏差为±20mm。

2.1.36 泡沫灭火系统怎样调试?

1）调试前应做好如下工作：

①泡沫灭火系统的调试应在整个系统施工结束后和与系统有关的火灾报警装置及联动控制设备调试后进行；

②调试前应检查系统的设备和材料的规格、型号、数量以及系统的施工质量，合格后方可调试；

③调试负责人应由专业技术人员担任，参加调试人员应职责明确，并应按照预定的调试程序进行；

④调试前应将需要临时安装在系统上的仪器、仪表安装完毕，调试时所需的检验设备应准备齐全。

2）单机调试

①单机调试可用清水代替泡沫液进行；

②泡沫灭火系统的消防泵或固定式消防泵组应全部进行试验，其试验的内容和要求应符合现行国家标准《压缩机、风机、泵安装工程施工及验收规范》GB 50275—98中的有关规定；

③泡沫比例混合器的调试应符合下列规定：

a. 泡沫比例混合器应全部调试；

b. 调试时，泡沫比例混合器的实测性能指标应符合标准的要求。

④泡沫发生装置的调试应符合下列规定：

a. 低、中倍数泡沫发生装置应选择最不利点的防护区或储罐进行喷水试验，其进口压力应符合设计要求；

b. 最不利点泡沫喷头的压力应符合设计要求；

c. 固定式泡沫炮（包括手动、电动）的进口压力应符合设计要求，其射程、射高、仰俯角度、水平回转角度等指标应符合标准的要求；

d. 高倍数泡沫发生器进口压力的平均值不应小于设计值，每台高倍数泡沫发生器发泡网的喷水状态应正常；

e. 消火栓应选择最不利点进行喷水试验，其压力应符合低、中倍数泡沫枪进口压力的要求。

3）系统调试

①泡沫灭火系统的调试应在单机调试合格后进行；

②泡沫灭火系统的调试应符合下列规定：

a. 系统调试时应使系统中所有的阀门处于正常状态；

b. 每个防护区均应进行喷水试验，当对储罐进行喷水试验时，喷水口可设在靠近储罐的水平管道上；

c. 当为手动灭火系统时，应以手动控制的方式进行一次喷水试验；当为自动灭火系统时，应以手动和自动控制的方式各进行一次喷水试验，其各项性能指标均应达到设计要求；

d. 应选择最不利点的防护区或储罐进行一次喷泡沫试验；当为自动灭火系统时，应以自动控制的方式进行；喷射泡沫的时间不宜小于 1min；实测泡沫混合液的混合比及泡沫混合液的发泡倍数应符合设计要求；

e. 高倍数泡沫灭火系统还应对每个防护区分别进行喷泡沫试验，喷射泡沫的时间不宜小于 30s，泡沫最小供给速率应符合设计要求。

③泡沫灭火系统调试合格后，宜用清水冲洗后放空，将系统恢复到正常状态，并应填写系统调试记录表。

2.1.37 水表有哪几种形式？其安装有哪些技术要求？

水表是一种计量水的累计流量的附件，按照其工作原理分为容积式和流速式两种；根据允许通过的水的最高温度分为冷水表和热水表；按照安装方式可分为水平式和立式两种；按显示数字的方式分为指针式和数字式两种；另还可分为远传式、IC 卡等不同的水表。容积式水表计量相对准确，一般是小口径水表，适用于住宅 *DN*15～*DN*20mm 的户表；流速式水表按翼轮构造不同分为旋翼式（叶轮式）和螺翼式两种形式，前者多为小口径水表，适用于水温不超过＋40℃，水压不大于 0.98MPa 的洁净冷水；后者多为大口径水表；不宜读数地点的水表宜采用远传水表，住宅水表为方便用户交费可采用 IC 卡水表和远传水表等。

水表应装设于气温在 2℃以上，便于读数、安装、维修和拆卸的部位，且应有适当的照明。安装的位置除应便于查看、不受曝晒、不受污染、不易冰冻和损坏，还应尽量避免被水淹没。安装水表时，盘面保持水平，不得倾斜，表壳上箭头的方向必须与管道内水流方向一致。连接水表的管道不应产生过度的应力，水表前后管道应设置支托架或水表设置托架，水表前后加柔性接头等。为保证水表计量准确，表前应有 8～10 倍水表接口直径长度的直线管段，水表前后和连接管上应设有阀门，水表前宜加设过滤器，表前阀门，使用中应全部打开。住宅户表表后可不安装阀门。当水表可能发生逆转时，应在表后设置逆止阀，特别是进入加热设备或其他非饮用水系统时应设置止回阀或管道倒流防止器。对不允许停止供水或设有消防管道的建筑，还应设旁通道。安装水表前应清洗管道，安装后应缓慢进水，并打开系统排气阀排气。

安装螺翼式水表，表前与阀门应有不小于 8 倍水表接口直径的直线管段。

水表外壳与墙表面净距为 10～30mm；水表进水口中心标高按设计要求，允许偏差为±10mm。

2.1.38 水泵安装时一般应注意哪些事项？如何防治安装质量通病？

（1）水泵就位前的检查和基础验收

给水系统中常用的水泵多为工厂组装成整体运至现场进行安装的。整体水泵就位前应进行下列工作：

1）整体水泵检查

①水泵检查　核实水泵的规格、型号；其配件不应有缺陷、锈蚀等情况；若叶轮无摩擦，泵内无污物，则可封严其进出口，防止异物落入；检查水泵润滑油、填料涵内的填料是否能满足要求；

②电机检查　核实电机的型号、功率、转速；盘动其转子，不得有碰卡现象；轴承润滑脂不能出现变质及硬化现象；并保证电动机引出线铜接头连接良好；

③核实基础尺寸　应按照水泵样本和施工图纸复核水泵基础尺寸、地脚螺栓预留孔的位置及孔的深度、水泵基础面标高、多台水泵的相对位置等，发现有误应及时纠正；水泵就位前，应在基础面上弹出纵向中心线，水泵就位时，水泵纵向中心轴线应与基础中心线重合对齐；水泵定位前应将地脚螺栓穿好，就位后开始横向调整定位。

2）水泵找平、找正，小型水泵粗找水平即可，找平时可采用水平尺、钢板尺互相配合使用，找平时应采用加工过的平垫铁配合垫在地脚螺栓的两侧，斜垫铁应成组使用。

3）地脚螺栓二次灌浆，水泵找平后，可进行地脚螺栓二次灌浆，灌浆应采用C10细石混凝土并捣实，直至返浆后抹平。

4）拧紧地脚螺栓和底座上的全部螺栓，并检查泵的法兰盘平面是否垂直。

5）对大型水泵安装，粗找平后还应做精水平与同心度的测试和调整。

6）安装水泵进、出水管路时，进、出水管路都应有自身的支架，不应使泵的法兰盘受到过大的压力而断裂。

7）泵出口安装闸阀和止回阀的顺序是：泵出口——挠性接头——止回阀——闸阀——出水管。

8）水泵机组应设隔震装置，立式水泵不应采用弹簧减震装置。因为立式水泵高度比较高，与水泵基础的接触面小，这样水泵的平衡稳定性就较差，因而使用弹簧减振器减振不利于立式水泵运行时保持稳定，从而导致水泵轴承或连接螺栓损坏。

9）用户在自行改变泵的进水口方向时，应先使止口配合面脱离接触，再旋转进水段，以免损坏密封圈。

（2）质量通病防治

1）现象：

水泵启动后，机组和出水管振动严重，噪声大；严重时，拉裂基础接触面、拉裂进出口软接头。

2）原因分析：

水泵地脚螺栓松动或基础不稳固；泵轴与电机轴不同心；叶轮不平衡；出水管未用支架固定牢固；进、出口软接头承压能力不够，软接头受到的拉力超过其极限。

3）防治措施：

①按设计和水泵样本要求，选用合适的减震器；

②紧固地脚螺栓。检查是否设置了弹簧垫圈防松装置；

③调整泵和电机轴线，使其同心或更换轴承；

④更换不平衡叶轮；

⑤增设固定支架或支撑，固定进、出水管；

⑥根据水泵承受的静压，复核软接头受力情况，必要时用拉杆进行限位，让软接头在规定的范围内伸缩。

2.1.39 卧式水泵与电机轴不同心会造成什么严重后果？

水泵的同心度就是以电动机为主动轴与水泵泵轴同轴心的程度。卧式水泵与电机轴同心，水泵将会运行平稳、无噪声和振动现象。卧式水泵与电机轴不同心或同心度偏差过大时，会对水泵产生危害，其轴承（或轴瓦）会严重磨损，造成水泵损坏；卧式水泵与电机轴不同心还会使水泵在运转时产生噪声和振动，缩短水泵寿命，并影响水泵效率，严重时，不同心产生的扭曲力将会使联轴器的连接螺栓发生扭曲、变形甚至发生断裂。

因此，水泵的同心度在安装时应认真细致的测试调整。

2.1.40 水泵出水管、吸水管安装时应注意哪些事项？

吸水管的安装必须保证不漏气、不积气、不吸气，当水泵吸水管需要变径时应做偏心变径管，吸水管段宜短，弯头尽量少，吸水管较长时应设置支架。因出水管路经常承受高压，通常采用钢管，且多用焊接接口，以求坚固而不漏水。为便于拆装和检修，在适当的位置可设法兰接口。在泵的吸入、压出管路上，设置伸缩节或可曲挠的橡胶接头，以避免管路上的压力（如受温度变化或水锤作用所产生的应力）传至水泵。泵的吸入管道内为正压时，泵进口应装闸阀，以便泵检修时使用。不能用进口闸阀控制水泵的流量，以免发生汽蚀。泵的吸上高度随水温的升高而降低。为减少管路阻力损失，出水管内的最大流速为3m/s，一般控制在2～2.5m/s，必要时泵出口应装扩散管，以加大出口管径。压力表应装在泵出口和出口闸阀之间，方能显示泵的压力。压力表装在阀外面的管路上，所显示的是管路系统压力；出水管上应设置止回阀及闸阀，止回阀为防止停泵后出水管的水回流水泵，冲击叶轮。

2.1.41 水泵常见故障产生的原因及处理方法？

①水泵不吸水，压力表和真空表指针剧烈跳动。

原因：启动前未灌水或灌水不足，真空泵抽不成真空；水泵转向不对；吸水管漏气或存有气泡，使真空度不够；底阀堵塞或漏水；水泵转速太低。

排除方法：大量灌水；对换一根电机供电相线；堵塞漏气处；清理杂物或修理；检查电路，是否电压太低。

②水泵不吸水，真空表表示高度真空。

原因：底阀没有打开或已堵塞；吸水管路阻力太大；吸水高度过高。

排除方法：检修底阀；更换吸水管，降低吸水高度。

③水泵压出口压力表指示有压力，但水泵不出水。

原因：出水管阻力太大；旋转方向不对；水泵叶轮堵塞；泵转数不够。

处理方法：检查清洗并截短出水管段长度；检查电机；取下吸水管接头，疏通叶轮；增加水泵的转数。

④流量低于设计要求。

原因：水泵堵塞；密封环磨损过多；转速不足。

排除方法：清扫水泵及管路，更换密封环；增加泵的转速。

⑤泵消耗功率过大。

原因：填料压的太紧并发热；水泵叶轮损坏；水泵供水量过大。

排除方法：放松填料函或重新安装填料；检查泵轴是否弯曲；更换叶轮；关小出水闸阀，降低流量。

⑥泵内声音反常，泵不出水

原因：吸水管阻力过大；在吸水处有空气渗入；输送的液体温度过高。

排除方法：检查泵吸水管，堵塞漏气处，检查底阀，降低水温，减少吸水高度或采用倒灌形式。

⑦水泵振动，轴承过热

原因：电机与泵不同心，轴承缺油或磨损。

排除方法：调整电机与泵，使二者对中对准，加油或更换轴承。

2.1.42 常用阀门安装质量通病如何防治？

1）现象：

①阀门安装位置和标高不便操作和维修，阀门方向装反、倒装、手轮向下；

②阀门安装后，关闭不严，阀门或填料函处有泄漏。

2）原因分析：

①缺少阀门安装知识，对施工规范掌握不严，安装阀门时未考虑方便操作和维修；

②有杂物进入阀腔、阀座，堵塞阀芯；阀瓣与阀杆连接不牢，密封圈与阀座、阀瓣配合不严密；阀杆弯曲变形，密封面不符合要求或受损；

③填料干燥、老化或松散，填料未压紧，压盖有砂眼、裂缝，阀杆生锈，操作不当，用力过猛。

3）防治措施：

①有方向性的阀门安装时阀体箭头方向与介质流向一致；

②在通道上方和靠墙、靠设备安装的阀门，不得碰头、踢脚或妨碍操作，阀门的手轮不得朝下，明杆阀门不得安装在地上，减压阀要直立地安装在水平管上，不得倾斜，立管上阀门安装高度设计未明确时距地面 1.2m 为宜；

③阀门安装前要检查各部分是否完好，阀门安装前还应做强度试验，发现密封面或密封圈根部泄漏时需修复后使用；

④安装前应清除阀内杂物，安装后管网要冲洗，若介质中有杂物时，在阀前应装设 Y 型过滤器。不宜用截止阀、闸阀代替调节阀；

⑤阀门安装前，检查压盖是否紧密完好，若填料质次、松散或干燥老化，应及时拆换。阀杆弯曲、生锈泄漏时，应拆下调直、除锈或者更换阀杆；

⑥吊装阀门时，绳扣应系在阀体上，严禁系在阀杆上。起闭阀门时，应缓慢平稳操作。

2.1.43 常用的减压阀有几种类型？在设计和安装时应注意哪些事项？

减压阀是通过调节，将进口压力减至某一点所需要的出口压力，并依靠介质本身的能量，使出口压力自动维持恒定的阀门。

(1) 根据减压阀的动作原理可分为直接动作式和先导式。直接动作式，指利用介质本身的能量来控制和调节所需的压力，由出口压力的变化直接控制阀瓣的运动；先导式减压阀由导阀和主阀组成，出口压力的变化通过导阀放大来控制主阀阀瓣的运动。相对来说，前者结构较为简单，后者精度较高。

①先导式活塞式（比例式）减压阀：它是通过活塞来平衡压力，带动阀瓣运动、实现减压的。该类减压阀体积小、减压比例固定（常用比例 2∶1、3∶1、3∶2）、减压值不需人工调节、无噪声、安装方便，活塞所允许的行程较大，故灵敏度较低。适用于介质温度较高的场所。用于分区给水减压时，采用比例式减压阀较好。

②直接动作薄膜式（弹簧式）减压阀：这是采用薄膜作为敏感元件来带动阀瓣运动，达到减压、稳压的目的。此种阀门的灵敏度较高，因为它没有活塞的摩擦力；可在减压范围内任意调节减压值，但需定期调节减压值；一般薄膜用橡胶或聚四氟乙烯制造，故使用温度受到一定的限制，所以在介质（水、空气等）温度与压力不高的条件下使用较为普遍。

(2) 各类减压阀的性能对比

性能对比见表 2.1.43。

减压阀的性能对比表 **表 2.1.43**

性能			精度	流通能力	密封性能	灵敏性	成本
类型	直接动作式	波纹管	低	中	中	中	中
		薄膜	中	小	好	高	低
	先导式	活塞	高	大	中	低	高
		波纹管	高	大	中	中	高
		薄膜	高	中	中	高	较高

(3) 减压阀的设置

用于分区给水的减压，一般设在竖向干管或立管上；用于限流的减压，减压阀一般设在横支管或分支管上。

(4) 减压阀设计和安装应注意的事项

①关于减压阀尺寸选择和阀内流速及最大流量之关系：

按水力学原理，通过管路的流体流速是其流量与截面积的函数；而通过一个孔口的流速则是其两端压力差的函数，与孔口面积无关，在某些减压阀内，通过其阀座与阀瓣（此处与活塞连在一起）之间的流速取决于减压阀入、出口的压力差（与阀口活塞开启程度无关），而通过减压阀入口和出口的流速则取决于其流量与截面积之比。因此，以为选择大一点尺寸的减压阀就可以降低阀内流速，并可改善阀座磨损状况的想法是一种误解。减压阀的尺寸应按最大（和最小）流量表（或参考水头损失曲线）来选择。

②最小减压（最小压力差）的问题：

减压阀是一种减（耗）能装置，它需要一定的能量（消耗）来推动它本身的运作，故进、出口最小压力差也是减压阀设计时需考虑的一个技术参数。所有的活塞补偿导阀控制型减压阀都需要将控制水排泄到下游低压侧，这就要求减压阀低压侧压力不超过高压侧压力某个百分数（80%～90%），相对而言，大尺寸减压阀比较灵敏，而小尺寸减压阀较容易受到密封件摩擦的影响。如果出口压力设定值超过其最小压力（差）要求，则活塞式减压阀将不按照导阀的指令而独立调节主阀活塞，使之维持其最小工作所需的压力差降。

③阀后安全阀的安装：

当减压阀失效时，阀后压力将升高至阀前压力，管路下游的用水器具易受高压损坏，特别是大便器冲洗水箱内配件、家用热水器和室内消火栓等。一般来说如阀前压力超过阀后最易损用水器具之耐压时，应在阀后安装安全阀，其口径约为减压阀或管路尺寸的1/2，当阀前介质压力不高时，可由设计人员视具体情况权宜决定。

④旁通管问题：

旁通管不宜采用易漏水的闸阀或蝶阀，以免因旁通管渗水而影响减压效果。设置旁通管时，建议优先采用优质截止阀。可采用双阀并联方式代替旁通管，注意要定期（如每隔3个月）轮换使用，以避免备用减压阀因长期闲置而失效。

⑤阀后和阀前压力表：

阀前压力大多容易计算，安装的必要性不如阀后压力表大。对于需在现场调节的可调式减压阀而言，阀后压力表就不可缺少，尤其是当接近（最大减压比/气蚀）临界应用状态时，须通过阀前、后压力表来监测减压阀的运行状态。

⑥减压阀前后有关配件：

a. 阀前隔离阀（截止阀、闸阀或蝶阀）维修时切断水流用；

b. 应在阀前安装Y形或U形过滤器，以延长减压阀无故障运行时间和服务寿命；

c. 螺纹接口减压阀前至少需装一个活接头；法兰接口时应在其一端装伸缩节或挠性接头，方便检修；

d. 水锤消除器和隔振接头：一般减压阀在工作时振动很小，也不易产生水锤。如应用在高级建筑物场合，可在阀后或阀前安装较小口径的水锤消除器或同尺寸隔振接头（可兼作伸缩节使用）。

（5）其他注意事项

①阀体上的箭头方向代表水流方向，不得装反；

②透气孔不许堵塞，且应朝向便于观察之角度（方向）。如地下安装，应对透气孔采取适当之保护措施；

③要求在通水前彻底冲洗管路系统（使用旁通管或在安装前冲洗）。

2.1.44 给水水箱（罐）安装应符合哪些要求？

①水箱应设置在采光和通风良好的房间内，室温不低于5℃，为保护水质，水箱应加盖，盖上设通气孔。有条件的建筑物内水箱应采用不锈钢制作，可保证水质。

②溢水管与排水管连接时，应在相接处设空气隔断和水封装置，不得直接连接。

③托盘一般用木板制作，外包镀锌铁皮，并刷防锈漆两道。周边高60～100mm，边长（或直径）比水箱大100～200mm。箱底距离上表面、盘底距楼板面不得小于200mm。

④水箱在有冻结和结露的可能时，必须设有保温层（包括管道在内）。

⑤水箱间的净高不得低于2.2m，支承水箱用的承重结构应为非燃烧材料，水箱间应有良好的防蚊蝇纱窗；布置水箱时，应满足水箱间布置间距的要求（表2.1.44），以便于操作和维护管理。

水箱间布置间距（m）　　表 2.1.44

水箱形式	水箱壁至墙面的距离		水箱之间距　离	水箱顶至建筑结构最低点的距离（水箱设人孔）
	有浮球阀一侧	无浮球阀一侧		
圆形	0.8	0.6	0.7	0.8
矩形	1.0	0.7	0.7	0.8

⑥水箱的透气管、溢流管等与外界相通时，应加装不锈钢网或铜网，防止虫、鼠进入水箱影响水质。

⑦敞口水箱的满水试验和密闭水箱（罐）的水压试验必须符合设计要求：满水试验应静置24h观察，不渗、不漏；水压试验在试验压力下10min不降，不渗，不漏为合格。

2.1.45　在生活给水系统中，为什么要淘汰镀锌钢管？为什么水泵吸水管不应采用镀锌钢管内衬水泥砂浆？

90年代以前，生活给水系统大量使用镀锌钢管，镀锌钢管的敷设方式基本为明敷。随着人们生活水平的提高，出于美观的要求，镀锌钢管采用暗敷成为户内管道敷设的主要方式。户外镀锌钢管埋地敷设需要防腐处理（一般采用三油两布），而户内镀锌钢管直埋暗敷不能像户外那样进行防腐，有些工程采用外刷热沥青，有些工程干脆不作外防腐；像外刷热沥青这种简单防腐的做法因防腐层较薄，在安装过程中很容易造成局部防腐层脱落。户内镀锌钢管直埋暗敷在混凝土保护层、红砖或混凝土空心砌块中，红砖或混凝土空心砌块呈弱碱性且易吸潮，后者氯离子含量很高，在卫生间、厨房这种相对潮湿的环境下使暗敷在其中的镀锌钢管容易被腐蚀。

淘汰镀锌钢管的主要原因是：镀锌钢管在使用过程中管内生锈、结垢，一方面造成水管二次污染；另一方面导致管内流动断面缩小，甚至堵塞。

镀锌钢管不论明敷还是暗敷，因其管内较粗糙，长期使用会在管内壁产生细菌粘泥，使生活水达不到饮用水卫生标准，严重的会使过水断面积大幅减少，水流阻力加大，出水量大幅减少。因此，在新材料、新技术不断涌现的今天，淘汰镀锌钢管是大势所趋。

我国许多大城市已明文规定在生活给水系统中淘汰镀锌钢管，但在水泵房的管道安装中，仍时有发现采用镀锌钢管内衬水泥砂浆焊接连接的工程实例。尤其反映在水泵吸水管上。

水泵吸水管管径一般较大，拐弯较多，连接有阀门、接头、过滤器等，因此安装难度较大。有些施工单位借鉴市政给水管道的做法，采用镀锌钢管内衬水泥砂浆焊接连接，殊不知焊接时产生的高温会使焊缝周围的水泥砂浆脱落，镀锌钢管焊接会使腐蚀加速，同时，由于水泥砂浆更粗糙，更容易产生细菌粘泥，从而使生活给水达不到饮用水卫生标准。这种安装也不能满足《建筑给水排水及采暖工程施工质量验收规范》GB 50242—2002第4.1.2条（该条为黑体字，即强制性条文，必须严格执行）。

2.1.46　目前工程中常采用的塑料给水管有哪几种？其适用条件是什么？施工中应注意哪些事项？

目前工程中经常采用的塑料给水管有无规共聚聚丙烯管（PP-R）、聚乙烯管（PE）、硬聚氯乙烯管（PVC-U）、氯化聚氯乙烯管（CPVC）。建筑给水工程中较少采用聚丁烯管（PB）、交联聚乙烯管（PE-X）、ABS管。

①无规共聚聚丙烯管（PP-R）在建筑给水工程中应用较多，生活给水、直饮水、热水系统均可采用。无规共聚聚丙烯管（PP-R）宜采用暗装敷设，直埋在楼板面层内的管道，其外径不宜大于 *DN*25，非直埋暗装管道可以敷设在管道井、吊顶、架空层中；由于无规共聚聚丙烯管（PP-R）抗紫外线能力差，不应未被保护裸敷在外墙、屋面处；又由于其材质硬度小，易被划伤，裸敷在公共场所时应采取保护措施。热水管道应采用不大于S3.2或直径壁厚比小于7.4的PP-R管；水泵房管道若采用PP-R管，冷水管应选用不大于S3.2的压力等级，热水管道应选用不大于S2的压力等级。

②高密度聚乙烯管（HDPE）（HPE）可用于建筑给水工程的冷水、直饮水系统中，但不能用于热水系统。其安装技术要求与无规共聚聚丙烯管（PP-R）基本相同，添加碳黑的高密度聚乙烯管（HDPE）（HPE）能防紫外线，可以敷设在外墙及屋面等太阳直接照射处。

③给水硬聚氯乙烯管（PVC-U）不能用于建筑热水系统，给水管道的给水温度不得大于45℃，给水压力不得大于1.6MPa。管道的敷设一般宜采用明设；与热熔或电熔连接的PP-R管、HDPE管不同，给水硬聚氯乙烯管（PVC—U）采用胶粘，其连接可靠性不如前者。

所有塑料给水管的长距离敷设均应考虑管道的伸缩，其伸缩量可按线膨胀系数、管段长度和温差三者的乘积进行计算，并由设计计算后确定采取补偿管道伸缩的措施。所有塑料给水管均应远离热水器、灶具等热源。

2.1.47 孔网钢骨架塑料复合管性能特点是什么？其安装有何技术要求？

孔网钢骨架塑料复合管是以孔网钢带或钢丝或钢筋为增强骨架，其内外以高密度聚乙烯为基体，经连续挤出复合成型的新型管道材料。

（1）主要特点

克服了钢管耐压不耐腐蚀、不耐磨，塑料管耐腐蚀不耐压、易破坏，钢衬塑管容易脱层和连接处易破损等诸多缺点。管道连接采用电热熔连接方式，连接处的强度可达到或接近管道本体的强度。该管道工作压力比同规格塑料管高且用料省，适用工作温度－20～60℃，具有强度高、钢性好、环刚度大、抗蠕变、低线性膨胀等特点，而且内壁光滑压力损失小、双面防腐、无二次污染、保温性能好、施工维修方便、工程综合造价较低，是科技部、建设部2001年科技成果重点推广项目。

由于钢塑孔网钢骨架塑料复合管具有上述特性，目前在市政建设（燃气输送、输水）、化工、油气田、环保工程、煤矿、船舶、矿山、海水处理等领域的应用日益普及。

（2）安装的技术要求

①管道水平纵横方向的弯曲、立管垂直度、平行管道和成排阀门的安装，应符合表2.1.47的规定。

②管道安装时必须按不同管径和要求设置支吊架，位置应准确，埋设要平整，管卡和管道接触应紧密，但不得损伤管道表面。

管道和阀门安装允许偏差 **表 2.1.47**

项目		允许偏差（mm）
水平管道纵横方向弯曲	每米	1.5
	全长 25m 以上	≤25
	室外架空、地埋、地沟每 10m	<15
立管垂直度	每米	2
	高度 5m 以上	≤8
平行管和成排阀门	在同一直线上的间距或高度	3

③采用金属管卡或吊架时，金属管卡与管道之间应采用塑料带或橡胶等软物隔垫，厚度不小于 2mm。在金属管配件与管道连接部位，管卡应设在金属管配件一端。d_e≤63mm 时，管卡宽度≥16mm；63mm<d_e≤90mm 时，管卡宽度≥20mm；90mm<d_e≤200mm 时，管卡宽度≥26mm；200mm<d_e≤400mm 时，管卡宽度≥32mm。支吊架宜在管道安装前预先设置。

④明管敷设的支吊架对管道线膨胀采取措施时，应按固定点要求施工，管道的各配水点、受力点以及穿墙支管节点处，应采取可靠的固定措施。

⑤敷设及连接方式应符合 HDPE 管安装技术要求。

2.1.48 目前工程中常采用的复合式管材有哪几种?

复合管是由两种或两种以上不同材料复合而成的管材。目前常用的复合管有以下几种：

（1）铝塑复合管

铝塑复合管是通过挤出成型工艺而制造出的新型复合管材，它由聚乙烯层（或交联聚乙烯）—胶粘剂层—铝层—胶粘剂层—聚乙烯层（或交联聚乙烯）五层结构构成。其中铝层分搭接焊、对接焊成型工艺。

管件连接主要是夹紧式铜接头，用于室内冷热水管道及地面辐射采暖系统上。由于铜接头价格贵，还缩小过水断面，通常在室内安装时利用管材的柔软性，各用水端直接从分水器连接，以减少接头数量及维修量。

（2）钢塑复合管

钢塑复合管是在钢管内壁衬（涂）一定厚度的塑料层复合而成，依据复合管基材不同，可分为衬塑复合管和涂塑复合管两种。

①衬塑复合管是以金属管为基材，内衬食品卫生级无毒塑料（PE）或聚丙烯(PPR)，如镀锌钢管衬塑复合管、不锈钢衬塑复合管、铝合金衬塑复合管等。衬塑复合管的特点：卫生无毒；耐腐蚀、不结垢；塑料衬层导热系数低，保温节能；水流阻力小；安装方便，连接安全可靠，无渗漏；耐热抗老化性能好，作为热水管耐热可达 80℃。

②涂塑复合管是以普通碳素钢管为基材，内涂或内外均涂塑料粉末，经加温熔融粘合形成。依据用途不同，可分为两种，一种内壁涂敷 PE，外镀锌镍合金。另一种内、外壁均涂敷 PE。涂塑复合管的特点：优良的抗腐蚀性能、锌镍合金镀层的耐腐蚀性是镀锌层的 2～4 倍；优良的机械强度，能承受较强的外来冲击力；良好的卫生性能；水流阻力小，热膨胀系数小；传统的安装方式，连接安全可靠；耐热性能好，塑料涂层可耐 70℃温度。

(3) 孔网钢带塑料复合管

孔网钢带塑料复合管 Perforoted Steel Strip Composite Plastic（PSSCP），它是以冷轧钢带和热塑性高密度聚乙烯为原料，以氩弧对接焊成型的多孔薄壁钢管为增强体，是外层和内层双面复合热塑性塑料的一种新型复合压力管材。

薄钢带位于管道横断面的中间层，其作用是作为增强体，薄钢带的厚度，低压管为0.5～0.9mm，中压管为0.9～1.2mm，开孔率为27%，经冲孔后的冷轧钢带，卷焊而成孔网钢管，用热塑性树脂，经挤出成型连续复合而成。通过热熔，使内外塑料层能透过孔网薄钢管相互包容、粘结、继而融为一体，解决了塑料管强度与刚度不够的问题，同时也控制了塑料的线膨胀系数。这种管材具有三层结构，塑料与金属在管壁内相互包容，可避免塑料与金属骨架的分离与剥落。管道连接可采用套管件电熔焊连接，也可用胶圈管件快装连接，它具有钢管的机械强度，又具有塑料管的耐腐蚀性，可适用于 $DN \leqslant 200$mm 的给水管道。此类管材安装时，切断的端面应作严格的防锈处理。

(4) 钢骨架塑料复合管

钢骨架塑料复合管是以优质低碳钢丝为增强体，高密度聚乙烯（HDPE）为基体，通过对钢丝点焊成网与塑料挤出填注同步进行，在生产线上连续拉膜成型的新型双面防腐压力管道。（图 2.1.48）该管具有以下的特征：

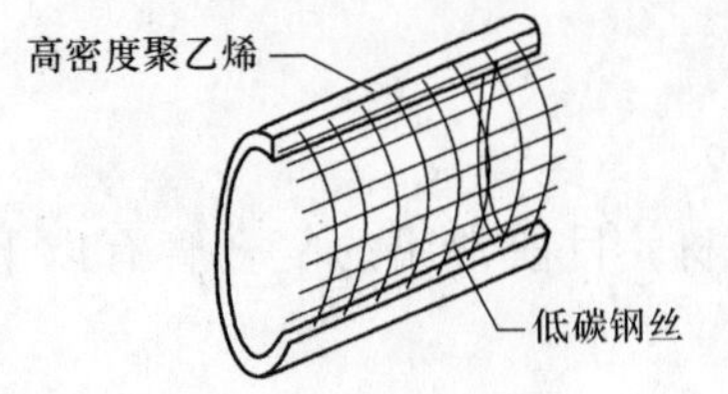

图 2.1.48 钢骨架塑料复合管结构示意

①较好地解决了金属管道耐压不耐腐、非金属管道耐腐不耐压、钢塑管易脱层、玻璃钢管对敷设环境要求较高的诸多缺点。这种管道具有较好的刚度和强度，抗蠕变性强，耐磨；

②施工方便，便于维修。管材重量轻，从材料运输到现场安装无需动用大型起重吊装设备，省时省力，大大降低了施工成本。由于这种管道可以采用法兰连接和电熔连接两种方法，连接可靠，维修方便，而且不动明火，特别适用于对防火要求高的施工场所；

③与其他管材相比具有一定的保温性能，导热系数低，在生产中可减少保温费用；

④管材外型美观，内壁光滑，可减少结垢；

⑤性价比高。同规格、同长度的钢骨架塑料复合管一次性投入费用与钢管与防腐和玻璃钢管相当，但使用寿命高达50年，经济适用性能良好；

⑥管与管配件规格齐全。

2.1.49 消防给水管道卡箍的选择与安装注意事项？

卡箍连接又称为沟槽连接，近年来，它在生活给水及消防给水工程中获得了越来越多的使用，尤其是《建筑给水排水及采暖工程施工及验收规范》GB 50242—2002 实施以来，管径大于80mm的消防及钢塑给水复合管道均采用了沟槽式连接。然而，由于沟槽式连接在我国应用时间较短，在沟槽式管接头的选择和安装中还存在一些问题，应该引起工程技术人员的重视。

生活给水及消防给水工程采用沟槽式连接的出发点在于延长管道使用年限，解决管道内水质污染问题。因此，生活给水管道的连接应用内壁衬塑或喷塑的沟槽式管接头，或采用球墨铸铁、不锈耐酸钢，而不应采用未经内壁衬塑或喷塑的铸钢或锻钢沟槽式管接头，因为后者在水的长期浸泡下会发生腐蚀，从而影响生活给水水质。按照建设部关于国家标准《自动喷水灭火系统施工及验收规范》GB 50261—2001 局部修订的公告，自动喷水灭火系统选用的沟槽式管接头应符合《沟槽式管接头》CJ/T 156—2001 标准要求，其材质应为球墨铸铁并符合《球墨铸铁件》GB/T 1348 标准要求，因此铸钢或锻钢沟槽式管接头不应用于自动喷水灭火统。

生活给水用沟槽式管接头的橡胶密封圈应符合《生活饮用水输配水设备及防护材料的安全性评价标准》GB/T 17219—1998 的规定。

在工程实际中，发现在自动喷水灭火系统中采用铸钢或锻钢沟槽式管接头；有的生产厂家用铸钢或锻钢沟槽式管接头冒充球墨铸铁沟槽式管接头。有些工程的生活给水管道采用内壁未衬塑或喷塑的铸钢或锻钢沟槽式管接头。

生产厂家的选择：UL 认证，AZ 安全标记，美国 FM 认证，管接头是否齐全，产品的检验是否按照《沟槽式管接头》CJ/T 156—2001 的要求进行。

安装中应注意：埋地、水泵房内的管道连接应采用挠性接头，埋地的沟槽式管接头螺栓、螺帽应作防腐处理。支吊架要求：公称直径为 DC80mm、DC100mm 的喷淋管道，其支、吊架最大间距分别不应超过 6m、6.5m，消防管道在拐弯悬臂处沟槽式管接头时宜补加支、吊架。

2.1.50 常见的直饮水处理工艺流程有哪几种类型？

分质供水（管道直饮水）系统是指以城市自来水为水源，进行深度处理后再以专用管线向服务区居民供应直饮水的系统。在管道直饮水系统中，由于所处理的水量较少，水质要求又较高，为适应这一特殊需求一般采用膜过滤技术。各种膜净化技术都有明确的适用范围，因此，深度净化工艺必须根据各地直饮水水源（自来水）的水质特点，并结合用户对饮用水的水质要求等具体情况有针对性地选用。以下为根据不同原水水质所采用的几种直饮水深度净化工艺流程。

①对于有轻度污染或水中大分子天然有机物较多、微生物超标但矿化度适宜的原水，可采用的工艺为：

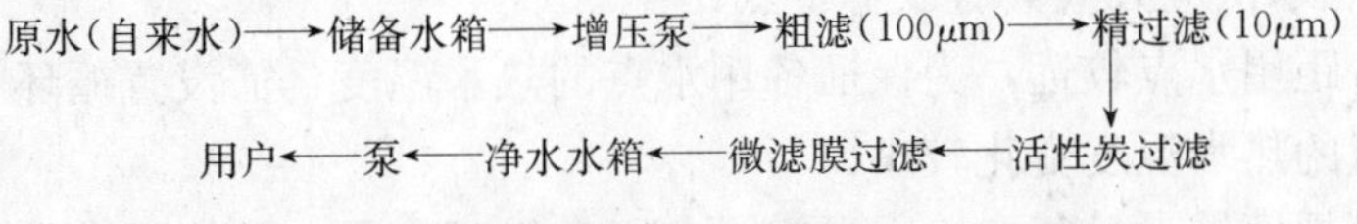

原水（自来水）
储备水箱
增压泵
粗滤（100μm）
精过滤（10μm）
活性炭过滤
微滤膜过滤
净水水箱
泵
用户

图 2.1.50-1 轻度污染水处理工艺流程

②对于有一定程度污染，且水中溶解性有机物和有害离子、盐类均有一定超标的原水，可采用的深度净化工艺流程为：

原水
(自来水)
储备
水箱
增压泵
粗滤
(100μm)
精过滤
(10μm)
臭氧
尾气吸收
臭氧(或紫外线)消毒
活性炭
过滤
保安
过滤
超滤膜
过滤
净水
水箱
泵
用户

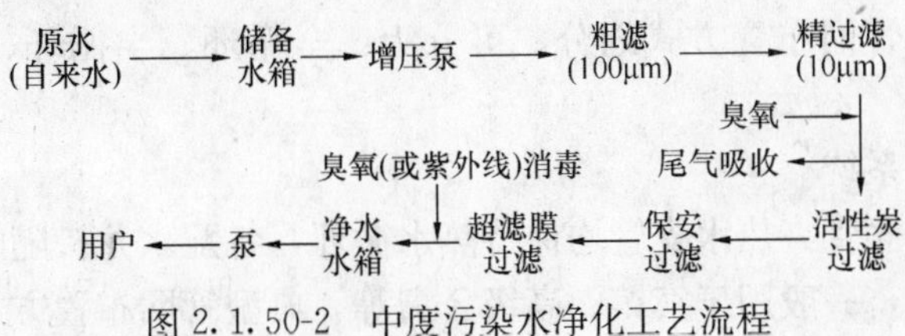

图 2.1.50-2 中度污染水净化工艺流程

③对于有机污染严重，水中总溶解性固体物和消毒副产物等含量较高、味、嗅较明显的原水（自来水），可采用的深度净化工艺流程为：

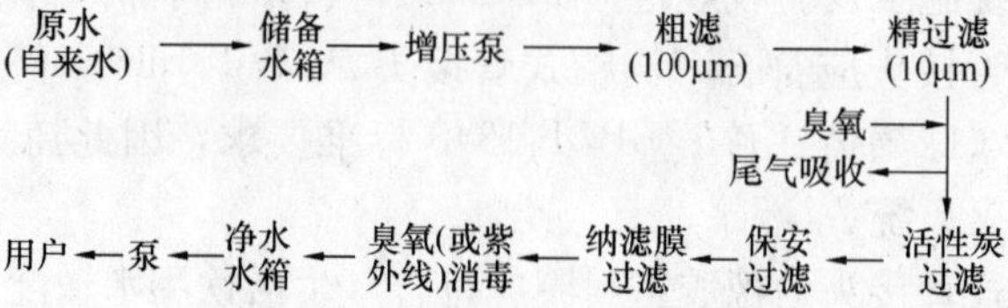

原水(自来水) → 储备水箱 → 增压泵 → 粗滤(100μm) → 精过滤(10μm) → 活性炭过滤（臭氧、尾气吸收） → 保安过滤 → 纳滤膜过滤 → 臭氧(或紫外线)消毒 → 净水水箱 → 泵 → 用户

图 2.1.50-3　深度净化工艺流程

需要特别说明的是：紫外线和臭氧消毒的灭菌功能较强，但由于没有持续效应，在直饮水输水管路较长时为防止二次污染发生，还需要投加其他消毒剂。

2.1.51　局部（分户）式与集中式热水供应方式有何特点？

室内热水供应系统分为局部（分户）式与集中式热水供应方式。

（1）局部（分户）式热水供应

1）局部（分户）式热水供应方式是在建筑内各用水点（每一户内）设小型热水器把水加热后供本用水点使用。主要使用在住宅的厨房浴室，一般采用的加热设备有：即热式燃气热水器、即热式电热水器、容积式燃气热水器、容积式电热水器，太阳能热水器。

2）局部（分户）式热水供应方式具有以下特点：

①加热设备距用水点较近，一般不需热水循环管路，热水管道长度较短，热损失较少，系统较简单。

②加热设备分散布置，相应增加燃气管道或供电线路的造价，对采用燃气热水器的建筑，需设置排烟孔洞等。

（2）集中式热水供应

1）集中式热水供应方式是在建筑物内设大型热水加热设备，将水集中加热后，用管道将热水输送到各用水点。主要使用在宾馆、酒店式管理公寓、医院等场所，一般采用在锅炉房集中设置热水加热设备、热水箱、热水循环泵等设备。

2）集中式热水供应方式具有以下特点：

①加热设备距用水点较远，为保证各用水点的热水温度，需设置循环管道。

②各用水点的热水温度变化较小。

③系统设备规模较大且复杂，需专门设备间和管理人员，初期投资较大。

④系统安全性较高。

2.1.52　热水系统有几种管网布置方式？

热水供应系统按管网布置方式划分，可分为：全循环、半循环、无循环管道的热水系统。

（1）全循环热水系统

热水干管、热水立管、热水支管均保持热水循环，各配水龙头随时打开均能得到符合设计水温要求的热水，一般用于宾馆、高级公寓等。典型管网布置方式见图 2.1.52（*a*）。

（2）半循环热水系统

半循环方式又分为干管循环和立管循环方式。

干管循环热水系统是指仅保持热水干管内的热水循环，在热水供应前，先用循环泵将干管中已冷却的存水循环加热，打开配水龙头时只需放掉立管和支管内的冷水即可流出符合要求的热水。多用于采用定时供应热水的建筑中。典型管网布置方式见图 2.1.52（c_1、c_2）。

立管循环热水系统是指保持热水干管和热水立管内的热水循环，打开配水龙头时只需放掉热水支管内的少量存水即可流出符合要求的热水。多用于全日制供应热水的建筑或定时供应热水的建筑。典型管网布置方式见图 2.1.52（*b*）。

（3）无循环热水系统

无循环热水系统是指热水系统中不设任何热水循环管道。用于热水供应系统较小，使用要求不高的定时供应系统。多用于公共浴室、洗衣房等。典型管网布置方式见图 2.1.52（*d*）。

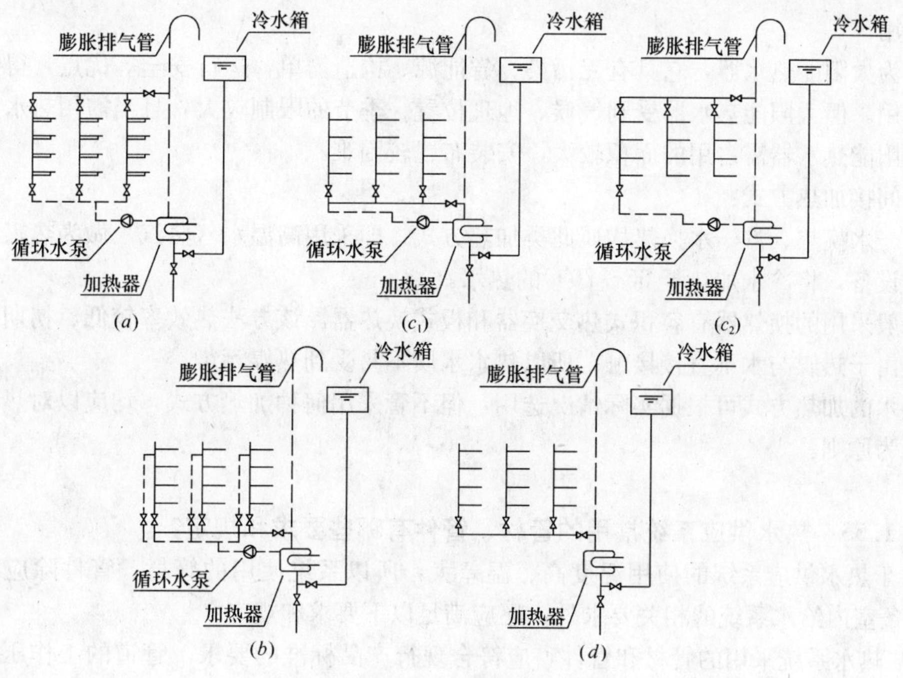

图 2.1.52　热水循环方式

（*a*）全循环；（*b*）立管循环；（c_1、c_2）干管循环；（*d*）无循环

2.1.53　集中式热水供应系统竖向分区如何划分？

高层建筑的集中式热水供应系统应与冷水系统一样设竖向分区，为保证冷热水系统的压力大致相等，要求热水系统的竖向分区的范围、数量、位置与冷水相同。具体划分的依据是《建筑给水排水设计规范》GB 50015—2003 中的相关规定：

①与给水系统的竖向分区应一致，即根据使用要求、材料设备性能、维修管理、建筑物层数等条件，结合利用室外给水管网的水压合理确定。分区最低卫生器具配水点处的静水压不宜大于 0.45MPa，特殊情况下不宜大于 0.55MPa。

②各区水加热器、储水罐的进水应由同区的给水系统专管供给；当不能满足时，应采

取保证系统冷热水压力平衡的措施。

③当采用减压阀分区时，减压阀的设置要求与冷水系统相同，且应保证各分区热水的循环。

2.1.54 集中生活热水系统常用的加热方式有几种？各种加热方式有何特点？

生活热水系统常用的加热方式有直接加热和间接加热二种：

①直接加热方式：

电加热（器）炉、燃气加热（器）炉、燃油加热炉、太阳能加热器均属此类加热方式。

采用常压锅炉对水直接加热，避免了设置大型蒸汽锅炉的安全问题，可根据用水的实际情况设置、易于管理。当采用燃气燃油锅炉时应注意排烟的污染。

太阳能加热器通过接收器将太阳辐射的能量转换为热能，再利用该热能将水加热供给用户使用。

作为太阳能热水器，它具有无污染、省能源、构造简单，运行安全等优点，得到了广泛的应用。但太阳能热水器受到气候、地理位置、季节的限制较大，且当需用热水量较大时，太阳能热水器需占用的面积较大，安装布置较困难。

②间接加热方式：

水—水换热、汽—水换热均属此类加热方式，即采用高温水（蒸汽）做为热媒，通过热交换设备，将冷水加热至65～70℃的热水。

一般采用的换热器有容积式热交换器和板式换热器。该方法热效率较低、初期投入较大。但由于热媒与水不直接接触，所以热水水质不易受到热媒污染。

热水的加热方式可根据实际情况选用，但不管采用何种加热方式，均应以对热水水质无污染为原则。

2.1.55 热水供应系统常用的管材、管件有哪些要求和规定？

由于热水供应系统的使用温度高、温差大，所以系统使用的管材、管件除应满足第2.1.6条室内给水系统的相关要求外，还应满足以下要求和规定：

1）热水系统采用的管材和管件，应符合现行产品标准的要求。管道的工作压力和工作温度不得大于产品标准标定的允许工作压力和工作温度。

2）热水管道应选用耐腐蚀和安装连接方便可靠的管材。一般可采用薄壁铜管、不锈钢管、塑料热水管、塑料和金属复合热水管等。

当采用塑料热水管或塑料和金属复合热水管材时应符合下列要求：

①管道的工作压力应按相应温度下的允许工作压力选择；

②管件宜采用和管道相同的材质；

③定时供应热水不宜选用塑料热水管；

④设备机房内的管道不宜采用塑料热水管。

3）热水系统上各类阀门的材质及阀型应符合以下规定：

①热水管道上使用的各类阀门的材质，应耐腐蚀和耐压。根据管径大小和所承受压力的等级以及使用温度，一般可采用铁壳铜芯、全铜、全不锈钢或全塑阀门；

②止回阀的阀型选择，应根据止回阀的安装部位、阀前水压力、关闭后的密闭性能要求和关闭时引发的水锤大小等因素来确定，应符合下列要求：

a. 阀前水压小的部位，宜选用旋启式、球式和梭式止回阀；

b. 关闭后密闭性能要求严密的部位，宜选用有关闭弹簧的止回阀；要求削弱关闭水锤的部位，宜选用速闭消声止回阀或有阻尼装置的缓闭止回阀。

③系统中设置的减压阀应符合下列要求：

a. 比例式减压阀的减压比不宜大于 3∶1；可调式减压阀的阀前与阀后的最大压差不应大于 0.4MPa，要求环境安静的场所不应大于 0.3MPa；

b. 阀后压力允许波动时，宜采用可调式减压阀。当公称直径小于等于 50mm 时，宜采用直接式；公称直径为 70～100mm 时，可采用直接式或先导式；公称直径大于 100mm 时宜采用先导式。

2.1.56 热水供应系统管道和阀门安装的允许偏差和检验方法有哪些要求？安装中应注意哪些事项？

热水供应系统管道和阀门安装的允许偏差和检验方法与室内给水系统对管道阀门的安装要求完全相同，具体见表 2.1.56。

热水供应系统管道和阀门安装的允许偏差和检验方法　　表 2.1.56

<table>
<tr><th>项　次</th><th colspan="3">项　　目</th><th>允许偏差（mm）</th><th>检验方法</th></tr>
<tr><td rowspan="3">1</td><td rowspan="3">水平管道纵横方向弯曲</td><td>钢管</td><td>每米
全长 25m 以上</td><td>1
≤25</td><td rowspan="3">用水平尺、直尺、拉线和尺量检验</td></tr>
<tr><td>塑料管
复合管</td><td>每米
全长 25m 以上</td><td>1.5
≤25</td></tr>
<tr><td>铸铁管</td><td>每米
全长 25m 以上</td><td>2
≤25</td></tr>
<tr><td rowspan="3">2</td><td rowspan="3">立管垂直度</td><td>钢管</td><td>每米
5m 以上</td><td>3
≤8</td><td rowspan="3">吊线和尺量检查</td></tr>
<tr><td>塑料管
复合管</td><td>每米
5m 以上</td><td>2
≤8</td></tr>
<tr><td>铸铁管</td><td>每米
5m 以上</td><td>3
≤10</td></tr>
<tr><td>3</td><td colspan="2">成排管段和成排阀门</td><td>在同一平面
上间距</td><td>3</td><td>尺量检查</td></tr>
</table>

在热水供应系统中管道和阀门的安装应注意以下事项：

①在设计图中，需对管道的水平位置、标高及阀门安装的准确位置予以确定。

②热水系统所用的管材规格、阀门规格、接头连接方式等在设计图中要予以确定。

③在实际施工中，首先应按照设计所确定的位置进行放线，并按实际的放线位置确定支吊架的位置及长短，再按实际放线尺寸截取管道长度，对管道进行调直并满足表 2.1.56 偏差要求后再固定连接。

④要防止水平管道施工中标高误差过大，造成该问题的原因主要是定线控制不严造成，施工中往往参照距建筑梁板高度确定管道标高，忽视了梁板的土建误差。解决的方法是定线时必须做水平检查。

⑤要防止热水立管施工中垂直度误差过多，造成该问题的原因主要是在立管放线时没有从立管顶端到底端放通线，而是分段放线。解决的方法是必须按要求从立管顶端到底端放通线。

2.1.57　热水供应系统如何试压?

1）在热水供应系统安装完毕，管道保温之前，应对热水系统管道进行水压试验。系统水压试验具体规定如下：

①试验压力应符合设计要求。当设计未注明时，热水供应系统试验压力应为系统顶点的工作压力加 0.1MPa，同时在系统顶点的试验压力不小于 0.3MPa；

②钢管或复合管道系统在试验压力下 10min 内压力降不大于 0.02MPa，然后降至工作压力检查，压力应不降，且不渗、不漏；

③塑料管道系统在试验压力下稳压 1h，压力降不得超过 0.05MPa，然后在工作压力 1.15 倍状态下稳压 2h，压力降不得超过 0.03MPa，连接处不得渗漏；

④热水供应系统试验压力表应设在系统顶点处。

2）在安装太阳能集热器玻璃前，应对集热排管和上、下集管作水压试验，试验压力为工作压力的 1.5 倍。在试验压力下 10min 内压力不降，不渗、不漏。

3）热交换器应以工作压力的 1.5 倍作水压试验。热水部分应不低于 0.4MPa。检验方法：在试验压力下 10min 内压力不降，不渗、不漏。

2.1.58　热水供应系统其补偿器有哪几种形式？安装中应注意哪些问题?

1）热水供应系统采用金属管道时，由于热水使管道温度升高，管道会发生膨胀伸长，如果伸缩量不能得到补偿，膨胀所产生的轴向应力将使管道产生挠曲变形、位移、接头开裂等。

金属管道的热伸长量按下列公式计算。

$$\Delta L = \alpha(t_2 - t_1)L \tag{2.1.58}$$

式中　ΔL——管道的热伸长量（mm）；

L——计算管段长度（m）；

t_2——管道中热水的最高温度（℃）；

t_1——安装管道的环境温度，在室内时一般取 $t_1=5$℃；室外架空敷设时，应取冬季采暖室外计算温度；

α——金属管道的线膨胀系数（mm/m·℃）；

碳素钢管取 0.012（mm/m·℃）；

不锈钢管取 0.0103（mm/m·℃）；

铜管取 0.0176（mm/m·℃）。

①金属热水供应管道的补偿器主要有：

a. 自然补偿：利用管路布置中形成的 L 形、Z 形转角，进行管道伸缩补偿；

b. 方型伸缩器：在需设置伸缩器的位置，用管道弯制或采用 90°弯头制作而成的 Π 型转弯；

c. 套筒伸缩器；

d. 波纹管伸缩器；

e. 软管接头。

②补偿器的设置原则有：

a. 优先使用自然补偿。在自然补偿不足时，一般应尽量使用方形伸缩器；

b. 对于薄壁不锈钢管、铜管等管路，其伸缩器发生动作所需的轴向力应小于管材的变形应力，否则，伸缩器将起不到作用。

③在伸缩器安装中应注意的主要问题是：

a. 防止施工单位不按设计要求位置安装和不做安装前的预拉伸，致使补偿器达不到设计计算的伸长量，导致管道或接口断裂漏水；

b. 方形伸缩器自由臂长度应根据计算确定（具体可参考公式 1.0.12-2 计算）。

2）热水供应系统采用塑料管道时，由于热水使管道温度升高，管道会发生膨胀伸长，如果伸缩量不能得到补偿，膨胀所产生的轴向应力将使管道产生挠曲变形、位移、接头开裂等。

塑料管的线性膨胀系数比金属的线性膨胀系数大得多，其线性变形主要表现在管道轴向方向上的膨胀延长和水平方向上的弯曲，其膨胀量与温差成正比，故对于明装或非直埋暗装管道，当直线距离大于 20m 时，应考虑采用伸缩节或折角自然补偿方式，这是塑料管与金属管的一个最重要的差异。在设计及施工安装时应予以充分重视。但同时考虑到虽然塑料管的线性膨胀系数是金属管的几倍至十多倍，但其膨胀量却只有金属管的几十分之一，同时有良好的抗蠕变性能。故对于卫生间或是室内地板内直埋暗敷的管道，由于受水泥砂浆的摩擦阻力，塑料管线性膨胀会受约束，但不至于使外敷水泥崩裂，故配水支管可采用传统方式埋设或适当留一定管槽空间；复合管由于材料的膨胀受到金属的约束，线膨胀系数大大降低，但如果金属部分和塑料材料之间接合不紧密，会因热胀冷缩不均而产生剥落和分层现象，从而影响复合管的整体性能，降低其强度和承压能力，这也是复合管制造工艺需要注意的问题。

塑料管道的热伸长量按式（2.1.58）计算。

其中塑料管道的线膨胀系数：PE 管为 0.15，PP-R 管为 0.2。

①采用塑料管道的热水供应系统其补偿器主要有：

a. 自然补偿：利用管路布置中形成的 L 形、Z 形转角，进行管道伸缩补偿；

b. 方型伸缩器：在需设置伸缩器的位置，用管道弯制或采用 90°弯头制作而成的 Π 型转弯；

c. 专用伸缩器。

②补偿器的设置原则有：

a. 优先使用自然补偿，在自然补偿不足时，一般应尽量使用方型伸缩器，但方型伸缩器的自由臂长度应根据计算确定；

b. 伸缩器发生动作所需的轴向力应小于管材的变形应力，否则，伸缩器将起不到作用；

c. 如果受空间大小限制，安装自由方型伸缩器的位置不够，可以考虑在方型伸缩器前后一定距离的直管段上固定管箍，通过在管道上预加应力的方式限制线膨胀。

2.1.59 热水供应管道安装有哪些技术要求?

热水供应管道安装主要有以下技术要求:

1) 较长的直线热水管道,不能依靠自身转角自然补偿管道的伸缩时,应设置伸缩器。

2) 为避免管道中积聚气体,影响过水能力和增加管道腐蚀,在配水干管的最高点应设排气装置。

3) 系统的最低点应设泄水装置,有可能时也可利用最低配水点泄水。

4) 热水横管应有不小于 0.003 的坡度,坡向应考虑便于泄水。

5) 水平干管与水平支管连接、水平干管与立管连接、立管与每层支管连接,应考虑管道互相伸缩时不受影响的措施。

6) 热水管道穿过建筑物顶棚、楼板、墙壁和基础时均应加套管,以免管道胀缩时损坏建筑结构和管道设备。在地面有积水可能时,套管应高出地面 50~100mm。

7) 热水管道应设固定支座,固定支座的间距应满足管段的热伸长量,不大于伸缩器所允许的补偿量,固定支座之间设活动导向支座。

8) 为满足运行调节和检修要求,热水管道中下列地点应设阀门:

①配水立管和回水立管;

②住宅、旅馆的卫生间,从立管接出的支管上;

③配水点大于等于 5 个的支管上;

④水加热器、热水贮水器、循环水泵、自动温度调节器、自动排气阀和其他需要考虑检修的设备进出水口管道上。

9) 热水管网在下列管段上应设止回阀:

①闭式热水系统的冷水的进水管上;

②机械循环的回水总管上;

③冷热水混合器的冷、热水进水管上。

2.1.60 热水供应管道保温应符合哪些规定?

热水管道保温的目的是减少输送热水时管道向外传递热量造成的热损失,管道保温可节省热源,使系统运行费用降低,所以在室内热水系统中,供回水干管和主立管均需采取保温措施。

热水供应管道保温应符合以下规定:

①保温部位:

热水配水管、回水管、水加热器、热水箱等均应保温,以减少系统的热损失。

②保温材料:

热水管道保温材料应具有耐热性、阻燃性、重量轻、导热系数低、吸水率小、性能稳定、有一定的机械强度、不腐蚀金属、施工简便、价廉的材料。选用保温材料时,其导热系数应不大于 0.12W/m·℃,材料的密度应不大于 300kg/m^3。

③保温层厚度:

保温层厚度应合理选择。保温层过薄会造成热损失加大;保温层过厚,增加散热表面积,也会增大热损失。保温层的厚度根据保温材料性质、热水温度等因素一般应经计算确定。

④保温层结构形式：

根据不同的保温材料和施工方法，可采用不同的保温结构形式，不论采用何种结构形式，在施工保温前，均应将管道进行防腐处理，将管道表面清除干净。为增加保温结构的机械强度及防湿能力，在保温层外面一般均应有保护层。室外及机房内管道常用的保护层有石棉水泥保护层，玻璃布保护层，镀锌铁皮保护层等。

2.1.61 太阳能热水器安装有哪些技术要求？

1）太阳能热水器安装位置要求：

①热水器一般常安装在建筑物的屋顶上，集热器的安装倾角与地面夹角宜按当地纬度与冬季赤纬角之和为最佳，例如在深圳地区，纬度为23°，冬季赤纬角12°，则太阳能热水器安装倾角为35°较佳；

②集热器安装朝向，以接受板朝向正南偏西10°为最佳，如实际安装条件有困难，其偏移角度不得大于15°安装；

③安装时，应考虑水箱、集热器和水的重量会加大楼板的荷载，应经计算后再安装，同时还应考虑风力的影响。

2）太阳能热水器在安装时应注意以下事项：

①贮水箱安装在钢制支架上时，支架应与楼板固定；

②在屋面安装时应注意不要破坏屋面的防水层；

③冷热水管须采用耐腐蚀和安装连接方便可靠的管材。一般可采用薄壁铜管、不锈钢管、塑料冷热水管、塑料和金属复合冷热水管等；

④水箱顶应做排气管，水箱保温时其保护层应防雨水，水箱盖在制作时，应考虑避免雨水灌入水箱内的措施；

⑤热水管穿楼板时，应做好防水处理；

⑥自来水管道控制阀门应设在易于操作的位置处，集热器之间连接管上不允许安装阀门；

⑦热水管道应保温，冷水管道应视当地情况采取保温措施；

⑧在南方宜采用板式太阳能热水器，在北方宜采用真空管式太阳能热水器。

3）太阳能热水器安装的允许偏差应符合表2.1.61的规定。

太阳能热水器安装的允许偏差和检验方法　　表2.1.61

项　目			允许偏差	检验方法
板式直管太阳能热水器	标　高	中心线距地面（mm）	±20	尺量
	固定安装朝向	最大偏移角	不大于15°	分度仪检查

2.1.62 家用燃气热水器的安装有哪些技术要求？

《家用燃气快速热水器》GB 6932—2001强制性国家标准2002年4月1日正式实施，该标准对家用燃气快速热水器安装的相关规定如下：

①使用管道燃气的用户，安装热水器前要向燃气管理部门申请。审批后，由专业人员安装。

②除平衡式燃气热水器外，其他类型的燃气热水器应分室安装，即热水器安装在一个房间，洗澡在另一个房间，这两个房间之间不能有孔洞、小窗相连通，而且可以通过关门将两个房间隔断分开。安装热水器的房间还必须有与室外直接连通的窗子或通风孔，以保持通风良好。

③卧室、地下室、客厅、楼梯和安全出口附近（5m 以外不受限制）、橱柜内等地方不得安装热水器。

④烟道式、强制排气式燃气热水器的排烟道，其安装应符合使用产品说明书的要求。

⑤强排式燃气热水器的烟道，不应接入公共烟道内；热水器安装高度一般以观察窗的高度 1.5m 为宜。

⑥热水器两侧应留出一定的空间（一般为 30cm 以上），以利防火和便于操作、维护。

⑦安装热水器的地方应远离易燃品及危险性物品。燃气热水器上方不能有电力导线、电器设备、燃气管道，下方不能设置煤气烤炉、煤气灶等燃气具和其他易燃物品，热水器与电器设备的水平距离应大于 0.5m。

⑧进出水口都要安装阀门。要正确地安装进水管、出水管及燃气管，保证与热水器上的标识相符。

⑨如果热水器安装在可燃烧的墙面上，必须在热水器和墙面之间设置隔热反射板或防火板，以防火灾，防热板与墙的距离应大于 10mm。

⑩安装直排式燃气热水器的用户，应安装排风扇，应按产品说明书的要求，连接好风扇联动装置。

⑪壁挂式热水器安装应保持垂直，不得倾斜。

⑫燃气管道安装完毕后，应用肥皂水检查燃气管路各接头处，观察是否漏气。

以上要求只适用于热负荷不大于 70kW 的家用燃气快速热水器，对容积式热水器和冷凝式热水器的安装应按照生产厂家要求执行。

第二节　室外给水管网安装

2.2.1　建筑小区给水管网系统主要由哪些部分组成？

为满足不同的建筑小区用水需要，其建筑小区给水管网由以下几部分组成：

①生活给水管网。其主要功能是满足小区居民生活用水及公共建筑的生活用水（包括：医院、学校、幼托、菜场等）；

②消防水泵接合器系统。消防水泵接合器分为消火栓系统水泵接合器和喷淋系统水泵接合器，其主要功能是用于建筑在消防情况下，由消防车通过水泵接合器向室内消防管网供水。

③浇洒道路和绿化用水管网。其主要功能是满足小区冲洗道路及绿化浇水等需要。

④景观用水管网。其主要功能是满足小区喷泉等景观补充水等需要。

2.2.2　建筑小区给水管道常用的管材有哪几种？其特点是什么？

室外给水管道常用管材有球墨给水铸铁管，热镀锌钢管、塑料管、钢塑复合管、孔网钢带塑料复合管、钢骨架塑料复合管等。

（1）球墨给水铸铁管

目前常用的球墨铸铁管是指在铸造过程中经退火处理的球墨铸铁管；但现有些厂家生产的球墨铸铁管没进行退火处理，称为铸态球墨铸铁管，其材质的性能除延伸率低于退火球墨铸铁管外，其余性能指标均与球墨铸铁管相似，价格较低。见表 2.2.2-1 和表 2.2.2-2。

球墨铸铁管机械性能　　表 2.2.2-1

标准	公称口径 mm	抗拉强度 MPa	屈服强度 MPa	延伸率 %	水压试验 MPa	硬度 HB
ISO	≤300	≥420	≥300	≥10	5.0	≤230
	350～600				4.0	
	700～800				3.2	

退火球墨铸铁管、铸态球墨铸铁管和灰口铸铁管的机械性能比较　　表 2.2.2-2

	退火球墨铸铁管	铸态球墨铸铁管	灰口铸铁管
屈服强度	≥300MPa	未定义	未定义
抗拉强度	≥420MPa	≥300MPa	≥140MPa
延伸率	≥10%	≥3%	0
断裂形式	塑性变形	突然断裂	突然断裂

球墨铸铁管具有较高的机械强度及承压能力、较强的耐腐蚀性、接口方便、易于施工，因此在城市输水工程中得到大量使用。球墨铸铁管的接口一般采用橡胶圈柔性接口。

给水铸铁管在出厂前管外壁已做防腐处理，有的还内衬水泥砂浆，如在运输及存放期间，防腐涂层破损应在现场补做。

（2）热镀锌钢管

将焊接钢管进行热镀锌处理后称镀锌钢管。

（3）塑料管

目前使用比较成熟的塑料管有：硬聚氯乙烯（PVC-U）管、聚乙烯（PE）管。

塑料管由于具有耐腐蚀性、不污染水质、内壁光滑、施工方便等优点，已广泛使用于建筑、电气、电信、化工、医药、采矿、市政等各个领域。使用塑料给水管材较铸铁管相比可节约能源 20%（生产能耗低），且塑料给水管材相对价格便宜，其安装综合成本也较铸铁管节约 30%，具有相当大的市场基础，近几年得到较大的发展。

（4）钢塑复合管、孔网钢带塑料复合管、钢骨架塑料复合管

是结合塑料管与钢管的优点而开发的一种新型管材，比较有代表性的管道为孔网钢骨架塑料复合管。

2.2.3　埋地给水管道的管沟基层有哪些要求？管道敷设有哪些规定？

埋地给水管道的管沟基层是否符合要求，是直接影响管道沉降变形的关键因素，为保证管道施工质量，管沟基层必须符合以下要求：

1）用天然地基时，地基不得受扰动。当天然地基受到扰动时，需采取以下措施进行处理：

①当地基为干槽，其超挖深度在 15cm 以内时，可用原土回填压实，压实密度不低于原天然地基；当干槽超挖大于 15cm、小于 100cm 时，可用石灰土分层压实，相对密度不

应低于95%；

②槽底有地下水或地基含水量较大时，可满槽填入大块石，块石间用级配砂填实，距沟底设计标高20cm范围内须用细砂夯填；

③如槽底局部遇到回填的坑、穴、井或挖掉的局部坚硬地基（老房基、桥基等）可先将其挖除，然后用天然级配砂石、石灰土或可压实的砂黏土分层压实回填，压实度不应小于95%，处理深度不宜大于100cm；

④沟槽开挖时若局部遇到粉砂、细砂、亚砂及薄层砂质黏土，由于排水不利，发生地基扰动，深度在0.80～2m时，可采用群桩处理。群桩可由砂桩、木桩、钢筋混凝土桩构成，桩长应比扰动深度长0.80～1m。当地基扰动深度大于2m时，可采用长桩处理，也可用木桩、混凝土灌注桩或钢筋混凝土预制桩等构成承台基础处理。

2）当采用其他管基时，其管基处理应符合设计要求。

给水埋地管道敷设应符合下列规定：

①管道铺设应在沟底标高和管道基础质量检查合格后进行，管道不得铺设在冻土上，如必须敷设在冰冻线以上时，应严格按设计要求做好管道保温防潮及管基处理。

②生活给水管道严禁直接穿过污水井、化粪池、厕所和坟墓等可能造成污染的地段，若在沟槽开挖过程中发现类似情况应与设计及卫生等有关部门协同处理。

③在铺设管道前要对管材、管件、橡胶圈等重新作一次外观检查，发现有问题的管材、管件均不得采用。

④管道应由下游向上游依次安装。承插管承口朝向水流方向，插口顺水流方向安装。

⑤多条管道合槽施工时，应先安装埋设较深的管道，待回填土高程与邻近管道基础相同高度时，再安装相邻的管道。

⑥管道穿墙处，应设预留孔或安装套管，在套管范围内管道不得有接口。管道与套管间，根据有无防水要求采用相应的填塞处理。

⑦管道穿越铁路、公路时，应设钢筋混凝土套管，套管的最小直径为管道外径加300mm。

⑧管道安装和铺设过程中，应随时清扫管中杂物。暂时中断安装时，应用木塞或其他措施将管口封闭，防止杂物进入。

⑨塑料管道在弯曲铺设时，曲率半径不得小于管径的300倍。

⑩在硬聚氯乙烯给水管道上可钻孔接支管。开孔直径小于50mm时，可用管道钻孔机钻孔；开孔直径大于50mm时可采用圆形切削器。在同一根管道上开多孔时，相邻两孔口间的最小间距不得小于所开孔孔径的7倍。

⑪给水管道上所采用的阀门及管件，其压力等级不应低于管道设计压力。

⑫管道接口法兰、卡扣、卡箍等应安装在检查井或地沟内，不应埋在土壤中。

⑬钢管道应按设计要求进行防腐。

2.2.4 埋地钢管、铸铁管采用石油沥青及环氧煤沥青外防腐层施工时有哪些技术要求？

为防止埋地钢管、铸铁管周围土壤中各种电解质对管道的腐蚀，延长管道的使用寿命，必须对管道外壁进行防腐处理。

目前，石油沥青及环氧煤沥青外防腐层因其防腐效果好、施工简单、造价低廉而得到广泛的使用，现对施工中的技术要求简述如下：

1）埋地铸铁管外防腐层作法：刷石油沥青漆或环氧煤沥青漆二道。

2）埋地钢管道外防腐层的构造应符合设计规定，当设计无规定时其构造应符合表2.2.4-1和表2.2.4-2的规定。

石油沥青涂料外防腐层构造　　表2.2.4-1

防腐等级	正常防腐层		加强防腐层		特加强防腐层	
防腐层结构	三油二布		四油三布		五油四布	
材料种类	构　造	厚度(mm)	构　造	厚度(mm)	构　造	厚度(mm)
石油沥青涂料	1. 底漆一层 2. 沥青 3. 玻璃布一层 4. 沥青 5. 玻璃布一层 6. 沥青 7. 聚氯乙烯工业薄膜一层	≥3.0	1. 底漆一层 2. 沥青 3. 玻璃布一层 4. 沥青 5. 玻璃布一层 6. 沥青 7. 玻璃布一层 8. 沥青 9. 聚氯乙烯工业薄膜一层	≥6.0	1. 底漆一层 2. 沥青 3. 玻璃布一层 4. 沥青 5. 玻璃布一层 6. 沥青 7. 玻璃布一层 8. 沥青 9. 玻璃布一层 10. 沥青 11. 聚氯乙烯工业薄膜一层	≥9.0

环氧煤沥青涂料外防腐层构造　　表2.2.4-2

防腐等级	正常防腐层		加强防腐层		特加强防腐层	
	二　油		三油一布		四油二布	
材料种类	构　造	厚度(mm)	构　造	厚度(mm)	构　造	厚度(mm)
环氧煤沥青涂料	1. 底漆 2. 面漆 3. 面漆	≥0.4	1. 底漆 2. 面漆 3. 玻璃布 4. 面漆 5. 面漆	≥0.6	1. 底漆 2. 面漆 3. 玻璃布 4. 面漆 5. 玻璃布 6. 面漆 7. 面漆	≥0.8

3）钢管采用石油沥青及环氧煤沥青做外防腐时，应符合下列规定：

①当环境温度低于5℃时，不宜采用环氧煤沥青涂料，当采用石油沥青涂料时，应采取冬期施工措施；当环境温度低于－15℃或相对湿度大于85%时，未采取措施不得进行施工；

②不得在雨、雾、雪或5级以上大风中露天施工；

③炎热天气下，已涂石油沥青防腐层的管道，不宜直接受阳光照射；冬季当气温等于或小于沥青涂料脆化温度时，不得起吊、运输和铺设。

4）外防腐层的材料质量应符合下列规定：

①沥青应采用建筑10号石油沥青；环氧煤沥青涂料，宜采用双组分，常温固化型的涂料；

②玻璃布应采用干燥、脱脂、无捻、封边、网状平纹、中碱的玻璃布；

③外包保护层应采用可适应环境温度变化的聚氯乙烯工业薄膜，其厚度应为0.2mm，拉伸强度应大于或等于14.7N/mm²，断裂伸长率应大于或等于200%。

5）钢管道石油沥青涂料外防腐层施工应符合下列规定：

①涂底漆前管子表面应清除油垢、灰渣、铁锈；

②涂底漆时基面应干燥，基面除锈后与涂底漆的间隔时间不得超过8h。应涂刷均匀、饱满，不得有凝块、起泡现象，底漆厚度宜为0.1～0.2mm，管两端150～250mm范围内不得涂刷；

③沥青涂料熬制温度宜在230℃左右，最高温度不得超过250℃，熬制时间不大于5h；

④沥青涂料应涂刷在洁净、干燥的底漆上，常温下刷沥青涂料时，应在涂底漆后24h之内实施；沥青涂料涂刷温度不得低于180℃；

⑤涂沥青后应立即缠绕玻璃布，玻璃布的压边宽度应为30～40mm；接头搭接长度不得小于100mm，各层搭接接头应相互错开，玻璃布的油浸透率应达到95%以上，严禁出现大于50mm×50mm的空白；管端或施工中断处应留出长150～250mm的阶梯形搭茬；阶梯宽度应为50mm；

⑥当沥青涂料温度低于100℃时，包扎聚氯乙烯工业薄膜保护层，不得有褶皱、脱壳现象，压边宽度应为30～40mm，搭接长度应为100～150mm；

⑦沟槽内管道接口处防腐层施工，应在焊接、试压合格后进行，接茬处应粘结牢固、严密。

6）环氧煤沥青外防腐层施工应符合下列规定：

①管道焊接表面应光滑无刺、无焊瘤、棱角；

②涂料配制应按产品说明书的规定操作；

③底漆应在表面除锈后的8h之内涂刷，涂刷应均匀，不得漏涂；管两端150～250mm范围内不得涂刷；

④面漆涂刷和包扎玻璃布，应在底漆表面干燥后进行，底漆与第一道面漆涂刷的间隔时间不得超过24h。

7）防腐层质量检查：

①外观：涂层饱满、均匀、玻璃布网眼漆料饱满不露布纹、无皱折、空鼓；

②针孔检查：用电火花检漏仪进行检验，普通级在500V，加强级在2000V，特加级在3000V，以不打火花为合格；

③厚度检查：用漆膜测厚仪进行检查；

④粘结力检查：涂层完全固化后，用小刀割开舌形口，撕开涂层，破坏处钢质表面仍为漆膜覆盖，不露金属为合格。

2.2.5 埋地给水管道回填土应符合哪些技术要求?

1）埋地给水管道在施工完毕并经检验合格后，沟槽应及时回填。回填时应注意以下事项：

①管沟槽内砖、石、木块等杂物应清除干净；

②沟槽内不得有积水。如地下水位高于沟底，采用明沟排水时，应保持排水沟畅通；

采用井点降低地下水位时，其动水位应保持在槽底以下不小于 0.5m。

2）沟槽的回填材料，除设计文件另有规定外，应符合下列规定：

①当采用回填土时：

a. 槽底至管顶以上 50cm 范围内，不得含有机物、冻土以及大于 50mm 的砖、石等硬块；

b. 冬期回填时管顶以上 50cm 范围以外可均匀掺入冻土，其数量不得超过填土总体积的 15%，且冻块尺寸不得超过 100mm；

c. 回填土的含水量，宜按土类和采用的压实工具控制在最佳含水量附近。

②采用石灰土、砂、砂砾等材料回填时，其质量要求应按设计规定执行。

3）回填土或其他回填材料填入管槽内时不得损伤管道及其接口，并应符合下列规定：

①根据每层虚铺厚度的用量将回填材料运至槽内，且不得在影响压实的范围内堆料；

②管道两侧和管顶以上 50cm 范围内的回填材料，应由沟槽两侧对称填入槽内，不得直接扔在管道上；回填其他部位时，应均匀填入槽内，不得集中堆入；

③需要拌合的回填材料，应在填入槽内前拌合均匀，不得在槽内拌合。

4）回填土的每层虚铺厚度，应按采用的压实工具和要求的压实密度确定。对一般压实工具，铺土厚度可按表 2.2.5-1 中的数值选用。

回填土每层虚铺厚度 **表 2.2.5-1**

压实工具	虚铺厚度（cm）	压实工具	虚铺厚度（cm）
木夯、铁夯	≤20	压路机	20～30
蛙式夯、人力夯	20～25		

5）回填土每层的压实遍数，应按要求的压实度、压实工具、虚铺厚度和含水量，经现场试验确定。

6）当采用重型压实机械压实或较重车辆在回填土上行驶时，管道顶部以上应有一定厚度的压实回填土，其最小厚度应按压实机械的规格和管道的设计承载力，通过计算确定。

7）沟槽回填土或其他材料的压实，应符合下列规定：

①回填压实应逐层进行，且不得损伤管道；

②管道两侧和管顶以上 50cm 范围内，应采用轻夯压实，管道两侧压实面的高差不应超过 30cm；

③同一沟槽中有双排或多排管道的基础底面位于同一高程时，管道之间的回填压实应与管道和槽壁之间的回填压实对称进行；

④同一沟槽中有双排或多排管道但基础底面的高程不同时，应先回填基础较低的沟槽；当回填至较高基础底面高程后，再按上款规定回填；

⑤分段回填压实时，相邻段的接茬应呈阶梯形，且不得漏夯；

⑥采用木夯、蛙式夯等压实工具时，应夯夯相连；采用压路机时，碾压的重叠宽度不得小于 20cm；其行驶速度不得超过 2km/h；

⑦管道沟槽位于路基范围内时，管顶以上 0.25m 范围内回填土的压实度不应小于 87%，其他部位回填土的压实度应符合表 2.2.5-2 的规定。

沟槽回填土作为路基的最小压实度 **表 2.2.5-2**

由路槽底算起的深度范围（m）	道路类别	最低压实度（%）	
		重型击实标准	轻型击实标准
≤0.80	小区车行道路	90	92
0.80～1.50	小区车行道路	87	90
>1.50	小区车行道路	87	90

注：①表中重型击实标准的压实度和轻型击实标准的压实度，分别以相应的标准击实试验法求得的最大干密度为100%；

②回填土的要求压实度，除注明者外，均为轻击实标准的压实度（以下同）。

8）管道两侧回填土的压实度应符合下列规定：

铸铁管道：其压实度不应小于90%；钢管，其压实度不应小于95%。

9）当管道覆土较浅，管道的承载力较低，压实工具的荷载较大，或原土回填达不到要求的压实度时，可与设计单位协商采用石灰土、砂、砂砾等具有结构强度或可以达到要求的其他材料回填。为提高管道的承载力，可采取加固管道的措施。

10）处于绿地或农田范围内的沟槽回填土，表层0.50m范围内不宜压实，但可将表面整平，并宜预留沉降量。

11）当原土含水量高且不具备降低含水量条件，不能达到要求压实度时，管道两侧及沟槽位于地基范围内的管道顶部以上，应回填石灰土、砂、砂砾或其他可以达到要求压实度的材料。

12）阀门井及其他井室周围的回填，应符合下列规定：

①井室的现场浇筑混凝土或砌体水泥砂浆强度应达到设计规定；

②路面范围内的井室周围，应采用石灰土、砂、砂砾等材料回填，其宽度不宜小于0.40cm；

③井室周围的回填，应与管道沟槽的回填同时进行；当不便同时进行时，应留台阶形接茬；

④井室周围回填压实时应沿井室中心对称进行，且不得漏夯；

⑤回填材料压实后应与井壁紧贴。

13）新建给水排水管道与其他管道交叉部位的回填应符合要求的压实度，并应使回填材料与被支承管道紧贴。

2.2.6 露天架空铺设的塑料给水管道为什么应有防冻和防晒等措施?

在PE、PP-R等管道工程技术规程和验收规范中，均对安装在室外的明敷管道防冻和防晒进行了相关规定，即必须有防冻保温和防止阳光直接照射的遮蔽措施，采用这些措施的目的是为了减少温差变化及阳光中紫外线对塑料管使用寿命的影响。

温度过高，塑料管材会变软，失去承压能力；温度过低，塑料管材会变脆，抗冲击能力变差。

塑料管材的抗拉强度，也与温度关系密切，以聚氯乙烯为例，温度每升高1℃，其抗拉强度便降低0.66MPa。其表现公式为：

$$F_t = F - 0.66(t - 20) \quad (2.2.6)$$

式中 F——20℃时的抗拉强度（MPa）。

随着使用时间的延长，塑料管材会发生变色、发脆、龟裂等老化现象，阳光中紫外线的直接照射，会加速塑料的老化。

2.2.7 给水系统各种井室内的管道安装应符合什么规定？怎样防治管井壁渗水问题？

给水系统各种井室内的管道安装应考虑方便使用和检修需要，如设计无要求时，井壁距法兰或承口的距离：管径小于450mm时，不得小于250mm；管径大于450mm时，不得小于350mm。

为防止地下水从管道穿过井壁处渗入检查井或阀门井，管道与井壁连接处需采用密封措施，具体密封方法如下：

①可在井壁中镶嵌预制混凝土承口套环配橡胶圈，形成柔性连接。

②可将管材的承口或插口锯成0.5m左右长的接头砌入井壁，两端再用橡胶圈与管道相连，形成柔性连接。

③可在PVC-U管外表面均匀的涂一层塑料粘合剂，并在上面滚粘一层干燥的粗砂，固化20min后，即形成表面粗糙的中介层，砌入井壁内可保证与水泥砂浆的良好结合，防止渗水。

2.2.8 室外给水系统管道安装工程的允许偏差和检验方法有哪些规定？怎样检验？

室外给水系统管道安装工程的允许偏差见表2.2.8所示。

室外给水系统管道安装工程的允许偏差（mm） 表2.2.8

管材	检验项目	允许偏差	
		无压力管道	压力管道
钢管、球墨铸铁管	轴线位置	15	30
	高程	±10	±20

检验方法：经纬仪、直尺、拉线和尺量检查。

2.2.9 建筑小区给水管网怎样进行水压试验？水压试验中应注意哪些事项？

给水管网的水压试验分为强度试验和严密性试验两种，强度试验用测定压力降和外观检查的方法检查管道和接口的强度。严密性试验是以测定渗水量来检验管道和接口的严密性。

管道试压时，应注意以下事项：

①管道水压试验前，应编制试验计划，其内容应包括：进水管路、排气点的选择；排水疏导措施；升压分段的划分及观测制度的规定；试验管段的稳定措施；安全措施。

②管道水压试验的分段长度不宜大于1.0km。

③水压试验采用的弹簧压力表精度不应低于1.5级，最大量程宜为试验压力的1.3～1.5倍，表壳的公称直径不应小于150mm，使用前应校正。

④试压水泵、压力表应安装在试验段下游的端部与管道轴线相垂直的支管上。

⑤试验压力一般为管道系统工作压力的 1.5 倍，但不得小于 0.6MPa。

⑥试压时应先将系统充满水，并在其系统的最高点设临时排气阀，进行排气。

⑦当管网较短时，应采用手动试压泵试压。升压应缓慢，达到工作压力时应停止升压，检查系统渗漏情况，然后再升至试验压力。稳压 10min，压降值在规范允许范围值内即为合格（一般不大于 0.05MPa）。

⑧发现压力表针摆动较大时，应再次进行排气，直至稳定为止。

2.2.10 管道倒流防止器主要用于哪些场合？

《建筑给水排水设计规范》GB 50015—2003 中 3.2 条款对“水质和防水质污染”作出了强制性规定。

倒流防止器（Backflow Preventer），也叫防污隔断阀。其内部结构有两个止回阀以及一个泄水阀。主要用于以下场合：

①单独接出消防用水管道时，在消防用水管道的起端（图 2.2.10-1）。

②从城市给水管道上直接吸水的水泵，其吸水管起端（图 2.2.10-2）。

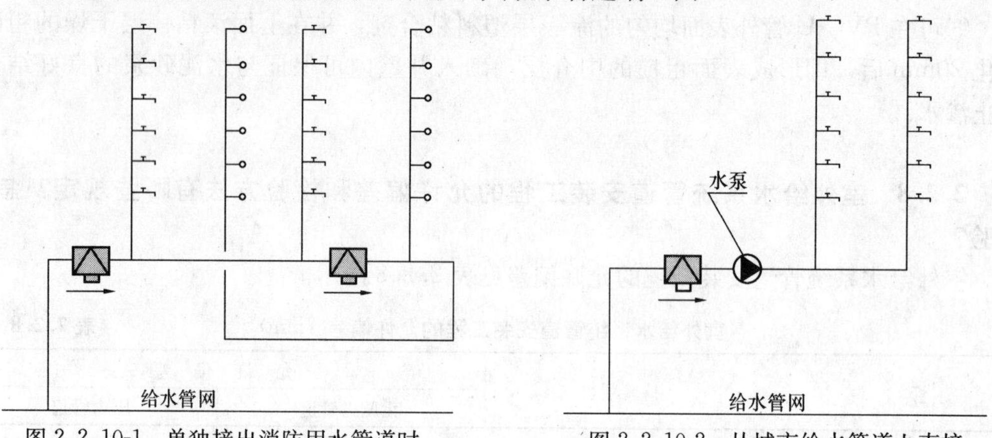

图 2.2.10-1 单独接出消防用水管道时，在消防用水管道的起端

图 2.2.10-2 从城市给水管道上直接吸水的水泵，其吸水管起端

③当游泳池、水上游乐池、按摩池、水景观赏池、循环冷却水集水池等的充水或补水管道出口与溢流水位之间的空气间隔小于出口管径 2.5 倍时，在充（补）水管上（图 2.2.10-3）。

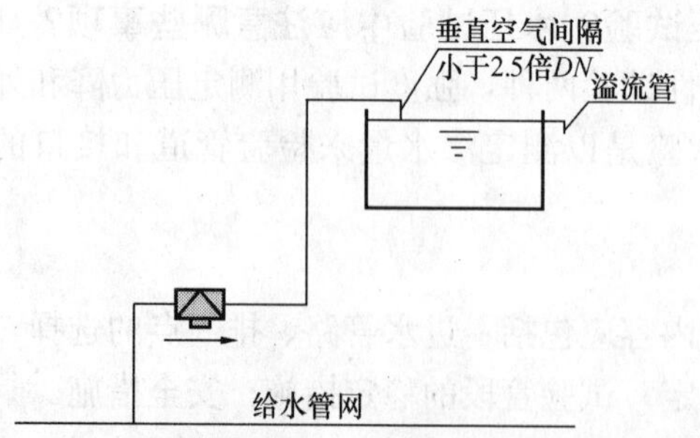

图 2.2.10-3 当游泳池、水上游乐池、按摩池、水景观赏池、循环冷却水集水池等的充水或补水管道出口与溢流水位之间的空气间隔小于出口管径 2.5 倍时，在充（补）水管上

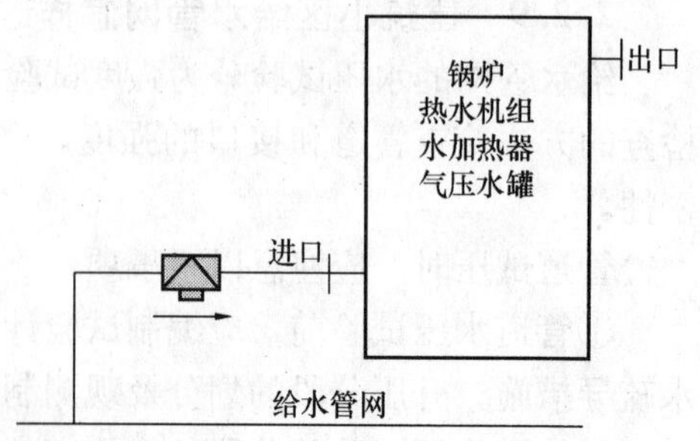

图 2.2.10-4 由城市给水管直接向锅炉\热水机组、水加热器、气压水罐等有压容器或密闭容器注水的注水管上

④由城市给水管直接向锅炉\热水机组、水加热器、气压水罐等有压容器或密闭容器注水的注水管上（图 2.2.10-4）。

⑤垃圾处理器、动物养殖场（含动物园的饲养展览区）的冲洗管道及动物饮水管道的起端（图 2.2.10-5-1、图 2.2.10-5-2）。

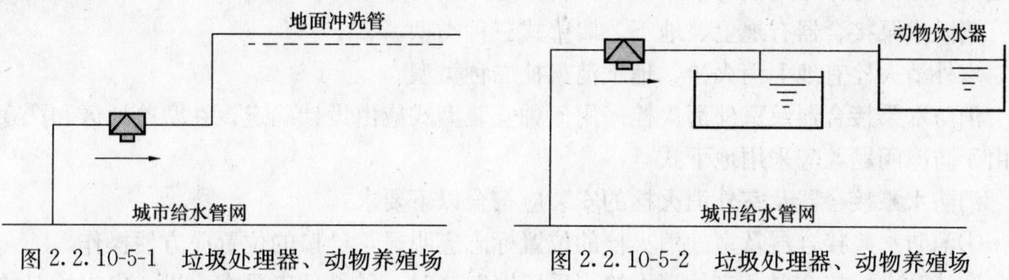

图 2.2.10-5-1　垃圾处理器、动物养殖场（含动物园的饲养展览区）的冲洗管道起端

图 2.2.10-5-2　垃圾处理器、动物养殖场（含动物园的饲养展览区）动物饮水管道的起端

⑥绿地等自动喷灌系统，当喷头为地下式或自动升降式时，其管道起端（图 2.2.10-6-1、图 2.2.10-6-2）。

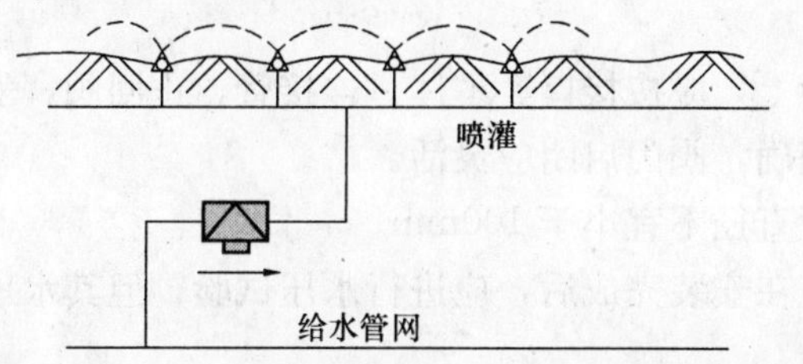

图 2.2.10-6-1　绿地等自动喷灌系统，当喷头为地下式或自动升降式时，其管道起端

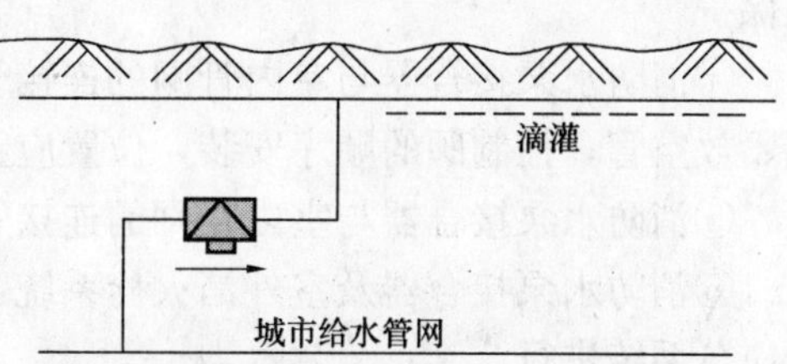

图 2.2.10-6-2　绿地等自动喷灌系统，当喷头为地下式自动升降式时，其管道起端

⑦从城市给水环网的不同管段接出引入管向居住小区供水且小区供水管与城市给水管形成环状管网时，其引入管上（一般在总水表后），见图 2.2-10-7。

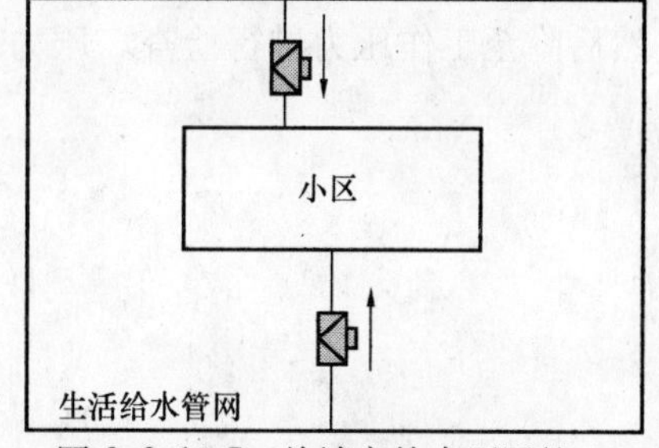

图 2.2.10-7　从城市给水环网的不同管段接出引入管向居住小区供水管与城市给水管形成环状管网时，其引入管上

2.2.11　如何对建筑小区给水管网进行冲洗、消毒?

给水管道水压试验后，竣工验收前应对管网冲洗消毒。

①冲洗时应避开用水高峰，冲洗水以流速不小于 1.0m/s 连续冲洗，直至出水口处浊度、色度与入水口处冲洗水浊度、色度相同为止。

②冲洗排水应引入可靠的排水井，排放管的截面积不得小于被冲洗管截面积的 60%，排水时不得形成负压。

③冲洗时应保证排水管路畅通安全。

④管道应采用含量不低于 20～30mg/L 氯离子浓度的清洁水浸泡 24h，再次冲洗，直至水质管理部门取样化验合格为止。

2.2.12 消防水泵接合器及室外消火栓各有几种类型？其安装应符合哪些技术要求？

高层建筑设置消防水泵接合器是为了在消防水泵发生故障或火灾面积过大而消防水量不足时，由消防车通过消防水泵接合器将水送入室内。

消防水泵接合器有地上、地下、墙壁式三种类型。

室外消火栓有地上消火栓、地下消火栓二种类型。

消防水泵接合器及室外消火栓采用何种安装型式应由设计确定，在寒冷地区和严寒地区由于防冻问题，应采用地下式。

消防水泵接合器及室外消火栓的安装应符合以下要求：

①消防水泵接合器及室外消火栓的位置标志应明显，栓口的位置应方便操作。

②消防水泵接合器及室外消火栓当采用墙壁式时，如设计未要求，进、出水栓口的中心安装高度距地应为1.10m，其上方应设有防坠落物打击的措施。

③地下式消防水泵接合器顶部进水口或室外地下式消火栓的顶部出水口与消防井盖底面的距离不得大于400mm，井内应有足够的操作空间，并设爬梯。寒冷地区井内应做防冻保护。

④消防水泵接合器与室内管网的连接管上，应按接口、本体、连接管、止回阀、安全阀、放空管、控制阀的顺序安装，位置应正确，阀门启闭应灵活。

⑤消防水泵接合器与室内管网的连接管直径不宜小于100mm。

⑥消防水泵接合器及室外消火栓系统，在安装完成后，应进行水压试验，但其水压试验应分系统进行。

消防水泵接合器分为消火栓系统水泵接合器和喷淋系统水泵接合器，各系统水泵接合器的水压试验应与所连接的室内各自系统的水压试验一同进行。

室外消火栓系统应与小区给水管网一同进行水压试验。

检验方法：管材为钢管、铸铁管时，试验压力下10min内压力降不应大于0.05MPa，然后降至工作压力进行检查，压力应保持不变，不渗不漏。

第三章　建筑排水系统安装

第一节　室内排水系统安装

3.1.1　室内排水系统分为几种类型和排出方式？雨水系统与生活污水系统为何不能采用合流管道？

1）室内排水系统一般分为粪便污水系统、生活废水系统、冷却废水系统、屋面雨水系统和特殊废水系统五种类型。其排出方式分述如下：

①粪便污水系统：是通过排污立管以贯穿上下的方式排入室外污水管道，再经化粪池初级处理后进入市政排污管道系统排出，系统示意图（图 3.1.1-1）。

②生活废水系统：多层建筑一般不单独设置，大多采用和生活污水合为一个系统的方式，通过污水立管排出，同样进入化粪池处理后排入市政排污系统。高层建筑的生活废水系统，有和污水合流的系统，也有单独排入地下室收集，经处理后用水泵提升至高位水箱供各用户冲洗大便，通常称为中水系统。

③冷凝废水系统：用以收集空调机、冷冻机排出的冷凝废水，也是采用立管贯穿上下的方式直接进入室外雨水管道系统和市政雨水管道系统排出。水量大时也有以进入中水系统处理后二次利用的方式进行处置的。

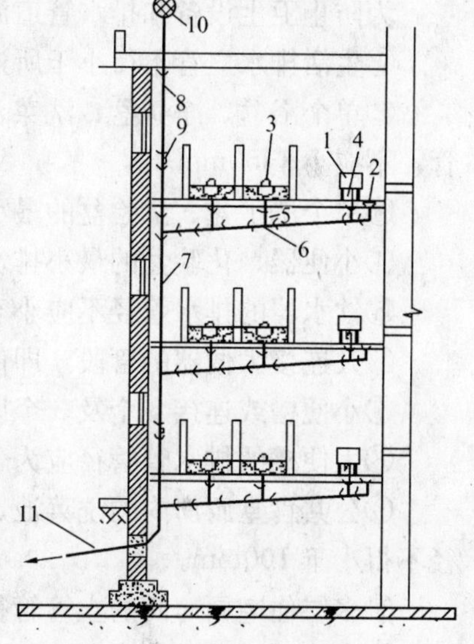

图 3.1.1-1　粪便污水系统

1—拖布池；2—地漏；3—蹲便器；4—形存水弯；5—排水支管；6—横管；7—立管；8—透气管；9—立管检查口；10—透气帽；11—排出管

④雨水系统：收集屋面雨水后，通过雨水管直接排入室外雨水系统，汇集后再排入市政雨水系统，系统示意图见图 3.1.1-2。

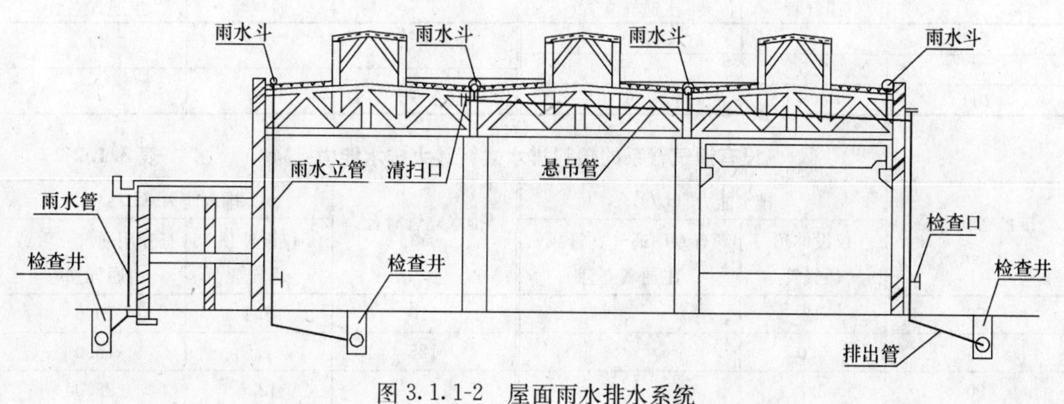

图 3.1.1-2　屋面雨水排水系统

⑤特殊排水系统：主要是指医院、公共厨房、汽车冲洗等废水的排水系统。此类废水和生活污水排水方式相同，单独排出室外，再经局部处理达到排放标准后进入市政污水管道系统排出。

2）雨水系统与生活污水系统不能采用合流管道，其原因如下：

①室内分流是为防止雨水管道满水后倒灌到生活污水管，破坏水封造成污染并影响污水排出。

②加大化粪池及污水处理厂内设备的污水量处理负荷，使处理设施投资加大，造成不必要的浪费。

3.1.2 室内排水系统为何要考虑最小管径？最小管径有何规定？

为防止卫生设备和排水管道淤塞，室内排水管道的最小管径必须符合下列规定：

①生活排水立管不得小于所连接的横支管，且不宜小于50mm。

②单个浴盆、净身盆、洗菜池、洗涤盆、污水池、淋浴器和家用洗衣机的最小排水管，不应小于50mm。

③单个洗手盆、洗脸盆的最小排水管径不应小于32mm。

④小便器、化验盆的最小排水管径不应小于40mm。

⑤饮水器的排水管径不应小于25mm。

⑥凡连接大便器的管段，即使只有一个大便器，管径应为100mm。

⑦小便槽或连接3个及3个以上手动冲洗小便器，其污水管管径不应小于75mm。

⑧大便槽的排水管管径应为150mm。

⑨公共食堂厨房内的洗菜池、拖布池、污水池等的排水管，不得小于75mm。干管管径不得小于100mm。

⑩多层住宅厨房间的立管管径不宜小于75mm。

⑪医院污物洗涤间内（池）和污水盆（池）的排水管管径，不得小于75mm。

另外，《建筑给排水设计规范》GB 50015—2003 第4.4.11条还按排水能力规定了最小管径，见表3.1.2-1、表3.1.2-2和表3.1.2-3。

设有通气管系的铸铁排水立管最大排水能力 **表3.1.2-1**

排水立管管径（mm）	排水能力（L/s）		排水立管管径（mm）	排水能力（L/s）	
	仅设伸顶通气管	有专用通气立管或主通气立管		仅设伸顶通气管	有专用通气立管或主通气立管
50	1.0	—	125	7.0	14
75	2.5	5			
100	4.5	9	150	10.0	25

设有通气管系的塑料排水立管最大排水能力 **表3.1.2-2**

排水立管管径（mm）	排水能力（L/s）		排水立管管径（mm）	排水能力（L/s）	
	仅设伸顶通气管	有专用通气立管或主通气立管		仅设伸顶通气管	有专用通气立管或主通气立管
50	12	—	110	5.4	10.0
75	3.0	—	125	7.5	16.0
90	3.8	—	160	12.0	28.0

不通气的生活排水立管最大排水能力 **表 3.1.2-3**

立管工作高度（m）	排水能力（L/s）				
	立管管径（mm）				
	50	75	100	125	150
≤2	1.0	1.70	3.80	5.00	7.00
3	0.64	1.35	2.40	3.40	5.00
4	0.50	0.92	1.76	2.70	3.50
5	0.40	0.70	1.36	1.90	2.80
6	0.40	0.50	1.00	1.50	2.20
7	0.40	0.50	0.76	1.20	2.00
≥8	0.40	0.50	0.64	1.00	1.40

注：①排水立管工作高度，按最高排水横支管和立管连接点至排出管中心线间的距离计算。
②如排水立管工作高度在表中列出的两个高度值之间时，可用内插法求得排水立管的最大排水能力数值。
③当建筑物内底层的生活污水管道单独排除时，排水能力可采用本表中立管工作高度小于等于 3m 时的数值。

3.1.3 何谓设备的间接排水？什么情况下采取间接排水的方式？

当受水设备或容器的排水管不能直接和排水系统连接，需要先通过一个漏斗或容器，再进入排水系统的方式，叫间接排水（图 3.1.3）。

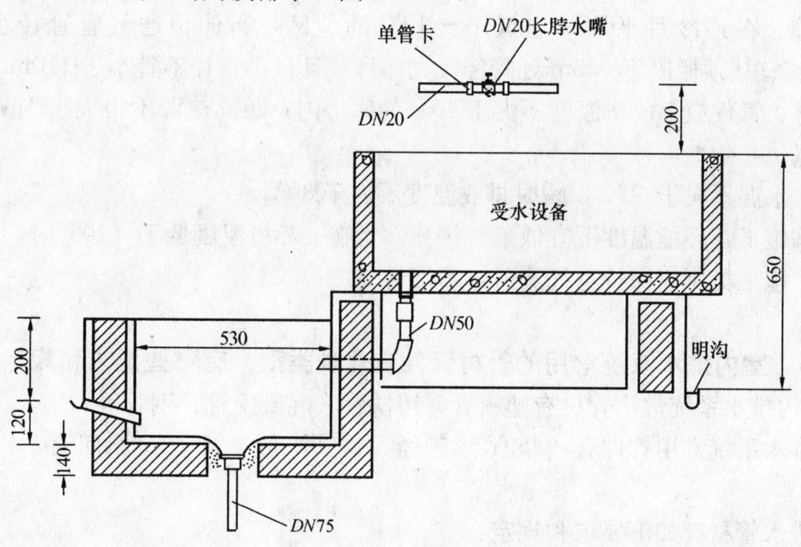

图 3.1.3 间接排水示意图

下列设备和容器不得与污废水管道系统直接连接，应采取间接排水的方式：

①生活饮用水贮水箱（池）的泄水管和溢流管；

②厨房内食品制备及洗涤设备的排水；

③较大型厨房内的洗菜池；

④医疗灭菌消毒设备的排水；

⑤蒸发式冷却器、空气冷却塔等空调设备的排水；

⑥贮存食品或饮料的冷藏间、冷藏库房的地面排水和冷风机溶霜水盘的排水；

⑦空调机组冷凝排水管接入其他排水管时。

3.1.4　常用硬聚氯乙烯塑料排水管材主要性能指标有哪些？特殊环境下应注意哪些事项？

工程中对塑料排水管材一般控制下列指标。

塑料排水管材和管件的物理、力学性能　　表 3.1.4

实验项目	指标	
	管　材	管　件
拉伸屈服强度	≥40MPa	
维卡软化温度	≥79℃	>70℃
扁平试验	压至外径的 1/2 时，无裂缝	在规定试验压力下，无破裂
抗锤冲击试验	试样无破裂	
液压试验	1.226MPa，保持 1min 无渗漏	
坠落试验		无破裂
纵向尺寸变化率	±2.5%	

特殊环境下应注意如下事项：

①最冷月平均最低气温 0℃以上，且极端最低气温－5℃以上地区，可将管道设置于外墙。

②管道不宜布置在热源附近。当不能避免，并导致管道表面温度大于 60℃时，应采取隔热措施。在最冷月平均气温低于－13℃的地区，当伸顶通气管管径小于或等于 125mm 时，宜从顶棚以下 0.3m 处管径放大一号，且最小管径不宜小于 110mm。

③管材、管件应存放于温度不大于 40℃的库房内，距离热源不得大于 1m。库房应有良好的通风。

④排水水温不大于 40℃，瞬时排放温度不大于 80℃。

⑤冬季施工，环境温度不宜低于－10℃；当施工环境温度低于－10℃时，应采取防寒防冻措施。施工场所应保持空气流通，不得封闭。

3.1.5　室内排水系统常用的管材管件有几种类型？有哪些要求和规定？

1）室内排水系统常用管材有塑料管、铸铁管、混凝土管、钢管等。

室内排水系统常用管件有：45°Y 形三通、45°TY 形三通、45°斜四通、45°弯头、90°弯头等。

室内排水管材有如下要求和规定：

①排水管道的选材要考虑对污水有一定的耐腐蚀性，高层建筑还应考虑管道本身承压问题。

②室内排水管道其性质、规格必须符合设计要求，产品主要性能指标要符合有关技术标准。排水管道选材除必须有产品合格证外，还要考虑国家环保要求和推广应用新型管材的相关规定。

③铸铁排水管管壁厚薄应均匀，内外光滑整洁，不得有裂纹、飞刺和疙瘩。

④建筑排水用硬质聚氯乙烯（PVC-U）管材应有质量检验部门的产品合格证，并有明显标志标明生产厂的名称和产品规格。管材内外表层颜色应一致，光滑、无气泡、裂纹，管壁厚薄均匀，直管段挠度不大于 1%。

⑤铸铁排水管的连接方式主要有承插式接口、柔性接口、管箍式连接，PVC-U管应采用粘接方式。不管采用何种材料的排水管，管壁都不能渗水，管道连接都应牢固、严密性要好。

2）为了避免排水管道管件的选用不当而造成管道流水阻力增大或发生管道阻塞现象，室内排水管件应符合以下要求和规定：

①管件规格必须符合设计要求，产品主要性能指标要符合有关技术标准。

②管件应完整无缺损，浇口及溢边应修除平整，内外表面要光滑，无明显痕纹。

③为保证管道分流处水流的通畅，减小流水阻力，承插式排水横管和横管、横支管和立管连接时，应采用45°Y形三通、45°TY形三通、45°斜四通、90°弯头管件见图3.1.5-1；柔性接口排水横管和横管、横管和立管连接时，应采用45°Y形三通、45°TY形三通、45°斜四通、90°弯头和双45°弯头管件见图3.1.5-2。

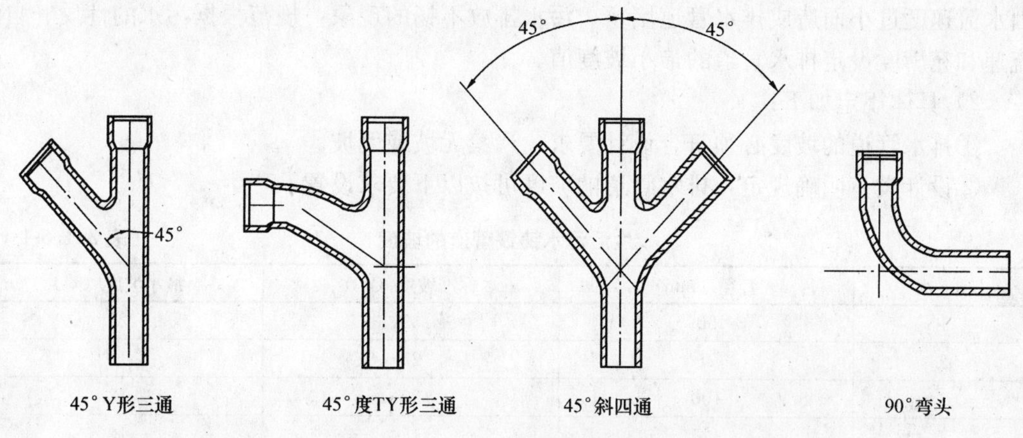

图3.1.5-1　承插式排水横管与横管、横管与立管连接使用管件

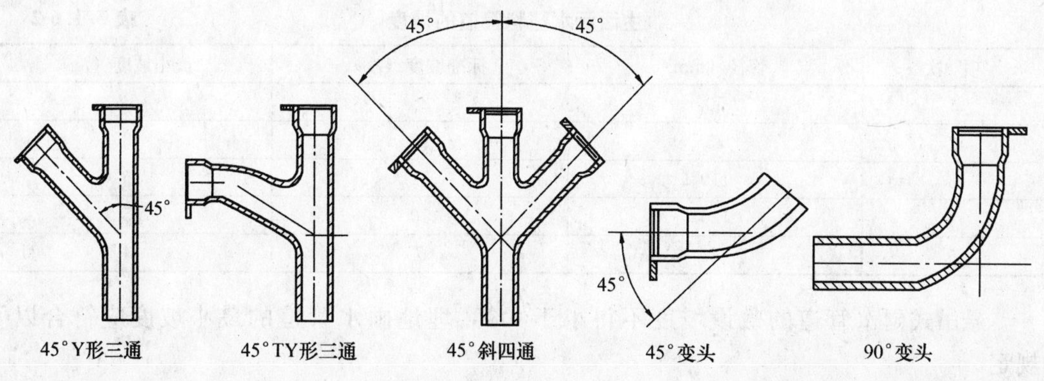

图3.1.5-2

④排水立管与排出管端部连接，应采用双45°弯头或曲率半径不小于4倍管径的90°弯头（图3.1.5-3）。

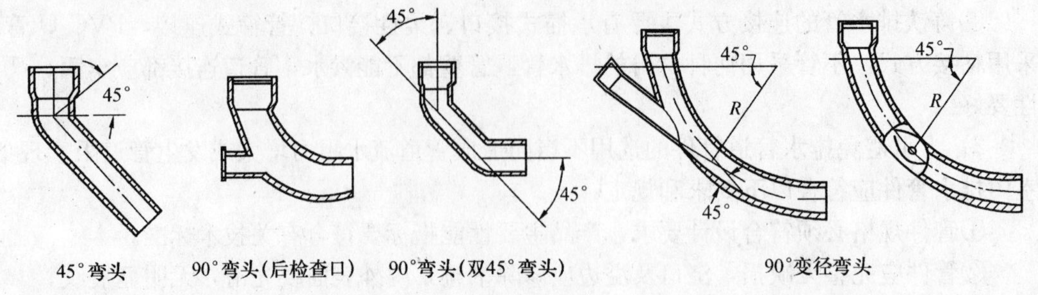

图 3.1.5-3

3.1.6　排水管道为何要设最小坡度？具体有何规定？在施工中怎样控制管道坡度？

1）排水管道大多为无压管，排水管道内的水靠自身的重力作用进行排放，水流动的速度与管道高差有很大关系。管道坡度越大即高差越大，水流速度也越大，为保证不出现因水流速度过小而造成排水管道堵塞、污水排放不畅的现象，规范根据污水的性质、自清流速和充满度设定排水管道的最小坡度值。

2）具体规定如下：

①排水管道的坡度必须符合设计要求，严禁无坡或倒坡。

②设计没有明确规定，排水管道的坡度可按以下要求设置。

生活污水铸铁管道的坡度　　**表 3.1.6-1**

项　次	管径（mm）	标准坡度（‰）	最小坡度（‰）
1	50	35	25
2	75	25	15
3	100	20	12
4	125	15	10
5	150	10	7
6	200	8	5

生活污水塑料管道的坡度　　**表 3.1.6-2**

项　次	管径（mm）	标准坡度（‰）	最小坡度（‰）
1	50	25	12
2	75	15	8
3	110	12	6
4	125	10	5
5	160	7	4

悬吊式雨水管道的敷设坡度不得小于5‰，埋地雨水管道的最小坡度应符合以下规定。

地下埋设雨水排水管道的最小坡度　　**表 3.1.6-3**

项　次	管径（mm）	最小坡度（‰）	项　次	管径（mm）	最小坡度（‰）
1	50	20	4	125	6
2	75	15	5	150	5
3	100	8	6	200～400	4

连接卫生器具的排水管的最小坡度　　　　表 3.1.6-4

项次	卫生器具名称		管道的最小坡度（‰）
1	污水盆（池）		25
2	单、双格洗涤盆（池）		25
3	洗手盆、洗脸盆		20
4	浴　盆		20
5	淋浴器		20
6	大便器	高、低水箱	12
		自闭式冲洗阀	12
		拉管式冲洗阀	12
7	小便器	手动、自闭式冲洗阀	20
		自动冲洗水箱	20
8	化验盆（无塞）		25
9	净身器		20
10	饮水器		10～20

3）在施工过程中要按照设计要求和规范规定严格控制管道坡度，具体应做到以下几点：

①排水管道敷设时作业人员首先要明确管道设计和规范要求的坡度。

②安装排水立管三通时应注意横管的坡度和排水方向。

③管道安装时应根据管段进行坡度调整，坡向应均匀顺直，达到设计和规范的要求。

④坡度和坡向调整好后，用支架将管道固定，以免管道发生位移。

⑤管道安装完毕后，对管道坡度进行复核，管道坡向应正确，坡度要满足要求。

3.1.7　为什么高层建筑的排水立管或横管所带卫生器具较多时要设置辅助通气管？施工中如何防治辅助通气管的质量通病？

（1）辅助通气管

通气管的作用是使室内以及室外的污水管道中的臭气或有害气体排至大气中，另外通气管还起到稳定管道内压力，使其同大气压力保持一致，保护卫生器具水封的作用。当高层建筑的排水立管或横管所带洁具较多时，易造成管道内正负压波动很大，从而破坏水封的作用，影响正常的使用功能，所以要考虑设置辅助通气管。

（2）质量通病防治

1）现象：

立管内有水塞流，排水不畅、臭气排放受阻，器具水封遭到破坏，室内有臭气。

2）原因分析：

①设计未考虑辅助通气管，立管内形成水塞流，存水弯遭破坏；高层建筑排水立管管内气压不正常，换气不平衡，管内臭气不能顺利排入大气；

②通气管的管径选用不对；

③通气管未高出屋面；

④通气管与污水管的连接不符合规定。

3）防治措施

①应按设计规范要求设计辅助通气管，图纸会审时，对照规范进行审图；

②通气管的管径，应根据排水管排水能力、管道长度确定，不宜小于排水立管管径。当两根或两根以上污水立管的通气管汇合连接时，汇合通气管的断面积应为最大一根通气管的断面积加其余通气管的断面积之和的 0.25 倍，且管径不宜小于其余任何一根污水立管管径；

③通气管高出屋面不得小于 0.3m，在上人屋面，通气管口应高出屋面 2.0m，通气管顶端应设透气帽或网罩；

④通气管与污水管的连接应符合下列规定：

a. 器具通气管应设在存水弯出口端。环形通气管应在横支管上最始端的两个卫生器具间接出，并应在排水支管中心线以上与排水支管呈垂直或 45°连接。

b. 结合通气管当采用 H 管时可隔层设置，H 管与通气立管的连接点施工时应高出卫生器具上边缘 0.15m。

c. 专用通气立管应每隔两层、主通气立管应每隔 8～10 层设结合通气管与排水立管连接。结合通气管下端宜在排水横支管以下与排水立管用斜三通连接；上端在卫生器具上边缘以上于 0.15m 处与通气立管用斜三通连接。

各种辅助通气管见图 3.1.7。

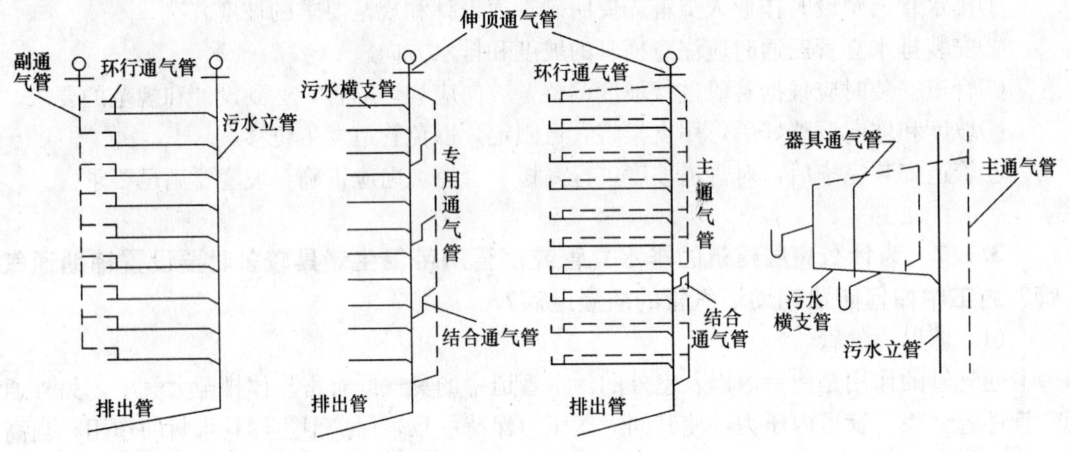

图 3.1.7　几种典型的通气形式

3.1.8　哪些部位敷设的管道属于隐蔽管道？怎样控制隐蔽管道安装质量及防治质量通病？

（1）隐蔽管道

埋地、管沟、吊顶、管井、地板、嵌墙等部位敷设的管道都属于隐蔽管道。

上述隐蔽管道因其安装位置的原因，管道不易检修、维护，所以在施工过程中要严格控制隐蔽管道的安装质量，具体应做到如下几点：

①选用的管材和管件规格必须符合设计要求，产品主要性能指标要符合有关技术标准。

②施工时必须对预留洞、预埋件的尺寸、位置、标高、坐标进行认真复核。管道安装

完毕后，必须按防火要求将所有孔洞和套管两端封堵。

③埋地管道铺设必须按设计要求进行，管道以及管道支墩严禁铺设在冻土或未经处理的松土上。

④管道安装坡度要严格按照设计要求和规范规定进行，坡向正确、均匀顺直，严禁无坡或倒坡。

⑤管道的支、吊、托架所采用的形式和规格应符合设计要求和施工规范规定。

⑥管道的接口应严密、牢固。金属管道承插接口和套箍接口环缝间隙应均匀，填料应先用麻丝填充，其填充量约占整个水泥接口深度的1/3，再用水泥或石棉水泥捻口。捻口应敲打密实、饱满、灰口平整光滑，并注意对捻口水泥的养护。对于塑料管道承插粘接接口，在粘接前先清除接口处油污水迹，涂上胶粘剂在5～15s内插入承口，1min后胶粘剂固化后才能松手。胶粘剂涂刷应迅速、均匀、适量，不得漏涂。

⑦管道在隐蔽之前必须做灌水试验，其灌水高度不得低于底层卫生器具的上边缘或底层地面高度，灌满水15min水面下降后，再灌满观察5min，液面不下降，管道以及接口无渗漏为合格。雨水管道灌水高度必须到每根立管最上部的雨水斗，灌水试验持续1h，不渗不漏为合格。专业监理工程师应参加试验，并对管道进行隐蔽前检查，合格后，施工人员做好隐蔽工程验收记录，并经监理签认。

⑧应注意管道与墙、楼板、屋面的缝隙或孔洞的修补，在实施过程中，要注意不要损坏管道及其附件，并做好防渗漏工作。

（2）质量通病防治

1）现象：

①埋地（楼板）地面渗水；

②埋地管道或暗装管道堵塞；

③隐蔽在剪力墙、楼板内的套管周壁渗水；

④埋地管道外层腐蚀。

2）原因分析：

①隐蔽的排水管道在隐蔽前未做灌水试验，管道接口渗漏没发现；

②埋地管道或暗装的排水管道在隐蔽前，未做通水（球）试验；

③外墙套管未做防水套管、未放坡度；

④埋地金属管外壁未采取严格的防腐措施。

3）防治措施：

①隐蔽或埋地的排水管道在隐蔽前必须做灌水试验，其灌水高度应不低于顶层卫生器具的上边缘或底层地面高度；

②暗装或地下埋设的排水管道在隐蔽前，必须进行通水（球）试验，合格后方可隐蔽；

③外墙或水池套管，应做防水套管，管道与套管之间用密实材料填充；

④埋地金属管外壁应严格按照设计要求和施工验收规范作防腐处理。

3.1.9 检查口和清扫口的设置原则有什么不同？如何防治质量通病？

（1）设置原则

检查口和清扫口的区别是检查口设置在排水立管上，起双向清通排水立管的作用，而清扫口设置在排水横管上，起单向清通排水横管的作用。

检查口和清扫口的设置原则是：

1）在立管上应每隔一层设置一个检查口，但在最底层和有卫生器具的最高层必须设置。如为两层建筑时，可仅在底层设置立管检查口；如有乙字弯管时，则在该层乙字弯管的上部应设置检查口。检查口中心高度距操作地面一般为1m，允许偏差±20mm；检查口的朝向应便于检修。暗装立管，在检查口处应设有检修门。

2）在连接2个及2个以上的大便器或3个及3个以上的卫生器具的污水横管上应设置清扫口。当污水管在楼板下悬吊敷设时，可将清扫口设在上一层楼地面上，污水管起点的清扫口与管道相垂直的墙面距离不得小于200mm；若污水管起点设置堵头代替清扫口时，与墙面的距离不得小于400mm。

3）在转角大于45°的污水横管上，应设置检查口或清扫口。

4）污水横管的直线管段上检查口或清扫口之间的最大距离应符合表3.1.9规定。

污水横管的直线管段上检查口或清扫口之间的最大距离 **表3.1.9**

管道管径（mm）	清扫设备种类	距离（m）		
		生产废水	生活污水及与生活污水成分接近的生产污水	含有大量悬浮物和沉淀物的生产污水
50～75	检查口	15	12	12
	清扫口	10	8	6
100～150	检查口	20	15	12
	清扫口	15	10	3
200	检查口	25	20	15

5）埋在地下或地板下的排水管道的检查口，应设在检查井内。井底表面标高与检查口的法兰相平，井底表面应有5%坡度，坡向检查口。

（2）质量通病防治

1）现象：

生活污水立（横）管、透气管内污物（水）、臭气排放受阻，无法清理。

2）原因分析

①施工时检查口或清扫口安装的数量太少；

②施工时检查口或清扫口安装的位置和朝向不对，或横管清扫口距墙太近，无法清扫；

③暗装立管或吊顶内管道未设检修门。

3）防治措施

①检查口和清扫口的数量要严格按照设置原则来设置；

②中心距地面宜为1m，在最冷月平均气温低于－13℃的地区，立管应在最高层离室内顶棚0.5m处设置检查口；沿外墙敷设的排水立管检查口，其朝向应便于操作；

③当立管设置在管道井或横管设置在吊顶内时，应在检查口或清扫口位置设置检修门。

3.1.10 塑料排水管为何要设置伸缩节？设置伸缩节有哪些规定？怎样防治质量通病？

（1）为什么设置伸缩节

塑料排水管的线膨胀系数比较大，为了补偿塑料管道的热胀冷缩，防止管道变形引起的管道位移、裂漏等现象发生，塑料排水管要设置伸缩节。

（2）伸缩节设置应符合如下规定

1）必须按设计要求进行伸缩节的设置，如设计无明确要求时，伸缩节的间距不得大于4m。当层高大于4m时，其数量应根据管道设计伸缩量和伸缩节允许伸缩量计算确定。

管道受环境温度变化而引起的伸缩量可按下式计算：

$$\Delta L = L \cdot a \cdot \Delta t$$

式中 ΔL——管道伸缩量（mm）；

L——管道长度（m）；

a——线膨胀系数，采用$6\times10^{-5}\sim8\times10^{-5}$（mm/m·℃）；

Δt——温差（℃）。

2）当设计对伸缩节的伸缩量无规定时，最大伸缩量不应大于下表的允许伸缩量。

塑料伸缩节最大允许伸缩量 **表3.1.10**

管径（mm）	50	75	90	110	125	160
最大允许伸缩量（mm）	12	15	20	20	20	25

3）污水横支管、横干管、器具通气管、环形通气管和汇合通气管上无汇合管件的直线管段大于2m时，应设置伸缩节，但伸缩节之间最大间距不得大于4m（图3.1.10-1）。

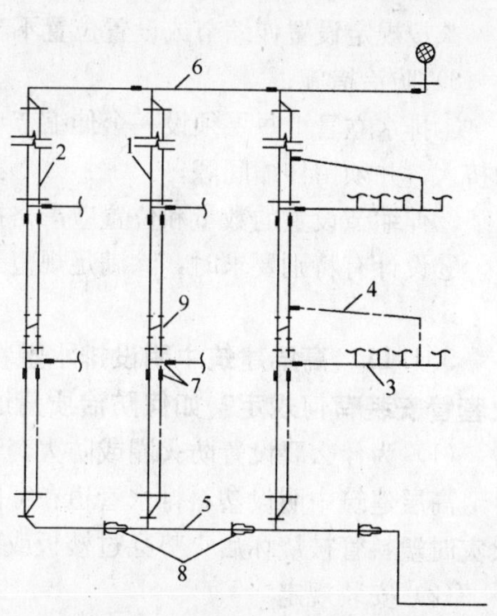

图3.1.10-1 排水管、通气管设置伸缩节位置

1—污水立管；2—专用通气管；3—横支管；4—环行通气管；5—污水横支管；6—汇合通气管；7—伸缩节；8—弹性密封圈伸缩节；9—H管管件

4）伸缩节设置应靠近水流汇合管件（图3.1.10-2），并应符合如下规定：

①立管穿越楼层处为固定支承且排水支管在楼板之下接入时，伸缩节应设置于水流汇合管件之下见图3.1.10-2中（*a*）、（*c*）；

②立管穿越楼层处为固定支承且排水支管在楼板之上接入时，伸缩节应设置于水流汇合管件之上见图3.1.10-2中（*b*）；

③立管穿越楼层处为不固定支承时，伸缩节应设置于水流汇合管件之上或之下见图3.1.10-2中（*e*）、（*f*）；

④立管上无排水支管接入时，伸缩节可按伸缩节设计间距置于楼层任何位置见图3.1.10-2中（*d*）、（*g*）；

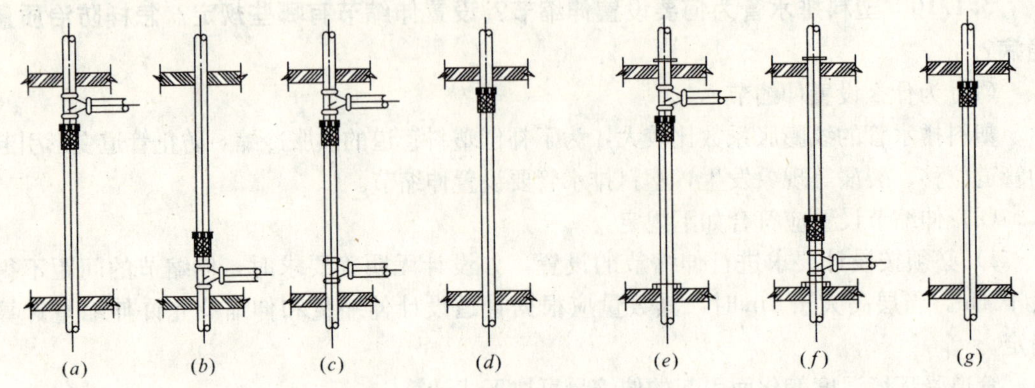

图 3.1.10-2　伸缩节设置位置

⑤横管上设置伸缩节应设于水流汇合管件上游端；

⑥立管穿越楼层处为固定支承时，伸缩节不得固定；伸缩节处设固定支承时，立管穿越楼层处不得固定；

⑦伸缩节插口应顺水流方向。管端插入伸缩节处预留的间隙为：夏季 5～10mm，冬季 15～20mm；

⑧埋地或埋于墙体、混凝土柱体内的管道不应设置伸缩节。

(3) 质量通病防治

1) 现象：

管道安装使用后弯曲、变形，接口漏水，影响使用。

2) 原因分析：

未按规定设置伸缩节或设置位置不当。

3) 防治措施：

①排水立管上每层须设一个伸缩节，插口要平直地插入伸缩器承口橡胶圈内，不得摇动挤入，并须留伸缩间隙；

②伸缩节设置的数量和位置应严格按照规定进行；

③设计有特别要求时，除满足规范要求外，按设计要求设置伸缩节。

3.1.11　高层建筑中明设排水塑料管为什么要设阻火圈或防火套管？阻火圈及防火套管安装有何规定？如何防治质量通病？

(1) 为什么要设置防火圈或防火套管

高层建筑中明设塑料排水管道在穿防火墙、楼板等处设阻火圈或防火套管是防止发生火灾时塑料管被烧坏后火势穿过楼板或防火墙使火灾蔓延到其他楼层或区域。

(2) 安装规定

安装阻火圈及防火套管时，应严格按照设计要求和《建筑排水硬聚氯乙烯管道工程技术规程》CJJ/T 29—98 中的具体做法进行施工，具体应符合如下规定：

1) 立管管径大于或等于 110mm 时，在楼板贯穿部位应设置阻火圈或长度不小于 500mm 的防火套管，而且在防火套管周围应设置阻火圈（图 3.1.11-1）。

2) 管径大于或等于 110mm 的横支管与暗设立管相连接时，墙体贯穿部位应设置阻

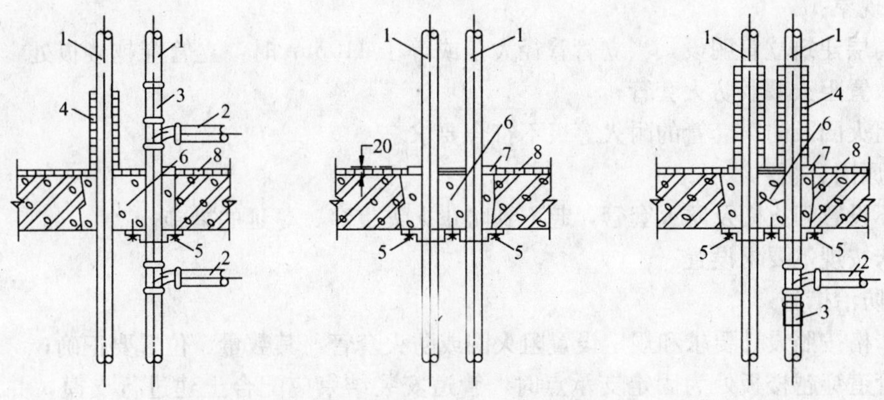

图 3.1.11-1　立管穿越楼层处阻火圈、防火套管安装

1—PVC-U 立管；2—PVC-U 横支管；3—立管伸缩节；4—防火套管；
5—阻火圈；6—细石混凝土二次嵌缝；7—阻水圈；8—混凝土楼板

火圈或长度不小于 300mm 的防火套管，且防火套管的明露部分长度不宜小于 200mm（图 3.1.11-2）。

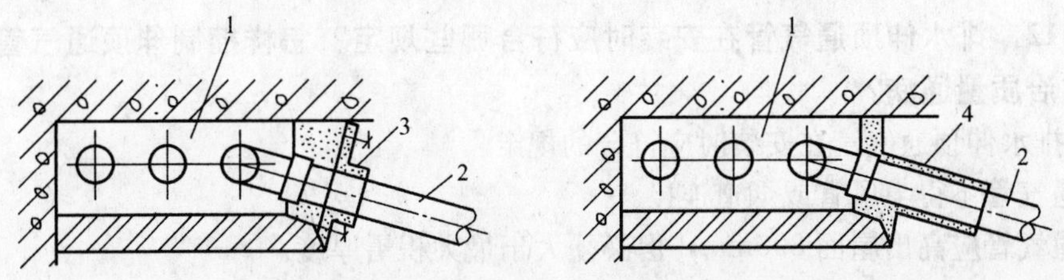

图 3.1.11-2　横支管接入管道井中立管时阻火圈、防火套管安装

1—管道井；2—PVC-U；3—阻火圈；4—防火套管

3）横干管穿越防火分区隔墙时，管道穿越墙体的两侧应设置阻火圈或长度不小于 500mm 的防火套管（图 3.1.11-3）。

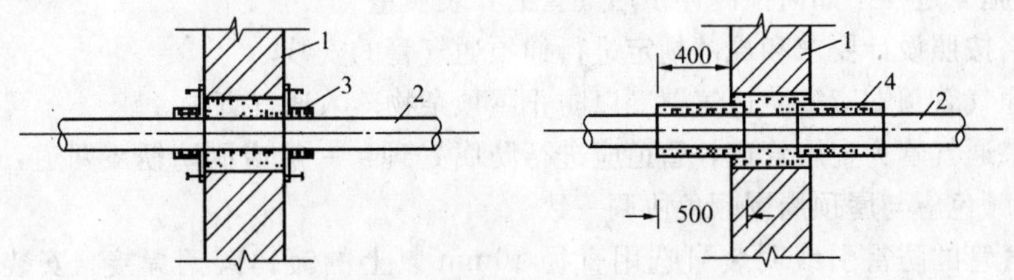

图 3.1.11-3　管道穿越防火分区隔墙时阻火圈、防火套管安装

1—墙体；2—PVC-U 横管；3—阻火圈；4—防火套管

4）阻火圈一般设置在穿楼板、管道井和防火分区隔墙等部位；排水通气管穿越上人屋面或发生火灾时作为疏散人员的屋面，应在屋面板底部设置阻火圈。选择阻火圈的型号应与管道外径一致。

（3）质量通病防治

1）现象：

①高层建筑立管明设，当立管管径大于或等于110mm时，立管穿越楼板处，未按规范要求放置阻火圈及防火套管；

②阻火圈及防火套管的耐火等级不符合要求。

2）原因分析：

①不设置阻火圈及防火套管，起不到防止火灾贯穿、蔓延的措施；

②未按规范要求设置。

3）防治措施：

①严格按照设计要求和规定设置阻火圈或防火套管，其数量、位置要正确；

②管道穿越楼板处为固定支承点时，管道安装结束应配合土建进行支模，并应采用C20细石混凝土分二次浇捣密实。待土建面层施工结束后，在管道周围筑成厚度不小于20mm，宽度不小于300mm的阻水圈；

③管道穿越楼板为非固定支承时，应加装金属或塑料套管，套管外径比穿越管外径大10～20mm，套管高出地面不得小于50mm；

④在选用阻火圈及防火套管时，其耐火等级要符合要求。

3.1.12　排水伸顶通气管在安装时应符合哪些规定？怎样控制伸顶通气管的安装质量和防治质量通病？

（1）排水伸顶通气管在安装时应符合的规定

1）通气管不得与风管或烟道连接。

2）通气管应高出屋面300mm，但必须大于最大积雪厚度。

3）在通气管出口4m以内有门、窗时，通气管应高出门、窗顶600mm或引向无门、窗一侧。

4）在经常有人停留的平屋顶上，通气管应高出屋面2m，并应根据防雷要求设置防雷装置。

5）屋顶有隔热层应从隔热层算起。

（2）在施工过程中如何控制伸顶通气管的安装质量

1）严格按照设计要求和规范规定进行伸顶通气管的安装。

2）在通气管顶端应安装透气罩，以防止屋顶杂物落入通气管中。

3）如果通气管为金属管道，管道应进行防腐处理，一般应刷防锈漆两道，再刷两道调合漆，其颜色应与屋顶周围颜色协调一致。

4）通气管的防雷引线明装可选用直径10mm以上的镀锌圆钢焊接，安装需用直径12mm及以上的镀锌圆钢与通气管焊接。连接必须做到紧密、牢固可靠，符合电气防雷安装相关规定和要求。

5）通气管出屋面管根部挡水台应高出屋面100mm，并按照防水要求做好管根的防水处理。

（3）质量通病防治

1）现象：

①排水伸顶通气管安装时不符合规定，伸出屋面高度不符合要求，室内有臭气返冒；

②上人屋面有臭气。

2）原因分析：

①通气管缩径，影响与室外大气的沟通和压缩透气量，致使臭气向室内返冒；

②通气管设置高度不够。

3）防治措施：

①排水立管直穿出屋面的透气管严禁缩径，以确保补气量；

②通气管应伸出屋面 300mm 以上，且应大于本地区的最大积雪厚度；经常上人屋面，伸顶通气管应高于屋面 2.0m；

③通气管的顶端应加装透气帽，并应将其固定牢固，不得松动。

3.1.13 排水管道支、吊架设置应符合哪些规定？如何控制安装质量和防治质量通病？

（1）排水管道支、吊架设置应符合的规定

1）金属排水管道上的吊钩或卡箍应固定在承重结构上。固定间距：横管不大于 2m；立管不大于 3m。楼层高度小于或等于 4m，立管可安装一个固定件。立管底部的弯管处应设支墩或采取固定措施。

2）排水塑料管道支、吊架间距应符合下表规定。

排水塑料管道支、吊架最大间距（单位：m） **表 3.1.13**

管径（mm）	50	75	110	125	160
立　管	1.2	1.5	2.0	2.0	2.0
横　管	0.5	0.75	1.10	1.30	1.6

（2）排水管道支、吊架安装质量的控制

1）排水管道支、吊架的设置应符合设计要求和规范规定。

2）支、吊架的构造形式应正确，所用的角钢、槽钢、吊杆、螺栓等材质、规格、尺寸均应满足设计要求、规范规定和相关标准图集的要求。

3）支、吊架的埋设方式应正确，埋设深度必须符合要求，做到埋设牢固，安装平正。

4）柔性接口管道的支、吊架要严格按照规定的间距来设置，以防接口受力变形而漏水。管道在主管拐弯或分支管处要设置卡架。

5）支、吊架的安装要与管道接触紧密，排列要整齐。

6）对于直径很大管道的支架要经过荷载计算并且最好是要设计人员确认后再行安装。

7）支、吊架的防腐应符合防腐的相关要求。

（3）质量通病防治

1）现象：

①支、吊架选材、构造形式不当；

②支架开孔加工不符合要求；

③管道使用过程中，发生“塌腰”现象；

④管接头松动、漏水，管弯头被水冲坏；

⑤管道排水不畅；

⑥管道与管卡、支架之间松动。

2）原因分析：

①支、吊架选材、构造形式未按设计和规范的要求进行选取；

②支架加工采用电、气焊切割开孔；

③管道支架间距不符合规范要求；

④排水管道拐弯处、立管与横管连接处未设置固定支架；

⑤管道支架设置时，未考虑排水坡度或坡度不够；

⑥PVC-U 排水管道与管卡、支架之间，未垫橡胶。

3）防治措施：

①严格按照设计、规范和相关标准图集的要求来确定支、吊架的材质、规格、尺寸以及构造形式；

②型钢支架螺栓孔小于或等于 12mm 的支架开孔时，应采用专用机具制作，不得使用电、气焊进行开孔、扩孔。当孔径大于 12mm 的支架采用电、气焊开孔、扩孔时，应用砂轮将孔边缘飞边、毛刺等不平整处打磨平整、光滑；

③管道支架间距要严格符合规范要求；

④排水管道拐弯处、立管与横管连接处，因受水流的冲击力较大，必须设置固定支架；

⑤排水横向管道在制作管道支吊架时，应根据管道的排水方向和坡度要求，带线测量支架尺寸，以保证排水坡度；

⑥PVC-U 排水管道与管卡、支架之间，应垫橡胶，防止损坏塑料管道以及管道与支架之间松动。

3.1.14　靠近排水立管底部的排水支管与排水立管、排水横管连接应符合哪些规定?

根据测试证明，污水立管的水流流速快，而污水排出管的水流流速小，在立管的底部管道内产生正压，容易使靠近立管底部的卫生器具内的水封遭受破坏，卫生器具内发生冒泡、满溢现象，影响使用功能。为此靠近排水立管底部的排水支管与排水立管、排水横管连接应符合下列规定：

①排水立管仅设置通气管时，最低排水横支管与立管连接处距排水立管管底垂直距离 h_1，不得小于表 3.1.14 规定（图 3.1.14）。

最低横支管与立管连接处至立管管底的垂直距离　　**表 3.1.14**

项次	立管连接卫生器具的层数（层）	垂直距离（m）	项次	立管连接卫生器具的层数（层）	垂直距离（m）
1	≤4	0.45	4	13～19	3.0
2	5～6	0.75	5	≥20	6.0
3	7～12	1.2			

注：当与排出管连接的立管底部放大一号管径或横干管比与之连接的立管大一号管径时，表中的垂直距离可以缩小一档。

②排水支管连接在排出管或排水横干管上时，连接点距立管底部水平距离不宜小

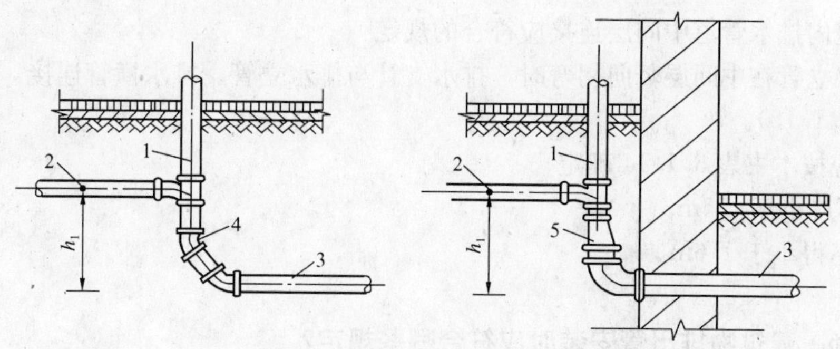

图 3.1.14　最低横支管与立管连接处至排出管管底的垂直距离

1—立管；2—横支管；3—排出管；4—45°弯头；5—偏心异径管

于 3.0m。

③当靠近排水立管底部的排水支管的连接不能满足上述规定时，则排水支管应单独排出室外。

3.1.15　室内排水的水平管道与水平管道、水平管道与立管的连接应符合哪些规定？排水立管在中间层拐弯时，对排水支管连接点有何规定？

(1) 室内排水管道连接应符合的规定

为了避免排水管道管件的选用不当而造成管道流水阻力增大或发生管道阻塞现象，用于室内排水的水平管道与水平管道、水平管道与立管连接的管件应符合如下规定：

①室内排水的水平管道与水平管道、水平管道与立管连接，应采用 45°三通或 45°四通和 90°斜三通或 90°斜四通（图 3.1.15）。

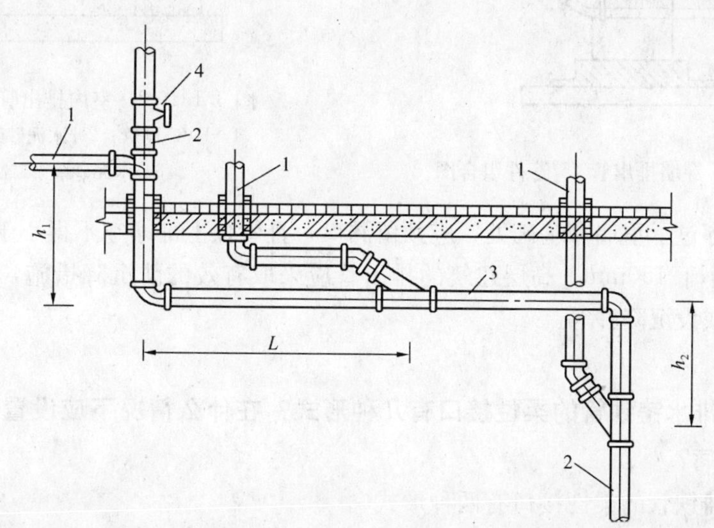

图 3.1.15　排水支管与排水立管、横管连接

1—排水支管；2—排水立管；3—排水横管；4—检查口

②立管与排出管端部的连接，应采用两个 45°弯头或曲率半径不小于 4 倍管径的 90°弯头。

(2) 室内排水管道中间层连接应符合的规定

当排水立管在中间层竖向拐弯时，排水支管与排水立管、排水横管连接，应符合下列规定（图 3. 1. 15）。

①h_1 应按本书表 3. 1. 14 确定；

②L 不得小于 1. 5m；

③h_2 不得小于 1. 6m。

3. 1. 16　建筑物排出管安装时应符合哪些规定？

建筑物排出管安装时应符合如下规定：

①通向室外的排水管，穿过墙壁或基础必须下返时，应采用 45°三通和 45°弯头连接（图 3. 1. 16-1），并应在垂直管段顶部设置清扫口。

②由室内通向室外排水检查井的排水管，井内引入管应高于排出管或两管顶相平，并有不小于 90°的水流转角，如跌落差大于 300mm 可不受角度限制（图 3. 1. 16-2）。

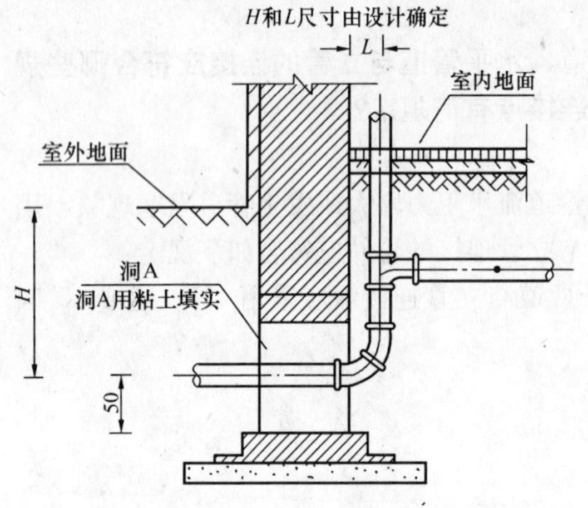

图 3. 1. 16-1　穿墙排出管 45°管件组合图

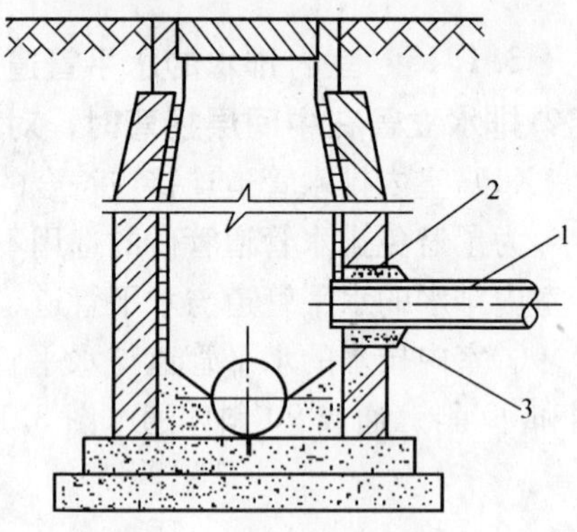

图 3. 1. 16-2　室内排出管与检查井连接

1—PVC-U 管；2—水泥砂浆第一次嵌缝；
3—水泥砂浆第二次嵌缝

③排水管穿过承重墙和基础处，应预留洞口，且管顶上部净空不得小于建筑物的沉降量，一般不宜小于 150mm。高层建筑的排出管应采取有效的防沉降措施，如采用排水铸铁管柔性接头或设沉降井等。

3. 1. 17　排水铸铁管的柔性接口有几种形式？在什么情况下应设置柔性接口？如何防治质量通病？

(1) 排水铸铁管的柔性接口有两种形式

1) A 型柔性接口，参见图 3. 1. 17-1 (*a*)、图 3. 1. 17-1 (*b*)；

2) W 型管箍式接口，参见图 3. 1. 17-2。

(2) 排水铸铁管在下列情况下应优先选用柔性接口

1) 在高耸构筑物和建筑高度超过 100m 的超高层建筑中；

2) 排水立管高度在 50m 以上，或在抗震设防 8 度地区的高层建筑中；

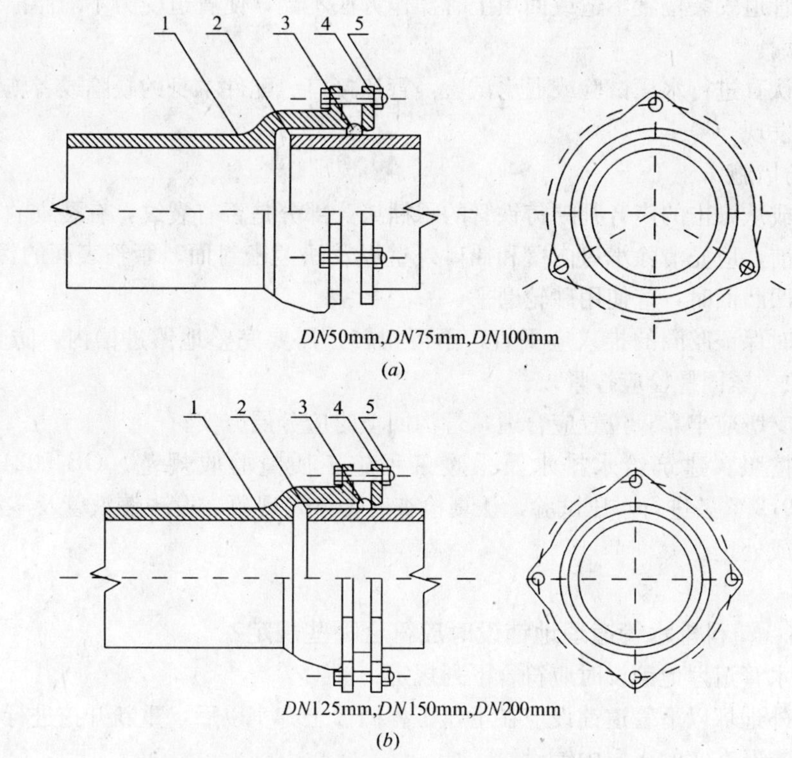

图 3.1.17-1　A 型柔性接口安装图

1—承口；2—插口；3—密封胶圈；4—法兰压盖；5—螺栓螺母

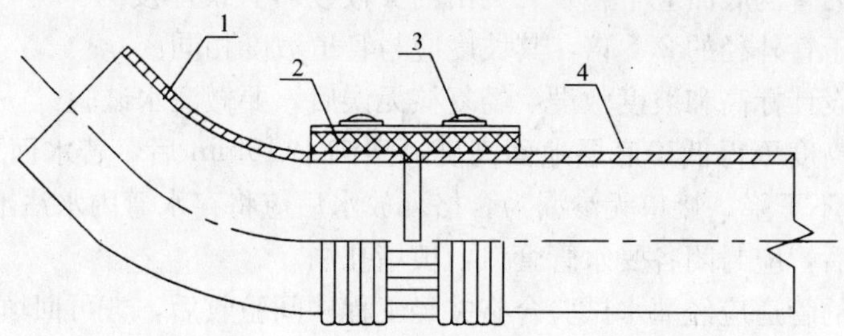

图 3.1.17-2　W 型无承口（管箍式）安装图

1—无承口管件；2—密封橡胶套；3—不锈钢管箍；4—无承口直管

3）在抗震设防 9 度地区的建筑物排水立管和横支管；

4）地震设防 8 度以上地区的埋地排水铸铁管。

（3）质量通病防治

1）现象：

管道柔性接口有返潮、滴水、渗漏现象。

2）原因分析：

①管道承插口有砂眼、裂纹现象，操作时接口清理不干净。

②胶圈质量不符合规定或老化，橡胶圈未装入承口凹槽内。

③埋地管道安装位置不适或回填土时操作方法不当，使管道受力不均而损坏管道或配件，造成渗漏。

④没有认真进行水压试验或通水试验，管道接口、配件本身的缺陷或者施工方面的缺陷没有及时发现。

3）预防措施：

①观察或从敲击的声音判断铸铁管的承插接头部分是否有裂纹，有裂纹的，应更换；

②对接前，应先清除承口内壁和插口外壁以及法兰密封面、管箍表面的污垢、毛刺，如连接口有凹凸面时，应使用砂轮磨平；

③施工时保证胶圈的推入应平直，不可扭转，需要完整地镶进槽内，防止局部凸出（闷鼻）现象。紧固螺栓应拧紧；

④管道支墩应牢靠，位置应合适，管沟回填时应分层夯实；

⑤严格按照《建筑给水排水及采暖工程施工质量验收规范》GB 50242—2002 第 4.2.1 条及 9.2.5 条进行水压试验，认真检查有否渗漏现象，发现铸铁管及零配件有问题应及时更换或处理。

3.1.18 塑料排水管道埋地铺设时应符合哪些规定？

塑料排水管道埋地铺设时应符合下列规定：

①室内外地坪以下管道铺设应在土建工程回填土夯实以后，重新开挖进行。严禁在回填土之前或未经夯实的土层中铺设。

②埋地铺设管道宜分两段施工。先做±0.000 以下的室内部分，至伸出外墙为止，管道伸出外墙不得小于 250mm；待土建施工结束后，再从外墙边铺设管道接入检查井。

③埋地管道的管沟底面应平整，无突出的尖硬物。宜设厚度为 100～150mm 砂垫层，垫层宽度不应小于管外径的 2.5 倍，其坡度应与管道坡度相同。

④管道应按设计标高和坡度敷设，经复核无误后，要做灌水试验。

⑤灌水试验高度不得低于底层地面高度，灌满水 15min 后，若水面下降，再灌满延续 5min，以液面不下降、接口无渗漏为合格。放水后应将存水弯内水沾出。

⑥灌水试验后，应封闭各受水管管口，填堵孔洞。

⑦埋地敷设的管道应经灌水试验合格并经工程中间验收后，方可回填。管道回填应采用细土或细砂回填至管顶以上至少 200mm 处，压实后再回填其他土。回填土应分层进行，每层厚度宜为 0.15m。回填应符合密实度的要求。

3.1.19 空调冷凝水排水管设置应注意哪些事项？

空调冷凝水管的作用是排除空调系统运行时，风机盘管、空调机组、新风机组等空调设备产生的冷凝水，其设置应注意下列事项：

①空调冷凝水管通常是布置在吊顶以内，所以冷凝水管宜平行敷设。

②冷凝水管道通常是无压管，靠重力流动，所以冷凝水管在设置时应设有不小于 8‰ 的坡度，冷凝水管道系统上不能安装阀门。

③冷凝水软管连接应牢固，不得有压瘪和扭曲现象；管道支架应按规定设置，不得有塌腰现象。

④在安装空调机组的冷凝水管道时，为了既能顺利将冷凝水排出，又能保证机组不漏风，在冷凝水出口处应设置存水弯，并保证一定的水封高度。水封的高度应根据风压进行计算，一般应大于150mm。

⑤冷凝水管道应根据吊顶净空情况设置多根立管分区排放，防止多台空调设备连接的冷凝水干管因其净空不够而无法保证安装坡度的要求。

⑥冷凝水管道安装时应保证排水通畅，可根据具体情况汇合后就近排放进地漏，不允许与污水管道、雨水管道做闭式连接。

⑦冷凝水管道的绝热层应粘贴牢固，铺设平整，绑扎紧密，无滑动、松弛、断裂现象。

⑧冷凝水管道安装完毕后应做通水试验，以检查管道敷设坡度和排水能力是否满足要求，以排水通畅，接水盘内无积水为合格。

3.1.20　通水试验、闭水试验、灌水试验三者有何区别？怎样实施三种试验的质量控制和通病防治？

(1) 三者的区别

通水试验是指卫生器具、排水管道、室内雨水管道在交工前为检查排水是否畅通而进行的试验；闭水试验指室外污水管道在隐蔽前为检查管道及其接口严密情况而进行的试验；灌水试验是指室内的排水管道以及室内雨水管道在交工前为检查管道及其接口是否渗漏而进行的试验。

(2) 三种试验的质量控制

1) 各系统的排水主管和横管在验收以前应做通水试验，多层建筑应把顶层和底层的供水点全部打开，中间每隔两层开启一层供水点，同时开放的排水量不低于排水系统总供水点的1/3，试验后各排水点必须畅通，接口无渗漏。高层建筑可分层、分段进行通水试验。

2) 闭水试验的目的是检测已经施工完毕的排水管道管材以及接口的严密情况，其质量控制和操作程序如下：

①将被测的管段按要求连接好（图3.1.20），架设好试验水箱并连通水源。如果被测管段为金属管道时，可采用钢制堵板；如果被测管段为非金属管道时，可采用砌砖封堵。

②试验水箱架设高度应高出被测管段上游检查井的管顶1m来进行渗水量测试。

③加水时要打开排气阀，排尽管内的空气。

④记录相关数据，如试验水位、时间，并计算出管段的渗水量。

⑤将计算出的渗水量和相关的要求进行比较，如果渗水量过大，就要及时进行处理。

⑥闭水试验合格后，要及时排除管内的水，冬季施工时要有防冻措施。

⑦闭水试验完毕后，要及时回填管沟。

注：当被测管段为非金属管道时，宜将管道充水浸泡24h后再进行渗水量测试，其原因是非金属管道充水时要吸收部分水，待吸水完全饱和后进行渗水量的测试才比较准确。

3) 排水管道、室内雨水管在交工前必须做灌水试验，试验要严格按如下要求进行：

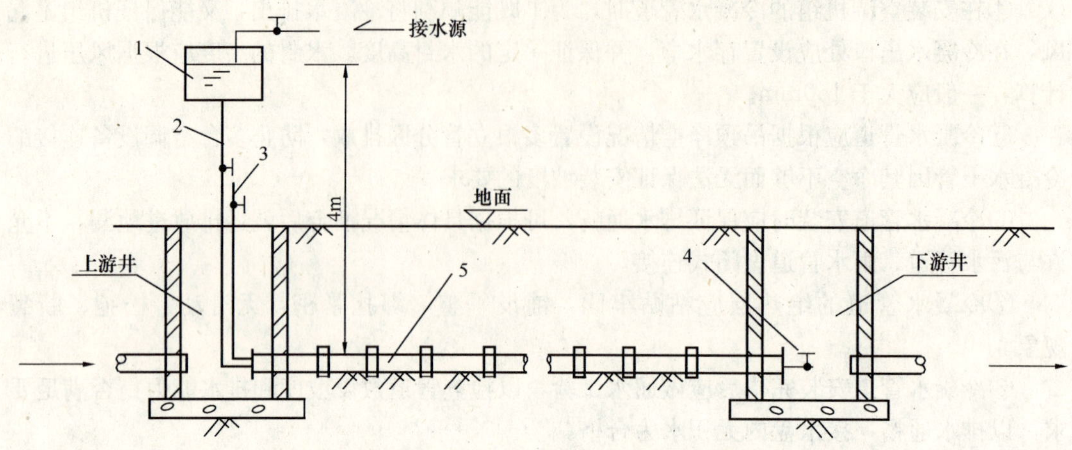

图 3.1.20　排水管道闭水试验示意图

1—试验水箱；2—进水管；3—排气管；4—泄水管（接至沟外）；5—试验管段

①埋地排水管道灌水试验时，灌水高度应不低于底层卫生器具的上边缘或底层地面高度，满水 15min，水面下降后，再灌满观察 5min，液面不下降，管道及接口无渗漏为合格。

②排水立管及横、支管道，应分楼层做灌水试验，满水 15min 水面下降后，再灌满观察 5min，液面不下降，管道及接口无渗漏为合格。

③室内雨水管道灌水高度必须到每根立管上部雨水斗，灌水试验持续的时间为 1h，液面不下降，管道不渗不漏为合格。

④有保温的排水管道，灌水试验要在保温前进行，未经灌水试验检查合格，管道不得进行保温工作。

（3）质量通病防治

1）通水试验：

①现象：

a. 部分排水系统的支管不通。

b. 卫生器具使用时，排水不畅。

c. 排水系统投入使用过程中，排水支管渗漏。

②原因分析：

a. 暗装或地下埋设的排水管道，在隐蔽之前，未进行通水（球）试验，或试验未合格，就隐蔽、交付使用，或只进行了暗装和埋设部分的管道试验，未作主立管道和分支管道的灌水试验；

b. 未按各排水系统分别进行通球试验；

c. 卫生器具在交付使用之前，有脏物、废纸、施工垃圾等堵塞，交工前未做满水、通水试验；

d. 排水系统在做通水试验时，开启的供水点达不到要求。

③防治措施：

a. 暗装或地下埋设的排水管道，在隐蔽之前，必须进行通水（球）试验，合格后，方可隐蔽；排水系统安装完毕后，必须对整个系统再进行通水（球）试验，合格后，方可交付使用。

b. 为确保排水管道畅通无堵，在通水试验的同时，应进行通球试验。胶球的直径为主立管管径的 3/4，从透气管投球并放水，球从排水管出口处排出，即为合格。

c. 通球试验时，必须按排水系统，分别进行，不得遗漏。试验完成后，及时填写记录。

d. 卫生器具在交工前，应做通水试验。通水试验时，确保其上、下水管道畅通，方可交付使用。

e. 排水系统通水试验应严格按照试验方法进行，开启的供水点应符合要求。

2）闭水试验。

①现象：

管道基础及路面下沉，管道接口损坏漏水。

②原因分析：

室外污水管道在隐蔽前未按要求进行闭水试验或试验方法不对。

③防治措施：

a. 室外污水管道在隐蔽前必须按要求进行闭水试验，而且闭水试验的方法要严格按照前面所述方法进行。

b. 闭水试验合格后应有相关记录并要完善相关签字手续。

3）灌水试验。

①现象：

a. 隐蔽或埋地的排水管道本身及接口渗漏。

b. 雨水管道在使用过程中破裂、排水不畅。

②原因分析：

a. 未按要求做灌水试验。

b. 试验时，不认真，灌水时间或灌水量达不到规范要求。

c. 未按施工程序操作，地下排水管道隐蔽后，补做灌水试验。

d. 安装在室内的雨水管道，安装完成后，未做灌水试验，直接交付使用。

③防治措施：

a. 隐蔽或埋地的排水管道，必须按规范要求，在隐蔽之前，做灌水试验，灌水高度应不低于顶层卫生器具的上边缘或底层地面高度。

b. 隐蔽或埋地的排水管道灌水试验的检验方法：满水 15min 水面下降后，再灌满观察 5min，液面不下降，管道本身及接口不渗漏，即为合格。

c. 安装室内排水管道，一般采取先地下后地上的施工方法。地下管道施工完成后，及时做灌水试验，合格后方可隐蔽、回填；地下管道施工经验收合格后，再施工上一层的管道。

d. 安装在室内的雨水管道，安装完成后，应做灌水试验，检查其满水时的承压能力，杜绝其向室内渗漏雨水的可能性。灌水高度必须达到每根立管上部的雨水斗，灌水试验时间持续 1h，检查所有的接头，不渗、不漏，即为合格。

3.1.21 室内排水立管及水平干管为什么要做通球试验？怎样防治管道阻塞？

（1）为什么做通球试验

室内排水立管及水平干管做通球试验的原因是在施工过程中有许多水泥砂浆、碎块、铁屑等杂物落入排水管道内，通常情况排水水平干管和立管底部最容易发生管道堵塞问题。为保证排水系统的使用功能，避免排水管道发生堵塞现象，所以室内排水立管及水平干管要做通球试验。

排水管道发生堵塞的原因有：

①安装前未彻底清除排水管以及零配件内部的杂物和砂粒。

②排水立管管径偏小，油脂悬浮物粘接管壁。

③排水横管坡度不够或倒坡。

④排水管甩口封堵不严或不及时，有杂物落入排水管内，或者冲洗地面时有泥砂等杂物流入地漏和排水管内。

⑤接口麻丝、水泥填料和工具等落入排水管内未及时取出。

⑥管道预制时，管件选用不当，局部阻力过大。

⑦排水管道安装完毕后，没有按照规范要求做灌水、通水、通球试验，或者试验不符合要求。

（2）防治排水管道堵塞的措施

①用木槌敲打管道，使堵塞物松动，用压力水把堵塞物冲出或打开检查口、清扫口、存水弯、丝堵、地漏等，用工具疏通。

②安装前要及时清除管道、管件内泥砂、毛刺以及其他杂物。

③施工中需及时封严甩口、管口。

④排水管必须严格按照设计坡度施工，严禁倒坡。横管与横管、横管与立管、立管与横管的连接必须采用“Y”形斜三通或斜四通，严禁使用正三通、正四通。支吊架间距要符合要求，安装要紧密牢固。

⑤立管检查口、横管清扫口和地漏的位置、数量、标高设置要符合要求。施工中不得将麻丝、水泥填料、工具等丢入排水管内。

⑥管道施工完毕后，必须按照规范要求及时做好灌水、通水、通球试验。

3.1.22 室内雨水管道敷设的最小坡度如何规定？

室内雨水管道敷设的最小坡度有如下规定：

①悬吊式雨水管道的敷设坡度不得小于5‰。

②埋地雨水管道的最小坡度应符合下表规定。

地下埋设雨水排水管道的最小坡度　　表 3.1.22

项　次	管径（mm）	最小坡度（‰）	项　次	管径（mm）	最小坡度（‰）
1	50	20	4	125	6
2	75	15	5	150	5
3	100	8	6	200～400	4

3.1.23 安装在室内的雨水管道为什么要做灌水试验？怎样做灌水试验？

因为安装在室内的雨水管道有时是满流管，要具备一定的承压能力，为保证工程安装质量，所以室内雨水管道安装完后，要做灌水试验。

室内雨水管道灌水高度必须到每根立管上部雨水斗。雨水管道做灌水试验时，要将雨水立管排水出口处用充气胶球封堵好，从雨水管道的雨水斗排入口灌满水，灌水试验持续的时间为 1h，液面不下降，管道不渗不漏为合格。

雨水管道灌水试验率，必须达到 100%，未经灌水试验的雨水管不得进行隐蔽。

3.1.24 室内排水和雨水管道安装的允许偏差和检验方法都有哪些规定？

室内排水和雨水管道安装的允许偏差和检验方法应符合表 3.1.24 规定。

室内排水和雨水管道安装除了要达到横平竖直、接口牢固、连接严密以外，还应尽量做到距墙、楼板距离一致，既要符合规范的安装要求，又要达到整齐美观的效果。立管安装应垂直而且距墙的距离要一致。横管安装要做到平、直、顺，横管纵方向弯曲和立管垂直度的偏差应在规范要求的范围以内。横管纵方向弯曲，一般按直线管段每 10～15m 抽查一段，用水准仪（水平尺）、直线、拉线和尺量检查；立管垂直度检查可按楼层分段进行，检查方法是用吊线和尺量检查。检查结果以不超过下表中的数据为合格。

室内排水和雨水管道安装的允许偏差和检验方法　　表 3.1.24

<table>
<tr><th>项次</th><th colspan="4">项　目</th><th>允许偏差（mm）</th><th>检验方法</th></tr>
<tr><td>1</td><td colspan="4">坐　标</td><td>15</td><td rowspan="14">用水准仪（水平尺）、直线、拉线和尺量检查</td></tr>
<tr><td>2</td><td colspan="4">标　高</td><td>±15</td></tr>
<tr><td rowspan="12">3</td><td rowspan="12">横管纵横方向弯曲</td><td rowspan="2">铸铁管</td><td colspan="2">每 1m</td><td>≤1</td></tr>
<tr><td colspan="2">全长（25m 以上）</td><td>≤25</td></tr>
<tr><td rowspan="4">钢　管</td><td rowspan="2">每 1m</td><td>管径小于或等于 100mm</td><td>1</td></tr>
<tr><td>管径大于 100mm</td><td>1.5</td></tr>
<tr><td rowspan="2">全长（25m 以上）</td><td>管径小于或等于 100mm</td><td>≤25</td></tr>
<tr><td>管径大于 100mm</td><td>≤38</td></tr>
<tr><td rowspan="2">塑料管</td><td colspan="2">每 1m</td><td>1.5</td></tr>
<tr><td colspan="2">全长（25m 以上）</td><td>≤38</td></tr>
<tr><td rowspan="2">钢筋混凝土管、混凝土管</td><td colspan="2">每 1m</td><td>3</td></tr>
<tr><td colspan="2">全长（25m 以上）</td><td>≤75</td></tr>
<tr><td rowspan="6">4</td><td rowspan="6">立管垂直度</td><td rowspan="2">铸铁管</td><td colspan="2">每 1m</td><td>3</td><td rowspan="6">吊线和尺量检查</td></tr>
<tr><td colspan="2">全长（25m 以上）</td><td>≤15</td></tr>
<tr><td rowspan="2">钢　管</td><td colspan="2">每 1m</td><td>3</td></tr>
<tr><td colspan="2">全长（25m 以上）</td><td>≤10</td></tr>
<tr><td rowspan="2">塑料管</td><td colspan="2">每 1m</td><td>3</td></tr>
<tr><td colspan="2">全长（25m 以上）</td><td>≤15</td></tr>
</table>

检查数量：

①立管的坐标：检查管轴线距墙内表面中心距；横管的坐标和标高，检查管道的起点、终点、分支点和变向点间的直线管段，各抽查 10%，但不少于 5 段。

②纵、横方向弯曲：按系统内直线管段长度每 30m 抽查 2 段，不足 30m 不少于 1 段。

③立管垂直度：一根立管为一段，两层及其以上按楼层分段，抽查5%，但不少于10段。

3.1.25 怎样防治雨水斗施工中的质量通病?

1）现象：

出现暴雨时，屋面雨水无法及时排除，雨水斗周围渗漏。

2）原因分析：

①施工屋面时，屋面未坡向雨水斗处；

②设计未合理划分排水区，致使雨水斗数量不足；

③雨水管穿屋面与雨水斗连接处不严密；

④有杂物倒入雨水斗内，堵塞雨水斗。

3）防治措施：

①屋面施工时，严格按照屋面设计坡度施工，应保证屋面坡向雨水斗处，严禁倒坡现象发生；

②屋顶面积较大时，应合理划分排水区，设置数个雨水斗，不宜出现排水死角而造成屋面积水；

③雨水管穿屋面与雨水斗连接处，用细石混凝土灌实严密，并做好接口周围处的防水层施工；

④严禁将防水涂料或杂物砂石等倒入雨水斗和雨水管内。

3.1.26 有压流屋面雨水排放系统的原理和特点是什么？与传统重力流屋面雨水排放系统相比有何优势?

有压流（亦称虹吸式）屋面雨水排水系统是利用水力学的“伯努利”定律，充分利用排水屋面和地面的高度差所获得的能量产生虹吸作用，使系统在满流状况下快速排泄屋面雨水。其显著的特点为：

①悬吊管不需要做坡度；

②同一悬吊管安装的雨水斗数量大大超过传统重力流屋面雨水排放系统；

③适用于各种结构的屋面排水，更适合大面积、大跨度的屋面排水。

传统重力流屋面雨水排放系统采用重力式的雨水斗，流入雨水斗的雨水易渗入空气，形成水、气两相混合流，从而影响水系统的泄流量。悬吊管需要较大的管径和一定的坡度，悬吊管上设置的雨水斗数量按规范不得多于4个。因此，对较大面积的屋面来讲需要设置的雨水立管数量较多。总而言之，重力流屋面雨水排放系统受其水力特征的限制，使得雨水立管较多，悬吊和立管管径偏大，雨水斗的设置数量和布置，以及与雨水管连接的悬吊管数量均受到一定的限制，故对于大面积公共建筑屋面或工业厂（库）房屋面雨水排水系统在使用上有一定的局限性。而有压流（虹吸式）的屋面雨水排放系统，采用专利产品—有压流（虹吸式）雨水斗，使排水能力得以大幅提高，在满足水力计算的情况下，悬吊管接入的雨水斗数量；悬吊管坡度无要求，使安装方便、快捷、美观；系统按压力流计算使得选用的雨水管直径减小，节省了工程总造价，大量工程实践证明：有压流（虹吸式）屋面雨水排放系统与重力式屋面排水系统相比具有明显技术优势。

3.1.27 怎样解决高层或超高层建筑排水管道的避震问题？

为防止地震、自摆、集中排水时水流的撞击等因素产生的振动对高层或超高层建筑排水系统造成损坏，也为防止排水系统产生的噪声，必须采取有效的措施消除这种现象。具体措施大概有如下几种：

①应从管道系统的设计入手。在确定排水系统方案时，应把防震作为一个重要内容。例如排水系统的竖向分区设置立管，减少立管转弯，均衡分配管路流量，是减少管中水流产生冲击作用的有效方法。排水系统最好采用单立管排水系统，切实有效地减弱主立管中水流的撞击。管道内的流速不宜超过规范范围，一般排水管内的流速不宜超过 $v=1.0\sim1.2$m/s。

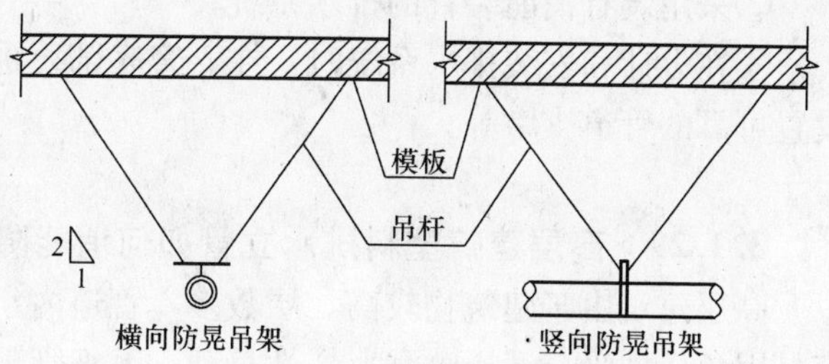

图 3.1.27-1 吊架示意图

②管材选用上应特别慎重。排水管道宜采用柔性接口或采用具有柔性的塑料管材。管道穿越尽量不要穿过防震缝，必须穿越时，一定要采用柔性短管进行连接，或者在防震缝两边各设一个柔性接头。

③固定管道用的各种支架与管道的结合处应采用橡胶垫或毛毡隔开，如图 3.1.27-1 和图 3.1.27-2 所示。

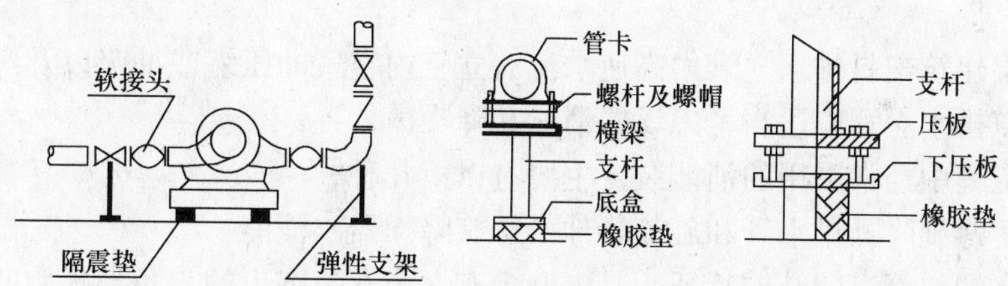

图 3.1.27-2 各种防震支架示意图

④暗装在管井和吊顶内的排水管道，如果有结露可能，均需作保温、绝缘、防潮等处理，同时也起到了隔声作用。

3.1.28 怎样解决高层或超高层建筑排水系统的压力波动问题？

（1）压力引起波动的原因

排水横支管水流进入立管时，所形成的水舌、水塞或水柱会产生冲击及抽吸作用，使得管中水流出现短时隔断现象，立管中气体的容积受到压缩、膨胀或振动等因素的作用，引起管道内压力波动。

（2）压力波动的危害

①破坏水封。

破坏水封会使有毒、有害气体进入室内，污染环境。

②增加噪声。

塑料管道排水系统容易形成水塞引起压力波动而产生冲击，其冲击必然带来噪声。

③使塑料排水管及其接口的强度受到威胁。

在工程实践中了解到，塑料排水立管的上部容易形成负压，下部容易形成正压。负压状态下塑料排水管道更易破碎；下部突如其来的正压对管道形成冲击，管道接口容易拉开造成渗漏。

（3）解决压力波动的措施

①采用单立管排水系统。

②尽量采用螺旋管排水系统。

③采用装有消能装置的排水系统。

④在设计和安装排水系统时，在立管底部要加强管道的强度。比如采用排水铸铁管，设置可靠的管道支墩等。

3.1.29 高层建筑塑料排水立管如何消能降噪?

高层建筑由于建筑物较高、层数多，管道内水流运动的状态变化快，器具的各种水封容易因负压抽吸、正压喷溅、惯性晃动、毛细管现象和蒸发等因素而遭到破坏，使污水中的臭气逸入建筑内部。尤其是现在大多数高层建筑排水立管采用塑料排水管，其内壁光滑，这种现象更加严重，对室内空气质量、居住环境及使用功能上有较大影响。故高层建筑排水系统在考虑其管道布置经济性的同时，应考虑系统与大气的连通，以泄放正压或用补给空气的方式减小负压，使管内气流保持接近大气压力。另外，由于塑料管道的隔声性能较差，高速流动的污水及排水塑料管道与建筑物的振动，加上水流的撞击，会产生扰人的噪声。

针对高层建筑塑料排水立管内高速水流对立管内空气的压缩或抽吸以及产生的噪声问题，高层建筑排水立管应适当考虑设置消能和降噪声装置。

目前，工程中经常采用的消能装置主要有以下几种：

（1）采用螺旋降噪排水管和旋流管件（螺旋降噪器）消能

螺旋排水塑料管道的结构特征，是内壁带有六至八条突出的三角形螺旋肋，这些螺旋肋对下降的水流起到导向与消能的作用。这种管道可使水流形成薄壁流沿螺旋流线流动，使排水流速降低，减少立管内空气的扰动。与普通塑料立管相比，螺旋降噪管的通水能力约增大 20%；与铸铁立管相比，螺旋降噪排水管的通水能力约增大 50%。

塑料排水立管螺旋降噪器见图 3.1.29-1。其具体尺寸见图 3.1.29-1（*a*）。

编号	公称直径		尺寸		mm		
Code	mm	*L*	*A*	*B*	*C*	*D*	*M*
DT110/A	110	50	200	85	127.5	110.2	60
DT160/A	160	60	250	105	170	160.2	85

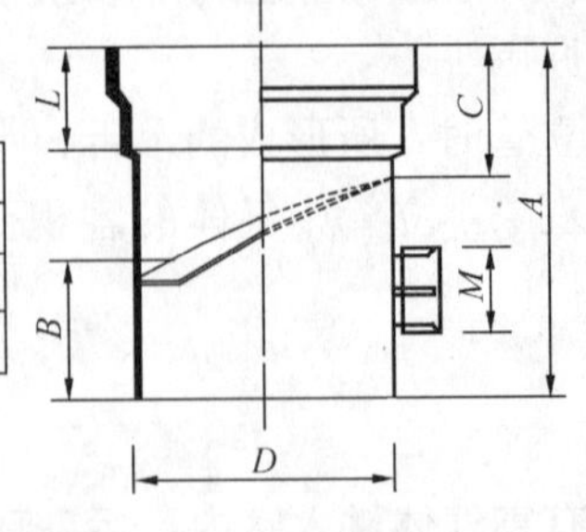

（*a*）

（*b*）

图 3.1.29-1 塑料排水立管螺旋降噪器

（*a*）旋流管件尺寸；（*b*）旋流管件图

螺旋排水塑料管的安装与普通排水塑料管基本相同，但在支管接入连接部位应采用螺旋排水塑料管专用管配件。

(2) 采用立管简易消能装置消能

此种消能方式是采用已有的塑料管件，拼装成消能节点，降低排水流速的同时进行气体分离，在实际工程中已有明显的效果。

经过一些专家和塑料管道生产厂家的共同探讨，已经对消能节点有了较成熟的经验，并于 1996 年被纳入了国家标准图集。

消能节点的组合大样及设置位置见图 3.1.29-2 (*a*)、(*b*)。原则上，从底层向上每隔 6 层设一个简易消能装置。

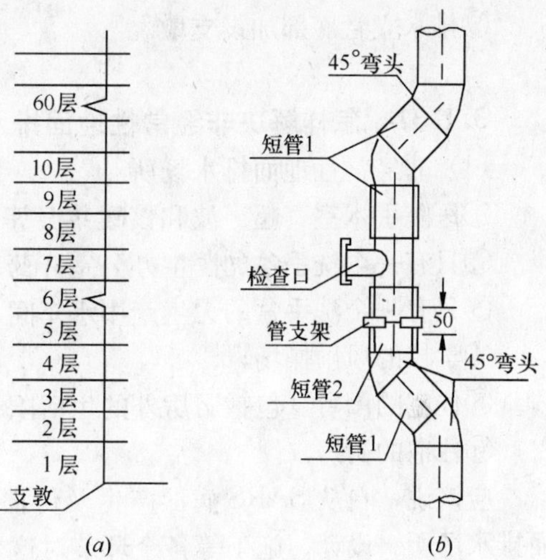

图 3.1.29-2 立管简易消能装置

(*a*) 消能装置设置位置；(*b*) 消能装置组合大样

(3) 采用中心导流消声管件降低噪声

该消声方式是采用中心导流消声三通、四通，使横支管排入立管的水流沿管内壁的切线方向流入，形成水流旋转力，避免进水水流与管道及立管水流的碰撞，削弱了支管进水水舌，减弱了因系统内压力变化从水中排出空气时的气泡，从而降低了管道系统的噪声。

(4) 立管与建筑物柔性结合降低噪声

支架、穿墙套管等，都是排水管道和建筑物结合的连接件，处理不好对降低噪声也有影响。目前国内已有柔性支、吊架产品问世。

3.1.30 怎样避免高层建筑排水立管底部被砸穿？

高层建筑排水立管因施工或使用时不慎，将硬物跌落进排水立管内，将会撞击立管底部。近些年来高层建筑因重物掉进塑料排水立管内，造成立管底部被砸穿的现象屡见不鲜。怎样防止这种现象，也成了一个新的课题。

经分析计算，硬物到达立管底部时的最大冲击速度与立管高度有密切关系。表 3.1.30 为重物从不同高度下落时的冲击速度。

立管高度与冲击速度的关系 **表 3.1.30**

立管高度 (m)	20	30	50	80	100	150	200
冲击速度 (m/s)	16.8	20.6	26.6	33.6	37.6	46.1	53.2

由表 3.1.30 可知，排水立管的高度为 100m 时，硬物带给排水立管底部的冲量为排水立管高度 20m 时的 2.24 倍。

避免高层建筑排水立管底部被砸穿的措施主要有以下几种：

①尽量减小排水立管直管段的高度，以分散硬物对排水立管的冲量。一般来说，结合排水立管每隔六层所设的消能装置，便能有效地减少立管底部被砸穿所造成的损失。

②近年来出现的卡箍式离心排水铸铁管也为立管底部砸穿问题的解决带来了便利条件。该管在普通厚度时的抗冲击强度是塑料管的5～8倍。当高层建筑排水系统一定要用塑料排水管道时，可考虑将这种管道安装于立管底部3m范围以内。对于高层或者超高层建筑，为防止立管底部砸穿或应对底部正压，在底部应多考虑采用一些离心铸铁排水管。

③排水立管底部加设支墩。

3.1.31 怎样解决非经常性地面排水场所的排水问题?

(1) 非经常性地面排水场所

①医院手术室、超声波和核磁共振等诊断室；

②只有一个洗手盆的医生办公室、药房；

③只有一个洗手盆的无生产用水车间、仓库；

④学校的风雨操场；

⑤住宅的阳台（包括厨房外的生活阳台和客厅外的休闲阳台）；

⑥住宅的厨房。

应该说，自从SARS病毒产生及传播以后，将有更多的排水部位被视为非经常性地面排水场所。设计、施工等各个环节对这个问题都应引起足够的重视。

(2) 解决问题的方法

①尽量不设地漏。比如住宅的厨房，是否要设地漏已经争论了很多年了。有观点认为，厨房是否设置地漏可看厨房外面是否设有阳台。如果外带阳台，厨房内不必一定要设置地漏。可以将地面坡向阳台，和土建配合做好地面坡度，并把阳台门的门槛降低至和门口地面相平，厨房一旦有水，可排至阳台，通过阳台地漏排走。

②必须设置地漏时，应设置密闭地漏。

比如厨房外面没有阳台，就应在厨房内设置地漏，但是，应采用密闭式地漏。

对于密闭地漏，目前市面上产品不多，现介绍几种新产品，可供工程中参考。

a. 防返溢地漏。该地漏具有防虫、防返溢和防止下水道臭气进入室内的功能，可同时接浴缸和洗脸盆。

b. 阀板式止回地漏。该地漏即使没水，也能起到一定的防臭作用。

c. 多功能防疫“水封倍增自动保护型横排地漏。该地漏不穿楼板，防虹吸、防正压，所以能起到一定的防臭作用。

3.1.32 怎样解决高层或超高层雨水管下部出水口的冲击问题?

(1) 形成冲击的原因

①高层建筑的雨水量大，与多层建筑相比较，不仅要接纳屋面雨水，而且，裙楼以上侧墙接纳的雨水也会进入雨水立管。

②掺气现象严重。因为暴雨时间雨水管内压力波动剧烈，管道上部进入的雨水带入大量空气，管道中下部是正压状态，正压状态下空气往水内溶解，到达出口后，排放到常压状态，溶进水中的气体将会释放，即水气瞬间分离，必然形成较为猛烈的冲击。

(2) 雨水管出口冲击的危害

①对于外排水系统，由于水滴石穿的原理，往往直接造成散水坡的破坏。

②对于内排水系统，剧烈的冲击将会对起点检查井的井壁造成冲刷性的破坏。

③如果室外雨水道内也是满流，猛烈排水及气、水分离会使起点检查井内形成正压，便会从井盖缝隙喷水。这种情况也时有发生。

(3) 防止雨水管出口冲击的措施

①一般的高层建筑有可能出现上述情况时，可考虑在起点检查井中设一根放气管，将气体引到一个合适的位置释放。

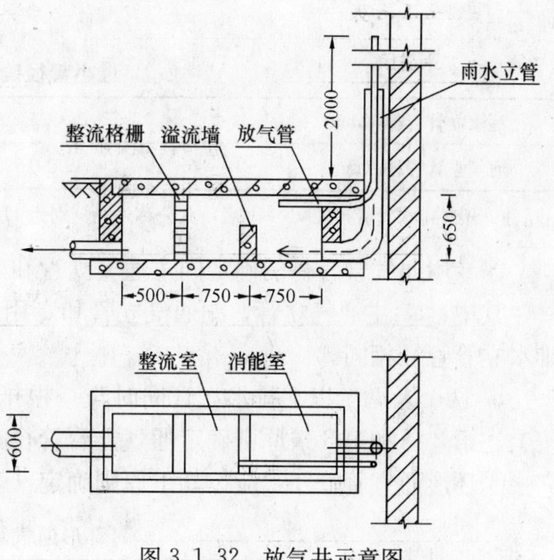

图 3.1.32　放气井示意图

②对于排水量大或者超高层建筑的雨水管出口，应考虑在起点检查井前设置放气井，使水流先在井内消能放气，然后平稳地进入检查井，就可以避免检查井冒水（图 3.1.32）。

放气井的原理是，掺气水流由排出管流出与井内隔墙碰撞，经消能后能量转换，流速即可减小，水位升高，水气分离。水流溢过隔墙后，再经格栅稳压，平稳流入检查井，分离出来的气体由放气管排出，放气管应高出地面 2m 以上，可沿墙柱敷设。排水量不大的防气井也可利用格栅铁箅代替防气管。

3.1.33　排水系统的通气管管径如何确定？吸气阀能否代替透气管？

(1) 排水系统通气管管径的确定

1) 所谓通气管，是指建筑排水系统的如下几种通气管：

①伸顶通气管；

②专用通气立管；

③环形通气管；

④主通气立管；

⑤副通气立管；

⑥器具通气管；

⑦结合通气管；

⑧汇合通气管。

2) 各种通气管管径按如下原则确定：

①伸顶通气管管径，可与污水管管径相同。但在最冷月平均气温低于－13℃的地区，应在室内平顶或吊顶以下 0.3m 处将管径放大一级。塑料管材的管道最小管径不宜小于 110mm。

②主通气立管和副通气立管（过去统称为辅助通气立管）的管径，应根据排水管排水能力、管道长度确定，不宜小于排水管管径的 1/2，其最小管径应按如下原则

确定：

最小管径确定原则　　　表 3.1.33-1

污水立管管径（mm）	50	75	100	125	150
通气立管管径（mm）	40	50	75	100	100

注：塑料排水管管径 100、150 者，其公称外径分别为 110、160。

③专用通气管管径的确定同主通气立管和副通气立管。

其中：a. 主通气立管、副通气立管和专用通气立管长度在 50m 以上时，其管径应与排水立管管径相同。

b. 两个及两个以上排水立管同时与一根排水立管相连时，应以最大一根排水立管再按上述第 2 条和第 3 条原则确定通气立管管径。

④环形通气管管径，应按如下原则确定（表 3.1.33-2）：

环形通气管管径　　　表 3.1.33-2

污水立管管径（mm）	50	75	100	125	150
环形通气管管径（mm）	32	40	50	50	—

⑤器具通气管管径，应按如下原则确定（表 3.1.33-3）：

器具通气管管径　　　表 3.1.33-3

污水立管管径（mm）	32	40	50	75	100	125	150
器具通气管管径（mm）	32	32	32	50	50	50	—

⑥结合通气管（过去又叫共轭管）管径的确定，应按不小于污水立管管径的原则确定。

⑦几个污水立管的通气部分汇合为一根总管时，这根总管一般称为汇合通气管。汇合通气管管径确定，可按一种端面积计算法进行计算。其原则是总管的断面积取各汇合管中最大管断面积加其余各管断面积之和的 1/4。

为方便计算，现将常用污水管道断面积列于表 3.1.33-4 中。

常用室内排水管道断面积　　　表 3.1.33-4

管道名称	公称直径（mm）	管道内径（mm）	管道断面积（cm^2）	备　注
排水铸铁管	50	50	19.63	离心铸铁管规格
	75	75	44.16	
	100	100	78.5	
	150	150	176.63	
塑料排水管	50	46	16.61	GB/T 16800 芯层发泡管规格
	75	69	37.37	
	110	104	84.91	
	160	152	181.37	
	200	190.2	283.98	

【例题】 某建筑物排水系统有 4 根塑料污水立管，因条件所限，通气立管不能伸顶出屋面。其中有两根直径分别为两根 d_e110，另两根分别为 d_e75。其通气部分汇合为一根总

管沿吊顶内敷设，从一处出屋面。求汇合通气管管径。

【答案】 汇合管断面积应为：84.91＋（84.91＋37.37＋37.37）×0.25＝124.82cm^2

汇合管管径：$\sqrt{4\times124.82\div\pi}=12.61$cm，即汇合管管径最小应为12.61cm，可选择$DN$125水煤气管；也可选$\phi$133×4.0无缝钢管；也可以选用$DN$150离心排水铸铁管或$d_e$160塑料排水管。

另外，关于吸气阀问题，国内不少厂家正在大力开发和引进，在制造、选用和安装等方面做了大量工作。笔者提请读者注意，由于国内目前对该产品尚无检验标准，在建筑物中要取代各种通气管，必然成了一种主要或可称之为重要材料或设备，按照《建筑给水排水及采暖工程施工质量验收规范》GB 50242—2002第3.2.1条规定，“必须具有中文合格证明文件，规格、型号及性能检测报告应符合国家技术标准或设计要求”。没有技术标准，检验单位无法做出检验报告，验收单位也就无法验收。所以，建设部2003年3月1日开始执行的《全国民用建筑工程设计技术措施 给水排水》第4.8.9条规定：在建筑物内不得以设置吸气阀替代通气管。

3.1.34 螺旋排水塑料管的特点是什么？其安装有什么技术要求？

（1）螺旋排水塑料管的特点

螺旋排水塑料管主要用于建筑排水立管系统，其结构特征是内壁带有六条或八条突出的三角形螺旋肋，这些三角形的螺旋肋对下降的水流起到导向与消能的作用。一般来讲，螺旋排水塑料管的三角形螺旋肋与管轴线的夹角为26°左右时，具有最佳的排水能力和通气效果。螺旋排水塑料管的主要特点为：

①排水性能优越，比普通单立管排水系统的设计流量可提高1/4。

②具有良好的降噪性能，与普通单立管排水系统相比，其噪声级相差－5dB左右。

（2）安装的技术要求

螺旋排水塑料立管的安装与普通排水塑料立管的安装基本相同，但在支管接入连接部位应采用螺旋排水管专用管配件。

第二节 室外排水管网工程安装

3.2.1 室外排水系统有哪几种排水体制？各种排水系统的组成是什么？

室外排水系统一般有二种排水体制：一是分流制，二是合流制。

分流制：用不同管渠各自分别收纳污水、雨水及废水。废水经处理后回用；污水、雨水分别排至市政污水管渠、市政雨水管渠。城市污水、雨水体制完善者，都应采取此种排水体制。

合流制：用同一管渠集中收纳生活污水、各种废水及雨水，共同排入市政污水管渠。有完善的市政排水系统者，不进行废水回收时，仍采取此种排水体制。

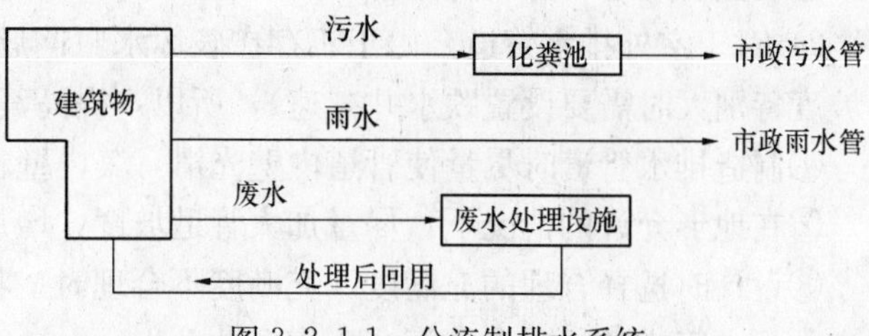

图3.2.1-1 分流制排水系统

各排水系统的组成分别见图

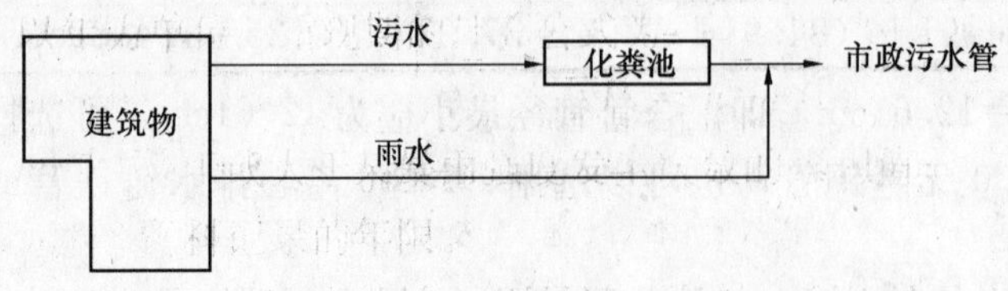

图 3.2.1-2　合流制排水系统

3.2.1-1、图 3.2.1-2。

3.2.2　何谓排水管道的自清流速？室外排水管道怎样才能保证流速不小于自清流速？

1）一段排水管道的起点和终端有高差，水才能从高向低处流动，水流动的速度与管道高差有很大关系。高差越大，坡度越大，水流速度也越大。因此，保证在管道内不会因流速太小而使污水滞留、污物沉积管底，必须保证污水在管内有一定的流速值，该流速称为自清流速。

2）管道内最小流速参照下列规定：

①污水管道在设计充满度下为 0.6m/s。

注：含有金属、矿物固体或重油杂质的生产污水管道，其最小设计流速宜适当加大。

②雨水管道和合流管道在满流时为 0.75m/s。

③明渠为 0.4m/s。

注：①当起点污水管段中的流速不能满足以上规定时，应符合表 3.2.3-2 的规定。

②设计流速不满足最小设计流速时，应增设清淤措施。

管道的最小直径和最小设计坡度，参见表 3.2.2。

最小管径和最小设计坡度　　**表 3.2.2**

管道类别	位　置	最小管径（mm）	最小设计坡度
污水管	在街坊和厂区内	200	0.004
	在街道下	300	0.003
雨水管、合流管		300	0.003
雨水口连接管		200	0.01
压力输泥管		150	

3.2.3　何谓排水管道的排水能力？怎样提高排水管道的排水能力？

1）对于室内排水管道来说，在保证水封不被破坏的情况下，单位时间内最大的排水量即为排水管道的排水能力。

提高室内塑料排水管排水能力的措施有如下几种：

①使塑料排水管内壁粗糙，比如喷涂吸附力强的水泥砂浆、涂料等。

②内壁加工成螺旋状沟槽，使水流沿内壁旋转而下，不致形成水塞而影响排水能力。

③设置辅助通气管，防止管道内气压波动。

2）对于室外排水管道，由于不存在破坏水封问题，一般不用限制水流速度（除非地形坡度特别大时需要设置跌水井减速），所以，提高其排水能力多采取如下措施：

①制造排水管道时尽量使管道内壁光滑，其内壁粗糙系数要满足表 3.2.3-1 的要求。

②在地形允许的情况下，尽量加大管道坡度，增加流速，以提高其排水能力。

③设计时选择合理的充满度。充满度不合理时，将不能发挥管道应有的通水能力。现将室外污水管道的一些参数汇合于表 3.2.3-2。

管道粗糙系数 　　　　　　　　　　　　　　　　**表 3.2.3-1**

管渠类别	粗糙系数 n	管渠类别	粗糙系数 n
石棉水泥管、钢管	0.012	浆砌砖渠道	0.015
木　　槽	0.012～0.014	浆砌块石渠道	0.017
陶土管、铸铁管	0.013	干砌块石渠道	0.020～0.025
混凝土及钢筋混凝管、水泥砂浆抹面渠道	0.013～0.014	土明渠（包括带草皮）	0.025～0.030

室外污水管道设计参数汇总表 　　　　　　　　　　　　　　　　**表 3.2.3-2**

管径（mm）	最大允许流速（m/s）		最大设计充满度	在设计充满度下最小设计流速（m/s）	按照设计充满度下最小设计流速控制的最小设计坡度		最小计算充满度	最小计算充满度下不淤流速（m/s）	按照最小设计充满度下不淤流速控制的最小坡度	
	金属管道	非金属管			坡度	相应流速（m/s）			坡度	相应流速（m/s）
150	≤10	≤5	0.6	0.7	0.007	0.72	0.25	0.4	0.005	0.40
200					0.005	0.74			0.004	0.43
300					0.0027	0.71			0.002	0.40
400					0.002	0.77			0.0015	0.42
500			0.7		0.0016	0.81			0.0012	0.43
600			0.75		0.0013	0.82			0.001	0.50
700				0.8	0.0011	0.84	0.3	0.5	0.0009	0.52
800					0.001	0.88			0.0008	0.54

3.2.4 室外雨水口的设置有何规定？

室外雨水口在泄水能力、适用条件、设置位置、设置数量及与检查井连接措施等方面有不少规定，不仅在设计，而且在监理、施工时都应遵照这些规定。现将雨水口的一般规定集中在表 3.2.4 中，供敷设雨水口时参考。

室外雨水口一般规定 　　　　　　　　　　　　　　　　**表 3.2.4**

项　目	一　般　规　定
1. 泄水能力与适用条件	(1) q>140L/（s·ha）的地方宜采用大型雨水口，标准铁箅尺寸为 750×450mm，泄水能力为 15～20L/s。 (2) q<140L/（s·ha）的地方可采用大型或小型雨水口，小型雨水口标准铁箅尺寸为 500×300mm，泄水能力约为 8～10L/s
2. 形式	(1) 一般采用平箅，根据需要也可在平箅上加设立箅，其泄水能力比平箅约加大 50%。 (2) 平箅一般采用铁箅，空隙长边与来水方向一致的进水效果好，栅条间隙宜不大于 30mm
3. 雨水口井	(1) 深度一般 0.6～0.8m，最大 1.0m，冻胀影响地区可根据经验确定。 (2) 泥砂量大的地区可设沉泥槽
4. 位置	(1) 宜设在汇水点上或截水点上。 (2) 不宜设在汇水很少的地方及不便的地方

续表

项目	一般规定
5. 数量	(1) 设置数量根据来水量确定。 截水点一般设单箅；汇水点一般设双箅；溪谷线和洼地常需设置三箅四箅或联合式的；较大立交下一般要设置十箅左右。 以上均按路拱中心一侧的每一个布置点计算。 (2) 设置数量一般应多于计算数量
6. 间距	根据降雨强度、路面宽度并结合实践经验确定，一般为 25～60mm
7. 箅面高	设在铺装路面或地面上宜低 30～40mm。 设在土路面或土地面上宜低 50～60mm。 四周应平顺坡向雨水口
8. 串联	一般不宜多于三个
9. 与检查井的连接	(1) 以雨水口管（连接管）接入检查井或连接井，可高于干管管顶。 (2) 雨水口管管径依据箅数及泄水量确定。 单箅或双箅时一般采用 200mm；三箅或联合式双箅时一般采用 300mm；串联时再酌情加大。 (3) 雨水口管每段长度不宜大于 25m

3.2.5 何谓排水管道的水力半径?

排水管道的水力半径（R）为排水管道过水断面面积与湿周周长之比，其计算公式如下：

$$R = A/X \tag{3.2.5-1}$$

式中 R——水力半径（m）；

A——过水断面面积（m^2）；

X——湿周周长（m）。

水流阻力是由于固体边界的影响和液体的粘滞性作用，使液体与固体之间、液体内有相对运动的各液层之间存在的摩擦阻力的合力；水流在运动过程中克服水流阻力而消耗的能量称为水头损失；为了反映过流断面面积和湿周对水流阻力和水头损失的综合影响，引入水力半径的概念，水力半径是应用广泛的重要水力要素。

排水管道的水力计算中代表排水能力的流速及流量，按下列公式计算：

$$v = 1/n \cdot (R^{2/3} \cdot I^{1/2}) \tag{3.2.5-2}$$

$$Q = A \cdot v$$

式中 v——流速（m/s）；

Q——为流量（m^3/s）；

R——水力半径（m）；

I——水力坡度；

N——粗糙系数；

A——断面面积（m^2/s）。

影响排水管道排水能力的三个因素是水力半径、粗糙系数、坡度，排水管道的断面越大，水力半径越大，流速也就越大；排水管材的粗糙系数越小，流速越大；坡度会影响水流的能量，坡度越陡流速越快。

管道的断面形式很多，常见的有圆形、半椭圆形、马蹄形、矩形和梯形。圆形断面水力性能较好，在一定的坡度下，指定的断面面积具有最大的水力半径，因此流速大，流量也大，圆形是最常用的管道断面形式。

污水管道按不满流计算，目的在于管道内上部留有一定的空间，排除管道内的有害气体，调节管道内由于器具或设备排水而造成的压力波动和水流瞬时波峰；雨水管道和合流管道按满流计算。污水管道的充满度越大，过水断面面积越大（即水力半径越大），流速也就越大。

为了防止污水管道内发生沉淀，造成淤积，流速不宜过小；当水流速度过大，会产生冲刷管道现象，甚至损坏管道。为了保证设计的管道能够正常运行，不受急流冲刷，不产生沉淀，设计流速应在最小与最大容许流速的范围之内。金属管道最大设计流速为10m/s，非金属管道最大设计流速为 5m/s；污水管道在设计充满度下最小设计流速为0.6m/s，雨水管道和合流管道在满流时为 0.75m/s。

常用管材的粗糙系数如下：陶土管、铸铁管为 0.013；混凝土管、钢筋混凝土管为0.013～0.014；石棉水泥管、钢管为 0.012；塑料管为 0.009。选用粗糙系数低的管材有利于提高排水能力。

重力流的情况下，水力坡降即等于水面坡度，也等于管底坡度，最小坡度可以根据最小流速计算出来。最小坡度也与水力半径相关，所以不同管径的污水管道应有不同的最小坡度。管径相同的管道，由于充满度不同，也可以有不同的最小坡度。

3.2.6 何谓降雨强度？设计重现期如何确定？

降雨强度是降雨在某一历时内的平均降落量，就是单位时间内单位面积上的降雨体积，设计降雨强度按下列公式计算：

$$q = 1.67A(1 + C\lg P)/(t + b)^n \qquad (3.2.6\text{-}1)$$

式中 q——设计暴雨强度（L/s·100m^2）；

P——设计重现期（a）；

t——降雨历时（min），$t = t_1 + mt_2$；

t_1——地面集水时间，一般采用 5～10min；建筑屋面取 5min，当屋面坡度较大时，集水时间变小，流量增大，需要进行校正。为简便起见，在计算雨水设计流量时，流量应增加校正系数；

t_2——管渠内雨水流行时间（min），建筑物接雨水斗的管道系统可取 0；

m——折减系数，在陡坡地区，采用暗管时 m=1.2～2；明渠 1.2；室外干管取 2；建筑物管道、室外接户管或支管取 1；

A、c、n、b——当地降雨参数，根据当地雨量资料利用统计方法计算确定。

暴雨强度是描述降雨的重要指标，强度越大，雨越猛烈；暴雨强度公式是确定雨水设计流量的基本依据之一。在具有十年以上自动雨量记录的地区，根据有关规定编制暴雨强度公式，作为设计雨水管道的依据。

暴雨强度的重现期是指等于或大于某暴雨强度发生一次的时间间隔的平均值，用 P 表示，以年为单位。重现期的计算公式为：

$$P = n/m\ (a) \tag{3.2.6-2}$$

式中 m——等于或大于某暴雨强度发生次数的累积值；

n——资料记录的年限。

暴雨强度重现期是根据自计雨量记录资料，利用统计方法进行计算确定的。雨水管道的设计中常用的重现期为0.25、0.33、0.5、1、2、3、5、10年。雨水管道设计重现期，应根据汇水地区性质（广场、干道、厂区、居住区）、地形特点和气象特点等因素确定。在同一排水系统中可采用同一重现期或不同重现期。重现期一般选用0.5～3a，重要干道、重要地区或短期积水即能引起较严重后果的地区，一般选用2～5a。

深圳地区采用1995年暴雨强度公式：

$$Q = 1572.098/(t+6.000)^{0.577}$$

其中重现期 P 参照表3.2.6选择，设计降雨历时 t 按上述原则确定。

室外雨水管道设计中，雨水设计流量按下列公式计算：

$$Q = q\Psi F \tag{3.2.6-3}$$

式中 Q——雨水设计流量（m^3/s）；

q——设计暴雨强度（L/s·ha）；

Ψ——径流系数；

F——汇水面积（ha）。

暴雨强度公式的编制，对雨水管道设计具有重要意义。

《全国民用建筑工程设计技术措施——给水排水》第5.2.2条规定了新的重现期，见表3.2.6。

各种汇水区域的设计重现期 **表3.2.6**

汇水区域名称		设计重现期（a）
屋　面	一般性建筑	2～5
	重要公共建筑	10
室外场地	居住小区	1～3
	车站、码头、机场的基地	2～5

3.2.7 室外排水管道常用的管材有哪些种类？其特点是什么？

室外排水管道常用的管材有混凝土管、钢筋混凝土管、排水铸铁管及塑料管。

住宅小区的室外排水工程现在大部分还在应用混凝土管、钢筋混凝土管、排水铸铁管，用的也比较安全，反映也较好。缸瓦管因管壁较脆，易破损，多数地区已不用或很少用。近几年发展起来的各种塑料排水管如：聚氯乙烯直壁管、环向（或螺旋）加肋管、双壁波纹管、高密度聚乙烯双重壁缠绕管和非热塑性夹砂玻璃钢管等已大量问世，由于其施工方便、密封可靠、美观、耐腐蚀、耐老化、机械强度好等优点已被多数用户所认可，完全有取代其他排水管的趋势。

3.2.8　混凝土或钢筋混凝土管采用抹带接口时应符合哪些规定？如何防治质量通病？

（1）抹带接口应符合的规定

1）抹带前应将管口的外壁凿毛，扫净，当管径小于或等于 500mm 时，抹带可一次完成；当管径大于 500mm 时，应分二次抹成，抹带不得有裂纹。

2）钢丝网应在管道就位前放入下方，抹压砂浆时应将钢丝网抹压牢固，钢丝网不得外露。

3）抹带厚度不得小于管壁的厚度，宽度宜为 80～100mm。

平口管钢丝网抹带接口做法见图 3.2.8。

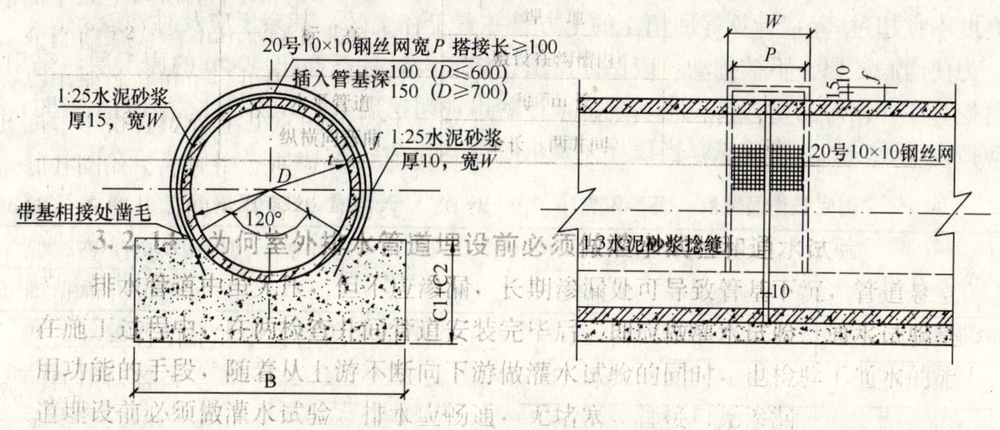

图 3.2.8　平口管钢丝网抹带接口做法

（2）质量通病防治

1）调整接口处的间隙，保证灌缝质量。

2）接口处管外径必须凿毛，并刷洗干净。

3）管带宽度及厚度根据管径按图集要求施工。

4）接口完毕后，管口应进行保湿养护。

3.2.9　室外排水管道的管沟基层及井池的底板为何必须符合设计要求？开挖管沟时应注意哪些事项？

管基的处理和井池的底板强度必须符合设计的要求。如管沟基夯实和支墩大小、尺寸、距离、强度等不符合要求，待管道安装上，土回填后必然造成沉降不均，管道或接口处将因受力不均而断裂。如井池底板不牢，必然产生井池体变形或开裂，必然迁带管道不均匀沉降，给管网带来损坏。因此必须重视排水沟基的处理和保证井池的底板强度。

开挖室外排水管沟土方时，根据管道埋设深度、场地的大小、同沟敷设管道的根数、土的性质、地下水位的高低等多种因素，经常采用两种开挖方式：即人工开挖和机械开挖。

①人工开挖：多适用于管径较小、埋设在 2m 以内、场地窄小且单根敷设、土质易人工开挖、地下水位低于沟底标高的给排水管道系统。

一般土且地下水位底于沟底时，可开直形槽，但槽深不得超过下列规定；砂土和砂砾土不得超过 1.0m；粉质砂土和粉质黏土不得超过 1.25m。当沟槽超过上述规定时，槽帮应放坡开挖，当槽沟深度超过 2m 时宜分层开挖。

开挖的宽度与管径及管材材质有关，其宽度需保证有足够的工作面。管道两侧的工作面净尺寸可参考表 3.2.9-1，表中宽度指管道外壁距沟边的净距离，本表也适用机械开挖。

②机械开挖：当采用机械开挖管沟时，应做好开挖沟槽的断面形状、尺寸、深度和堆土弃土区位置的方案。

开挖前应摸清地下障碍物和地面上架设高压线缆位置高度等情况，并采取严格的防护措施，确定挖土机在工作时的回转半径内有无障碍物。弃土应置于距沟边 1m 以外处，弃土高度不宜超过 2m，计算好回填土的土方量并置于存土区，其余土应及时外运。

为使沟底的原土不被扰动，应保证留出比沟底设计标高高出 30cm 的原土层，采用人工清挖。在开沟时测量人员应密切配合，严禁出现超挖现象。开挖排水管道的土方时，沟底应按设计要求的坡度施工，当设计无要求时按 3.2.9-2 施工。

沟底工作面宽度　表 3.2.9-1

管径（mm）	每侧工作面宽度（m）	
	金属管	非金属管
200～500	0.3	0.4
600～1000	0.4	0.5
1100～1500	0.6	0.6
1600～2000	0.8	0.8

开沟槽边坡坡度表　表 3.2.9-2

土壤类别	槽边坡坡度（高：宽）	
	沟深＜3m	沟深 3～5m
砂土	1∶0.75	1∶1.00
粉质砂土	1∶0.50	1∶0.67
粉质黏土	1∶0.33	1∶0.50
黏土	1∶0.25	1∶0.33
干黄土	1∶0.20	1∶0.25

3.2.10　混凝土排水管的基础及管座有哪几种形式？各种管基形式对覆土深度有何要求？

（1）混凝土排水管的基础及管座形式

混凝土排水管的基础主要是由垫层、基础和管座三部分组成，参见图 3.2.10-1。

①垫层：即与土接触的部分，根据土性质、地下水位情况，可铺设碎石层及原土夯实两种做法。

②基础：可根据情况采用通基或枕基形式。

通基又称带基，即在管道底部浇注沿其长度连续的条带基础。通基多用于污水管道系统。

枕基是在管道接口处垫放形似枕头形状的混凝土预制墩，其管身直接置放在坚实干燥的管沟内，参见图 3.2.10-2。

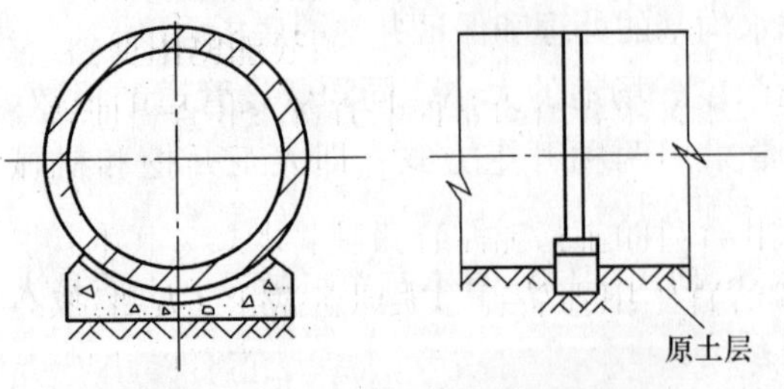

图 3.2.10-1　混凝土管管道基础图

③管座：管座在实际施工时并不单独浇注，通常是与通基浇注在一起的，管座的作用是保护管道的整体性及增强因外部荷载的变化引起管道破坏的能力。

根据管座的包管夹角可分为 90°、120°、180°、360°等形式，参见图 3.2.10-3。

（2）覆土深度

①当选用 90°混凝土管基，管顶允许覆土深度（H）。0.7m≤H≤2.0m。

②当选用 120°混凝土管基，管顶允许覆土深度。0.7m≤H≤3.5m。

③当选用 180°混凝土管基，管顶允许覆土深度。4.0m≤H≤6.0m。

④当选用 360°混凝土管基，管顶允许覆土深度。6.0m≤H≤8.0m。

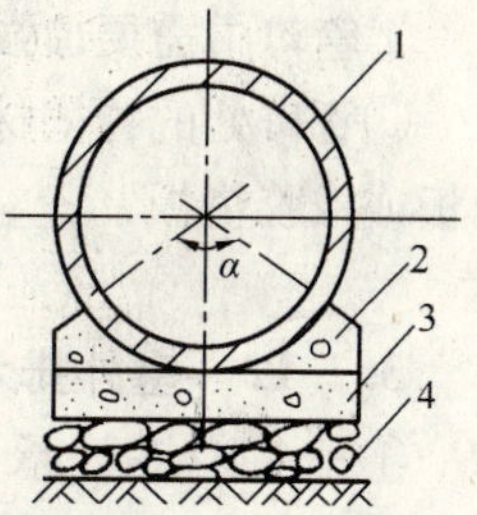

图 3.2.10-2　混凝土枕基

其中 360°混凝土管基称为满包，满包多用于埋设很深或很浅的管道，是一种加固性的管座形式。

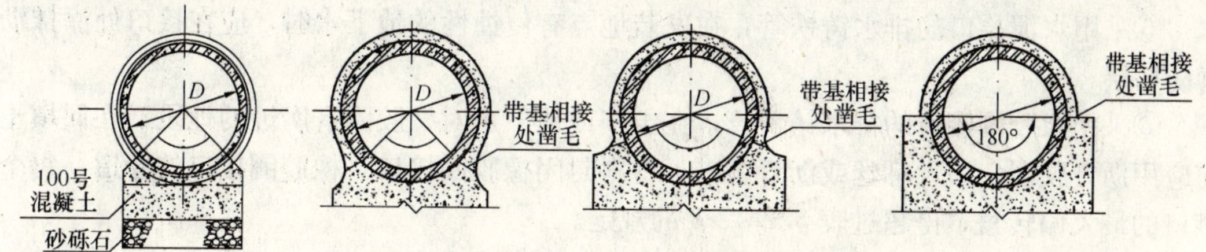

图 3.2.10-3　管座形式

3.2.11　混凝土排水管有几种接口形式？其适用条件是什么？

混凝土排水管有柔性接口和刚性接口两种接口形式。各种接口形式应根据管道的重要性、用途、输送介质、受力条件、施工方法、水文地质等条件进行选用。

1）对于开槽施工，在下列情况下可选用刚性接口。

①当管道落在非淤泥质原状土层上，地基承载力 R≤80kN/m 时，雨水管道 D≤1000mm 时，可用水泥砂浆抹带接口，污水管道及雨水管道 D>1000 时，应用钢丝网水泥砂浆抹带接口，企口管采用水泥砂浆捻缝，膨胀水泥砂浆捻缝或石棉水泥打口；

②当管口需要加强或防渗要求较高时，可采用预制及现浇混凝土外套环或钢板内涨圈接口。

2）对于开槽施工，在下列情况下应采用柔性接口。

①荷载突变处；

②人工地基与天然地基相接处，如肥槽处理，桩基，人工填土等；

③地基土质有较大差异时；

④管道进出构筑物时（一般检查井除外）；

⑤穿越或跨越构筑物；

⑥满包混凝土加强的总长度超过 10m 时；

⑦管道交叉。

3）对于顶管施工，可采用下列接口形式。

①对于雨水管可采用膨涨水泥浆捻缝；对于污水管道可采用膨胀水泥砂浆捻缝或石棉水泥打口；

②管口中需要加强或防渗要求较高时可采用钢板内涨圈接口；

③管口处的衬垫材料一般可采用油毡或油麻，在顶力较大、工程要求较高时可采用胶合板或橡胶垫板。

3.2.12 室外排水铸铁管安装应符合哪些规定？

①排水铸铁管承插捻口连接的对口间隙应不小于 3mm，最大间隙不得大于表 3.2.12-1的规定。

②排水铸铁管沿直线敷设，承插口连接的环型间隙应符合表 3.2.12-2 的规定；沿曲线敷设，每个接口的最大允许转角 2°。

③捻口用的油麻必须清洁，填塞后应捻实，其深度应占整个环型间隙深度的 1/3。

④接口水泥应密实饱满，其接口水泥面凹入承口边缘的深度不得大于 2mm。

⑤采用水泥捻口的排水铸铁管，在安装地点有侵蚀性的地下水时，应在接口处涂抹沥青防腐层。

⑥采用橡胶圈接口的排水铸铁管，在土壤或地下水对橡胶圈有腐蚀的地段，在回填土前应用沥青胶泥，沥青麻丝或沥青锯末等材料封闭橡胶圈接口。橡胶圈接口的管道，每个接口的最大偏转角不得超过表 3.2.12-3 的规定。

⑦排水铸铁管外壁在安装前应除锈，涂两遍石油沥青漆。

⑧承插接口的排水管道安装时，管道和管件的承口应与水流方向相反。

铸铁管承插捻口的对口最大间隙　表 3.2.12-1

管径（mm）	沿直线敷设（mm）	沿曲线敷设（mm）
75	4	5
100～250	5	7～13
300～500	6	14～22

铸铁管承插捻口的环型间隙　表 3.2.12-2

管径（mm）	标准环型间隙（mm）	允许偏差（mm）
75～200	10	+3 −2
250～450	11	+4 −2
500	12	+4 −2

橡胶圈接口最大允许偏转角　表 3.2.12-3

公称直径（mm）	100	125	150	200	250	300	350	400
允许偏转角度	3°	3°	3°	3°	3°	3°	3°	3°

3.2.13 室外排水管道安装的允许偏差和检验方法有哪些规定？怎样检验？

室外排水管道的坐标和标高应符合设计要求，安装的允许偏差应符合表 3.2.13 的规定。

检验方法：

①室外排水管道坐标的检验，首先按照图纸要求，找出控制坐标的基准点，再用拉线和尺量的方法对排水管道的接头或检查井的坐标进行检测。

②室外排水管道标高的检验，首先按照图纸要求，找出控制标高的基准点，用水平仪对排水管道的接头或检查井管底的标高进行测量，再用拉线和尺量的方法计算出管道坡

度。因坡度直接关系到排水管道的使用功能，所以排水管道坡度必须符合设计要求，严禁无坡或倒坡。

③水平管道纵横向弯曲的检验，用拉线对准管道两头的中心，然后用尺量的方法检测水平管道纵横向弯曲。

室外排水管道安装的允许偏差和检验方法 表 3.2.13

项次	项目		允许偏差（mm）	检验方法
1	坐标	埋地	100	拉线 尺量
		敷设在沟槽内	50	
2	标高	埋地	±20	用水平仪 拉线和尺量
		敷设在沟槽内	±20	
3	水平管道 纵横向弯曲	每5m长	10	拉线 尺量
		全长（两井间）	30	

3.2.14 为何室外排水管道埋设前必须做灌水试验和通水试验？

排水管道中虽无压，但不应渗漏，长期渗漏处可导致管基下沉，管道悬空，因此要求在施工过程中，在两检查井间管道安装完毕后，即应做灌水试验。通水试验是检验排水使用功能的手段，随着从上游不断向下游做灌水试验的同时，也检验了通水的能力。因此管道埋设前必须做灌水试验，排水应畅通，无堵塞，管接口无渗漏。

试验时，按排水检查井分段试验，试验水头应以试验段上游管顶加 1m，时间不少于 30min。

3.2.15 检查井在排水系统中有何作用？其设置原则是什么？

排水检查井是室外排水系统中主要构筑物，它主要是起着连接、清通、检查管道的作用，还具有改变水流方向、汇流及变径的特殊作用，其结构见图 3.2.15。

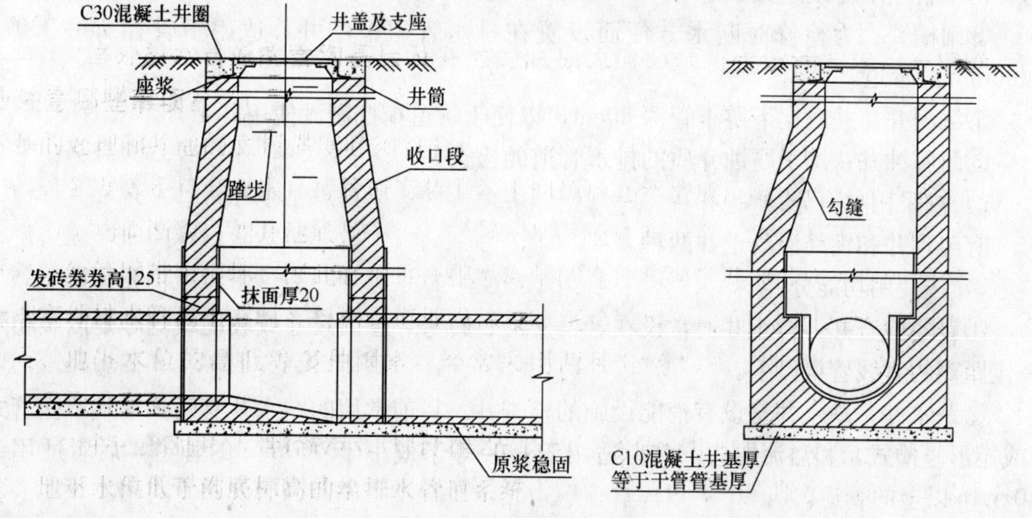

图 3.2.15 检查井结构图

检查井应在以下位置进行设置：

①在管道改变方向处、管道汇流处、变径和变坡处。

②直管段上每隔40～50m处。

③材质变化处。

④排水跌差较大处，其检查井又称为跌水井，跌水井可消除和降低由于跌落水头过大而引起管内流速过大的影响。

⑤在排水管道有特殊需要处。

⑥排出管与室外排水管道连接处，应设检查井。检查井中心至建筑物外墙的距离不宜小于3.0m。

⑦生活污水管道不宜在建筑物内设检查井。

3.2.16 常见检查井的形式有哪几种？其主要作用是什么？

为便于管渠系统作定期检查、清通和其他特殊检查及检修功能而设置的井通称为检查井。

1）按使用条件分：

①圆形井：有ϕ700mm、ϕ1000mm、ϕ1250mm、ϕ1500mm4种井径的井，适用于管径D=200～800的雨污管道上。

②矩形井：分直线井、90°三通井、90°四通井，适用于管径D=800～2000mm的雨水管道上；D=800～1500mm的污水管道上。

③扇形井：以上游管中心与下游管中心相交处的内角分为90°、120°、135°、150°4种转弯井。适用于管径D=800～2000mm的雨水管道转弯处，D=800～1500mm的污水管道转弯处。当转弯角度处于指定角度之间时，做法参考临近指定角度转弯井之做法，盖板参考选用小于此角的指定盖板。

④小方井：适用于管径D=200～400mm的雨污水出户管上。井深≤1.5m，不下人。

⑤跌落井：有竖管式、竖槽式和阶梯式三种形式。当雨水管上下游跌差大于等于1m时，污水管上下游跌差大于等于50cm时必须使用跌水井。

⑥闸槽井：为检修时断水方便而设置在排水管道上的井。适用于管径D=300～1000mm的管道。

⑦沉泥井：井底比下游干管深30cm，以便于管道掏挖淤泥使用。

⑧耐腐蚀井：用于腐蚀介质的排水管道的检查井。

2）按采用材料分：

有砖砌井和钢筋混凝土井两种。

3）按使用功能分：

①普通检查井：检查井通常设在管渠交汇、转弯、管渠尺寸或坡度改变等处以及相隔一定距离的直线管渠段上。

②跌水井：跌水井是设有消能设施的检查井。目前常用的跌水井有两种形式：竖管式（或矩形竖槽式）和溢流堰式。前者适用于直径等于或小于400mm的管道，后者适用于400mm以上的管道。

③换气井：污水中的有机物常在管渠中沉积而厌氧发酵，发酵分解产生的甲烷、硫化

氢、二氧化碳等气体，如与一定体积的空气混合，在点火条件下将产生爆炸，甚至火灾。为防止此类偶然事故的发生，同时也为保证在检修排水管渠时工作人员能较安全地进行操作，有时在检查井上设置通气管。这种设有通风管的检查井称为换气井。

④水封井：当检查井内具有水封设施，以便隔绝易爆、易燃气体进入排水管渠，使排水管渠在进入可能遇火的场地时不至于引起爆炸或火灾，这样的检查井称为水封井。

3.2.17 井室的井盖和井圈应如何设置？怎样防治质量通病？

各类井室的井盖应符合设计要求，应有明显的文字标识，各种井盖不得混用。设在通车路面下或小区道路下的各种井室，必须使用重型井圈和井盖，井盖上表面应与路面相平，允许偏差为±5mm。绿化带上和不通车的地方可采用轻型井圈和井盖，井盖的上表面应高出地坪50mm，并在井口周围以2%的坡度向外做水泥砂浆护坡。重型铸铁或混凝土井圈，不得直接放在井室的砖墙上，砖墙上应做不少于80mm厚的细石混凝土垫层。井盖和井圈的尺寸规格分别为ϕ500、ϕ600、ϕ700、ϕ800四种，按承载能力分为轻型和重型两种，重型井盖的承载等级为超汽－20级（汽车总重55t，后轮轮压7.0t），轻型井盖的承载等级为汽－10级（汽车总重10t，后轮轮压3.5t）。

质量通病防治：

井盖必须有明显的中文标识，避免混用。井盖的设置应符合设计要求，注意轻、重型井盖的使用位置。

3.2.18 化粪池的功能是什么？其构造如何？怎样防治施工质量通病？

（1）化粪池的功能

庭院污水系统中，带粪便的污水须经过化粪处理后再排入市政污水管网。

粪便污水主要是通过化粪池的沉淀、发酵腐化使粪便体积缩小并沉积在池内底部，然后将不含固体颗粒的污水排至系统管道内。

（2）化粪池的构造

化粪池主要是由污水及污泥池两部分组成的，见图3.2.18。

污水先进入污泥池内进行发酵沉淀，池上部的不含粪便的水进入污水池后再排出，一般污泥池的体积大于污水池。

化粪池常用的有圆形及矩形两种类型。圆形化粪池为砖砌小型化粪池，污泥与污水合在一起，用于含少量粪便污水系统。矩形化粪有砖砌及混凝土浇注两种形式，化粪池的容积可根据使用卫生设备的人数、建筑物用水标准、清掏周期等确定。

在居民住宅区粪便污水处理量较大时，可根据系统设置情况选择多个化粪池，以减小化粪池的容积。

化粪池设置位置应便于清掏粪便车通行及操作。

（3）通病防治

1）进水管的高度应高于出水管10cm。

2）严格按照给水排水标准图集要求设置污水及污泥池，不得减小化粪池容积。

3）应按给水排水标准图集设置标准井盖及爬梯。

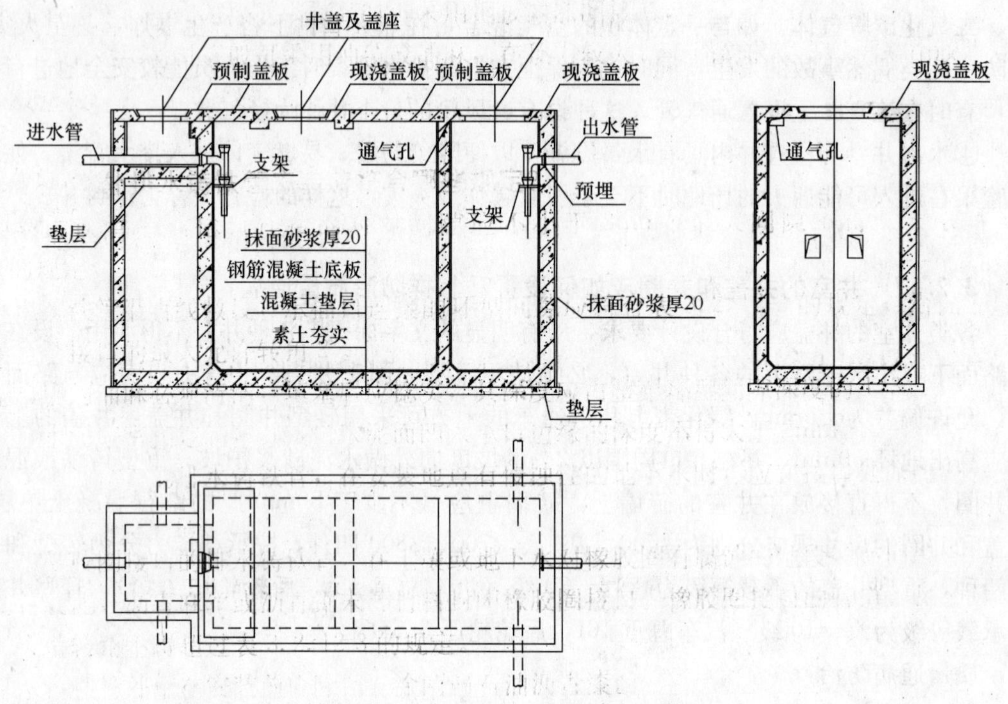

图 3.2.18 矩形化粪池结构图

3.2.19 隔油池的功能是什么？其构造如何？怎样防治施工质量通病？

（1）隔油池的功能

隔油池主要是将职工食堂、营业餐厅及汽车洗车污水中的油污进行油水分离，分离后油单独处理，水排往室外污水管道。

（2）隔油池的构造

隔油池主要是用隔油板将池分为两部分，污水先进入隔油池前半部进行油水分离，然后隔油板将油水分开，除油后的污水排往室外污水管道。

职工食堂、营业餐厅隔油池只做除油处理，而汽车洗车污水则需要除去残油和泥砂，应设为隔油沉淀池。

隔油池分为砖砌隔油池和钢筋混凝土隔油池两种。

隔油沉淀池分为两种型号，Ⅰ型为直流式隔油沉淀池，Ⅱ型为循环式隔油沉淀池。

（3）通病防治

①隔油板的位置及标高严格按给水排水标准图集施工。

②进水管的高度应高于出水管 10cm。

③隔油池应设置通气管。

④应按给水排水标准图集设置标准井盖及爬梯。

3.2.20 埋地硬聚氯乙烯管（包括双壁波纹管、环形肋管、螺旋肋管、平壁管等）其性能特点和管道结构是什么？管道敷设有何规定？与混凝土排水管相比有何优势？

1）硬聚氯乙烯埋地管，主要包括双壁波纹管、环形肋管、螺旋肋管、平壁管等，其性能特点和管道结构见表3.2.20。

硬聚氯乙烯埋地管的性能特点及管道结构 表3.2.20

种类	管道结构	性能特点
双壁波纹管	内壁光滑、外壁具有规则起伏结构，凸起波纹内部中空，但内外壁结合紧密	由于外壁采用工字钢原理，具备材料轻，承压能力强，安装方便快捷等，可抗土壤沉降变形
环形肋管	内壁光滑，外壁具有规则成型凸出肋条	外壁采用工字钢力学原理结构，具备节省材料，弹性模量大，抗外负荷能力强，安装方便快捷等
螺旋肋管	内壁光滑，外壁具有凸出周期性螺旋状肋条	外壁采用工字钢力学原理结构，具备节省材料，弹性模量大，抗外负荷能力强，安装方便快捷等
平壁管	内外壁光滑平整	管道安装方便，抗压能力强，可用于条件苛刻外排污且管道修复容易

2）管道敷设应符合如下规定：

①管道施工环境温度宜在－40～60℃。

②管顶最小覆土厚度不宜小于0.7m，道路下敷设的管道其最小覆土厚度不应小于1.0m，当该路段有汽－15及以上汽车通行时，最小覆土厚度不得小于1.2m。

③管穿越河道时，管顶距河底高度应根据冲刷条件和航运要求确定，在航运范围内应不小于1.0m，非航运范围内不应小于0.5m。

④管顶部必须在冰冻线以下。

⑤管道基础采用砂石基础，对一般土质的地段，基础只需铺设一层厚为0.1m的砂垫层。软土地基，槽底又处在地下水位以下时，宜铺设砂石砂层，其厚度为0.2m，且用黄砂找平。

3）与混凝土排水管相比具有独特优势，具体如下：

①塑料管由于内壁光滑，输送液体时摩阻明显小于混凝土管，可以减小坡度（减小铺设工程费）。

②塑料管的连接比较可靠，而混凝土排水管在保证密封性方面比较困难，其采用平接口，在接口处只抹一圈混凝土，时间长很难保证不泄漏，土壤不均沉降连接处就可能被破坏，其柔性也不及塑料管。

③重量轻、长度大（接头少）对于管沟和基础的要求低（而混凝土管需做混凝土管道基础）、连接方便、施工快捷（混凝土管的连接处需要养护，在城市拥挤或地质恶劣地区，如地下水位高、地基松软）。塑料埋地排水管在这方面优点明显，且塑料管可柔性连接，抗土壤不均匀沉降能力强。

④在正确设计和施工下采用塑料排水管的总工程造价低于传统混凝土排水管，而且施工速度快，周期短，易于保证工程质量。

⑤使用寿命、耐腐蚀方面塑料管的优点突出，生活污水和雨水常常有腐蚀性（雨水流过地面时常常溶入腐蚀性物质）或成酸性或成碱性，生产污水如工业排水更是常常有强腐蚀性，塑料管的耐腐蚀性远胜于金属管，也明显优于混凝土管。

3.2.21 新型井盖有哪几种？各有什么特点？

新型井盖种类较多，大致有防盗型和复合材料非回收型两类，其特点如下：

1）防盗型的特点：

①材质为球墨铸铁，与普通铸铁井盖相比，增强了耐腐蚀性。

②带合叶、带锁，解决了一定的被盗问题。

③钥匙带提拉环，本身又是一个掀盖工具，解决了普通井盖的开启难问题。

2）据使用单位反映，这种井盖尚有不足之处存在：

①仍然浪费金属。

②锁的开启有时不太灵活。

3）复合材料非回收型的特点：

下面重点介绍一种再生树脂复合材料检查井盖。

①材质无回收价值，自然较好地解决了防盗问题。

②彩色环保，可配出各种颜色，美化环境。

③无撞击声，不影响居住区的安静。

④使用寿命长。据厂家资料介绍，经100万次疲劳冲击试验后无裂痕。

4）再生树脂复合材料检查井盖品种规格及承载能力，见表3.2.21-1。

再生树脂复合材料检查井盖规格及承载能力 表3.2.21-1

WL		井盖名称			国际承载能力	t
Z		重型			国际承载能力	24
P		普通型			国际承载能力	10
	□WL	规格（mm）	型号	单位	承载能力	适用范围
井　盖	□WL	700×50	Z	套	40t	重型拖集装箱车，都市中心主干道路，都市快速干道，大型停车场码头和机场
电　信	□WL	600×600×50	Z	套	40t	
电　信	□WL	2×530×980×50	Z	套	40t	
雨水口	□WL	750×450×70	Z	套	40t	
雨水口	□WL	600×400×70	Z	套	40t	
电　信	□WL	600×600×40	P	套	20t	住宅区、公园、地铁排水，小车、行人、单车通行道路、校园城市绿化带排污等各种不同环境
电　信	□WL	2×530×980×50	P	套	20t	
雨水口	□WL	750×450×40	P	套	20t	
井　盖	□WL	700×40	P	套	20t	
雨水口	□WL	600×400×40	P	套	20t	

再生树脂复合材料检查井盖的试验结果见表3.2.21-2。

再生树脂复合材料检查井盖试验结果 **表 3.2.21-2**

委托单位				试样名称	复合检查井盖	试验单位
工程名称				型号类别	重型 D700mm	
送样日期	2003-04-16	报告日期	2003-04-18	检验标准	CJ/T 121—2000	
试样编号						评定或说明
	残留变形		承载能力	残留变形	承载能力	
1LX2003-1945-1	以 1～3kN/s 速度加载至 2/3 实验荷载（240kN），然后卸载，此过程重复 5 次，测得第一次加载前与第 5 次加载后的变形之差为残留变形。残留变形的值不允许超过（1/500）*D*		以 1～3kN/s 的速度加载至试验荷载为 240kN，5min 后卸载，井盖、支座不得出现裂纹	残留变形为 0.47	加载至试验荷载 240kN，5min 后卸载，井盖、支座未出现裂纹	已检项目符合标准要求
备注	加载至 420kN 支座断裂					

第四章　卫 生 器 具 安 装

4.1.1　何谓卫生器具的给水当量、排水当量？有何用途？

（1）卫生器具的给水当量

对于用水时间长，用水设备使用不集中，同时给水百分数随卫生器具数量增加而减少的建筑，如住宅、集体宿舍、旅馆、宾馆、医院、幼儿园、办公楼、学校等，因其用水量是通过室内各类卫生器具的配水装置使用放水来反映的，所以设计秒流量应按管段上所设卫生器具的数量，用统计学、概率理论来进行计算才接近实际。但卫生器具种类多，且各种卫生器具的额定流量又不尽相同，为简化计算，将安装在污水盆上，支管为15mm的配水龙头的额定流量0.2L/s作为一个当量，其他卫生器具的给水额定流量对它的比值，即为该卫生器具的当量值。各种卫生器具的给水流量和当量值见表4.1.1-1。

卫生器具给水的额定流量、当量、支管管径和流出水头　　　　**表4.1.1-1**

序号	给水配件名称	额定流量（L/s）	当量	连接管公称直径（mm）	最低工作压力（MPa）
1	洗涤盆、拖布盆、盥洗槽				
	单阀水嘴	0.15～0.20	0.75～1.0	15	0.050
	单阀水嘴	0.30～0.40	1.5～2.0	20	
	混合水嘴	0.15～0.2（0.14）	0.75～1.0（0.7）	15	
2	洗手盆				
	感应水嘴	0.10	0.50	15	0.050
	混合水嘴	0.15（0.10）	0.75（0.5）	15	
3	洗脸盆				
	单阀水嘴	0.15	0.75	15	0.05
	混合水嘴	0.15（0.10）	0.75（0.50）	15	
4	浴盆				
	单阀水嘴	0.20	1.0	15	0.050
	混合水嘴（带淋浴转换器）	0.24（0.20）	1.2（1.0）	15	0.050～0.070
5	淋浴器（混合阀）	0.15（0.10）	0.75（0.5）	15	0.050～0.100
6	大便器				
	冲洗水箱浮球阀	0.10	0.5	15	0.020
	延时自闭式冲洗阀	1.20	6.0	25	0.100～0.150
7	小便器				
	手动或自动自闭式冲洗阀	0.10	0.50	15	0.050
	自动冲洗水箱进水阀	0.10	0.50	15	0.20

续表

序号	给水配件名称	额定流量（L/s）	当量	连接管公称直径（mm）	最低工作压力（MPa）
8	小便槽穿孔冲洗管（每 m 长）	0.05	0.25	15～20	0.015
9	医院倒便器	0.20	1.00	15	0.050
10	实验室化验龙头（鹅颈） 单联 双联 三联	 0.07 0.15 0.20	 0.35 0.75 1.0	 15 15 15	 0.020 0.020 0.020
11	净身盆冲洗水嘴	0.10 (0.07)	0.5 (0.35)	15	0.050
12	饮水器喷嘴	0.05	0.25	15	0.050
13	洒水栓	0.40 0.70	2.0 3.5	20 25	0.050～0.100 0.050～0.100
14	室内地面冲水嘴	0.20	1.0	15	0.050
15	家用洗衣机给水龙头	0.20	1.0	15	0.050

注：表中括弧内的数值系在有热水供应时单独计算冷水或热水管径时采用。

(2) 卫生器具的排水当量

卫生器具的排水当量的概念和给水当量一样，它是以污水盆排水量 0.33L/s 为一个排水当量，将其他卫生器具的排水量与 0.33L/s 的比值，作为该卫生器具的排水当量。由于卫生器具排水有突然、迅速、流率大的特点，所以一个排水当量的排水流量是一个给水当量额定流量的 1.65 倍。各种卫生器具的排水流量和当量值见表 4.1.1-2。

卫生器具排水的流量、当量和排水管的管径 **表 4.1.1-2**

序号	卫生器具名称	排水流量（L/s）	当 量	排水管管径（mm）
1	洗涤盆、污水盆（池）	0.33	1.00	50
2	餐厅、厨房洗菜盆（池） 单格洗涤盆（池） 双格洗涤盆（池）	 0.67 1.00	 2.00 3.00	 50 50
3	盥洗槽（每个水嘴）	0.33	1.00	50～75
4	洗手盆	0.10	0.30	32～50
5	洗脸盆	0.25	0.75	32～50
6	浴盆	1.00	3.00	50
7	淋浴器	0.15	0.45	50
8	大便器：高水箱 低水箱： 冲落式 虹吸式、喷射虹吸式 自闭式冲洗阀	1.50 1.50 2.00 1.50	4.50 4.50 6.00 4.50	100 100 100 100

续表

序号	卫生器具名称	排水流量（L/s）	当　量	排水管管径（mm）
9	小便器 自闭式冲洗阀 感应式冲洗阀	 0.10 0.10	 0.30 0.30	 40～50 40～50
10	医用倒便器	1.50	4.50	100
11	大便槽 ≤4个蹲位 >4个蹲位	 2.50 3.00	 7.50 9.00	 100 150
12	小便槽（每米长） 自动冲洗水箱	 0.17	 0.50	 —
13	化验盆（无塞）	0.20	0.60	40～50
14	净身器	0.10	0.30	40～50
15	饮水器	0.05	0.15	25～50
16	家用洗衣机	0.50	1.50	50

注：表中家用洗衣机排水管管径为洗衣机地漏直径，洗衣机排水软管直径为30mm，有上排水的家用洗衣机排水软管内径为19mm。

（3）卫生器具给水、排水当量的用途

卫生器具的给水、排水当量最重要的用途是确定计算管段的直径。其计算方法是先根据计算管段的给水（或排水）当量确定管段设计秒流量，再选定合适的流速进而求出管道直径。以排水为例：

①用当量计算适用于住宅、集体宿舍等建筑物排水管道设计秒流量：

$$q_p = 0.12\alpha\sqrt{N_p} + q_{max} \quad (4.1.1\text{-}1)$$

式中 q_p——计算管段排水设计秒流量（L/s）；

N_p——计算管段卫生器具排水当量总数；

q_{max}——计算管段上排水量最大的一个卫生器具的排水流量（L/s）；

α——根据建筑物用途而定的系数。

②工业企业生活间、公共浴室、洗衣房、职工食堂或营业餐厅的厨房、实验室、影剧院、体育场、候车（机、船）等建筑的生活管道排水设计秒流量按下式计算：

$$q_p = \Sigma q_0 \cdot N_0 \cdot b \quad (4.1.1\text{-}2)$$

式中 q_p——计算管段排水设计秒流量（L/s）；

q_0——同类型的一个卫生器具排水流量（L/s）；

N_0——同类卫生器具数；

b——卫生器具同时排水百分数。

4.1.2　何谓大便器冲洗强度？影响大便器冲洗强度的因素有哪些？

大便器冲洗强度是指单位时间内的冲洗水量，单位为L/s。

影响大便器冲洗强度的因素有如下几个方面：

①水箱安装高度不满足要求，水位所造成的势能太小而影响冲洗强度。水箱安装高度应参照《给水排水标准图集》S3（2002版）安装。

②冲洗管管径太小，使冲洗阻力太大而影响冲洗强度。

③冲洗水管未采用标准件，自行现场配制，转弯太多而影响冲洗强度。

④大便器本体质量太差，周边冲洗孔眼配水不均或有堵塞而影响冲洗强度。

⑤采用延时自闭阀冲洗时，管道直径太小，管道负荷太大，使水压不足、水流速度太小而影响冲洗强度。

⑥大便器安装偏位、穿楼板的排水管甩口不正等，都会影响大便器的冲洗强度。

4.1.3　卫生洁具出口设置水封的作用是什么？常用水封的种类有哪些？如何保证水封的作用？

卫生器具出口设置水封的作用是为了防止系统管道内的臭气通过卫生器具返回室内，以保持有水房间空气的质量。

常用水封有四种形式：S形存水弯、P形存水弯、钟罩式水封和器具自带水封，见图4.1.3所示。

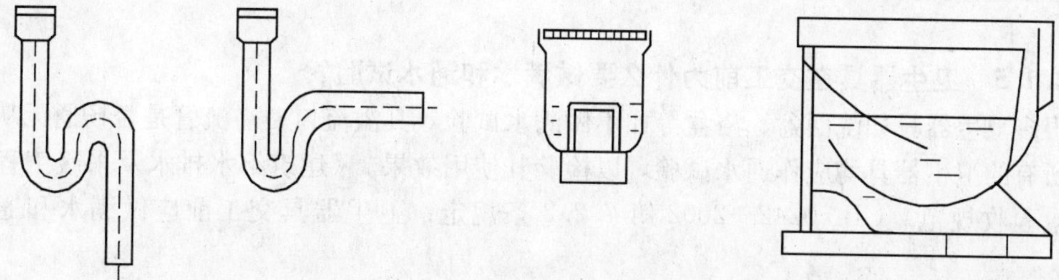

图4.1.3　水封类型

为了保证水封的作用，排水系统应安装伸顶通气管及各种辅助通气管，使排水系统与大气相通，保持排水系统压力平衡，才会在大气压力的作用下保护水封。

4.1.4　常用地漏有几种形式？如何控制地漏安装质量和防治地漏的安装通病？

（1）常用地漏的几种形式

①圆（方）形钟罩式带水封带洗衣机插口地漏；

②圆（方）形无水封带洗衣机插口地漏；

③圆（方）形密闭式无水封地漏；

④圆（方）带网筐无水封地漏；

⑤圆（方）形带网筐有水封侧出水地漏；

⑥方形侧墙式无水封地漏；

⑦圆形悬挂式多通道带水封带洗衣机插口地漏；

⑧圆形防返溢地漏；

⑨圆形带水封直埋式地漏。

（2）地漏安装质量控制

①首先核对图纸上地漏位置是否正确；

②在土建结构施工时预留孔洞，预留时应注意孔洞的定位并按地漏选型确定孔洞的大小（预留孔洞大小参见国家标准图集）。预留孔洞大于 200mm 时，一般需在孔洞周围加筋，并不得截断原有钢筋；

③地漏安装时应结合建筑标高，安装必须平正、牢固，低于排水表面 5mm，安装完毕应将排水口暂时封堵以防建筑垃圾进入管内。封堵预留孔洞时应采用细石混凝土分两次浇捣，并做好周边防水，从而确保地漏周边无渗水；

④交工前做通水试验，并做好试验记录。

（3）地漏安装质量验收

①检查内容：地漏安装属于主控项目，应严格检查。进入施工现场后，首先检查地漏质量。如外观无问题，再检查水封深度是否满足不小于 50mm 的要求等。安装完毕，检查地漏位置和排水效果；

②检验方法：观察检查地漏外观；尺量检查水封深度；试水检查排水效果和检查是否渗漏；

③检查数量：100%；

④检查验收应由监理和建设单位等责任主体参加。

4.1.5 卫生器具在交工前为什么要做满水和通水试验?

很多卫生器具如洗面盆、浴盆等如不做满水试验，其溢流口、溢流管是否畅通无从检查；所有的卫生器具均应作通水试验，以检验其使用效果。《建筑给水排水及采暖工程施工质量验收规范》GB 50242—2002 第 7.2.2 条规定：卫生器具交工前应做满水和通水试验。

满水和通水试验步骤如下：

（1）有溢流口的卫生器具首先封堵排水栓，并灌满水至溢流口位置，检查溢流口、溢流管是否畅通。

（2）打开排水栓继续放水，检查卫生器具及所有连接件有无渗漏。

（3）检查所有卫生器具在通水时是否畅通，有无阻滞现象。

检验方法：满水后各连接件不渗不漏；通水试验给、排水畅通。

检查数量：该项目属主控项目，应 100%检查。

4.1.6 如何防治底层卫生器具返水?

（1）现象

底层蹲式大便器、地漏等卫生器具返水，污水横溢，严重时甚至波及楼层。

（2）原因分析

①埋地管道堵塞；

②埋地管道转弯过多，管线过长，引起排水不畅；

③最低排水横支管与立管连接处至排出管管底的距离过小；

④通气管堵塞或未设通气管，排水时管内夹杂空气多造成水力波动，降低了底部排水横管的排水能力，增加了底部排水管的负担。

（3）防治措施

①及时封堵施工过程中的各种预留管头，防止建筑垃圾等杂物进入管道；严禁管道无坡或倒坡；管道安装完毕应做通球试验，发现问题及时处理；

②埋地排水管应尽量走直线，并应尽量缩短立管与室外检查井之间的距离；

③最低排水横支管与立管连接处至排出管管底的距离必须满足规范要求，必要时单独排放；

④排水立管应按规范设置各类通气管。

4.1.7 怎样防治大便器安装质量通病？

（1）现象

大便器安装时排水口位置与楼板留洞位置不符，安装完毕后出现位置不正、破损、渗漏及排水管道堵塞。

（2）原因分析

大便器安装前未核实大便器的型号、厂家产品样本是否与设计图纸相符，楼板留洞位置是否准确及安装时未按大便器的安装程序进行。

（3）防治措施

①安装大便器之前必须核实大便器选定的型号、厂家产品样本是否与设计图纸相符，检查预留排水甩口位置是否准确，避免因选型与图纸不符而剔砸预留孔洞重新安装排水甩口；

②安装时应检查大便器有无裂纹与缺损，清除连接大便器承口周围的杂物，检查有无堵塞；

③坐便器安装顺序一般为稳坐便器、水箱配件安装、水箱（水箱盖）安装、进水阀及坐便盖安装。当安装坐便器时，应将坐便器排水口插入甩口内，预先在接大便器底部均匀地铺5mm左右油灰层，坐便器平稳地坐在油灰层上，用水平尺找平找正。大便器安装完毕后应用水冲洗器具，冲掉可能进入管内的多余填料；

④安装蹲便器时，应在排水管甩口处抹上油灰，蹲便器底部填白灰膏，将蹲便器排水口插入排水管甩口内稳好，用水平尺找正，调平，并使进水口与预留给水甩口对应。稳好后四周用砖固定。进水胶皮碗大小两头均应采用喉箍箍紧或采用铜丝绑扎，胶皮碗及冲洗弯管四周填干砂，砂上面抹一层水泥砂浆，禁止用水泥砂浆将胶皮碗全部堵死，以免给以后修理造成困难，蹲便器周围与完成地面之间采用硅酮密封膏嵌缝。如多个大便器安装，应保证在同一直线位置上。交工前将出水口暂时封堵，避免施工杂物掉入堵塞管道。

4.1.8 怎样防治洗脸盆安装质量通病？

（1）现象

洗脸盆安装不牢固，冷热水管及洗脸盆安装位置错误。

（2）原因分析

洗脸盆支架未安装牢固；未核实样本尺寸及型号；脸盆安装时未按照规范及标准图集要求进行施工。

（3）通病防治措施

①托架安装方式：洗脸盆安装时一般先将水龙头及排水栓安装固定于洗脸盆上，再进

行正式安装固定。托架采用随产品配套的托架，应作好防腐措施，采用预埋螺栓或膨胀螺栓固定；

②背挂式洗脸盆由于陶瓷件直接用预埋螺栓或膨胀螺栓固定在墙上，因此螺栓应加软垫圈；

③台面式洗脸盆安装时，台面板开洞的形状、尺寸均应按选定洗脸盆的产品样本尺寸要求进行加工，盆边与板间缝隙应采用密封胶密封固定；

④立柱式洗脸盆安装时陶瓷件直接固定在墙上，因此固定螺栓应加软垫圈，同时脸盆下的立柱将冷热水与排水管隐蔽在柱体内起到装饰作用，另外也起到一定的支撑作用，因此要求各接口连接严密，柱脚与地面接触良好，并采取固定措施；

⑤冷热水管道安装时，水平管道中热水管应在冷水管的上方，垂直管道及接脸盆水嘴的热水管应在冷水管的左侧安装；

⑥洗脸盆的配套存水弯可为S形、P形或瓶式，存水弯安装于楼板上面。如采用S形或瓶式存水弯，连接排水横管的受水口与排水栓之间应留有便于安装存水弯的水平距离。

4.1.9 怎样防治浴盆安装质量通病?

(1) 现象

浴盆安装位移、底部渗漏。

(2) 原因分析

①浴盆安装时，未考虑排水管道的排污和检修工作的需要，造成检修门位置和几何尺寸预留不当；

②浴厕间防水层和排水措施不当，排水不通畅。

(3) 防治措施

①土建施工时必须在浴厕间地面、墙壁四周按设计要求或规范规定做好防水；

②为浴盆排水设置检修门，检修门位置应设在浴盆排水端侧面；

③冷热水管道安装时，水平管道中热水管应在冷水管的上方，垂直管道及接浴盆水嘴的热水管应在冷水管的左侧安装；

④安装浴盆排水栓时，应把排水栓下口与排水管承口的封口封严；

⑤浴盆底部的地面应向检修门处放坡；浴厕间四周墙脚与地面交接处应抹圆弧形，浴厕间地面应向地漏处放坡。

4.1.10 淋浴房及淋浴房安装的注意事项?

淋浴房是目前发展迅速、推广较快的一种卫生器具。由于淋浴房具有安装方便、卫生条件较浴盆优越，酒店、公寓及桑拿场所都在普及使用，甚至越来越多的住宅也广泛使用。

淋浴房的构造并不复杂，其下部有一个淋浴盆（也称淋浴盘），盆角设置一个排水栓，盆的上部是带推拉门淋浴房，房内安装淋浴器。目前技术相对成熟且已被编入国家标准图集的淋浴房主要有两种形式：圆角淋浴房和方形淋浴房。按淋浴盆安装方式有两种：架空式和落地式。具体安装详见国家建筑标准设计《给水排水标准图集》99S304。

淋浴房的安装应严格按上述标准图集施工，一般按造照如下工序进行：

检查预留给排水甩口位置→固定淋浴盆→安装淋浴房→安装淋浴器→通水试验

安装淋浴房工序简单，但也会因大意引起诸多质量问题：

①不具备安装条件，生拉硬拽强行连接，造成接口渗漏。

主要原因：穿楼板的排水甩口和墙上预留给水甩口位置不准确，造成排水栓与排水甩口难以连接，或淋浴龙头与给水甩口难以连接。

预防措施：给排水管道安装时应按淋浴房产品的要求，准确预留给排水管道的甩口，避免随意安装给水甩口和排水甩口，而造成安装淋浴房时再重新改管或强行连接配件。

②排水管穿楼板处或预留给水管的墙面渗水。

主要原因：在施工时扰动或破坏了预留给排水管甩口处周围的防水，未及时修复。

防治措施：在卫生间施工时，墙面和地面是经过严格防水处理的，当预留给排水管道甩口位置不准必须移位时，更改完毕应重新做好防水。对于改建工程，其防水情况也应进行检验，必要时由专业防水施工单位处理，并于泛水试验合格后进入下道工序。

③淋浴盆周边渗水。

主要原因：排水栓转换接头和排水管甩口没有可靠连接，使水流不能迅速进入排水管内。

防治措施：排水栓转换接头与排水管甩口必须做到严密不漏，且不得没有转换接头，排水栓与排水管甩口应确保在同一垂直线上。架空式淋浴盆不得让水流至地面后再汇流入排水管甩口内。

④排水栓排水不畅

主要原因：排水管甩口下的存水弯内有杂物堵塞；架空式淋浴盆用塑料软管连接排水栓，当排水栓与排水管甩口位置偏移时，软管被挤压变形使排水受阻。

防治措施：预留排水管甩口位置必须准确，并不得使用塑料软管连接管段。

4.1.11 小便槽冲洗管安装应符合哪些规定？怎样防止质量通病？

（1）小便槽冲洗管安装应符合的规定

小便槽冲洗管，应采用镀锌钢管或硬质塑料管。冲洗孔应斜向下方安装，冲洗水流同墙成45°角，主要是保证冲洗水质和冲洗效果。镀锌钢管钻孔后应进行二次镀锌，主要是防止因钻孔氧化腐蚀，出水腐蚀墙面并减少冲洗管的使用寿命。《建筑给水排水及采暖工程施工质量验收规范》GB 50242—2002 第 7.2.5 条规定：小便槽冲洗管，应采用镀锌钢管或硬质塑料管。冲洗孔应斜向下方安装，冲洗水流同墙成45°角。镀锌钢管钻孔后应进行二次镀锌。

在施工过程中，应参照《给水排水标准图集》进行安装。安装应牢固，管材及冲洗孔安装角度应符合规范要求。安装完毕后应进行观察检查。主要检查冲洗管使用的管材及冲洗孔安装角度是否满足规范的要求；镀锌小便槽冲洗管是否进行了二次镀锌。

（2）质量通病防治

①小便槽冲洗管的固定管卡应安装牢固。

②冲洗孔的安装角度应调整为同墙成45°角。

③若为镀锌小便槽冲洗管，钻孔处应进行二次镀锌。

4.1.12 卫生器具安装及卫生器具给水配件安装标高有哪些规定？

①在同一房间内，同类型的卫生器具及管道配件，除有特殊要求外，应安装在同一高度上，上边缘应处于同一水平上，不得里出外进、高低不平，且器具安装间距应均匀一致。

②卫生器具安装标高，应按照设计文件的要求进行施工，如设计无要求时，应符合表4.1.12-1的规定。

卫生器具的安装高度 **表 4.1.12-1**

项次	卫生器具名称			卫生器具安装高度（mm） 居住和公共建筑	幼儿园	备　注
1	污水盆（池）		架空式	800	800	自地面至器具上边缘
			落地式	500	500	
2	洗涤盆（池）			800	800	
3	洗手盆			800	500	
4	洗脸盆			800	500	
5	盥洗槽			800	500	
6	浴　盆			480	—	
	按摩浴盆			450	—	
	淋浴盆			100	—	
7	蹲　式大便器		高水箱	1800	1800	自台阶面至高水箱底
			低水箱	900	900	自台阶面至低水箱底
8	坐式大便器	高水箱		1800	1800	自地面至高水箱底 自地面至低水箱底
		低水箱	外露排水管式	510	—	
			虹吸喷射式	470	370	
			冲落式	510	—	
			旋涡连体式	250	—	
9	小便器		挂式	600	450	至受水部分上边缘
			立式	100	—	
10	小便槽			200	150	自地面至台阶面
11	大便槽冲洗水箱			≥2000	—	自台阶面至水箱底
12	妇女卫生盆			360	—	自地面至器具上边缘
13	化验盆			800	—	

③卫生器具给水配件安装标高，应按照设计文件的要求进行施工，如设计无要求时，应符合表4.1.12-2的规定。

卫生器具给水配件的安装高度 **表 4.1.12-2**

项次	给水配件名称	配件中心距地面高度（mm）	冷热水龙头距离（mm）
1	架空式污水盆（池）水龙头	1000	—
2	落地式污水盆（池）水龙头	800	—
3	洗涤盆（池）水龙头	1000	150
4	住宅集中给水龙头	1000	—

续表

项次	给水配件名称		配件中心距地面高度（mm）	冷热水龙头距离（mm）
5	洗手盆龙头		1000	—
6	洗脸盆	水龙头（上配水）	1000	150
		水龙头（下配水）	800	150
		角阀（下配水）	450	—
7	盥洗槽	水龙头	1000	150
		冷热水管上下并行，其中热水龙头	1100	150
8	浴盆	水龙头（上配水）	670	150
9	淋浴器	截止阀	1150	95
		混合阀	1150	—
		淋浴喷头上沿	2100	—
10	蹲式大便器（台阶面算起）	高水箱角阀及截止阀	2040	—
		低水箱角阀	250	—
		手动式自闭冲洗阀	600	—
		脚踏式自闭冲洗阀	150	—
		拉管式冲洗阀（从地面算起）	1600	—
		带防污助冲器阀门（从地面算起）	900	—
11	坐式大便器	高水箱角阀及截止阀	2040	—
		低水箱角阀	150	—
12	大便槽冲洗水箱截止阀（从台阶面算起）		≥2400	—
13	立式小便器角阀		1130	—
14	挂式小便器角阀及截止阀		1050	—
15	小便槽多孔冲洗管		1100	—
16	实验室化验水龙头		1000	—
17	妇女卫生盆混合阀		360	—

注：装设在幼儿园内的洗手盆、洗脸盆和盥洗槽水龙头中心离地面安装高度应为700mm，其他卫生器具给水配件的安装高度，应按卫生器具实际尺寸相应减少。

4.1.13 连接卫生器具的排水管管径和最小坡度有哪些规定？怎样控制卫生器具排水管的安装质量及防治安装质量通病？

（1）连接卫生器具的排水管管径和最小坡度

应按照设计文件的要求进行施工，如设计无要求时，应符合表4.1.13-1的规定。

连接卫生器具的排水管管径和最小坡度 **表4.1.13-1**

项次	卫生器具名称	排水管管径（mm）	管道的最小坡度（‰）
1	污水盆（池）	50	25
2	单、双格洗涤盆（池）	50	25
3	洗手盆、洗脸盆	32～50	20

续表

项次	卫生器具名称		排水管管径（mm）	管道的最小坡度（‰）
4	浴盆		50	20
5	淋浴器		50	20
6	大便器	高、低水箱	100	12
		自闭式冲洗阀	100	12
		拉管式冲洗阀	100	12
7	小便器	手动、自闭式冲洗阀	40～50	20
		自动冲洗水箱	40～50	20
8	化验盆（无塞）		40～50	25
9	净身盆		40～50	20
10	饮水器		20～50	10～20
11	家用洗衣机		50（软管为30）	—

（2）卫生器具排水管的安装质量

①与排水横管连接的各卫生器具的受水口和立管均应采取妥善可靠的固定措施；管道与楼板的接合部位应采取牢固可靠的防渗、防漏措施。

检验方法：观察和手扳检查；主控项目应100％检查。

②连接卫生器具的排水管道接口应紧密不漏，其固定支架、管卡等支撑位置应正确、牢固，与管道的接触应平整。

检验方法：观察及通水检查；主控项目应100％检查。

③卫生器具排水管道安装的允许偏差应符合表4.1.13-2的规定。

卫生器具排水管道安装的允许偏差及检验方法　　表4.1.13-2

项次	检查项目		允许偏差（mm）	检验方法
1	横管弯曲度	每1m	2	用水平尺量检查
		横管长度≤10m，全长	＜8	
		横管长度＞10m，全长	10	
2	卫生器具的排水管口及横支管的纵横坐标	单独器具	10	用尺量检查
		成排器具	5	
3	卫生器具的接口标高	单独器具	±10	用水平尺和尺量检查
		成排器具	±5	

检查方法：连接卫生器具的排水管管径和最小坡度，用水平尺和尺量检查。主要检查连接卫生器具的排水管管径和最小坡度是否满足设计和规范的要求。

（3）质量通病防治

①接卫生器具的排水管管径和最小坡度严格按图纸及规范要求施工，管道施工时应用水平尺进行找坡，严禁无坡和倒坡。

②与排水横管连接的各卫生器具的受水口和立管均应按图纸、规范和标准图集的要求设置支架、管卡等固定件，确保管道安装牢固。与楼板的接合部位应采取牢固可靠的防渗、防漏措施，管道施工完毕应对管道相对集中的卫生间、厨房间和管道井做闭水试验，检查防渗、防漏效果。

4.1.14　未来大便器发展趋势是什么？新型大便器有哪几种？

大便器的发展非常快，其发展趋势是向节约用水、低噪声、舒适美观的方向发展。

1）新型大便器大致有如下几种：

①节水型的冲洗式蹲便器。蹲便器一般用高水箱或延时自闭阀冲洗，其冲洗水量原普通型为11～12L/次，节水型为8L/次。现在只能使用6L/次以下的冲洗水箱，目前，该容量的水箱已有产品上市。

②低噪声、卫生型的喷射虹吸式坐便器。与虹吸式坐式便器一样，利用存水弯建立的虹吸作用将污物吸走。它又在便器底部正对排出口设一个喷射孔，冲洗水不仅从便器四周的出水孔冲出，也从底部出水孔喷出，直接推动污物，这样能更快地产生有力的虹吸作用，并有降低冲洗噪声作用。另一个特点是便器的存水面积大，几乎遮住整个大便器，是一种最卫生的大便器。

③超静声的旋涡虹吸式连体便器。这种便器是在虹吸式的基础上又做了较大改进。主要特点是把水箱与便器结合在一体，并把水箱溅水口位置降到便器水封面以下，借助右侧的水道使冲洗水进入便器时在水封面以下形成切线方向冲出，形成旋涡，有消除冲洗噪声和推动污物进入虹吸管的作用。水箱配件也采用稳压消声设计，所以进水噪声低，对进水压力适用范围大。近些年仍是结构先进、功能好、款式新、噪声低的高档产品。

④节水型的双水量低水箱坐便器。这种大便器解决了大便大水量、小便小水量的问题，节水效果非常明显。

2）另外还有几种特殊大便器：

①小冲水量压气式坐式便器。其冲水量只有2.2L/次。冲洗机件及冲洗过程均由压缩空气驱动完成。

②真空坐式便器。其用水量大约1.9L/次，室内无气味，适用于寒冷缺水地区。缺点是耗能较大。

③免冲洗坐式便器。其特点是设有推递塑料薄膜袋和加热辊封口的机构。把污物密封在袋内，落入下部设置的集储箱，定期运走。这种便器适用于沙漠地区。

④全卫生式高级坐式便器。这种便器设有自动冲洗和干燥装置，便后不用手纸，可用于医院和食品厂。

⑤适用于寒冷地区的坐式便器。主要特点是便器底部和水箱内部设有一层保温材料，防止结露和冻结。

⑥可更换坐便盖垫层的大便器。其坐便盖上设置一次性便盖垫层，使用时拉下，用完即销毁。适用于医院、酒店等流动性较大的公用卫生间内，卫生方便。

目前，大便器技术仍在飞速发展。在选用时，因有较大的挑选余地，所以，应高度重视节水产品，推动我国的节水事业。

4.1.15　压力冲洗水箱有什么特点？

蹲便器常用的冲洗方式有两种：浮球阀进水冲洗水箱冲洗和延时自闭阀冲洗。目前国家规范和标准图集也仅提供了这两种选择依据。

压力冲洗水箱是近几年来出现的一种新型压力水箱。图4.1.15为这种冲洗水箱的原理图。

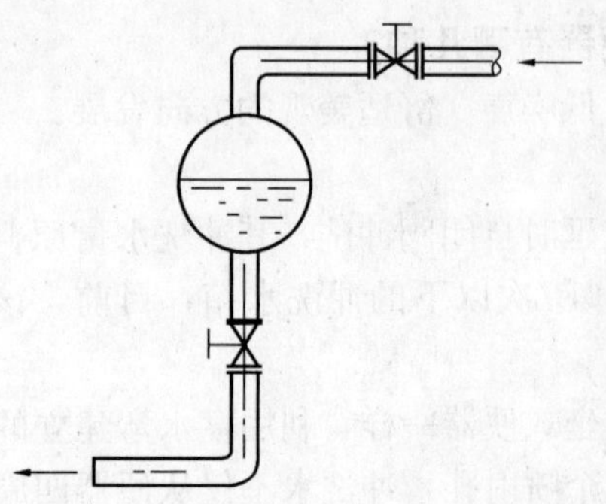

图 4.1.15　压力冲洗水箱原理图

与传统冲洗水箱相比，该冲洗水箱有如下特点：

①压力冲洗水箱把气压罐原理应用到器具冲洗上。自来水把水箱内空气压缩使水箱充水，直至水箱内被压缩的空气压力与供水压力相平衡。由于水箱内储水具有压力，打开冲洗阀时便获得大流量高流速的冲洗水，从而获得理想的冲洗效果。

②安全可靠、操作方便、维护简单、安装位置灵活，适合供水压力 0.1～0.5MPa 的供水系统。

③可随意控制水量，节水效果明显。

在压力水箱内的水与受压的空气结合面，由于水在正压情况下的空气往水内溶解，当打开阀门冲洗时，气水在常压下突然释放，获得较大的冲洗强度。由于是阀门冲洗，可以随意控制水量，据了解，与普通冲洗水箱相比，节水 1/3～1/2。

压力冲洗水箱在新加坡以及我国广东、广西、河南、黑龙江等地已被普遍使用，并被中国工程标准化协会批准为工程建设推荐产品。

因设计规范尚未提供设计选用参数，建议：

a. 额定流量：0.1L/s；

b. 当量：0.5；

c. 支管管径：15mm；

d. 配水点前所需流出水头：0.1MPa。

4.1.16　新型地漏有哪几种？各适用于什么场所？

前面曾经介绍了常用地漏，以下介绍几种新型地漏，在图示中给出了适用的排水设备连接位置，供工程中选用时参考。

1）新型多用地漏（图 4.1.16-1）。

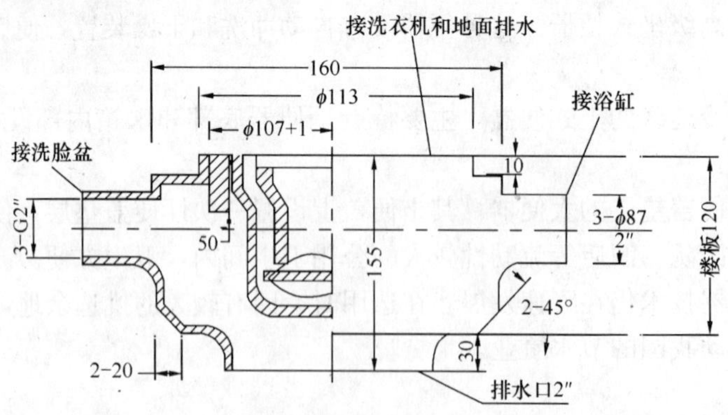

图 4.1.16-1　新型多用地漏

2）防溢型多通道地漏（图 4.1.16-2）。

3）新型防返溢地漏（图 4.1.16-3）。

4）新型 ABS 工程塑料多通道地漏。

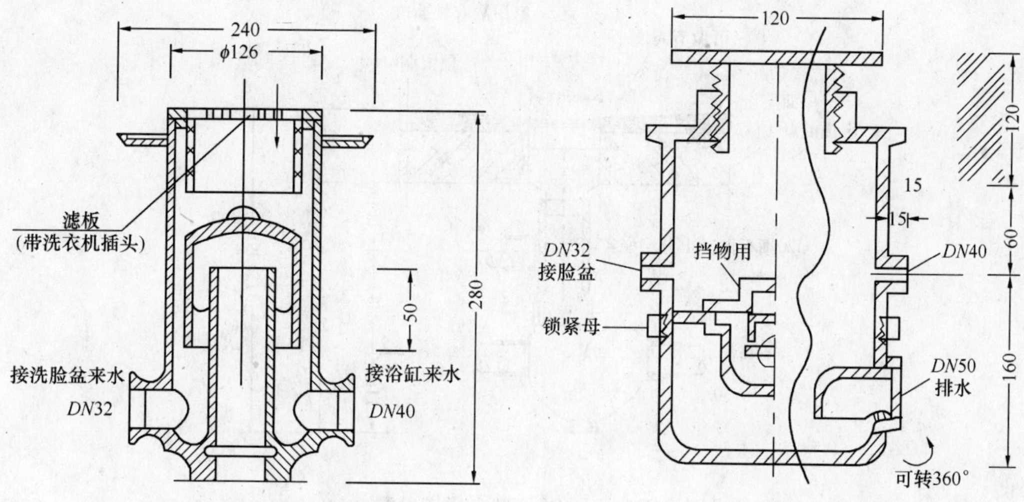

图 4.1.16-2 防溢型多通道地漏　　图 4.1.16-3 新型防返溢型多通道地漏

这种地漏材料新、构造新，是推广的对象。图 4.1.16-4 为 DW-F 型两用地漏。图 4.1.16-5 为 DW-D 型多通道地漏。图 4.1.16-6 为 DW-E 型多通道地漏。这些地漏有如下特点：

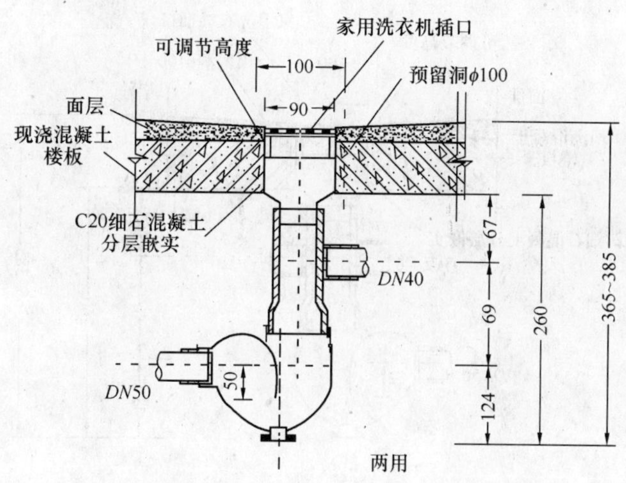

图 4.1.16-4 DW-F 型两用地漏

①流量大。

DW-F 型：1.50L/s；

DW-D 型：2.00L/s；

DW-E 型：1.75L/s。

DW-E、DW-D 型是能同时排放洗衣机、洗脸盆、浴缸及地面污水的多通道地漏。DW-F 为两用地漏（即可排放浴缸、洗衣机、地面污水），且在排水时不会发生溢水、冒水现象。

②水封高度为 50mm，水封超过其负荷能力时水封不会被破坏。

③施工方便，地漏可根据楼板厚度自由调节高低，并可 360°任意转向。

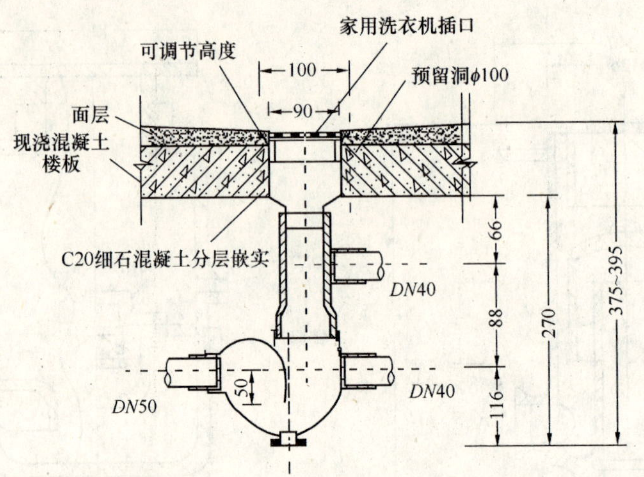

图 4.1.16-5 DW-D 型多通道地漏

④物理机械性能超过 GB/T 5836.2—92 的要求；维卡软化温度比国际标准规定值高 10%；在 150℃，30min 条件下，无裂缝；坠落试验无破裂。

⑤适用面广。既可接洗衣机，又可接其他排水，可用于卫生间、厨房、食堂等易于堵塞的有水房间。

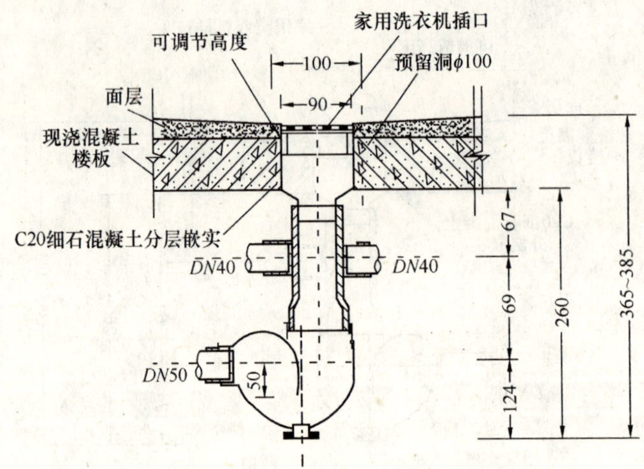

图 4.1.16-6 DW-E 型多通道地漏

第五章　建筑中水系统及游泳池水系统安装

5.1.1　建筑中水水质与生活杂用水水质标准有什么区别？

建筑中水水质标准是指经中水设施处理后的回用水水质标准。由于中水回用技术在我国发展应用时间不长，其水质标准几经完善，目前对中水水质的要求按用途分类，分别满足各自用途的水质标准。

建筑中水的用途主要是城市杂用水和景观环境用水。

城市杂用水是指冲厕、道路清扫、消防、城市绿化、车辆冲洗、建筑施工等用水，其水质标准与景观环境用水水质标准不同，水质标准见表 5.1.1-1 和表 5.1.1-2。

城市杂用水水质标准　　**表 5.1.1-1**

序号	项目 指标		城市杂用水				
			冲厕	道路清扫消防	城市绿化	车辆冲洗	建筑施工
1	pH		6～9				
2	色（度）	≤	30				
3	嗅		无不快感				
4	浊度（NTU）	≤	5	10	10	5	20
5	溶解性总固体（mg/L）	≤	1500	1500	1000	1000	—
6	5 日生化需氧量 BOD_5（mg/L）	≤	10	15	20	10	15
7	氨氮（mg/L）	≤	10	10	20	10	20
8	阴离子表面活性剂（mg/L）	≤	1.0	1.0	1.0	0.5	1.0
9	铁（mg/L）	≤	0.3	—	—	0.3	—
10	锰（mg/L）	≤	0.1	—	—	0.1	—
11	溶解氧（mg/L）	≥	1.0				
12	总余氯（mg/L）		接触 30min 后≥1.0，管网末端≥0.2				
13	总大肠菌群（个/L）	≤	3				

景观环境用水水质标准　　**表 5.1.1-2**

序号	项目 指标		观赏性景观环境用水			娱乐性景观环境用水		
			河道类	湖泊类	水景类	河道类	湖泊类	水景类
1	pH		6～9					
2	色（度）	≤	30					
3	嗅		无漂浮物，无不快感					
4	浊度（NTU）	≤	—*			5.0		
5	悬浮物（SS）	≤	20		10	—*		
6	5 日生化需氧量 BOD_5（mg/L）	≤	10		6	6		
7	氨氮（以 N 计）	≤	5					
8	阴离子表面活性剂（mg/L）	≤	0.5					

续表

序号	项目 指标	观赏性景观环境用水			娱乐性景观环境用水		
		河道类	湖泊类	水景类	河道类	湖泊类	水景类
9	总磷（以P计） ≤	1.0		0.5	1.0	0.5	
10	总氮 ≤	15					
11	溶解氧（mg/L） ≥	1.5			2.0		
12	总余氯（mg/L）** ≥	0.05					
13	粪大肠菌群（个/L） ≤	10000		2000	500		不得检出
14	石油类比 ≤	1.0					

注：①对于需要通过管道运输再生水的非现场回用情况采用加氯消毒方式；而对于现场回用情况不限制消毒方式。

②若使用未经过除磷脱氮的再生水作为景观环境用水，鼓励使用本标准的各方在回用地点积极探索通过人工培养具有观赏价值水生植物的方法，使景观水的氮磷满足表中的要求，使再生水中的水生植物有经济合理的出路。

* "—"表示对此项无要求。

** 氯接触时间不应低于30min的余氯。对于非加氯方式无此项要求。

5.1.2 建筑中水处理的基本工艺流程有哪些?

根据中水原水的水质、中水的出水水质（根据用途决定）、水量及使用要求等主要因素，经技术经济比较后确定中水处理工艺流程。

根据原水的水质不同，建筑中水处理的基本工艺流程如下：

1）以优质杂排水或杂排水为中水原水时：

①物化处理工艺流程，适用于优质杂排水（图5.1.2-1）

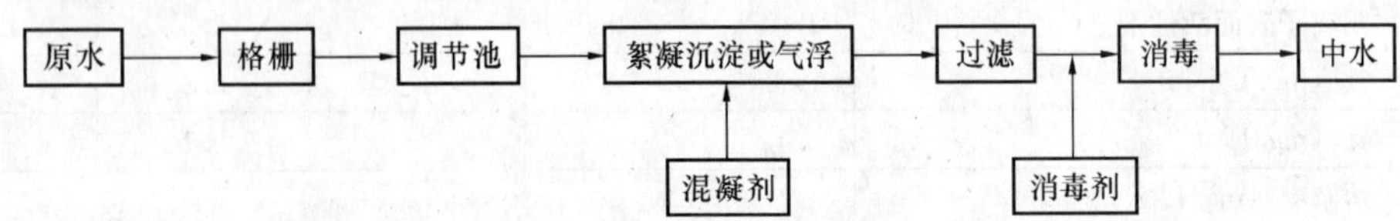

图5.1.2-1 物化处理工艺流程

特点：a. 适用于有机物浓度较低和阴离子表面活性剂较低的原水。

b. 可间歇运行。

②生物处理和物化处理相结合的工艺流程（图5.1.2-2）：

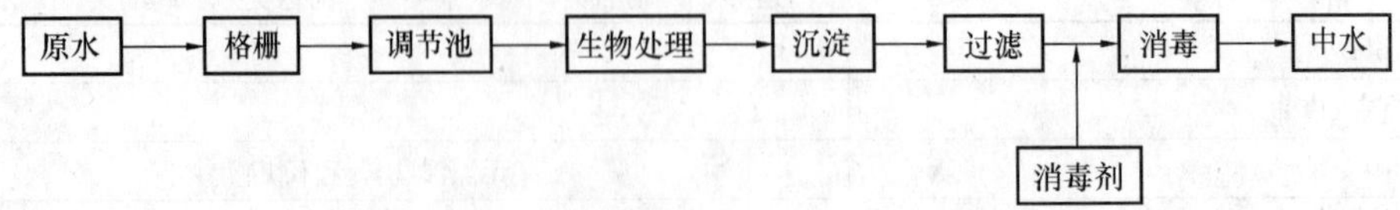

图5.1.2-2 生物处理和物化处理相结合工艺

特点：a. 适用于含有机物浓度较低（60mg/L以下）的洗浴废水等。

b. 需稳定连续运行。

③物化处理和膜分离相结合的处理工艺流程（图5.1.2-3）：

图 5.1.2-3 物化处理和膜分离相结合的处理工艺流程

特点：a. 是目前国内外发展较快的一种新型处理工艺，操作方便，易自控。

b. 污泥量极少。

c. 膜的更新和清洗增加了运行费用。

2）含有粪便污水的排水作为中水原水时：

①生物处理和深度处理相结合的工艺流程（图 5.1.2-4）：

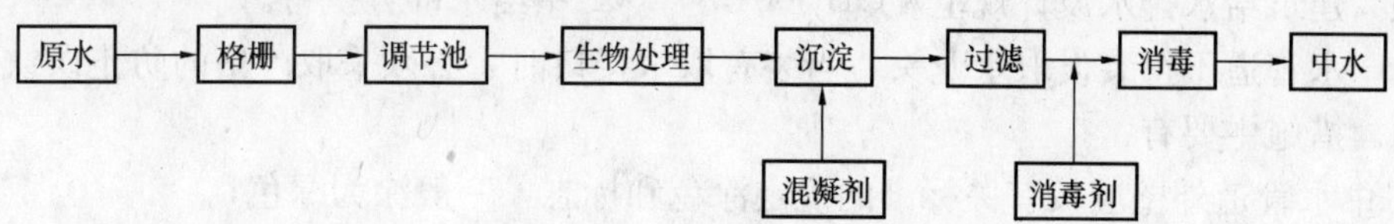

图 5.1.2-4 生物处理和深度处理相结合的工艺流程

特点：a. 处理工艺成熟，但出水水质一般只能达到冲厕绿化要求。

b. 无需污废水分流，可减少管网初期投资。

c. 生物处理常用接触氧化法，生物转盘因部分盘面暴露在空气中，会对周围环境带来污染，应尽量少用生物转盘工艺。

②曝气生物滤池处理工艺流程（图 5.1.2-5）：

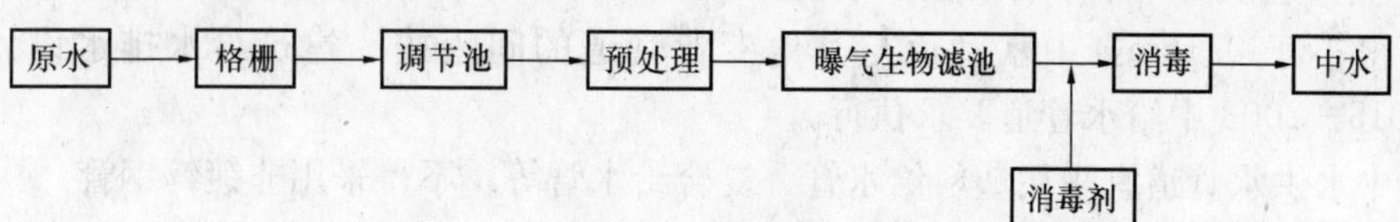

图 5.1.2-5 曝气生物滤池处理工艺流程

特点：a. 处理工艺成熟，处理能力强，效果好。

b. 无需污废水分流，可减少管网初期投资。

c. 占地面积小。

③膜生物反应器处理工艺流程（图 5.1.2-6）：

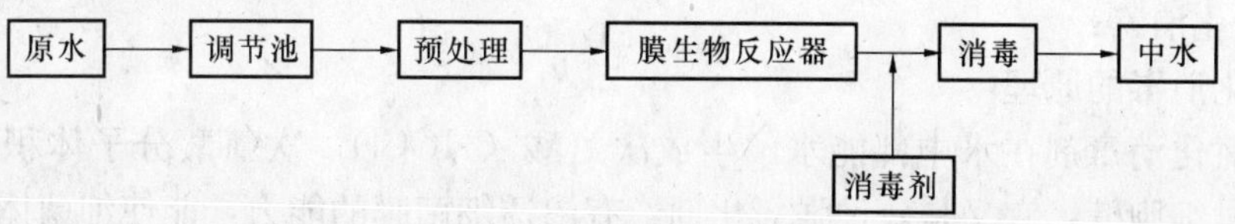

图 5.1.2-6 膜生物反应器处理工艺流程

特点：a. 是目前国内外发展较快的一种新型处理工艺，操作方便，易自控。

b. 污泥量极少，出水水质稳定。

c. 膜的更新和清洗增加了运行费用。

5.1.3 建筑中水系统管道布置原则是什么？

建筑中水系统管道分为中水原水管道系统和中水供水管道系统。

建筑中水原水管道系统是指通常所说的建筑排水系统，分为合流制与分流制排水系统两种，其管道的设计要求见室内排水系统相关规定。

建筑中水供水管道系统是指将经中水处理设施处理合格的水输送至各用水点的管网系统。

由于中水水质远低于生活饮用水水质，且水中含有多种腐蚀性盐类，所以供水管道的布置方式既有与生活给水管道相同之处，也有其特殊要求之处，

①中水供水系统必须独立设置，严禁与生活给水管道连接。

②中水供水系统的用水量定额、设计秒流量、管道水力计算、供水方式及水泵的选择等按照《建筑给水排水设计规范》GB 50015—2003 中给水部分执行。

③中水管道不得装设取水龙头，当装有取水接口时，必须采取严格的防止误饮、误用的措施。措施主要有：

a. 中水管道外壁应按有关标准的规定涂色和标志，一般涂为绿色；

b. 水池（箱）、阀门、水表及给水栓、取水口均应有明显的“中水”标志；

c. 公共场所及绿化的中水取水口应设带锁装置。

④绿化、浇洒、汽车冲洗宜采用有防护功能的墙壁式或地下式给水栓。

⑤除卫生间外，中水管道不宜暗装于墙体内。

⑥中水供水系统上，应根据使用要求安装计量装置。

⑦中水管道与生活饮用水给水管道、排水管道平行埋设时，其水平净距不得小于 0.5m；交叉埋设时，中水管道应位于生活饮用水给水管道下面，排水管道的上面，其净距均不得小于 0.15m。中水管道与其他专业管道的间距按《建筑给水排水设计规范》GB 50015—2003 中给水管道要求执行。

⑧中水供水管道宜采用塑料给水管、复合给水管等，不得采用非镀锌钢管。

5.1.4 游泳池水的消毒方法有哪些？

由于人在游泳池内游泳时，池水会进入人的口、耳、鼻、眼内，甚至有时会喝入体内，如果池水不卫生，必然给人的身体带来疾病，也会成为新的传染性疾病的交叉传染源。

对游泳池水进行消毒的常用方法归纳起来有以下三种：

1）氯化消毒：

①氯化消毒的原理

各种氯化消毒剂在水中都能水解生成次氯酸（HOCl）。次氯酸分子体积小，电荷中性，易穿过细胞壁，它又是一种强氧化剂，有渗透细菌膜的能力，能使细菌体内的多种酶系统（主要是磷酸葡萄糖脱氢酶中的巯基）被氧化而破坏，使细菌的糖代谢发生障碍而死亡。常用的氯化消毒剂在水中产生次氯酸的反应如下：

$$Cl_2 + H_2O \rightarrow HOCl + H^+ + Cl^-$$

$$2Ca(OCl)Cl + 2H_2O \rightarrow Ca(OH)_2 + 2HOCl + CaCl_2$$

$$HOCl \rightarrow H^+ + OCl^-$$

次氯酸是一种弱酸，在pH值6以下很少电离，次氯酸和次氯酸根的含量与水温和pH有关。在一般的常温、中性水中，HClO，ClO^-的含量比分别为80%和20%。HClO和ClO^-又称为有效游离氯。

②氯化法常用药剂有：气态和液态氯、漂白粉［Ca（OCl）Cl］、漂白精或次氯酸钙Ca（$ClO)_2$、次氯酸钠NaClO、二氧化氯、三氯异氰尿酸（TCCA）等。

各种氯化剂的氯化能力可以用有效氯来表示（表5.1.4）。它的含义是氯化剂所含Cl中可起氧化作用的比例，是以Cl_2作为100%来进行比较的。

各种氯化剂的有效氯含量 **表5.1.4**

名　称	液态氯	漂白粉	漂白精	次氯酸钠	二氧化氯	三氯异氰尿酸
有效氯含量（%）	100	35～36	60～70	10	26	85～90

目前在大型游泳池中多用液氯消毒，在中小型游泳池中多用三氯异氰尿酸消毒。

三氯异氰尿酸（TCCA），别名强氯精，白色结晶粉末，也可制成片状。

③氯化消毒的优点：

a. 消毒杀菌效果好。

b. 有持续消毒杀菌能力。

④氯化消毒的缺点：

a. 有刺击性气味，并对眼睛、呼吸道有刺击作用。

b. 氯化消毒在水中所产生的三氯甲烷类物质是一种致癌、致畸和突变的化合物。

c. 对设备、管道、池体有腐蚀作用。

d. 对操作管理水平要求较高，否则易发生安全事故。

⑤影响氯化消毒效果的因素：

a. 水的pH值：pH值的高低可影响生成次氯酸的浓度。次氯酸是一种弱酸，当pH值低时主要以次氯酸形式存在，随着pH值的增高，次氯酸逐渐减少而次氯酸离子逐渐增多。次氯酸的杀菌效率比次氯酸根离子高约80倍，所以pH值偏低时杀菌效果好。

b. 水温：水温高，杀菌作用快。水温每提高10℃，病菌杀灭率约提高23倍。冬季消毒时，氯与水的接触时间要长一些（大于1h），以保证消毒效果。

c. 水的浑浊度：水中含有较多的有机物、无机物及悬浮物，能消耗一定量的氯，而且附着在悬浮物内的细菌不易受到氯的作用，从而影响消毒效果。

d. 加氯量和接触时间：加氯量包括需氯量和余氯两部分。需氯量用于杀灭水中细菌和氧化水中的有机物和还原无机物。加氯消毒时，经过一定接触时间后，水中剩余的氯量称为余氯，水中有余氯存在，说明水已达到消毒目的和一定的持续消毒作用。所需余氯量的多少，与余氯性质有关。对于游离性余氯（指HOCl和OC^-），在接触30min后，要求有0.3～0.5mg/L余氯，对于结合性余氯（指NH_2Cl和$NHCl_2$），在接触1～2h后要求有1.0mg/L以上余氯。

2）臭氧消毒

①臭氧消毒的原理：

臭氧（O_3）加入水中会放出原子氧［O］，原子氧有强大的氧化和杀菌能力，还可除去水中的色、臭、味。O_3消毒的用量约为0.2～2mg/L，与水接触的时间需10～15min。

②臭氧消毒的优点：

a. 反应快、投量少，臭氧能迅速杀灭扩散在水中的细菌、芽孢、病毒且在很低的浓度时既有杀菌灭活作用，能破坏水中有机物，改善水的物理性质和器官感觉，又可以进行脱色和去嗅味作用。

b. 适应能力强，在 pH5.6～9.8，水温 0～37℃的范围内，对臭氧的消毒性能影响很小。

c. 在水中不产生持久性残余，无二次污染。

③臭氧消毒的缺点：

a. 因臭氧不易溶于水中，且不稳定，故其无持续消毒功能，一般应与氯消毒配合使用。

b. 臭氧有毒性，池水中不允许超过 0.01mg/L；空气中不允许超过 0.001mg/L。

c. 臭氧消毒法设备费用高，耗电量大。

3）紫外线消毒法：

①紫外线消毒法的原理：

紫外线照射微生物细胞后，在有氧的情况下，产生光化学氧化反应，生成过氧化氢（H_2O_2），能发生强烈氧化作用，导致细胞死亡而达到杀菌目的。

紫外线在波长 250～260nm 时杀菌效果好，但用紫外线消毒的水必须是清水，这是由于紫外线穿透物质的能力很差，一层普通玻璃或水，均能滤去大量的紫外线，所以浑浊度大的水会阻止紫外线射入水中，降低杀菌能力。紫外线消毒水时，水层的深度不宜超过 30cm，每次的持续照射时间不应少于 1min，所以在处理水量大时不宜采用。

②紫外线消毒法的特点：

a. 杀菌效率高，能破坏水中微生物内部结构，不改变水的物理性质和气味。

b. 无持续消毒功能，一般应与氯消毒配合使用。

c. 杀菌效果受池水浊度影响较大，应在过滤后使用。

5.1.5 建筑中水系统原水管道和供水管道对管材有哪些要求？

建筑中水系统原水管道即是建筑排水收集管道系统，对建筑中水系统原水管道的管材要求见第三章第 3.1.5 题有关内容。

建筑中水系统供水管道是指将经中水处理设施处理合格的水输送至各用水点的管网系统。

由于中水处理流程中需进行消毒处理，其水中保持有适量的余氯和多种盐类，对一般的钢管等具有腐蚀作用，故管道及设备必须具有耐腐蚀性。一般压力管道采用给水塑料管比较适宜，自流管采用排水塑料管、玻璃钢管比较适宜。

对不能采用耐腐蚀材料的管道和设备应做好防腐处理。

5.1.6 中水水池（箱）安装应符合哪些规定？

为防止中水污染生活饮用水、防止污染环境，中水高位水箱的安装应符合以下要求：

①中水高位水箱应与生活高位水箱分设在不同的房间内，如条件不允许只能设在同一房间时，与生活高位水箱的净距离应大于 2m。

②中水高位水箱应标有明显的“中水专用”标志。

③中水高位水箱应设有自来水补水管，但只能在系统缺水时补水，不应采用浮球阀式的常用补水形式。补水管出水口应高于中水高位水箱溢流水位，其间距不得小于2.5倍管径。

④为防止中水系统受到污染，中水高位水箱的溢流管、放空管，均应采用间接排水方式排出，溢流管应设隔网。

⑤中水贮存池（箱）宜采用耐腐蚀、易清垢的材料制作。钢板池（箱）内、外壁及其附件均应采取防腐蚀处理。

5.1.7 游泳池水系统对管材、配件有哪些要求?

由于游泳池水系统采用强氧化剂进行水质消毒，水中残留的强氧化剂及其盐类，对管道系统有强腐蚀作用，所以，管道及配件应尽量采用塑料管或具耐腐蚀的复合管，以保证管道使用寿命。

5.1.8 游泳池的毛发聚集器和消毒池安装应符合哪些规定?

游泳池的毛发聚集器是专门为去除水中的毛发及树叶等漂浮物而设置，由于游泳池循环水处理流程中有消毒处理，其水中保持有适量的余氯，故毛发聚集器应采用铜或不锈钢等耐腐蚀材料制造，毛发聚集器过滤筒（网）的孔径应不大于3mm，其面积应为连接管截面积的1.5～2倍，且需结构简单，易于拆装清洗。

目前大多采用的游泳池循环水专用泵在水泵吸水口处设毛发聚集器。

游泳池的消毒池分为浸脚消毒池和浸腰消毒池，是防止疾病和保证池水不被污染的主要措施之一。目前国内主要使用浸脚消毒池，极少使用浸腰消毒池。

浸脚消毒池和浸腰消毒池的给水管、投药管、溢流管、循环管、泄空管均应采用耐腐蚀管材。

5.1.9 全自动瀑气滤机的性能特点是什么？与砂滤罐相比有何优点？

（1）全自动瀑气滤机的性能特点

1）全自动水力自动化瀑气滤机的性能特点：

①高节能。节电≥80%，节水≥90%，节热≥95%，节混凝剂100%。

②全塑。包括：塑料流量调节回水口、塑料流量自动调节与停电自动关闭器、塑料曝气滤机与溶气槽、塑料曝气平衡吸水箱、塑料消毒系统（含射流增压水泵）、塑料输水管道、塑料流量调节进水口等。

③水力自动化。泵是系统的唯一动力，各部分的工作依靠水力学、水化学原理自动完成。

④系统无冲洗水泵，无冲洗水箱，依靠当时的自生产水量实施冲洗。

⑤处理机体积小，荷载均布，无基础。

⑥设备无维修。

2）技术数据：曝气次数：2～3次。滤层：复合反滤层。滤后排水阻力：<0.01m。系统初始阻力：<0.4m。滤速：0～50m/h。冲洗强度：32L/s·m²。冲洗历时：210s。

出水浊度：0.4mg/L。初滤水浊度：≤0.7mg/L。工作周期：变量，取决于原水水质，一般数天至数月。

（2）与砂滤罐相比的优点

①减小机房面积　已建游泳池使用砂滤罐作为水处理的机房面积普遍偏大，一般在 $120m^2$ 以上（为便于比较说明，皆以标准池为例），滤罐数为 2～6 个，罐径一般 2～3m，立式居多，卧式较少，国外的机房设计得更是宽大。形成的主要原因是罐数多，摆开后必然占据较大面积。而全自动水力自动化瀑气滤机和加氯间总占地面积一般不超过 $40m^2$。

②节省电耗

由公式
$$N=\rho gQH/(1000\eta) \tag{5.1.9}$$

式中　N——水泵轴功率（kW）；

ρ——水的密度（kg/m^3）；

g——重力加速度（m/s^2）；

Q——水泵流量（m^3/s）；

H——水泵扬程（m）。

亦可写成：
$$N=QH/\eta\ (kW)$$

式中　Q——水泵流量（m^3/s）；

H——水泵扬程（m）；

η——水泵效率（%）。

当处理流量 Q 相同的情况下，轴功率 N 与扬程 H 成正比。

综合国内外压力系统的设计水头为：
$$H_1=15\sim35m。$$

无压系统的设计水头 H_2

a. 水处理机房与泳池在同层：$H_2=3\sim5m$。

b. 水处理机房在泳池下层：$H_2=4\sim6m$。

注：无压循环水处理系统，初始水头损失 0.4m，终止水头损失 2.2m，正常运转所需水头 3m～6m。

$$\frac{H_1}{H_2}=2.5\sim11.7$$

可以看出，在相同的处理水量情况下，压力系统的电耗量是无压系统的 2.5 倍以上。

③节约用水　游泳池过滤设备的冲洗水量，取决于工作周期、冲洗历时和冲洗强度三个因素。

过滤砂罐的工作周期一般为 1～1.5d，这是人为制订的冲洗制度，不够科学，因此存在浪费水的现象。因为季节不同，地区不同，馆的性质不同，人流量不同，人口素质不同，水的污染程度相差比较大。

全自动水力自动化瀑气滤机是利用滤层阻力增加，水位自然升高的原理，实现了水力自动化控制。工作周期是一个变值，它随季节、天气、人流、污染程度的变化而变化。

过滤砂罐的冲洗历时一般为 15～30min。而全自动水力自动化瀑气滤机是 3.5min。

过滤砂罐的冲洗强度一般为 $15\sim20L/s\cdot m^2$，而全自动水力自动化瀑气滤机的冲洗强度已提高到 $32L/s\cdot m^2$ 以上。

只有增大了冲洗强度，才能减少冲洗历时，依据水质自身规律实现自动冲洗，才能做到节水。

④设备耐腐蚀，使用寿命长　当泳池含有余氯 0.4～0.6mg/L 的时候，水中含有 $HOCl^-$、OCl^-、Cl^-、[O]，[O] 有极强的氧化性，几乎对所有的金属和合金都会被腐蚀，但对塑料无腐蚀作用。全自动水力自动化瀑气滤机是一种全塑料的水处理系统（除主要循环泵和不锈钢板式换热器），因此使用寿命长。

⑤循环系统水力自控，无操作，无失误　我国手动操作的压力过滤砂罐，系统比较繁杂，阀门也比较多，其水处理效果主要靠人的主观能动性来实现。而全自动水力自动化瀑气滤机是一种全塑料的水处理系统，这种水力自动化系统无阀门，它的开、关、停电保护和流量调节，都是在水力作用下自我实现的。它的工作周期是不固定的，全凭水质来决定。当内部含污达到极值，流态改变，自动实施冲洗。这种用塑料制造的设备，没有检修，没有失误，100％的湿度下也无妨。

第六章　采暖系统工程安装

6.0.1　采暖系统管道安装为什么必须满足管道的合理坡向和坡度要求?

采暖系统管道安装要有坡度，这是由系统的工作状况决定的。

在热水采暖系统管道中，流动的介质是热水，但不能忽视管道中的空气，特别是在系统运行前，系统中存在着大量空气，如果不把空气排出，严重时会出现“气塞”，热水将无法充满系统。此外在热水的流动中，也会不断浮升出许多气泡。由于空气比水轻，为了便于排出空气，保证管道内水流的畅通，在管道安装时一定要有坡度，并在系统的最高点设排气装置，及时排出系统内集聚的空气。

在蒸汽采暖系统中，蒸汽进入管道和散热器后，遇冷或低温会产生大量的凝结水，所以如何排出凝结水变得非常重要。如果凝结水排出不畅，可能聚在一起形成“水塞”，并在随蒸汽一起高速流动的过程中，遇到关闭的阀门或弯头等改变流动方向时就会发生碰撞，产生“水击”。所以在蒸汽采暖管道安装中，为了方便凝结水的排出应有坡度。

管道安装的坡度，应按设计图纸要求施工，当设计未注明时，应符合《建筑给水排水及采暖工程施工质量验收规范》GB 50242—2002 的规定：

气、水同向流动的热水采暖管道和汽、水同向流动的蒸汽采暖管道及凝结水管道，坡度应为3‰，不得小于2‰；气、水逆向流动的热水采暖管道和汽、水逆向流动的蒸汽采暖管道，坡度不应小于5‰；散热器支管的坡度应为1%。

坡向安装的原则：

①自然循环热水采暖系统的供水干管。在自然循环热水采暖系统内水流速度较慢，在水平干管中水的流速小于0.2m/s，而汽泡在水平干管中的浮升速度为0.1～0.2m/s，在立管中约为0.25m/s，所以水中的空气能够逆着水流方向向高处聚集。因此在自然循环热水采暖系统中，供水干管坡向是向下的，也就是“低头走”，这样空气可以逆水流上升，并从膨胀水箱中排出。

②机械循环热水采暖系统的供水干管。在机械循环热水采暖系统中，水流的速度常常超过空气气泡的浮升速度，为了防止和减少气泡被带入立、支管和散热器，在供水干管内要使气泡随着水流方向流动，并应按水流方向设上升坡度，也就是“抬头走”，这样空气可以聚集到系统的最高点，通过在最高点设置的排气装置排出系统之外。

③蒸汽采暖系统。为了减少汽、水相碰撞而产生水击现象，蒸汽应与凝结水同向流动，同时为了方便凝结水排出，蒸汽系统供汽管道的坡向应向下，“低头走”。这样在供汽干管的末端凝结水可以通过在那里设置的疏水器排到凝结水管道。

蒸汽采暖系统凝结水管的安装坡向应为水流方向向下，当在过门地沟处形成下凹时，由于上部安装了空气管，为方便凝结水排出，过门弯两侧的凝结水管要有一定的高度差。

6.0.2 如何避免施工操作中造成局部阻力损失的增加？

当流体流过一些管道附件或设备，如阀门、弯头、三通、散热器等处时，由于流动方向和速度的改变产生局部旋涡和撞击，要损失能量，这种能量的损失就是局部阻力损失。局部阻力损失在设计计算中已被考虑，但在施工中有许多人为的因素，如管道接头施工方法不当，变径位置不正确等，有可能造成局部阻力的增加。局部阻力增加通常导致管道流量的减少，严重的可能影响系统的水力平衡，造成失调。

施工中哪些错误操作导致管道系统的局部阻力增加呢？

①管道变径施工错误；

②采暖干管上立、支管安装方法不正确；

③在管道转弯处采用冲压弯头或其他异径弯头；

④金属管道焊接接口错位，管道内壁清理不净；塑料管热熔接头在管内壁形成热熔环或采用专用接头连接等。

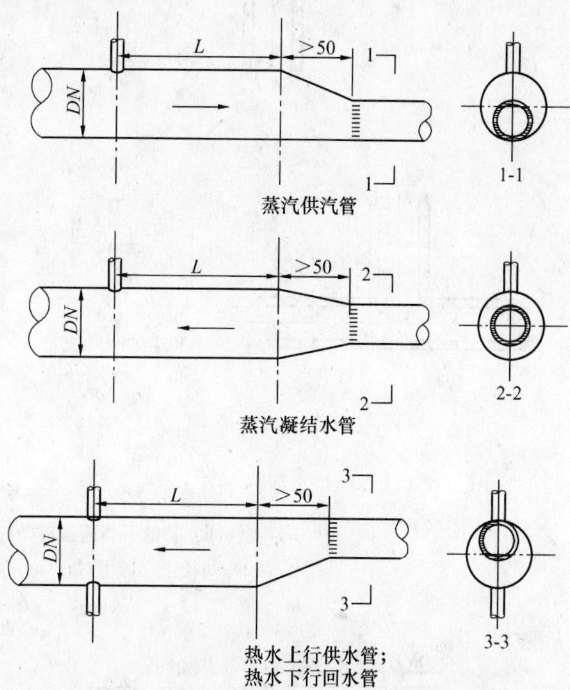

图 6.0.2-1　变径管道焊接

$DN \geqslant 65$mm，$L=300$mm，$DN \leqslant 50$mm，$L=200$mm

防治措施：

①在采暖干管变径施工中，应采用变径管，也叫渐缩管，防止水流在此处流速改变过大，造成局部阻力增加，如图 6.0.2-1 所示；

②在采暖干管的接头焊缝、弯头及变径处严禁焊接支管，如图 6.0.2-2 所示。这样可避免流体改变方向产生旋涡而造成局部阻力损失。支管接口应距离弯头或焊缝接口不小于 *DN*10（*DN* 为干管公称直径）；

③在采暖干管上安装立、支管时，立、支管不能插进干管中，如图 6.0.2-3 所示；

④在采暖干管上安装立、支管，位置应准确，应在干管变径前安装立、支管，如图 6.0.2-4 所示；

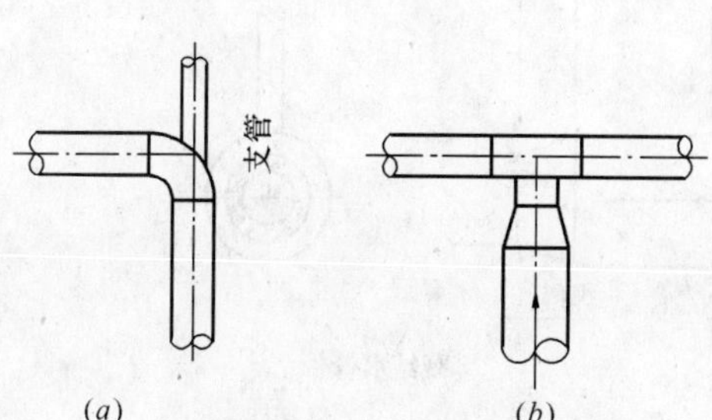

图 6.0.2-2　支管在弯头及变径上的错误焊接

（*a*）弯头；（*b*）变径

⑤在采暖干管上管道转弯处应尽可能采用管道煨弯，这样既可以减少局部阻力，又方便系统的热膨胀补偿，如必须使用冲压弯头时应确保弯头管内径同管道的管内径相同；

⑥在塑料管及复合管管道中应尽可能使用管道本身的煨弯，减少管道弯头配件的使用，避免由于管道配件缩径造成局部阻力增加；

⑦热熔接口的塑料管道应严格控制加热长度和插入深度，如插入深度过大，将会在管内壁形成一个凸出的热熔环，使管径局部变小。

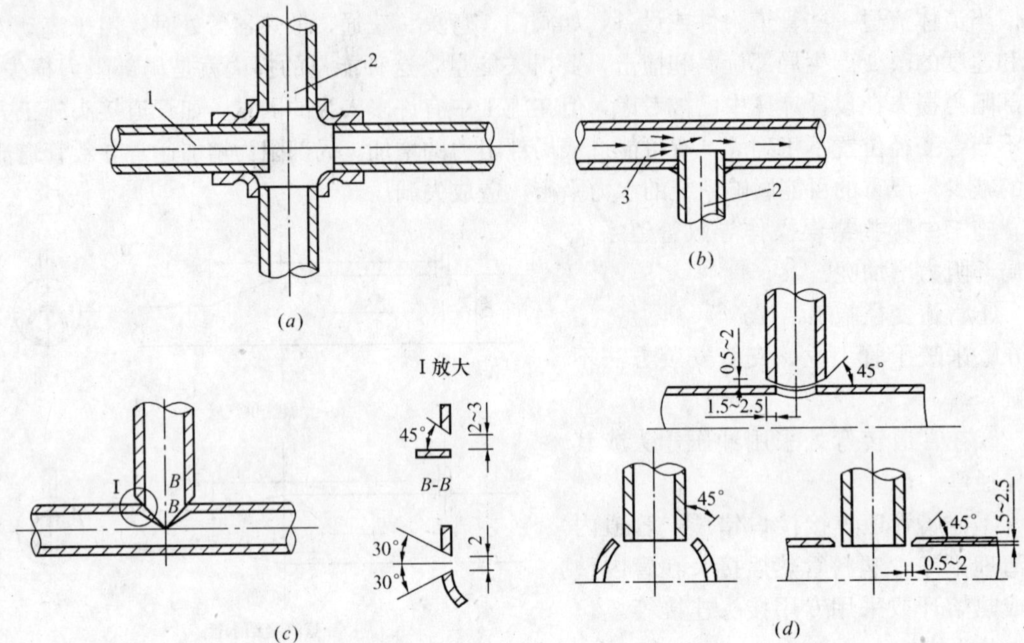

图 6.0.2-3 支管与干管的连接

（a）支管同立管的不当连接；（b）立管同干管的不当连接；

（c）同径正三通组对；（d）异径正三通组对方式

1—支管；2—立管；3—干管

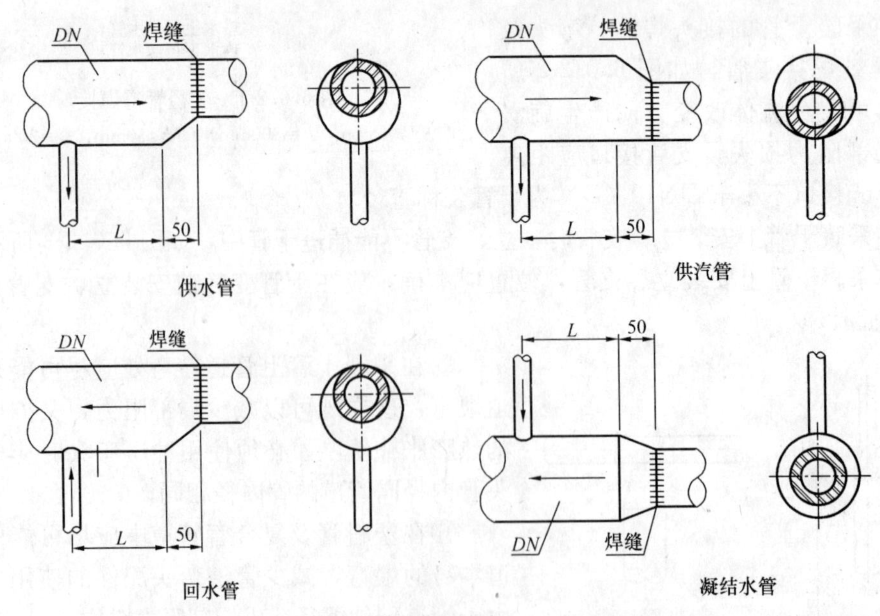

图 6.0.2-4 支管与干管变径处的连接

注：DN≥65mm时，L=300mm；DN≤50mm时，L=200mm。

6.0.3 热水采暖系统中为何必须设置高点放气和低点泄水装置？

(1) 设置高点放气装置

在热水采暖系统中，由于水中含有空气，水在管道中流动时不断产生许多气泡向上浮升，所以在采暖系统的最高点，要设置排气装置用来收集和排出系统中的空气。在自然循环系统中，空气不论是顺流还是逆流都向高点集聚，可以通过系统最高处的膨胀水箱排出；在机械循环系统中，空气被水带动着顺流而上，通过系统最高处设置的集气罐集聚和排出，如图 6.0.3-1 和图 6.0.3-2 所示。

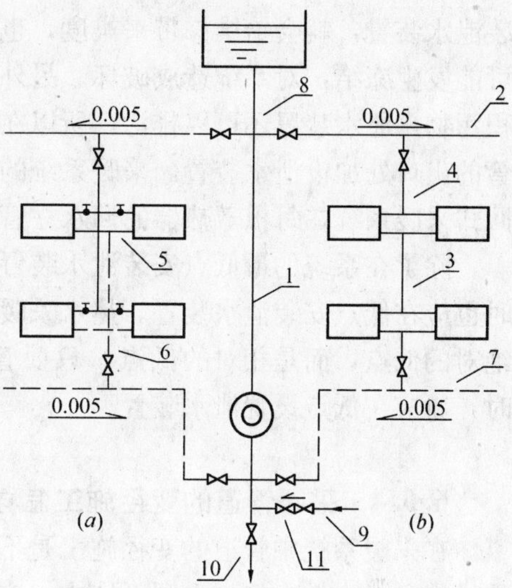

除了在系统的最高点设置排气装置外，在其他部位也需要根据实际设置放气装置，方形补偿器垂直向上安装时应在上部安装放气装置，否则会形成气塞，阻塞水流通过；水平串联安装的散热器也应在每组散热器的上部设置放气装置。

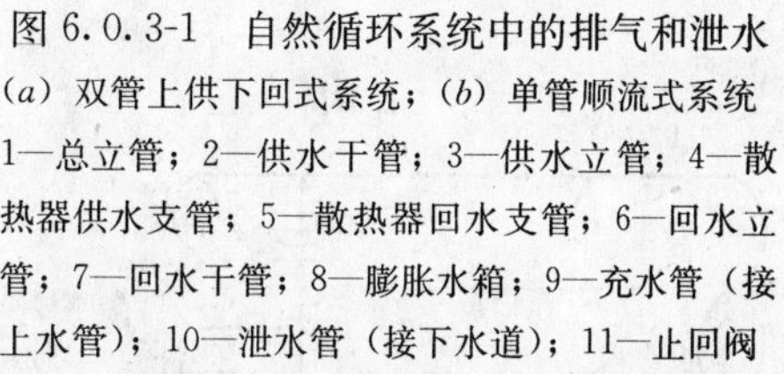

图 6.0.3-1 自然循环系统中的排气和泄水

(*a*) 双管上供下回式系统；(*b*) 单管顺流式系统
1—总立管；2—供水干管；3—供水立管；4—散热器供水支管；5—散热器回水支管；6—回水立管；7—回水干管；8—膨胀水箱；9—充水管（接上水管）；10—泄水管（接下水道）；11—止回阀

热水采暖系统中必须在高点设置放气装置，这个高点不是绝对的高点，而是相对的高点。只要管道存在坡度不连续，也就是管道出现“低高低”时，就应在高处设放气装置。

在热水采暖系统中回水干管的坡向一般均与水流同向，坡度向下。这样水中的气泡漂升流速大于水流速时，做逆向流动，从集气装置排出；当漂升速度小于回水流速时，会被水流带出。但在回水干管经过过门地沟向下转弯时，如果为了减少排气装置或排气装置无法安装时，从过门地沟引出的回水干管到邻近立管的这一段管道内有时应采用反坡向并应适当加大管道的坡度值，这样可以使管段中的空气沿着邻近立管顺利排出。否则管道容易产生“气塞”，造成回水不畅。

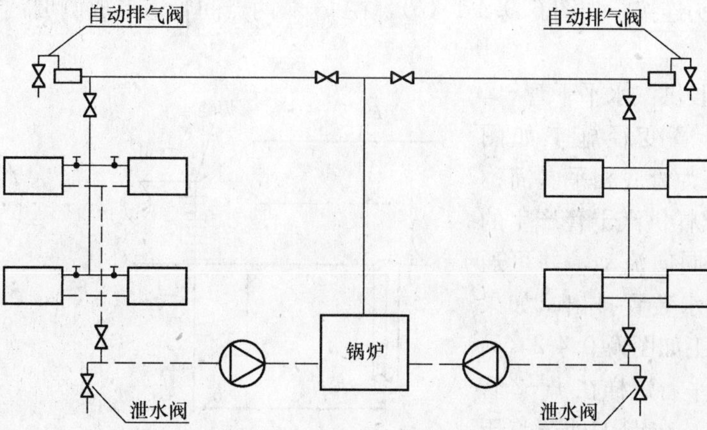

图 6.0.3-2 机械循环系统中的排气和泄水

(2) 系统的低点设置泄水装置

在热水采暖系统中，当进行系统维修或在停止运行时，都需要泄水。如果在低点未安装泄水装置，就会给维修带来难度，也有可能由于系统中水无法泄掉，水在较低温度下有可能发生冻结，对系统造成破坏。另外当管道出现“高低高”敷设时，管道低处很容易沉积污物，泄水装置还可以排污。所以在系统的最低点要安装泄水装置。一般在系统回水总管的出口处加设泄水装置。采暖系统的方式不同，泄水装置的安装位置也不同，如上供上回式采暖系统在每根散热器的回水立管的下部均应安装泄水装置。

除了在系统的最低点安装泄水装置，在管道经过过门地沟或方形补偿器垂直向下安装时也应在低点安装泄水装置。热水采暖系统中必须在低点安装泄水装置，这个低点也不是绝对的低点，而是相对的低点，只要管道存在坡度不连续，也就是管道出现“高低高”时，就应在低点设置泄水装置。

6.0.4 采暖管道的变径施工怎样做才能合理?

在采暖系统中管道的变径施工是不可忽视的，不合理的施工将在很大程度上影响系统的排气和泄水。在热水采暖系统中，应解决的一个重点问题是排出系统中的空气；而在蒸汽采暖系统中应重点解决排出凝结水的问题。所以在采暖系统中管道的变径施工应遵循的原则就是有利于排出空气和疏出凝结水，不同介质的采暖形式下各种管道的变径施工的原则也不同。

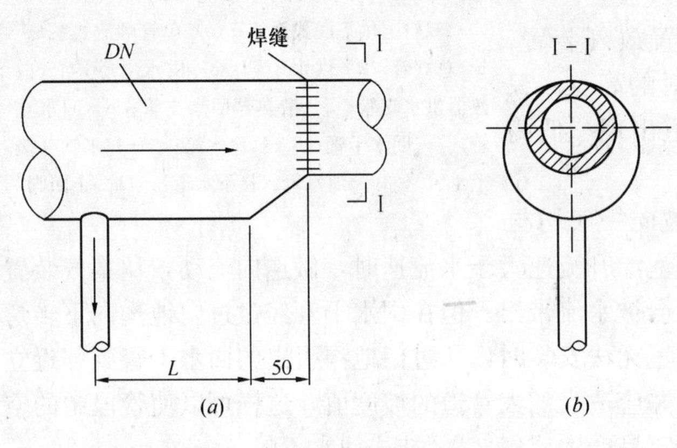

图 6.0.4-1 供水水平干管的变径施工

(1) 热水采暖供水水平干管

供水水平干管的变径施工如图 6.0.4-1 (a)，应两管顶相平（简称顶平变径管），这样管道中的空气可以沿管内壁向上，浮升至末端集气装置排出。如果两管底相平或中间抽头连接，如图 6.0.4-1 (b)，在 1—2 两点间管道形成倒坡，在 1 点处很易产生“气塞”。

(2) 蒸汽采暖供汽水平干管

供汽水平干管变径施工如图 6.0.4-2 (a)，应为管底相平（简称低平变径管），这样供汽干管产生的凝结水会随蒸汽同向流动，并可通过管道末端的疏水装置排出。如果供汽干管变径施工如图 6.0.4-2 (b) 所示，两管顶相平，这样在 1—2 管段之间形成倒坡，在点 1 处蒸汽干管中易积凝结水。

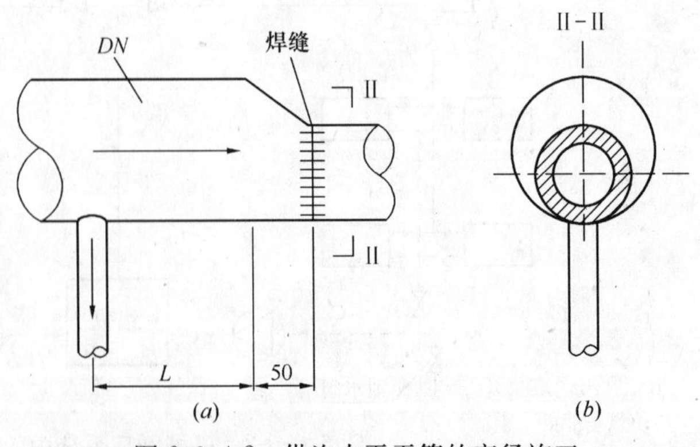

图 6.0.4-2 供汽水平干管的变径施工

(3) 回水干管及凝结水管

为了方便排出空气和有利于排出凝结水，热水采暖系统中的回水干管及蒸汽采暖系统中的凝结水管均应按图 6.0.4-3（a）的方法。采用两管顶相平，这样既不影响排水又不影响管道中空气从高点排出。一般在热水采暖系统中回水管一般不考虑排放空气，所以只要回水畅通即可。当回水和凝结水干管在地上敷设时，由于受散热器标高的限制，管道距地面距离有限，考虑到找坡难，也可以采用图 6.0.4-3（b）的方法进行变径施工。

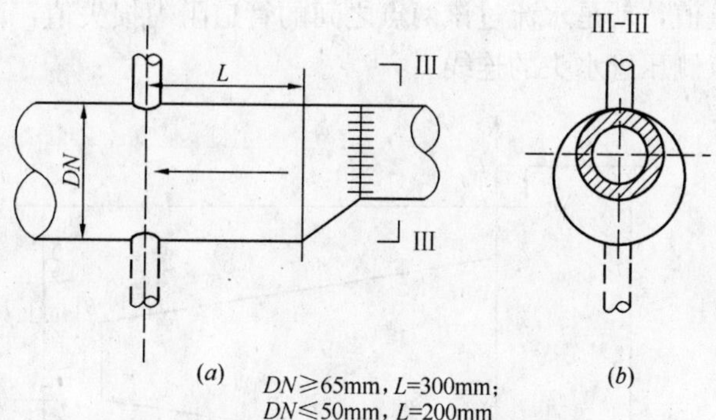

图 6.0.4-3　回水水平干管的变径施工

6.0.5 机械循环热水采暖膨胀水箱的膨胀管为什么应接在循环泵吸水口附近的回水干管上？

在机械循环热水采暖系统中，膨胀水箱除具有补偿系统热水膨胀的空间外，还具有为系统定压的功能，定压点应在膨胀水箱膨胀管与回水干管的连接点处，该点应确保采暖系统无论在运行还是停止工作时各点的压力均高于大气压力，使系统不会吸入空气和发生汽化。下面通过水压图来进行分析。

(1) 膨胀管接到循环水泵吸入口附近的回水干管上

在分析之前我们先了解一下流体力学中的伯努里能量方程式，因为它是我们绘制热水采暖系统水压图的理论基础。

在理想状态下，伯努里方程式为：

$$\frac{P_1}{\rho g}+Z_1+\frac{\alpha_1 V_1^2}{2g}=\frac{P_2}{\rho g}+Z_2+\frac{\alpha_2 V_2^2}{2g}+\Delta H_{1-2} \tag{6.0.5-1}$$

式中 P_1、P_2——管道 1、2 两点断面的压力（Pa）；

Z_1、Z_2——管道 1、2 两点断面中心线距基准面的高度（m）；

V_1、V_2——管道 1、2 断面的水流平均速度（m/s）；

ρ——水的密度（kg/m^3）；

g——自由落体的重力加速度为 9.8m/s^2；

ΔH_{1-2}——水流沿管段落 1−2 的压力损失（mH_2O）。

如图 6.0.5-1 所示，当流体从点 A 流向 O 点时，A 点的总水压头等于 O 点的总水压头加上 $A\rightarrow O$ 的水头损失 ΔH_{A-O}。

由于热水网络中，A、O 两点管径应该相同，管中水流速相同，那么 A、O 两点的总水头差可表示为：

$$\left(\frac{P_A}{r}+Z_A\right)-\left(\frac{P_O}{r}+Z_O\right)=\Delta H_{A-O} \tag{6.0.5-2}$$

式（6.0.5-2）中，Z_A 和 Z_O 在一般情况下应该一致，Z_A-Z_O 可忽略不计（除非循环水泵与回水总管存在一定的高差）。因此我们可以认为管道中任意两点的侧压管水头高度差值，就是水流过该两点之间的管道阻力损失值，而水压图中的水压曲线也正是管道中各点侧压管水头的连线。

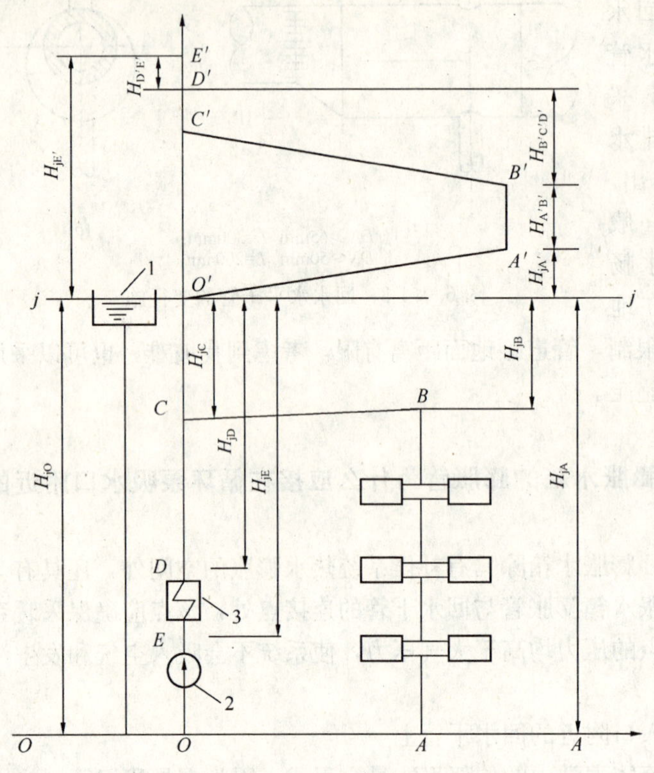

图 6.0.5-1 膨胀水箱接在循环泵入口的水压图

1—膨胀水箱；2—循环水泵；3—锅炉

从图 6.0.5-1 可以看出膨胀水箱的水位高度为 $O—O'$。由于膨胀管连接在循环水泵附近，可以不计阻力损失，同时可以不考虑系统中水量的变化，我们可以确定 O 点处的压头就等于 $H_{OO'}$，当系统工作时，由于循环水泵的驱动，水的流动方向为 $O \rightarrow E \rightarrow D \rightarrow C \rightarrow B \rightarrow A \rightarrow O$。我们可以确定 A 点的测压管水头必定大于 O 点的测压管水头，其差值为该管道的压头损失，也就是阻力损失 ΔH_{A-O}。通过水力计算的结果和实际运行的阻力损失，可以很容易确定，A、B、C、D、E 各点的侧压管水头高度分别为 A'、B'、C'、D'、E' 的位置，从而构成了系统的动水压线 $O'—A'—B'—C'—D'—E'$。当系统停止运行时，整个系统的水压曲线变成一条水平线，这条线就是静水压线 $O—O'$。各点的侧压管水头都相等均为 $H_{OO'}$，因为管道中任意点的压头就是等于该点侧压管水头所达到的位置和该点所处的位置之间的高度差。所以在图中可以清楚地反应出，只要膨胀水箱的安装高度超过用户系统的高度，无论在运行或停止工作时，系统中各点的压力都大于大气压力，都为正压，这样系统就不会出现负压，以致吸入空气和产生汽化。

（2）膨胀管接到供水干管上

如图 6.0.5-2 所示，膨胀水箱定压在 C 点，则 C 点的侧压管水头高度为 $H_{cc'}$。根据系统的循环流动方向及各段的阻力值，可分别确定：O、A、B、C、D、E 的侧压管水头高度分别为 O'、A'、B'、C'、D'、E'，并绘成了动水压曲线。

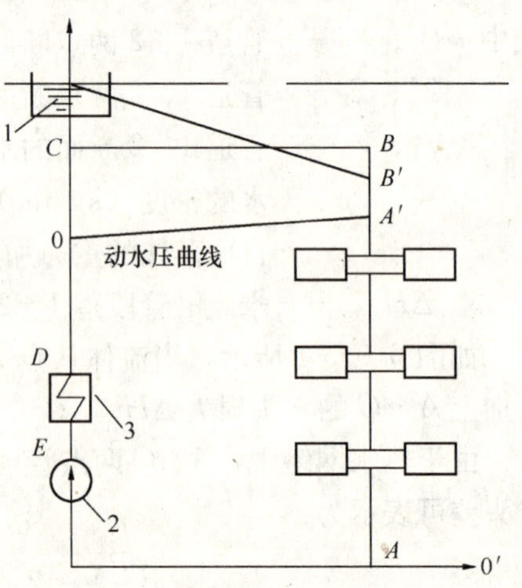

图 6.0.5-2 膨胀水箱连接在热水系统供水干管的水压图

1—膨胀水箱；2—循环水泵；3—锅炉

（3）定压点远离循环水泵吸入口

如图 6.0.5-3 所示，定压点远离循环水泵吸入口，如果膨胀水箱水位与回水干管的标高差 H 不足以克服定压点至水泵吸入口管段的阻力损失，也就是 $\Delta H_{OO'}>H$，在水泵吸入口处形成负压，有可能使热水产生汽化现象。

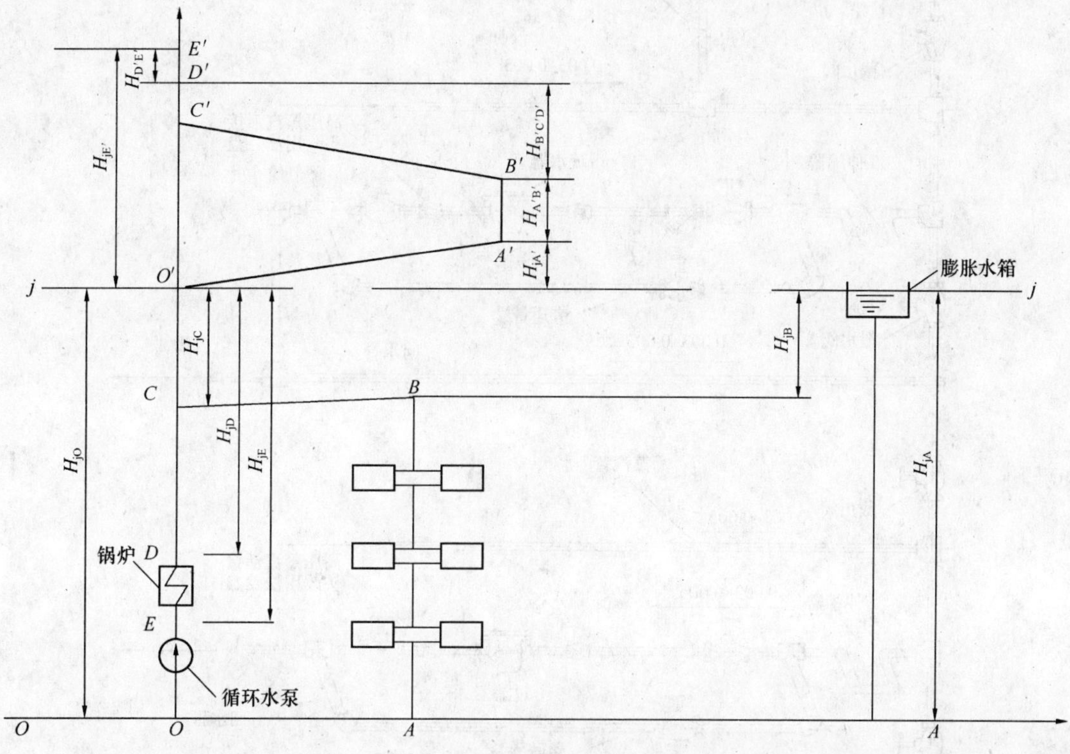

图 6.0.5-3　膨胀水箱接点远离循环泵的水压图

通过上述对膨胀水箱的膨胀管三种连接位置的分析，我们可以得出这样的结论。只要膨胀水箱的安装高度超过所有用户系统的充水高度，而膨胀水箱的膨胀管又连接在循环水泵吸入口的回水干管上，就一定能保证整个采暖系统安全可靠地运行。

6.0.6　在蒸汽采暖系统中水平干管沿途设置的中途疏水器安装的要求是什么？

疏水器在实际使用中，为了保护疏水器正常安全工作，便于检修更换，通常与阀门和旁通管等共同组成疏水器组，并分别同蒸汽干管与凝结水干管相连接，如图 6.0.6-1 所示。

疏水器组在安装时有如下要求：

①如图 6.0.6-1 所示，在疏水器组构成中安装了胀力弯。系统运行时，蒸汽干管与凝结水干管均会由于热伸长产生轴向位移，蒸汽干管与凝结水干管之间的相对位移会对疏水器组产生变形应力，对疏水器的应力作用是通过胀力弯来消除的。所以我们在进行疏水器组安装时一定要安装胀力弯；

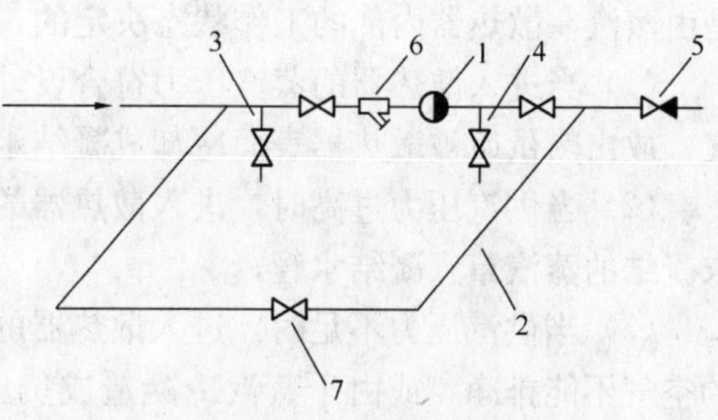

图 6.0.6-1　疏水器组图示

②在疏水器组不配有胀力弯时，一定不能把疏水器组分别与蒸汽干管和凝结水干管直连，要采取自然补偿的方法进行安装，如图 6.0.6-2 所示。

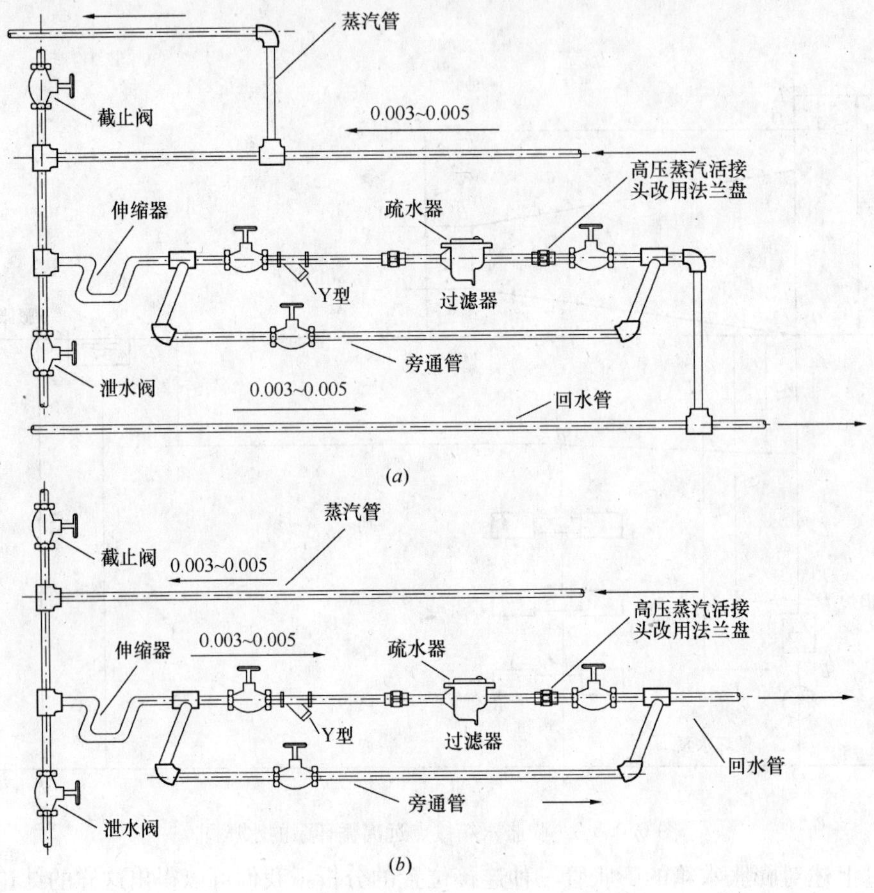

图 6.0.6-2　疏水器与干管之间的连接

(*a*) 抬高处；(*b*) 蒸汽干管末端

6.0.7　蒸汽采暖系统中散热器的放气阀为什么要安装在距散热器底部 1/3 处？

在热水采暖系统中，散热器的放气阀是安装在散热器上部补芯的位置上的，这是因为在热水采暖系统中，散热器中仅为水和空气共存，空气轻于水，所以应将放气阀安装在散热器上部。为什么蒸汽采暖系统中散热器的放气阀却要安装在距散热器底部 1/3 处呢？这是由蒸汽在散热器内部的工作状态决定的。

(1) 当进入散热器的蒸汽压力符合设计要求时，蒸汽会充满整个散热器并排出其中空气，放出热量后被散热器表面冷却成凝结水；

(2) 当供汽压力过高时，进入散热器的蒸汽量超过了散热器表面的凝结能力，便会有未凝结的蒸汽窜入凝结水管；

(3) 当供汽压力不足时，进入散热器的蒸汽量不足，不能充满整个散热器，散热器中的空气不能排净，或由于蒸汽冷凝造成负压吸入空气。这时由于低压蒸汽的比容比空气大，蒸汽将占据散热器的上部空间，散热器的下部是凝结水，而空气则聚集在散热器的中间部位。

通过对蒸汽采暖系统散热器工作状况的了解，在蒸汽压力不足时，散热器中的空气聚集在中间部位，使蒸汽无法充满整个散热器，为了排出空气，应在距散热器底部1/3处安装放气阀（图6.0.7）。在蒸汽采暖系统中散热器上最好是安装自动放气阀，保证随时排净散热器内的空气，同时自动放气阀应能阻止蒸汽和凝结水泄漏，即自动放气阀只允许空气迅速排出。

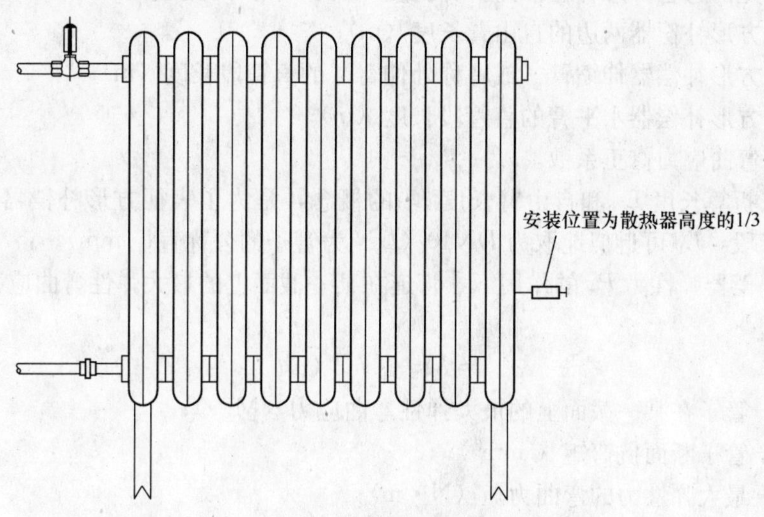

图 6.0.7　蒸汽采暖散热器排气阀安装

6.0.8　自制方形补偿器的对接焊口为什么应设在补偿器伸缩臂的中间？

方形补偿器是将管道弯曲成Π形，用它的形变来补偿供热管道的热伸长。方形补偿器一般均用无缝钢管煨弯制成，可适用于任何工作压力及任何工作温度的供热管道上。方形补偿器具有制作方便、作用在固定支架上的轴向推力较小、补偿能力大和不需要经常维修等优点。其缺点是热媒流动阻力大、外型尺寸大和占地面积大。所以当管径较大时，很难用整根管道煨弯制成，需要有接口，但接口的位置应当设置在合理的部位，否则不能保证补偿器安全正常的运行。下面从理论上来分析方形式补偿器的受力状况。

方形补偿器是通过承受管道热伸长而产生的弹性力的压缩形变来进行补偿的，根据弹性中心理论（图6.0.8-1），方形补偿器的弹性力中心坐标值（对应 X—Y 坐标轴）为：

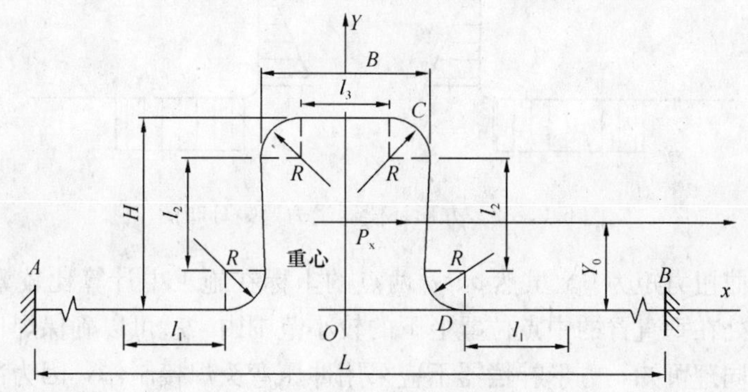

图 6.0.8-1　方形补偿器弹性力示意图

$$\begin{cases} X = 0 \\ Y = \dfrac{(L_2 + 2R)(L_2 + L_3 + 3.14R/K)}{L_{Zh}} m \end{cases} \tag{6.0.8-1}$$

式中 K——弯管减刚系数；

R——管子弯曲半径（m）；

L_{Zh}——光滑弯管方形补偿器的折算长度（$L_{Zh}=2L_1+2L_2+L_3+6.28R/K$）；

L_1——方形补偿器两边的自由臂长度（m）；

L_2——方形补偿器伸缩臂（或者称外伸臂）的直管段长度（m）；

L_3——方形补偿器水平臂的直管段长度（m）；

m——弯曲应力修正系数。

式中引入折算长度 L_{Zh} 和自由臂长度 L_1 的概念，是为了表征方形补偿器受热时参与形变的计算管段，L_1 可近似地取为 $DN40$（DN 为管子的公称直径 mm）。

在方形补偿器弹性力 P_x 的作用下，管道在某一截面上的最大弹性弯曲应力 σ_{bw} 可按下式确定：

$$\sigma_{bw} = M_{max} \cdot m/(w\Phi) \tag{6.0.8-2}$$

式中 σ_{bw}——管子在某一截面上的最大弹性弯曲应力（MPa）；

w——管子断面抗弯矩（mm^3）；

M_{max}——最大弹性力的弯曲力矩（N·m）；

m——应力系数；

Φ——焊接系数。

弹性力产生的最大弹性弯曲力矩 M_{max} 为：当 $Y_0<0.5H$ 时，位于 A 点，$M_{max}=(H-Y_0)P_x$（N·m）；$Y_0\geq0.5$H 时，位于 B 点，$M_{max}=-M_{max}=Y_0P_x$（kg·m）。

如图 6.0.8-2 所示方形补偿器弯矩分布图可以看出，在方形补偿器垂直臂中间 a、b

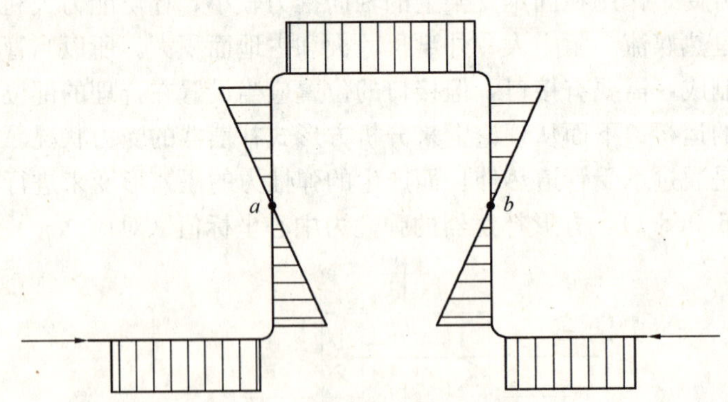

图 6.0.8-2 方形补偿器受力弯矩分布图

两点所承受的弯曲扭力矩为 0。虽然 a、b 两点的坐标在施工中计算比较繁杂，不易精确定位，只要接口处在垂直臂的中点位置上下的较小范围内，就可以确保焊口所受到的弯曲扭力矩比较小。同理可知，方形补偿器不应采用冲压弯头焊接制作，因为冲压弯头与补偿器直臂的焊接点处于弯曲扭力矩较大的 A、B 点附近。

6.0.9　热水采暖系统中对散热器支管的坡度、坡向和托沟安装有什么要求?

散热器支管安装应有坡度，是为了能顺利排出散热器中聚集的空气，使散热器内充满热水，从而满足散热的需要，通常的坡度值为支管长度的1%。

散热器支管不仅应有坡度，还应确保合理的坡向，才能使散热器排出空气，相反有可能产生“水塞”或“气塞”，阻碍空气的排出，阻碍系统的循环流动。根据采暖系统形式的不同，散热器支管的坡向也不相同，但安装原则应是有利于散热器的排气和泄水。

①当采用上供下回采暖方式时，采暖系统供水干管的最高点应设置排气装置，散热器供水支管应坡向散热器，回水支管则应坡向立支管，如图6.0.9-1所示。

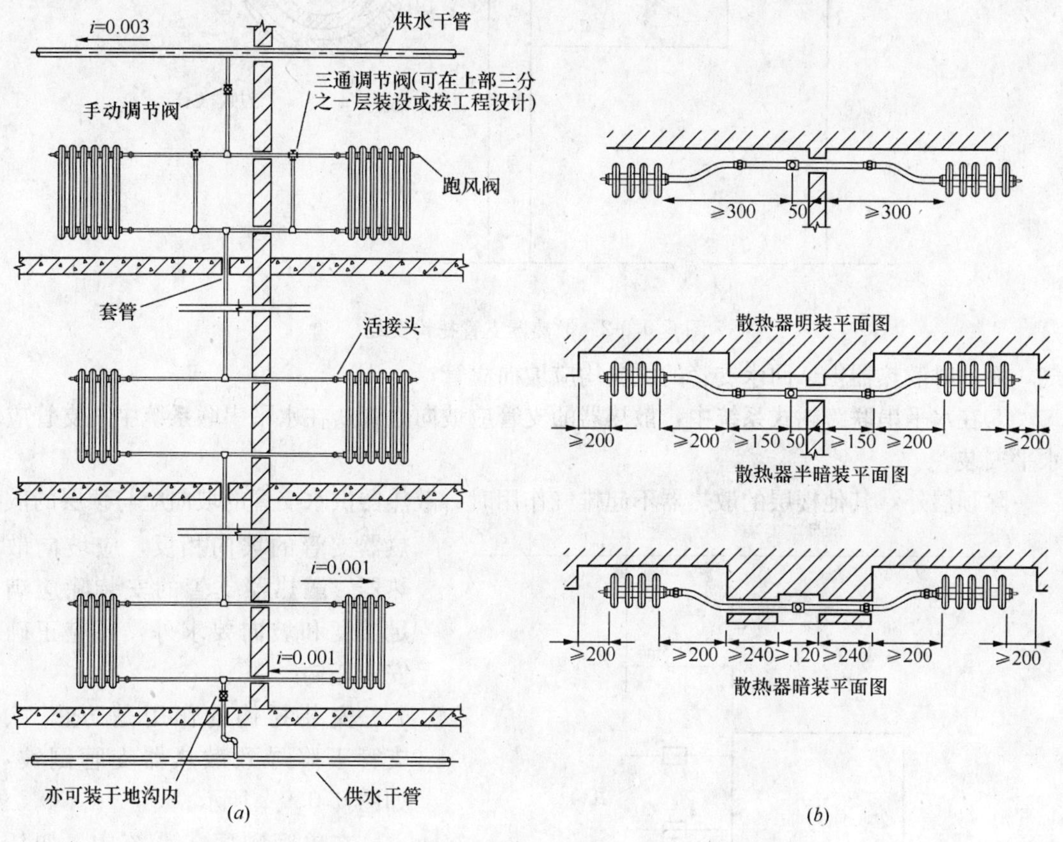

图6.0.9-1　上供下回系统散热器支管安装

图（*a*）为正确安装方法，散热器中的空气可以顺利从集气罐聚集、排出，水循环畅通；图（*b*）为散热器供水支管倒坡，在*O*点处会形成水封，将散热器中的空气封阻，使其无法顺利排出；图（*c*）为散热器回水支管倒坡，在*O*点处可能形成“气塞”，使散热器水循环不畅；

②当采用下供上回采暖方式时，散热器支管的坡向仍是图6.0.9-1（*a*）所示，与上供下回式系统比较，只不过此时供水支管变成回水支管，而回水支管变成供水支管；

③当采用上供上回采暖方式时，散热器供水支管的安装坡向不变，而回水支管的安装应为水平安装，这样既可以排出回水管中的空气，也可以排净系统中的水；

④当采用下供下回采暖方式时，采暖系统通过安装在顶层散热器上的排气阀排出空

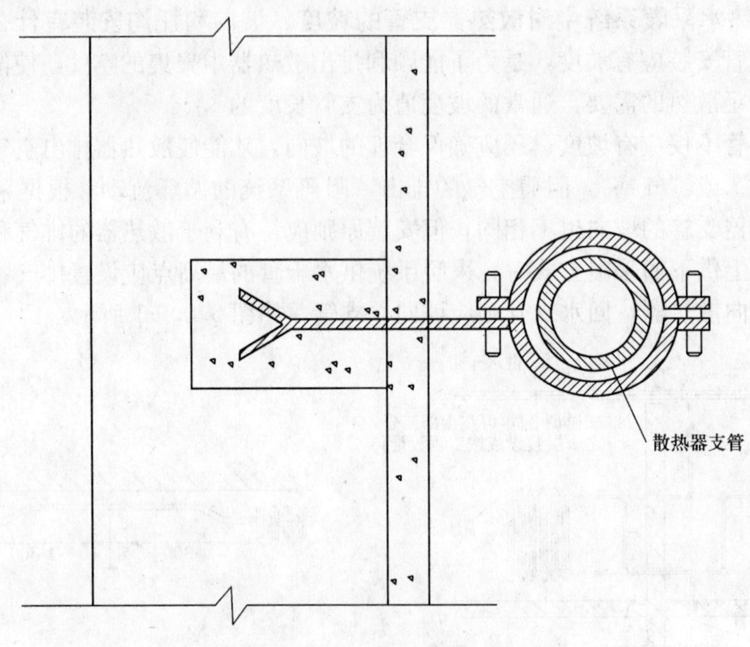

图 6.0.9-2 散热器支管托钩安装

气，而此时散热器供、回水支管的坡向均应坡向立管；

⑤在水平串联跨越式系统中，散热器的支管应坡向立管；在水平串联系统中，支管应水平安装。

除顶层外，其他楼层的散热器不起排气作用时，散热器供水支管的坡向应与顶层的散热器支管的坡向相反，应坡向散热器。散热器支管的安装除应满足坡度和坡向要求外，还应正确安装托钩。

安装托钩的作用是防止立、支管下降导致散热器支管倒坡，如图 6.0.9-2 所示。

在单管顺序式系统中，如托钩安装在散热器供水支管上，应安装在除顶层外所有散热器的供水支管上，如图 6.0.9-3 所示；如托钩安装在散热器的回水支管上，应安装在除底层外所有散热器的回水支管上。在双管系统中，供、回水立管均与供、回水干管直接连接，有可靠的固定措施，所以如散热器支管长度不超过 1.5m，可不安装托钩。

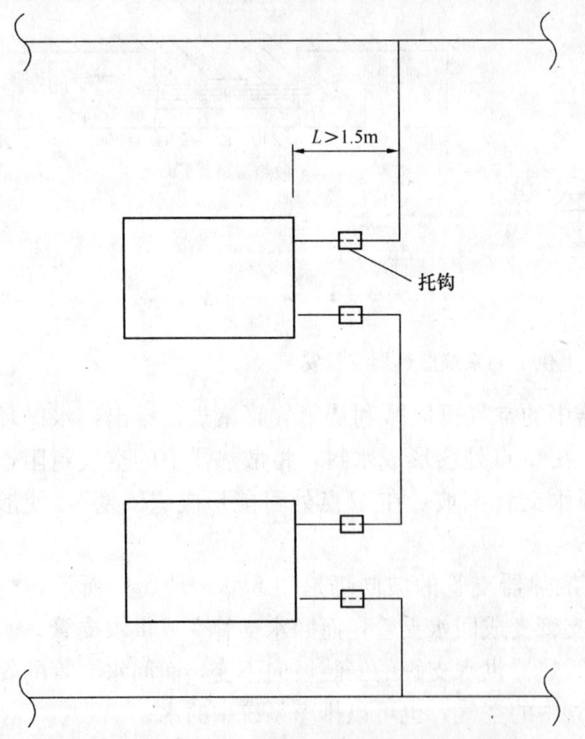

图 6.0.9-3 单管顺序式系统中散热器支管托钩安装

6.0.10 各种形式的热膨胀补偿器的固定支架和导向支架应安装在什么位置？

(1) 固定支架和导向支架的作用

固定支架是将管道固定在适当的部位，并承受管道受热膨胀所产生的水平推力。如果管道上不安装固定支架，只安装活动支架，管道会无限制地膨胀或收缩，同时会产生较大的弹性力，这种力会造成管道变形、脱离支架的支撑，造成焊口的开裂等等，严重的会造成供暖系统无法正常运行。为了补偿管段的伸长量，减弱或消除因热膨胀而产生的应力，需在管道上设置补偿器。而补偿器的设计补偿量只能满足两个相邻固定支架之间管道的热伸长量的需要。

导向支架是同补偿器配套使用的，因为补偿器在工作时要求管道与补偿器保持在同一轴心位置，所以应安装导向支架，尽可能使管道伸缩时不产生横向位移，从而保证补偿器的安全工作。

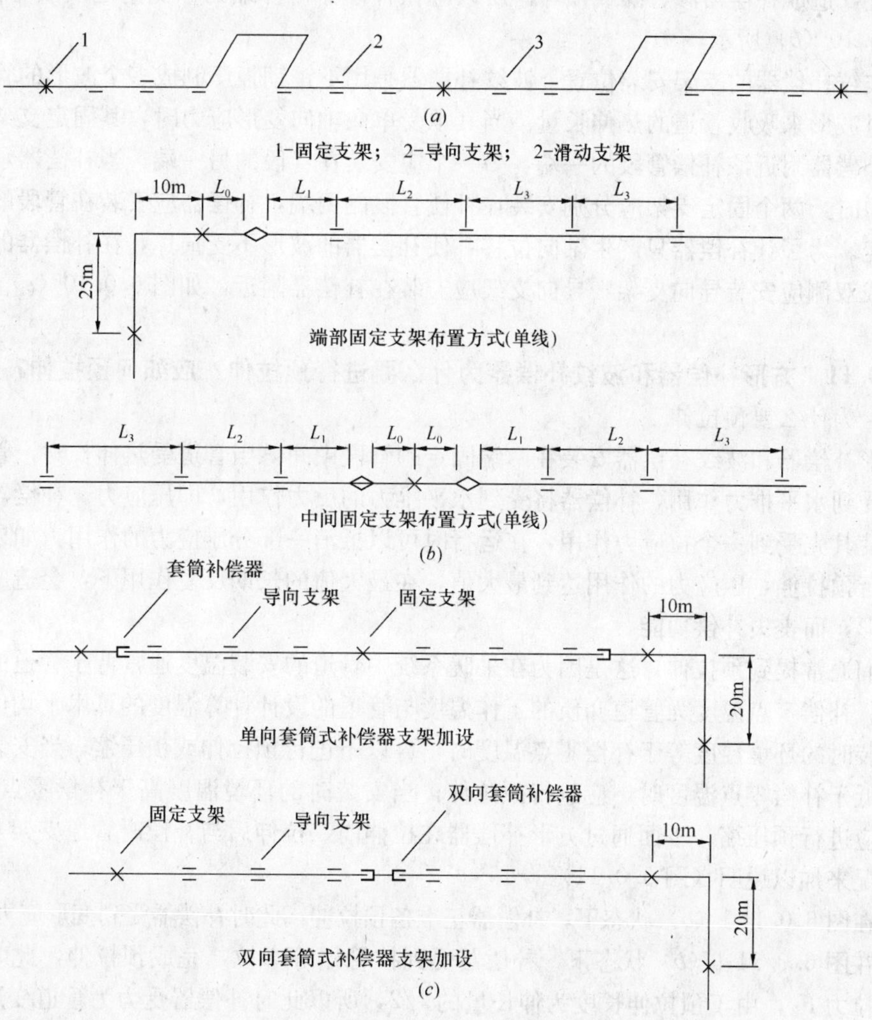

图 6.0.10 补偿器固定支架与导向支架的安装

(a) 方形补偿器两侧管道支架加设；(b) 波纹补偿器管道支架加设；

(c) 套筒式补偿器管道支架加设

(2) 各种补偿器的固定支架及导向支架的安装位置

①方形补偿器的支架安装位置。方形补偿器是通过管道伸长时对其产生压缩使其变形来进行补偿的。由于方形补偿器是受双向的弹性力作用，所以要求固定支架安装在需要补偿的管段两端点上，而补偿器应安装在管段的中间，这样可以确保补偿器受力均匀。方形补偿器由于自身的刚度较大，可以不设导向支架，如需设导向支架，应设在补偿器水平臂的中点附近。如图 6.0.10 (*a*) 所示；

②套筒补偿器的支架安装位置。套筒补偿器一般是单向补偿的，也就是它只允许管道向一个方向伸长或收缩，所以固定支架一个应设在补偿器的固定端附近，并应与该补偿器补偿管段的一个端点相重合，另一个固定支架应安装在该补偿管段的另一端点上。套筒补偿器是靠壳体内的芯管自由伸缩来补偿管道的伸缩的，在芯管与外壳之间用密封填料对补偿器进行密封，防止渗、漏，所以补偿器在工作时应严禁横向位移，否则会损坏补偿器的密封系统，造成补偿器渗、漏或损坏。所以应在补偿器可伸缩的一侧附近安装导向支架，如图 6.0.10 (*b*) 所示；

③波纹补偿器的支架安装位置。波纹补偿器是用不锈钢板压制成多个波形的管状补偿器，通过波形来吸收管道的热伸长量。当其承受单向轴向变形应力时，其固定支架一个应安装在补偿器附近该补偿管段的一端，另一个应安装在管段的另一端；当补偿器承受双向变形应力时，两个固定支架应分别安装在补偿管段的两端，补偿器应安装在管段的中间位置并固定。为了让补偿器只产生轴向位移，使补偿器的波形不受损坏，在补偿器的可伸缩的一侧或双侧应安装导向支架，导向支架应安装在补偿器附近，如图 6.0.10 (*c*) 所示。

6.0.11　方形补偿器和波纹补偿器为什么要进行预拉伸？应如何预拉伸？

(1) 为什么要预拉伸

方形补偿器和波纹补偿器安装在两端固定的管段中间，当管道受热伸长时，管道固定支架将受到水平推力作用，补偿器将受到水平推力的反力作用，即压应力。补偿器的预拉伸，将使其先受到一个拉应力作用，在运行时可以抵消一部分压应力的作用。如果在安装前不进行预拉伸，压应力的作用达到最大值，在最大值的长期反复作用下，会造成补偿器塑性变形，而丧失补偿功能。

我们通常提到预拉伸，这是因为在采暖系统中管道的安装温度通常低于管道的补偿零点温度。补偿零点温度为管道介质的工作温度与管道的设计计算温度的算术平均值。如果管道安装时的环境温度等于补偿零点温度时，可以不进行预拉伸或预压缩；当安装时的环境温度低于补偿零点温度时，应进行预拉伸；当安装时的环境温度高于补偿零点温度时，管道还应进行预压缩。下面通过方形补偿器在拉伸前、拉伸后与补偿时管道支架及补偿器受力情况来加以说明（图 6.0.11）。

①在图 6.0.11-1 (*a*) 状态下，补偿器正准备预拉伸，此时补偿器受到变形应力 $F_1=0$；

②在图 6.0.11-1 (*b*) 状态下，补偿器受到拉管器等牵拉，完成预拉伸，此时补偿器受水平拉力 F_2，由于预拉伸长度为伸长量的 1/2，所以此时补偿器受力为管道变形应力的 1/2；

③在图 6.0.11-1 (*c*) 状态下，管道受热伸长，补偿器受压缩应力为 F_3，当 F_3 等于管道伸长变形应力的 1/2 时，在此状态下 F_2 与 F_3 作用力大小相等，方同相反，此时补偿

器及固定支架受到的变形应力又回到 $F_1=0$ 状态；

④在图 6.0.11-1（d）状态下，补偿器受到最大压应力 F_4，而此时补偿器的压缩量只是补偿量的 1/2，所以在此状态下，补偿器和固定支架所受的力均为补偿应力的 1/2。

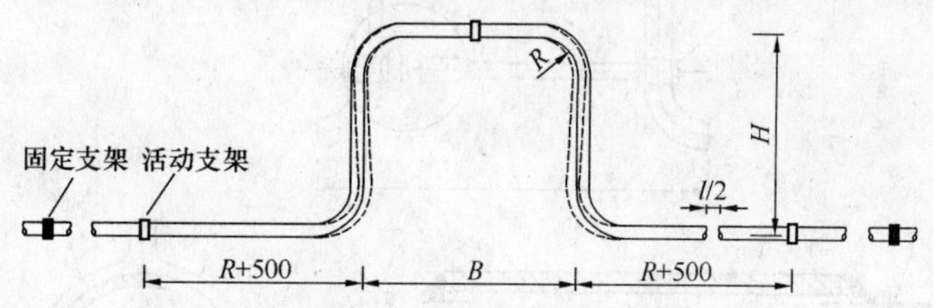

图 6.0.11-1　方形补偿器工作状态

从图 6.0.11-1 所表示的几种受力状态可以看出，补偿器进行预拉伸后，在其运行工作中，其承受的最大变形应力只为管道变形应力的 1/2，同时固定支架承受的水平推力也减小 1/2，这样就对系统的正常运行、补偿器与固定支架的安全工作起到了保障作用。波纹管补偿器同方形补偿器一样也应进行预拉伸，只不过波纹管补偿器经常用于大型供热管网上，一般均为厂家订做，并且有的补偿器在出厂前已经进行了预拉伸。如果在出厂前没有进行预拉伸，在安装前同样应进行预拉伸。

（2）预拉伸的方法

补偿器的预拉伸一般应在施工现场进行。

①方形补偿器的预拉伸。通常情况下，预拉伸量为补偿量的 1/2。但在多数情况下，预拉伸量不尽相同，它与补偿器安装时环境温度有关，预拉伸量应由式 6.0.11 计算得出：

$$\Delta X=\Delta L\frac{t_0-t_a}{t_2-t_1}\tag{6.0.11}$$

式中　ΔX——补偿器安装时环境温度下的预拉伸量（mm）；

ΔL——补偿管段的热伸长量（mm）；

t_1——补偿器设计计算温度（℃）；

t_2——管内介质工作温度（℃）；

t_a——安装时环境温度（℃）；

t_0——补偿零点温度，即补偿器不需预拉伸（或压缩）的温度，$t_0=t_1+\varepsilon(t_2-t_1)$。

方形补偿器的预拉伸可用拉管器冷拉，也可用顶开式拉管器将补偿器两臂顶开，如图 6.0.11-2。首先应按安装时环境温度计算出预拉伸量 ΔX，补偿器两端与管道对口对齐并留出 $1/2\Delta L$ 的间隙，然后分别操作千斤顶或拉管器，直到补偿器直管段与管道对口相碰，即可将管道点焊住，待管道找正调直后，将管口进行焊接，取下拉管器或千斤顶。在预拉伸前管道固定支架、活动支架、管道阀门等都应安装完毕，并进行紧密固定；

②波纹管补偿器的预拉伸。波纹管补偿器的预拉伸量应由安装时的环境温度决定，见表 6.0.11。

波纹管补偿器预拉伸应在平地进行，作用力应分 2～3 次逐渐增加，尽量保证各波节受力均匀，严禁超过波节的补偿极限，以免波节失去弹性，形成永久变形或造成开裂；当波纹管补偿器需要在已就位的管道上进行拉伸时，应采用带紧固装置的波纹管补偿器。

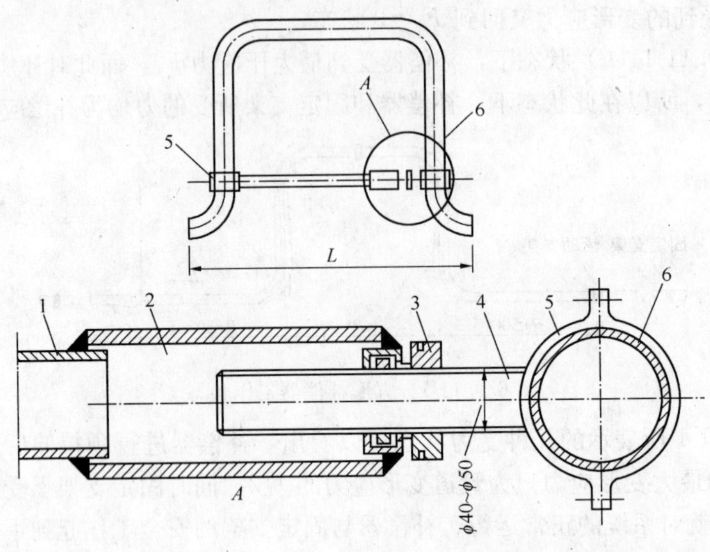

图 6.0.11-2 顶开式拉管器图示

1—撑杆；2—短管；3—螺母；4—螺杆；5—夹圈；6—补偿器的管段

波纹管补偿器的预拉伸或预压缩量表 **表 6.0.11**

安装时环境温度与补偿器零点温度差（℃）	预拉伸量（mm）	预压缩量（mm）	安装时环境温度与补偿器零点温度差（℃）	预拉伸量（mm）	预压缩量（mm）
−40	0.5ΔL		+10		0.125 ΔL
−30	0.375 ΔL		+20		0.25 ΔL
−20	0.25 ΔL		+30		0.375 ΔL
−10	0.125 ΔL		+40		0.5 ΔL
0	0	0			

注：ΔL 为波纹管补偿器的全补偿能力。

6.0.12 安装套筒补偿器时为什么要留有剩余的可伸长量？剩余可伸长量如何确定？

在采暖系统中，管道受热伸长，套筒补偿器是靠补偿器套筒内留有可自由伸长的空间来补偿管道的伸长量的，但管道在采暖系统停运或检修时，管道的温度一旦低于安装的环境温度时，管道要受冷收缩，而此时补偿器则处在被拉伸的状态，管道的收缩产生的应力就可能作用在填料挡环上，导致挡环受损。方形补偿器、波纹管补偿器本身的构造具有承受再拉伸的空间，而套筒补偿器本身却不具备这种能力，要在安装时留出这部分长度。

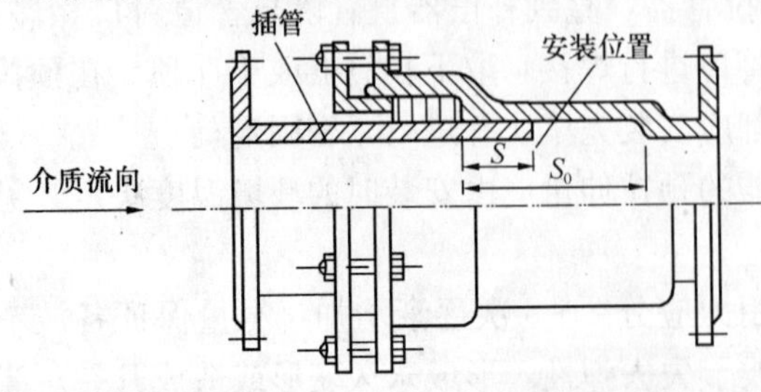

图 6.0.12 套筒补偿器构造图

(1) 套筒补偿器的构造

套筒补偿器主要由套筒、管芯、压兰及密封填料等组成（图 6.0.12）。补偿器的芯管可以自由伸缩来补偿管道的膨胀量。外壳与芯管之间安装密封填料，密封填料被压缩在填料档环5与填料环1之间，可以保证管道中介质不漏出来。套筒补偿器的缺点是：经常伸、缩，导致渗、漏，需要在一定时间内检查、补充和更换填料。

（2）套管补偿器的安装

套管补偿器的安装除了应确保与管道平直，并应安装导向支架外，还应预留剩余的可伸长量，也就是图6.0.12中 S 这部分长度。在安装补偿器时，应按管道的最大伸长量 S_0 预留伸长量，留出剩余伸长量，以防止管道在低温时收缩造成芯管收缩过大，将填料档环损坏，而造成补偿器发生渗、漏。

（3）预留剩余可伸长量的长度确定

$$\Delta L_1 = \Delta L_{\max}(t_a - t_1)/(t_2 - t) \tag{6.0.12}$$

式中 ΔL_1——预留伸缩余量（mm）；

$\Delta L_{\max}$——补偿器的补偿能力（mm）；

t_a——管道安装时的环境温度（℃）；

t_2——设计计算时热态计算温度（℃）；

t_1——设计计算时冷态计算温度（℃）。

6.0.13 低温地板辐射采暖系统的埋地加热盘管施工时为什么不允许有接头？

（1）低温地板辐射采暖系统的埋地加热盘管施工时不允许有接头的原因

①管道有接头将成为渗、漏的主要质量隐患。从低温地板辐射采暖系统的构造来看，加热盘管安装在隔热层上，而在管道及隔热层上有50mm左右厚度的混凝土填充层，在填充层上还要有装饰面层（地板或地砖），所以管道一旦渗、漏时很难发现和维修。也就是说地板辐射采暖系统的构造决定不允许发生管道渗、漏。

②由于低温地板辐射采暖系统的加热盘管与混凝土填充层浇筑在一起，如果管道有接头，在混凝土填充层收缩变形时，很容易将管接头拉开，造成管道渗、漏。

③低温地板辐射采暖系统的加热盘管一般都采用塑料管或复合管，并按“S”形或“回”字形进行布置，由于设计规定按这两种方式布置，盘管长度均不会超过60m和120m，而加热盘管管材均为卷装出厂，完全可以满足此安装长度。

（2）为了使埋地加热盘管没有接头，应采取的具体保证措施

①在低温地板辐射采暖系统中分环布置应合理，并应预先计算出盘管的长度；

②在材料采购上应选择合适的长度，避免接口；

③安装过程中应做好成品保护，避免损坏管材，如有损坏应整根更换，不得用粘补或卡箍等办法补救；

④加热盘管在出地面处应加设大于管道两个规格管径的保护套管，套管的弯曲半径应不小于8倍的套管管径；

⑤加热盘管在隐蔽前应进行水压试验，并由监理工程师或业主专业人员认真检查，逐环路进行，合格后方可隐蔽。填充层混凝土凝固后还应进行一次试压，检查系统是否有损坏情况。还可以采取在浇筑填充层混凝土过程中保持加热盘管内压力的办法进行施工，便于及时发现管道损坏的现象。

6.0.14 焊接钢管的管道转弯在作自然补偿时为什么应使用煨弯？

自然补偿就是利用供热管道的转弯来补偿管段的热伸长。采用这种方法补偿可不设置补偿器，但自然补偿有许多缺点和局限性，因为当管道在变形补偿时会产生横向位移，所以在直线管段较长时，则不适用自然补偿方式。自然补偿适用于直线管段不超过25m的采暖系统中。自然补偿有两种形式：L形补偿和Z形补偿，如图6.0.14所示。

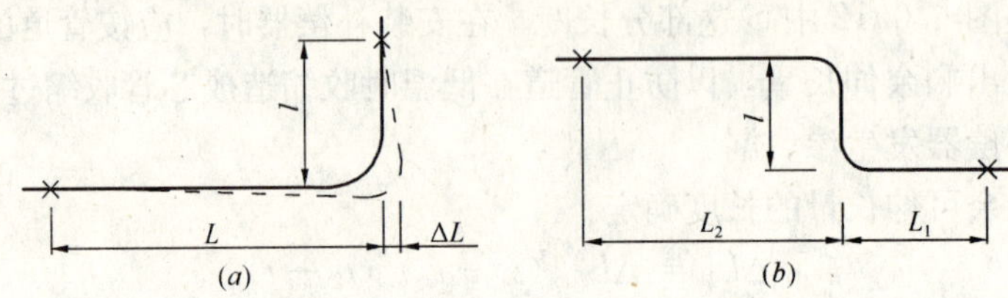

图6.0.14 管道自然补偿
(a) L形自然补偿；(b) Z形自然补偿

自然补偿的特点就是利用管道自身弯曲来补偿管道热伸长所产生的变形应力，所以在管道的转弯处应采用煨弯。

如果采用冲压或焊接弯头，在管道的转弯处弯曲半径很小，通常为管径的1.5～2倍，在自然补偿时，很难让转弯点产生形变，应力一旦集中，将造成弯头处接口的开裂。管道转弯角度一般为90°，当在管道受热伸长时，弯管处内侧会受到压缩，角度逐渐变小；相反在管道过冷管道收缩时，弯管处会受拉，角度逐渐变大。从图6.0.14(a)、(b)中可以看出，在自然补偿时，管道转弯处的变形程度最大，也就是最容易产生破坏的地方，弯管处的受力状况与方形补偿器弯管处相同（见本书第6.0.8条），所以在利用管道的转弯处作为自然补偿时管道应煨弯。通常的煨法有热煨和冷煨，冷煨弯曲半径不得小于4倍的管外径，热煨弯曲半径不得小于3.5倍管外径。弯曲半径分别为3.5～4倍的管径，并且在煨弯时，管段两端应预留一定长度的直线段，通常为10倍的管径，但不应小于400mm。自然补偿的活动支架和固定支架的安装方法及注意事项见本书前述。

6.0.15 膨胀水箱的作用是什么？膨胀水箱的膨胀管及循环管上为什么不得安装阀门？

在热水采暖系统中，膨胀水箱是非常重要的设备。膨胀水箱一般由钢板制成，通常为圆形或矩形的开式箱体。在膨胀水箱的开式箱体上根据其作用的不同分别安装膨胀管、循环管、溢流管、排污管、补水管及水位控制装置。

膨胀水箱有如下作用：

①膨胀水箱起贮留膨胀水量的作用。在热水采暖系统中，水被加热后，体积就会增大，膨胀水箱就起着贮留系统加热后的膨胀水量的作用，否则，膨胀水量在系统中容留下来，就会使密闭的系统内压力升高，影响系统的正常运行；

②膨胀水箱对热水采暖系统起定压的作用。膨胀水箱应安装在采暖系统中最高建筑物顶层水箱间内，由于水箱为开式，同大气相通，又由于膨胀管、循环管均连接在循环水泵的吸入口附近的回水干管上，对循环泵前的定压点起定压作用，这样就会使采暖系统中运

行压力稳定，不会出现负压，热水不会汽化；

③膨胀水箱是安装在系统的最高位置，所以在系统中还起着排除空气的作用；

④膨胀水箱起调控系统的水位的作用。膨胀水箱可以补充因系统的渗、漏引起的缺水现象，一旦系统缺水至最低水位限制线时，通过水位控制装置与补水泵联锁，补水泵会自动启动补水，使系统内保持正常的运行水位。

膨胀水箱的上述作用，都是通过连接系统和膨胀水箱的膨胀管来完成的，如果膨胀管上安装了阀门，阀门一旦关闭或失灵，膨胀水箱就失去了作用，系统就会成为密闭系统，有可能因压力过分增高而发生事故，所以膨胀管上不得安装阀门。循环管是一端连接在膨胀水箱的下部，一端连接在回水干管上，可以使膨胀水箱内的热水产生自然循环，从而防止膨胀水箱在无保温时不产生冻结，同时保证水箱内的热水流动而不会变质。循环管上如果安装阀门，由于阀门处的局部阻力增加，将对循环管内热水自然循环产生不利影响，甚至由于阀门的关闭或失灵使循环管失去作用。循环管必须进行保温，当膨胀水箱有可靠的保温措施时可以不安装循环管，但对膨胀水箱的水质状况不利。另外在膨胀水箱溢流管上也不得安装阀门，并应把溢流管引到方便排水的地方。

6.0.16 为什么要求现场组对的散热器及整装出厂的散热器在安装前必须做水压试验？

散热器在安装前做水压试验，其目的是防止安装后因组对不严、散热器质量不符合要求或整组出厂的散热器在运输、搬运过程中因受损坏等因素出现渗、漏问题而返工，造成人工浪费以及污染、破坏室内的装饰成果。

试验方法如下：

①将散热器安放在试压台上，安装临时丝堵和补芯，安装放气阀门和手动试压泵；

②试压管路接好后，先打开进水阀门向散热器内充水，同时打开放气阀，排净散热器内的空气，待水灌满后，关上放气阀门；

③缓慢升压到规定压力值时，关闭进水阀门，稳压 2～3min，再观察接口是否有渗、漏现象，压力表值是否下降；

④如有渗、漏时，将水放净进行返修，返修后应重新进行水压试验，直至合格；

⑤散热器不应水平搬运，不得将铁管或铁棍插入散热器丝扣内搬运，避免破坏丝扣；

⑥散热器的试验压力因为与工作压力有关，因而不论其材质及构造形式如何，都应满足工作压力的要求，本规范删除了以往常规的以材质和构造形式分类确定试验压力的规定，统一以工作压力的 1.5 倍作为试验压力。试验时间为 2～3min，压力不降，且不渗、不漏为合格。散热器的水压试验应在散热器组对后或安装前，在工程监理或业主专业人员的监督下逐组进行。

通过水压试验出现渗、漏时，属于现场组对的应返修，返修后重新试验；属于整组出厂的或是属于散热器本身的问题应由厂家负责返修或退换。

6.0.17 金属辐射板管道及带状辐射板之间的连接为什么规定应使用法兰连接？

金属辐射板是由钢板和钢管制成的，由多根 *DN*15 或 *DN*20 的钢管制成排管形状，嵌入冲压成型的薄钢板的半圆形槽内作为加热管。加热管散发的热量传导给钢板，使钢板形成一辐射面，向室内进行辐射散热。辐射板分为块状和带状辐射板，将单块辐射板按长度方向串连之后则成为带状辐射板。

每块辐射板排管中间不应有接口，排管的组装应采用焊接，一般这部分工艺均在厂家进行，但每块辐射板与热媒管道的连接应采用法兰连接，因为辐射板采暖系统多为高温水或蒸汽系统，只适宜焊接和法兰连接，但考虑到维修，更换等方便，规定为法兰连接。

在带状辐射板的每块辐射板之间进行连接时，同样应采用法兰连接，密封衬垫应采用耐热橡胶。

6.0.18　低温热水地板辐射采暖系统中的防潮层、隔热层、防水层、填充层和伸缩缝都起什么作用？

低温热水地板辐射采暖系统是把散热设备以加热盘管的形式布置在地面之下，通过加热盘管散热传导地面辐射到室内来满足采暖要求。为了达到低温热水地板辐射采暖系统采暖效果和安全正常的使用功能以及楼地面等的正常使用，在低温热水地板辐射采暖系统中，应分别设置防潮层、隔热层、防水层、填充层和伸缩缝等，如图 6.0.18 所示。

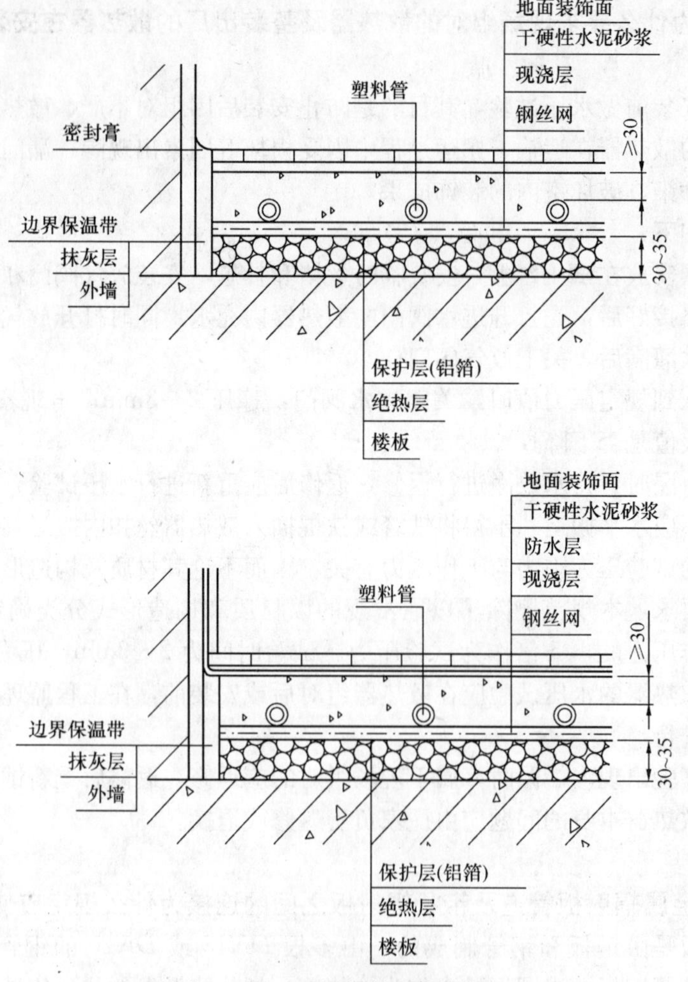

图 6.0.18　地板辐射系统结构图

（1）防潮层

在建筑物的底层地面上，由于直接同土层相接触，土壤中产生的潮气会进入到隔热层，消耗加热盘管散出的一部分热量加热隔热层内的潮气，转化为潜热，使隔热层丧失隔热的功能造成系统热损失，所以建筑物的底层土之上应设防潮层。防潮层一般可用铝箔，也可用防水材料代替。

（2）隔热层

地板辐射采暖系统的散热量，包括地板向房间的有效散热量和通过楼板向下层房间辐射或沿墙向墙外侧辐射的散热量。为了更有效、更经济地利用地板辐射散热量，应在加热盘管层和填充层下面以及沿外墙的周边设置隔热层，以减少热损失。隔热层一般采用聚苯乙烯泡沫塑料板，也可用聚氨酯复合材料。

（3）防水层

建筑物的防水层是防止水分向下渗、漏的一种构造层。地板辐射采暖系统设置的防水层应兼顾防止地面水分渗入系统的填充层和隔热层，同时保证地板辐射采暖的散热效果。防水层应设在填充层之上，地面面层之下。但防水层在起防水作用的同时，也起到了阻隔散热的作用，又由于卫生间等地面上经常安装卫生洁具等设备，加热盘管的有效铺设面积很少，同时防水层长时间在热辐射状态之下也容易老化，丧失防水功能，所以在有严格防水要求的房间不宜采用地板辐射方式来采暖。

（4）填充层和伸缩缝

地板辐射采暖系统加热盘管之上起保护作用和使地面温度均匀辐射的填充层通常为现浇轻质混凝土，为了防止混凝土在冷、热状态下产生伸缩裂缝，破坏构造层，一般应在加热盘管敷设面积大于 $30m^2$、长边大于 6m 时，设置伸缩缝，伸缩缝的间距应小于或等于 6m，缝宽应大于或等于 5mm，缝内应填充弹性膨胀性材料。

（5）其他措施

地板辐射采暖提高了房间面积的利用率，增加了人们的舒适感，同时它的安全性高、使用寿命长，并且避免了其他采暖系统经常发生的渗、漏、维修等问题。但它有可能产生的较常见的质量缺陷是地面裂缝。通过前面的说明我们知道地板辐射采暖系统设有防潮层、隔热层、防水层等结构层，它们均为轻质或软体材料。又由于填充层受到楼层高度以及散热量的限制不能施工过厚，在房间使用后，地表面会产生不均匀沉降，加之混凝土与轻质材料的膨胀系数不同，填充层也可能由于自身的应力收缩产生裂缝。为了减少裂缝的发生，控制裂缝的规模，可以在填充层施工前，在盘管上方架设一层钢筋网，以增加填充层的整体性和抗拉性，减少地面裂缝的发生。钢筋网同盘管之间应有 10mm 左右的间隙。

6.0.19 塑料采暖管道的耐压强度及严密性试验为什么不宜采用气压试验方法？

采暖系统管道的耐压强度及严密性试验是为了检查管道本身材质的耐压强度及管道接口的严密性而进行的试验。通过试验压力的变化和管道及接口等处外观检查来验证其耐压强度和严密性，通常都采用水压试验的方法，但有时在冬季防冻措施无法保证的前提下，也可以采用压缩空气来进行耐压强度及严密性试验。但如果采用塑料管材，则不宜采用压缩空气来进行耐压强度及严密性试验。

①塑料管材一般都具有透氧性，同时塑料管材的可塑性也较钢管要大，所以在进行耐

压强度和严密试验时，需较长时间的观察才能真实反映出耐压强度和严密性。在较短的时间内，加之管道本身的透氧性，采用压缩空气来进行试验很难反映出真实的结果。

②由于气体的可压缩性及塑料管材的可塑性，在气压试验的过程中，有可能使局部的压力过高，而压力表却无法反映出来，容易出现爆管事故。

③塑料管的物理力学性能是承压能力与所输送的热媒温度成反比，而耐压强度及严密性试验一般在常温下进行，因此试压标准往往高于钢管管材的标准；又由于气体的爆裂力远大于水，它会有较大的波击范围，所以从安全的角度考虑也不宜采用压缩空气进行塑料管道的耐压强度和严密性试验。

④压缩空气为不可见气体，在气压试验过程中，外观检查应通过涂刷肥皂水的方法才能发现渗、漏部位，由于室内采暖管道布置一般都靠近墙面或地面，很难做到全面检查以确保工程质量。

6.0.20　直埋无补偿供热管道在填埋前为什么要进行预热伸长？如何进行？

（1）原因

供热管道无补偿直埋敷设的特点是管道中不设置补偿器，利用土与预制保温管的硬质塑料保护套管外壁之间的摩擦力来克服管道的热胀冷缩应力。为了使管道在最高温度和最低温度时的应力值均不超过材料的许用应力，管道在敷设好之后未覆土前应预热至一特定的温度，并且使管道在处于该温度的条件下进行覆土填埋。预热时管道可以自由伸缩变形，可以认为其预热温度相当于补偿零点温度，其温差应力为零，覆土以后，若管道温度继续升高，则管道的温差应力为压应力；相反则为拉应力。

直埋无补偿的管道敷设适用于地下水位较高或有腐蚀性土壤的地下供热管网的安装，避免了对有补偿直埋管道系统的补偿器的腐蚀，减少了一次性投资和对补偿器的维护费用。

管道预热的温度应根据输送的介质温度、设计安装温度、钢材的许用应力等参数计算确定，计算公式如式（6.0.20）：

$$t_{PH} = t_g - \frac{[\sigma]_j^t + \gamma \cdot \sigma_{ti}}{E \cdot \alpha} \qquad (6.0.20)$$

式中　t_{PH}——管道预热温度（℃）；

$[\sigma]_j^t$——钢材设计温度时的许用应力（MPa）；

γ——泊松比，一般钢材为0.3；

σ_{ti}——管道受介质内压产生的切向应力（MPa）；

E——钢材的弹性模量（MPa）；

α——钢材的线膨胀系数，（1/℃）；

t_g——介质的最高运行温度（℃）。

预热温度应由设计确定，如设计未明确时，通常在施工时也可将预热温度定为介质的最高运行温度减去50℃。

（2）施工方法

①直埋管道预热应在管道施工完毕并经试压和冲洗合格后进行，也可以在预热的同时进行管道试压；

②可采用蒸汽、热水等热媒对管道进行预热，也可采用电加热的方法，必须严格控制预热的温度；

③在管道系统受热伸长稳定后，检查管道的坡度是否符合设计要求，以及管道各接口是否严密，发现问题应及时处理，确认无误后方可进行填埋；

④直埋无补偿管道预热时在管道转弯处有可能产生变形和位移，所以在安装时应考虑管道的变形量和位移量，如果转弯处采用支座时应考虑位移的间隙，也可在管道转角处设置一暗管井（室），管道在此处可以自由伸缩；

⑤为保证管道周围的土与管道保护套管之间有较大摩擦力，填埋土的类型、颗粒大小、形状及密度等应严格按照设计要求施工。

6.0.21 直埋供热管道焊接三通处为什么要进行加固？有哪些方法？

（1）原因

直埋供热管道在有分支管路时通常采用焊接，在连接处形成三通。基于下述特点，应对管道的焊接三通处进行加固处理：

①当直埋供热管道主干管受热伸长时会产生较大轴向应力，对支管形成弹性应力，在三通处应力值为最大；由于支管也被直埋在土中，当管道热伸长时，三通部位会受到较大弯矩；

②由于在主管道上焊接支管，管道在开孔和焊接时会产生集中热应力，使管道在此部位抗拉和抗剪强度降低。

（2）加固方法

直埋供热管道在焊接三通部位为了加强抗变形能力，应进行加固处理。具体加固措施有以下几种常见作法：

①在焊接三通的焊缝周围补焊一圈钢筋，钢筋直径应大于焊缝的宽度，如图 6.0.21（*a*）所示；

②在焊接三通的周围，将圆弧形钢板分别同主干管和支管焊接在一起，起到对三通的加固作用，如图 6.0.21（*b*）所示；

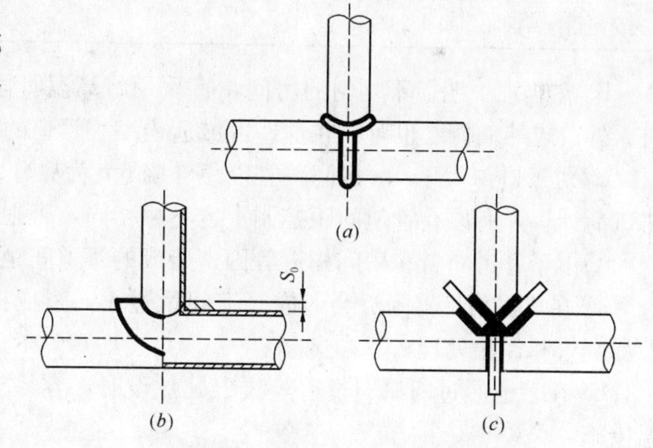

图 6.0.21 三通加固图示

（*a*）圆钢加固；（*b*）扁钢加固；（*c*）肋板加固

③在焊接三通的四周用钢板分别与主干管和支管相焊接，构成对称支撑，如图 6.0.21（*c*）所示；

④如果连接支管的三通采用冲压三通，三通可以不做加固处理。

6.0.22 低温热水地板辐射采暖系统中加热盘管的管径和间距布置对散热效果有什么影响？

低温热水地板辐射采暖是与建筑构造相结合的辐射采暖方式，它是通过埋设在地面下的加热盘管向外辐射散热的，加热盘管完全敷设在地面内。通过试验检测和实践证明，加热盘管的管径和间距的选择将直接影响系统的散热效果。

(1) 加热盘管管径选择的原则

由于地板辐射采暖方式的特点及构造限制着对管径的选择，管径过大，影响到填充保护层的厚度，影响到房间的使用高度，同时管径过大，管道的弯曲半径加大，造成管道布置间距过大，会影响散热的均匀性，也不经济。管径过小，散热面积缩小，需要增加管道长度，因此管道间距会变小，易造成管道堵塞。一般可采用的管径为 $DN15 \sim DN25$。

(2) 加热盘管间距的确定

加热盘管间距主要应根据房间的热负荷来确定，同时应兼顾管径的选择及管道的煨弯等因素。管道间距过大会影响散热的均匀性，所以，管径与管间距应相互结合考虑，采用最适当、最经济的布置。一般管间距不超过 300mm。

(3) 管道的间距对散热效果的影响

①由于地板辐射采暖系统的地板表面温度呈区域性分布，所以在管径确定的情况下，要求的管间距是不同的：

a. 由于人员直接与辐射地板相接触，所以应对地板表面平均温度作区域性划分，并应规定其最高限值，见表 6.0.22；

地板表面平均温度 t_{Ep} **表 6.0.22**

环境条件	适宜范围（℃）	最高限值（℃）	环境条件	适宜范围（℃）	最高限值（℃）
人员长期停留区域	24～26	28	无人员停留区域	35～40	42
人员短期停留区域	28～30	32	—	—	—

b. 在热损失明显不均匀的房间，宜采用将高温管段优先布置于房间热损失较大的外门、外窗或外墙侧，也可以在这些区域适当缩小管道的间距；

c. 对于进深大于 6m 房间，宜以距外墙 6m 为界分区，当作不同的单独房间分别进行热负荷计算，所以在管道间距控制上也不尽相同，否则将出现局部过热或过冷的现象。

②由于管道布置和房间构造等因素造成的管道间距过密的情况应采取的措施：

a. 在热媒集配器附近会形成管道间距过小，造成构造层表面温度过高，应在管道上加套管和保温处理；

b. 在管道经过门口、过道等狭窄处敷设时，容易产生管道过密现象，同样应采取保温措施。

③在房间热负荷较大的情况时，不能无限制地加大管径或加密管道间距，管道布置应考虑散热量不超出地板表面温度的最高限值，否则应设置其他辅助供暖设备，以满足房间所需的散热量。低温热水地板辐射采暖系统中埋地加热盘管相当于对流采暖系统中的散热器，它除了要满足房间的热负荷外，管道布置还应满足地板表面温度的梯度要求。施工中应严格按图纸施工，加强管道的固定，确保管道的管径、间距符合设计要求。

6.0.23 室内采暖系统的水压试验有哪些规定？如何进行？

(1) 规定

为检查系统整体的承压能力和严密性，避免采暖系统在投入使用后出现问题，减少维修的难度和工作量，采暖系统在安装完毕后，在防腐和保温之前应进行水压试验。试验压力应以设计的要求为依据，当设计不明确时，应符合下列规定：

①蒸汽、热水采暖系统以系统顶点工作压力加 0.1MPa 作为试验压力，同时在系统顶点的试验压力不应小于 0.3MPa；

②高温热水采暖系统的试验压力应为系统顶点工作压力加 0.4MPa；

③采用塑料管及复合管管材的热水采暖系统应以系统顶点工作压力加 0.2MPa 作为试验压力，同时在系统顶点的试验压力不应小于 0.4MPa。

对高温热水采暖系统，为防止系统中一旦出现汽化现象时管道内压力急剧增大造成爆管事故，所以试验压力要求较热水和蒸汽采暖系统有所增大。由于《建筑给水排水及采暖工程施工质量验收规范》GB 50242—2002 的适用范围是 130℃以下的高温热水，因此在系统顶点的试验压力定为工作压力加 0.4MPa。

塑料管及复合管的物理力学性能是承压能力与所输送的热媒温度成反比例，而水压试验一般是在常温下进行，因此规定的试验压力标准要高于钢管管材的标准。稳压时间要求较长是因为塑料管的可塑性较钢管大，需要较长时间观察才能真实反映出系统的压降和渗、漏情况。

(2) 水压试验的具体操作方法

①根据水源位置和工程系统情况，制定出试压程序和技术措施。较大的系统可分环路进行试验；

②在试压管道的加压泵出口处和系统的末端均应安装量程为试验压力 1.5～2 倍、精度为 2.5 级的压力表；

③根据全系统或分环路试压的实际情况检查各类阀门的开、关状态。试压管道阀门应全部打开，试验段与非试验段连接处阀门应予以隔断；

④打开水压试验管道的进水阀门向系统中注水，同时开启系统上各高点处的排气阀，使管道及采暖设备内的空气排尽。待水注满后，关闭排气阀和进水阀；

⑤打开连接加压泵的阀门，用电动或手压泵向系统加压，一般应分 2～3 次升至试验压力。在此过程中，每加至一定压力数值时，应停下来对系统进行全面检查，无异常现象和渗、漏时方可继续加压，最终加压至试验压力进行检查；

⑥在试验过程中如发现渗、漏情况应作好记号，便于返修；

⑦工作环境温度低于 5℃时作水压试验，应有可靠的防冻措施。试压合格后应及时将水放尽，必要时采用压缩空气或氧气将低点处存水吹尽。

选用钢管及复合管管材的系统，应在试验压力下 10min 内压力降大于 0.02MPa；降至工作压力后检查，压力应不降，不渗、不漏；

选用塑料管管材的系统，应在试验压力下 1h 内压力降不大于 0.05 MPa；然后降至工作压力的 1.15 倍，稳压 2h，压力降不大于 0.03 MPa；同时各连接处不渗、不漏。

6.0.24 采暖系统水压试验的试验压力为什么以系统顶点工作压力为依据确定？系统顶点的工作压力又如何确定？

采暖系统水压试验的试验压力是指试压泵的出口压力，通常应由设计给出。如果设计未注明，验收规范规定了可根据系统顶点的工作压力来确定的方法。

采暖系统水压试验压力确定方法是根据采暖系统管道内工作介质的特性、工作压力的状况和便于操作的要求等因素综合考虑的。

(1) 采暖系统是一个热介质的循环流动系统，管道内各点的工作压力分布规律因介质和系统的供热方式的不同而不同。

①热水采暖系统中，当采用上供下回式的供热方式时，根据其系统动水压图可知，系统运行时其顶点的工作压力高于系统底点的工作压力；

②高温热水采暖系统中，虽然供热方式多为下供上回式，系统顶点的工作压力要小于系统底点的工作压力，但系统顶点存在着高温热水介质可能出现“汽化”的情况，这时顶点承受的压力可能会大于底点；

③蒸汽采暖系统中，为防止出现汽、水逆向流动的问题，多为上供下回式供热，系统顶点的工作压力也高于系统底点的工作压力。

管道系统水压试验的目的就是要确保管道的任何一点都能承受正常的和可能出现的工作压力，因此要保障系统最不利点的管道受到试验压力的检验。

(2) 系统的水压试验是静水压力的检验。根据流体静压强的分布规律，静止流体中任意两点间的压强差等于两点间的高度差乘以流体的容重，就是说系统顶点所受到的实际试验压力低于系统底点的实际试验压力。

系统的试验压力是指试压泵的出口压力，试压泵一般都安装在系统的较低点。如果以系统设计的工作压力来确定试验压力，则系统顶点的实际试验压力可能满足不了上供式供热系统的工作压力要求；如果将系统设计的工作压力一律视为系统的顶点工作压力，可能会造成系统底点的实际试验压力过高，对管道或设备造成损坏。因此应根据系统的不同情况来确定系统的顶点工作压力，再以顶点的工作压力为依据，确定试验压力。

①高温热水采暖系统顶点的工作压力应为系统顶点处的水温加20℃后相应温度下的饱和压力；

②蒸汽采暖系统顶点的工作压力应为系统顶点处的饱和蒸汽压力；

③热水采暖系统顶点的工作压力应为系统入口处供水管工作压力减去底层至顶点高度的静水压力。

实际的试验压力应为顶点的试验压力加试压泵所处的位置与顶点之间的高差的静水压力。

6.0.25 采暖系统水压试验合格后，为什么要进行冲洗？如何冲洗？

(1) 原因

采暖系统在水压试验合格后，在通暖试运行之前应进行系统的冲洗，只有充分冲洗洁净才能确保采暖系统正常、安全的运行。如果不进行冲洗，在施工时残留在管道和设备中的泥沙及焊渣等杂物易堵塞管道造成系统循环不畅，出现局部不热现象；残留泥沙或杂物随着介质的高速流动会对各类阀门和安装在管内的各种测量取样元件形成冲击、破坏，造成阀门关闭不严或产生渗、漏；残留泥沙或杂物还会堵塞除污器、排气阀、疏水器等设备，使其丧失正常工作的能力，导致热水采暖系统空气排出不畅，蒸汽采暖系统冷凝水疏出不畅；残留泥沙或杂物还会污染系统内的水介质，降低其载热能力和散热效率。

由于室外管网管径较大，在施工中即使清除较大块的杂物，也会存有部分泥沙或悬浮物，在外管网水进入室内系统时，即使较大粒径的杂物被除污器挡住，但仍有较小粒径的杂物会进入到室内系统。

外管网内介质流速高，会将泥沙带到管径较小的膨胀管和循环管的管口处，管口一旦被堵塞，将使膨胀水箱失去作用，使系统无法正常运行。

（2）采暖系统管道的冲洗方法

①水冲洗。水冲洗适用于热水采暖的室内采暖管道系统，具体冲洗方法和要求与给水系统管道冲洗相同；

②蒸汽吹扫。在有条件的工程中，也可以对蒸汽采暖管道或室外供热管网进行蒸汽吹扫。蒸汽吹扫时，蒸汽的压力应为系统设计工作压力的75%，最低不少于25%；蒸汽流量为设计流量的40%～60%。反复吹扫应不少于三次，每次15～20min。用刨光的木板置于排汽口，吹扫结束木板上应无铁锈及脏物；

③空气吹扫。空气吹扫是利用压缩空气代替蒸汽进行吹扫，具体的方法与蒸汽吹扫相同。

采暖系统冲洗和吹扫前应制定好方案，要有充足的水源、汽（气）源和安全的排放措施，应按顺序由主到次，避免交叉污染，直至系统清洁为止。

6.0.26 采暖系统的试运行和调试包括哪些内容？如何运行？

采暖系统安装、冲洗完成后无论是室外系统还是室内系统，无论是热水采暖系统还是蒸汽采暖系统都应进行试运行和调试。通过试运行可以检验系统是否达到设计要求，查出存在的问题并及时解决。通过调试，完善工程的安装成果，使系统实现设计状态下的水力平衡，达到设计的采暖效果。

（1）室外系统的试运行和调试

室外供热管网的调试内容包括：管网的供水压力、温度、流量；供、回水压差以及除污器、过滤器的前、后压差等。

①试运行：

a. 室外热水采暖系统在通暖前应关闭各建筑的供、回水阀门，并应打开循环管阀门，向供热管道灌注的水应是经过处理过的软化水，并从回水总管处注入，逐渐注满外管网。在注水的同时应不断从锅炉房或换热站内供水总管的最高点排出空气，当确认外管网全部灌水后，再对水进行升温加热，同时开启循环水泵，使供水温度逐渐升高达到设计温度为准；

b. 室外蒸汽采暖系统在通暖前，较大的系统应关闭各建筑物入口的蒸汽管阀门，打开疏水器的旁通管阀门和排气阀，使疏水器处于关闭状态。此时，刚通入的蒸汽会产生大量的凝结水，凝结水从疏水器的旁通管排出，当排气阀出现蒸汽后，可关闭旁通管，开启蒸汽管阀门，疏水器正常工作。

②调试：

a. 在调试前应检查管网系统有无漏水和不热处，特别是蒸汽系统在通暖时，由于管道骤然升温，有可能造成管道裂纹或阀门损坏，所以应在调试前严格检查，及时维修；

b. 在调试前还应编制调试方案，根据设计要求确定各分支环路及建筑物各入口处供、回水管道的压力、流量、温度等参数值，要排好调试顺序，准备齐全调试所用的各种仪器、仪表和其他通讯设备，进行必要的人员分工等；

c. 调试时各处设备的压力表和温度计的量程必须满足设计要求，压力表在规定的检测使用期限内；

d. 按调试方案进行调试，确保各环路、各入户系统的流量符合设计要求；

e. 调试时应做好保温、封闭工作，防止管道系统冻坏。

（2）室内系统的试运行和调试

室内系统调试的内容包括：采暖热力入口的供水压力、温度、流量；供、回水压差、平衡阀的锁定位置、减压阀前后压力、室内温度以及膨胀水箱、凝结水水箱的水位与补水泵的联锁起动控制等。

①试运行：

a. 热水采暖系统通暖应首先打开系统最高点的排气阀，开启系统的回水总阀门，关闭系统的供水阀门开启入口装置的循环管，外网热水经回水管向系统注入。经过反复开闭系统最高点的放气阀门，直至系统中空气排净见到热水为止，开启总供水阀门，同时关闭循环管阀门，系统正常循环；

b. 蒸汽采暖系统通暖应逐渐打开蒸汽供汽阀，防止因管道突然伸缩或空气排出不利而产生水击，此时应打开疏水器组的旁通管排出凝结水，当凝结水的旁通管排出蒸汽后，应关闭旁通阀。此时疏水组正常工作，然后逐一将散热器的排气阀及凝结水过门处空气管的排气阀打开，排出系统空气，系统将进入试运行状态。

②调试：

a. 调试前应对系统进行检查，发现渗、漏处应及时维修；发现不热的应检查阀门是否打开，然后进行初步的调节；

b. 通过24h的正常运行后，进行正式的系统调试；

c. 检查各分支环路室内温度的均匀程度及室温是否符合设计要求，一般工业建筑物内室温允许与设计温度相差2℃，民用建筑物允许相差－1～2℃；

d. 通过对各分支环路控制阀门的调节，以及单管顺序式系统顶层闭合管和散热器支管阀门的调节，尽可能使系统流量达到平衡，室温均匀。对于安装调节阀或恒温阀的系统，调试后应做出标记；

e. 在试运行的调试中，如存在由于设计原因造成的热力失衡情况时，应由设计单位确认并负责限期整改；因施工单位安装不正确导致的热力失衡情况应立即返工纠正，符合要求后方能验收交工。

6.0.27 在热水采暖系统中采用塑料管及复合管管材施工时应注意哪些事项?

（1）管材的适用范围

①塑料管及复合管管材有冷、热管之分，在选用时注意区分，不得将用于冷水的管材用于采暖系统中；

②塑料管及复合管的物理力学性能是承压能力与所输送的热媒温度成反比。当温度超过一定界限时，承压能力与使用寿命都显著下降，所以目前的塑料管及复合管管材适用于小于70℃的热水采暖系统，不适用于高温热水及蒸汽采暖系统。

（2）关于管道的连接

①目前适用于采暖系统的塑料管及复合管仅有热熔连接和专用接头卡套式连接，而不适用粘接连接；

②热熔连接管件与管材应采用同种材质的配套产品进行连接，并应控制好加热时间，不应在管接口内部形成热熔环而减少管道过流截面，甚至堵塞管道；

③采用专用接头连接时，管端面应平整、无毛刺，并应用整圆器将管口整圆，管件内芯应全长压入管内腔，确保连接严密。管道在管接头100mm范围以内不得煨弯；

④塑料管及复合管管道在隐蔽部分内不应有接头。

(3) 管道的敷设安装

①塑料管及复合管受热后易变形，所以不宜用在采暖干管及明设的采暖立管上，既影响观感，又不利于控制管道的坡度；

②由于塑料管及复合管的刚度较钢管小，管道的支、托架及卡具的间距应满足要求，利用管道转弯处作为膨胀补偿，并应设置固定支架，固定支架要尽可能安装在管件附近，真正起到它应有的作用；

③管道在地面下预留管槽中敷设时，管槽的尺寸应满足管道的固定需要，特别在管道的转弯处应预留管道伸缩变形的余量，以防管道在受热伸长时突出槽外，胀坏卡具。另外管道在水平敷设时应满足坡度的要求，如不能满足要求，应水平安装，但管道中介质的流速应不小于0.25m/s；

④管道应尽可能使用直接弯曲转弯，不宜采用弯头，不仅有利于管道的变形补偿，而且有利于管道接口的严密不漏。采用专用接头连接的管道，由于其特有的连接方法，使管道缩径减少介质流量，增加局部阻力。管道在直接弯曲煨弯时，曲率半径为：塑料管不小于管外径的8倍；复合管不小于管外径的5倍；

⑤管道在埋地或嵌墙敷设时，进出地面或墙面处应采用硬聚氯乙烯波纹护套管，护套管进地部分不得小于20mm，出地面高度应为50mm，出墙面处应与墙面平齐。埋地管道在穿越伸缩缝处应设长度不小于墙体厚度加100mm的柔性套管；管道在穿越墙体时应外加钢制套管来进行保护。

6.0.28　在分户热计量供暖系统中应安装哪些控制阀门和仪表？

分户热计量供暖是对住宅工程按热量计量收费和分室控温而进行设计、施工的新型采暖系统，它将促进供暖的商品化，提高住宅采暖的节能和科学管理水平。为满足上述要求，在户内系统中应安装计量、控制、调节等装置，如图6.0.28所示。这些设备通常被安装在专用箱体中（下面简称分户箱），分户箱应设置在户外的楼梯间里。

(1) 分户箱内应安装的阀门和仪表

①专用调节阀。专用调节阀又称锁闭阀，应安装在进户的供、回水管道上，起到调节和锁闭的作用，并应用专门的开启工具，由运行管理部门负责管理；

②热量表。热量表是根据热媒的焓差和质量流量在一定时间内的积分计算直接进行热量计量的装置。通过它可以计量出采暖系统为户内提供热量的多少，并以此作为收费的依据；

③过滤器。过滤器是保证系统正常运行，保证热量表正常工作的重要装置，过滤器的滤网规格以60目为宜，它通常应安装在热量表前。

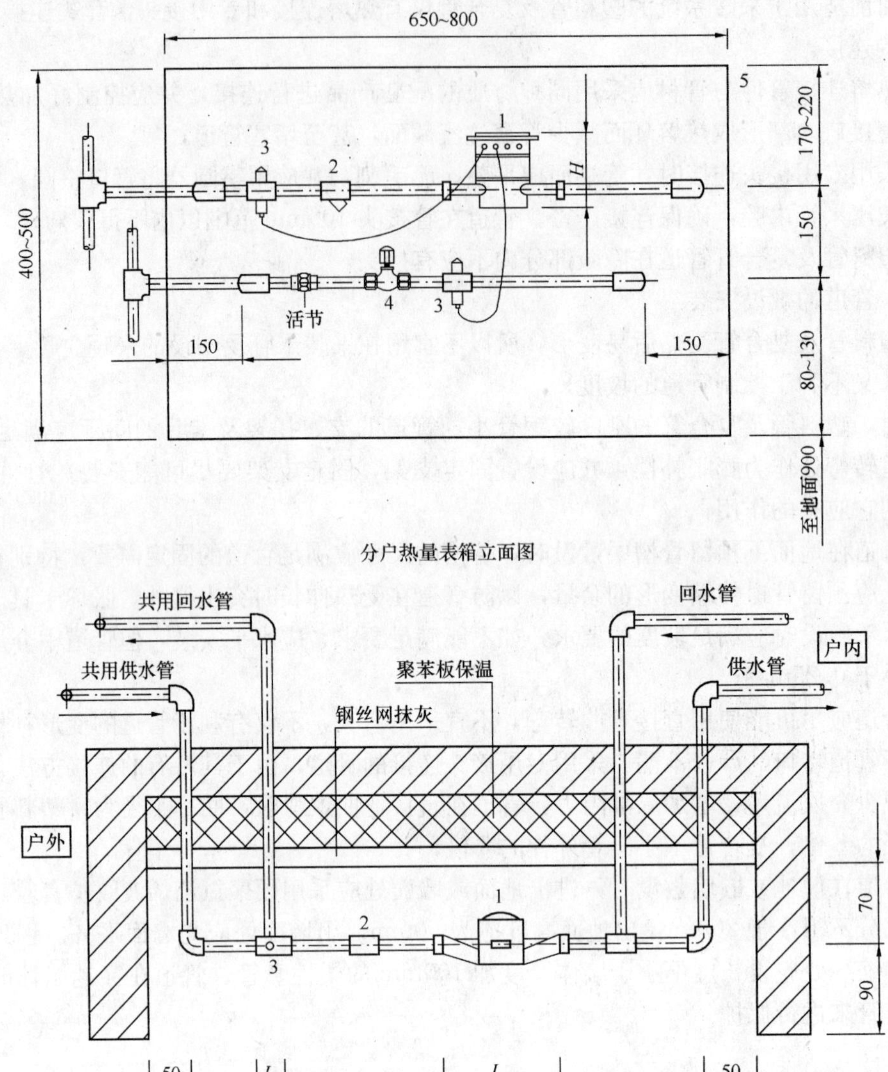

图 6.0.28　分户计量供暖户内系统装配简图

1—热量表；2—过滤器；3—锁闭阀（带温度传感器安装管）；4—手动调节阀；5—热量表箱

（2）户内系统中应安装的阀门和仪表

①控制阀。为方便系统的维修，应在户内系统的供、回水进出管上安装起切断作用的控制阀门，以便在系统出现事故时及时关闭系统，减少事故损失；

②为了方便系统的调节以及提供用户实施分室调节温度，在每一组散热器上可安装调节阀或恒温阀。恒温阀的选型应与户内采暖系统的形式相适应，并应具有防冻控制功能，其防冻控制温度不宜低于 6℃。采用低温热水地板辐射采暖方式时，调节阀或恒温阀应设置在热媒集配器的每一个分支环路上。

（3）分户箱的安装要求

分户箱一般设在每户楼梯间的外墙上，也有将阀门和仪表直接设置在分户供暖系统供、回水总立管的管道井内，分户箱的标高（严格地说户内供、回水管进出口的标高）应尽可能满足系统的运行和维修以及排气和泄水的要求。

①分户箱的标高宜控制在户内系统的最高点之下（排气阀标高之下），这样系统可以通过排气阀正常排出系统中的空气，方便系统的正常运行。如果分户箱的安装标高无法保证，应在分户箱中安装排气装置；

②分户箱的标高宜控制在每户的地面楼板之下，也就是说户内供、回水进出口应低于户内系统的最低点，这样可以便于排净系统中的水，方便维修，也可防止在因故障停暖时系统发生冻结；

③另外，分户箱的构造应满足分户箱中管道及阀门、仪表不受冻结，同时分户箱的结构尺寸还应满足管道及阀门、仪表的安装和维修尺寸的要求。

6.0.29　热水采暖系统中的平衡阀应如何进行调试？

平衡阀属于调节阀的范畴，与普通调节阀的不同之处在于有开度指示、开度锁定装置及阀体上有两个测压小阀门。在管网调试时用软管将被调试的平衡阀测压小阀门与专用智能仪表连接，仪表显示出流经阀门的流量及压降值。调试平衡后，阀门锁定功能使开度最大值不能随便变更，但阀门仍可以关闭，重新开启后，最大开度就是锁定的位置。热水采暖系统设置平衡阀就是通过对系统的各分支环路流量进行调节，使系统达到水力平衡状态，充分利用热能，减少浪费。

采暖系统的设计通过管道是将热媒由管道系统输送到各用户的。各用户均应获得所需要的设计热媒流量，使用户的室温达到设计要求，既满足使用功能又不会造成能量浪费，这样的系统就是水力平衡的系统。然而由于一些实际的不利因素，如管材内壁的粗糙度、设计计算的忽略及安装不当等，供热管路系统在运行初期并不平衡，而是处于水力失调状态，如靠近热源的用户流量过大，室温过高需开窗降温，使大量热量流失；远离热源的用户流量不足，室温过低，居民挨冻。如何才能使采暖系统达到水力平衡状态呢？在现有的集中采暖系统中，末端设备一般不具有自行调节功能，无法解决水力失调的问题，依靠普通的阀门调节范围有限，而且又不准确。在采暖管道中安装先进可靠的调节装置，能确保各用户都获得设计的热媒流量，从而使系统达到水力平衡。

（1）平衡阀的安装

平衡阀安装在供水管路上，也可安装在回水管路上，对于热力站的一次环路来说，为方便平衡调试，平衡阀安装在水温较低的回水管路上，总管上的平衡阀宜安装在供水总管水泵后，以防止由于水泵前压力过低发生水泵气蚀现象。另外，由于平衡阀具有流量计量功能，为了使流经阀门前后的水流稳定，保证测量精度，在条件允许的情况下，应尽量将平衡阀安装在直管段处。

（2）平衡阀的调试

调试前应将管路系统中全部平衡阀处于启开状态，其他阀门处于要求的开、闭状态；在图纸上对每个平衡阀处标出流经调试阀的设计流量值。对管路比较简单，平衡阀只涉及到总干管时，可采用简易法调试平衡，对于较复杂的系统，应该请生产厂家的技术人员采用比较法进行调试平衡。平衡阀的常用调试办法如图 6.0.29 所示。

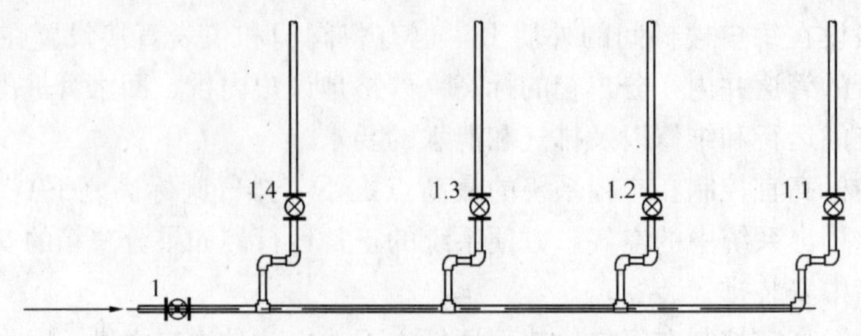

图 6.0.29　平衡阀常用调试办法图示

①首先以最不利支环路 1.1 平衡阀为“参照阀门”，关闭 1.2、1.3 和 1.4 的平衡阀。调整平衡阀 1.1 至设计流量，并用智能仪表监视该阀的压降值，并不再改变其开度；

②调整支环路平衡阀 1.2 的流量，使其达到设计流量。此时的平衡阀 1.1 压降和流量必然发生变化，可通过调整主干管 1 的平衡阀开度，使 1.1 处压降恢复并恒定；

③按同样方法调整支环路平衡阀 1.3 和 1.4 至设计流量，全部调试合格后，锁定主干管 1 的平衡阀开度，并做出标志。

(3) 使用平衡阀的注意事项

①系统平衡阀调试后，平衡阀的开度不能随意变更，应利用锁定装置将阀门开度锁定，并做好标记；

②安装平衡阀的新系统连接于原有供热管网时，必须注意新系统与原有系统内水量分配平衡问题；

③平衡阀可代替截止阀，起切断水流的作用，但在重新开启恢复使用时，应该将平衡阀恢复到原来锁定的开启位置；

④在管网系统中增设（或取消）环路时，除应增加（或关闭）相应的平衡阀之外，原则上新设的平衡阀及原系统环路中的平衡阀均应重新进行调试锁定，原环路中支环路平衡阀不必重新调试。

6.0.30　如何避免因施工造成的采暖系统出现局部不热的质量问题？

造成采暖系统局部不热的原因很多，有设计原因、施工原因、材料原因，也有管理方面的原因。

(1) 施工工艺方法不当。

①管道无坡、倒坡。在施工前管道没有调直，弯曲度较大，施工时形成波浪或管道在变径连接时方法不正确，造成管中空气无法排出或排出不利，系统局部形成“气塞”，使水循环不畅，甚至有可能产生断流；

②立、支管与干管连接方法不正确。立、支管插入干管中，造成局部阻力增大，导致立、支管中流量减少，影响散热器的散热；或钢管管道在对焊时管口错位，塑料管在热熔连接时插入长度控制不当，在管道接口处形成一道热熔环，造成局部阻力增加或堵塞管道；

③散热器安装倾斜，或支管倒坡，或散热器未安装放风阀，或放风阀安装位置不正确，造成散热器不热；

④在热水采暖系统中，管道在上返时高点未安装排气装置；在蒸汽采暖系统中，凝结水管过门处未安装过门放空气管，或疏水器等安装位置不正确，或没有安装，系统空气排

出不利，凝结水疏出不畅；

⑤固定支架、活动支架和导向支架的构造或安装位置不正确，使补偿器无法正常工作，造成管道变形，形成局部“气塞”，使系统循环不畅，严重的有可能造成系统的损坏；

⑥在管道施工时，管道采用灌砂热煨弯时砂子清除不净，也可能在管道焊接时焊渣灌入管中，管内杂物清除不净，在系统运行时造成系统末端或除污器、疏水器等部位堵塞，使系统循环不畅。

（2）材料设备不合格

如闸板阀门的闸板脱落、排气装置无法开启或疏水器失灵等造成系统局部堵塞或排气、疏水不畅通。

（3）不按设计施工、擅自变更设计

①擅自变更管径或管道变径位置不正确，或部分立、支管局部的变化造成系统水力失调；

②管道保温，保温材料的厚度不符合设计要求，造成热量损失，影响热媒温度；

③擅自增加或减少散热器的数量或改变散热器的型号和安装位置，造成系统的热量分布不均或水力失调，出现局部过热或过冷现象；

④系统没有进行试运行和调试或调试没达到要求。无论是外网系统还是室内系统，在管道系统安装完毕冲洗合格后应进行系统的试运行和调试，通过试运行发现系统存在的问题，再通过调节来平衡各支环路水力参数，使系统达到最佳运行工况。如果不属于施工方面的问题，可由设计单位来协助解决，确保采暖系统的正常运行。

总之，造成系统局部不热的主要根源是流量的变化。只要是能够直接或间接导致系统流量产生变化的因素都有可能使系统发生局部不热的现象。只要严格按照操作规程及施工图纸施工就可以避免由于施工原因造成的采暖系统局部不热的质量问题。

6.0.31 采暖系统管道及设备安装工程的允许偏差和检验方法有哪些规定？如何检验？

（1）室内采暖系统管道安装

①室内采暖系统管道安装的允许偏差和检验方法应符合表 6.0.31-1 的规定；

室内采暖管道安装的允许偏差和检验方法　　表 6.0.31-1

<table>
<tr><th>项次</th><th colspan="3">项目</th><th>允许偏差</th><th>检验方法</th></tr>
<tr><td rowspan="4">1</td><td rowspan="4">水平管道纵、横方向弯曲（mm）</td><td rowspan="2">每米</td><td>管径≤100mm</td><td>1</td><td rowspan="4">用水平尺、直尺、拉线和尺量检查</td></tr>
<tr><td>管径>100mm</td><td>1.5</td></tr>
<tr><td rowspan="2">全长（25m 以上）</td><td>管径≤100mm</td><td>≤13</td></tr>
<tr><td>管径>100mm</td><td>≤25</td></tr>
<tr><td rowspan="2">2</td><td rowspan="2">立管垂直度（mm）</td><td colspan="2">每米</td><td>2</td><td rowspan="2">用吊线坠和尺量检查</td></tr>
<tr><td colspan="2">全长（5m 以上）</td><td>≤10</td></tr>
<tr><td rowspan="4">3</td><td rowspan="4">弯管</td><td rowspan="2">椭圆率 $\frac{D_{max}-D_{min}}{D_{max}}$</td><td>管径≤100mm</td><td>10%</td><td rowspan="4">用外卡钳和尺量检查</td></tr>
<tr><td>管径>100mm</td><td>8%</td></tr>
<tr><td rowspan="2">折皱不平度（mm）</td><td>管径≤100mm</td><td>4</td></tr>
<tr><td>管径>100mm</td><td>5</td></tr>
</table>

注：D_{max}，D_{min}分别为管子最大外径和最小外径。

②检查数量：

a. 水平管道纵、横方向弯曲。按系统内直线管段长度每 50m 抽查两段，不足 50m 不少于一段，有分隔墙的建筑以隔墙为分段数，抽查 5%，但不少于 5 段；

b. 立管垂直度。一根立管为一段，两层及其以上按楼层分段，抽查 5%，但不少于 10 段；

c. 弯管。导管上的弯管抽查 10%，但不少于 5 个；立、支管上弯管抽查 5%，但不少于 10 个。

(2) 室外采暖系统管道安装

①室外采暖系统管道安装的允许偏差和检验方法应符合表 6.0.31-2 的规定；

室外供热管道安装的允许偏差和检验方法　　表 6.0.31-2

项次	项目			允许偏差	检验方法
1	管道坐标（mm）		敷设在沟槽内及架空	20	用水准仪（水平尺）直尺、拉线检查
			埋地	50	
2	管道标高（mm）		敷设在沟槽内及架空	±10	尺量检查
			埋地	±15	
3	水平管道纵、横方向弯曲（mm）	每米	管径≤100mm	1	用水准仪（水平尺）直尺、拉线和尺量检查
			管径>100mm	1.5	
		全长（25m 以上）	管径≤100mm	≤13	
			管径>100mm	≤25	
4	弯管	椭圆率 $\frac{D_{max}-D_{min}}{D_{max}}$	管径≤100mm	8%	用外卡钳和尺量检查
			管径>100mm	5%	
		折皱不平度（mm）	管径≤100mm	4	
			管径 125～200mm	5	
			管径 250～400mm	7	

②检查数量：

a. 坐标、标高。分别检查管网的起点、终点、分支点和变向点的坐标和标高，每 100m 抽查 3 点，不足 100m 不少于 2 点；

b. 水平管道纵、横方向弯曲。检查管网的起点、终点、分支点和变向点间的直线管道，每 100m 抽查 3 段，不足 100m 不少于两段；

c. 弯管。按管网内弯点（含方形补偿器）抽查 10%，但不少于 10 个。

(3) 管道保温

①管道保温层的厚度和表面平整度允许偏差和检验方法应符合表 6.0.31-3 的规定；

管道保温层的允许偏差和检验　　表 6.0.31-3

项次	项目		允许偏差（mm）	检验方法
1	保温层厚度（δ）		$+0.1\delta$ -0.05δ	用钢针刺入、尺量
2	表面平整度	卷材	5	用 2m 靠尺和楔形塞尺检查
		涂抹	10	

②检查数量：每100mm抽查3处，不足100mm不少于2处。

(4) 散热器安装

①散热器安装的允许偏差和检验方法应符合表6.0.31-4的规定；

散热器安装的允许偏差和检验方法 **表6.0.31-4**

项次	项目			允许偏差（mm）	检验方法
1	散热器背面与墙表面距离			4	尺量检查
2	与窗中心线或设计定位尺寸			20	
3	散热器垂直度			3	吊线坠和尺量检查
4	平直度	长翼型	2～4片	4	水平尺、直尺拉线和尺量检查
			5～7片	6	
		铸铁片式	3～15片	4	
		钢制片式	16～2片	6	

②检查数量：散热器抽查5%，但不少于10组。

6.0.32 采暖系统施工中有哪些常见的质量通病？如何防治？

(1) 采暖系统施工中常见的质量通病

管道热膨胀补偿器运行一段时间后出现补偿器损坏、渗、漏；管道变形、脱离支架；固定支架损坏等现象。

①产生的原因：

a. 固定支架安装位置不正确，构造及安装强度不符合设计要求；

b. 活动支架的构造不符合要求，管道不能自由伸缩，使管道在受热变形时产生过大的摩擦阻力，甚至卡死；

c. 在两固定支架间未安装活动支架，或安装的数量不够，使管道的自身刚度无法承受自重而产生变形；

d. 补偿器在安装前未进行预拉伸或预留收缩余量；

e. 套筒补偿器及波纹补偿器的纵向中心轴不同心。

②防治措施：

a. 固定支架应安装在施工图标定的位置上；

b. 固定支架的作用是限制管道在支撑处发生径向和轴向位移，所以在固定支架上一定要安装管道的止动环；

c. 活动支架应按验收规范规定的距离来设置，应根据管径的大小和保温与否来区别对待。同时在施工中应禁止利用隔墙作为活动支架；

d. 方形补偿器或波纹管补偿器在安装时应按规定进行预拉伸，套管补偿器在安装时应按规定预留收缩剩余量，以保证补偿器的运行安全不受损失。

(2) 采暖系统在运行时发生撞击和响声

①产生的原因。在热水采暖系统中，管道中的空气不能排出；蒸汽采暖系统中产生蒸汽、空气、凝结水共存的现象，特别在蒸汽压力变大时会产生强烈的撞击。

②防治措施：

a. 应确保采暖管道的坡度和坡向；管道安装时应将管材进行调直，先安装支架，后进行管道安装，确保管道的坡度和坡向的连续；

b. 应根据施工图纸和现场的实际安装疏水器、排气和泄水装置；

c. 蒸汽采暖管道的转弯处不宜采用冲压弯头，应采用煨制弯管。

（3）采暖系统供热后，系统不热或局部不热

①产生的原因有如下因素：

a. 干管坡度不够，倒坡或坡度不均匀，系统或散热器内积存空气或凝结水；

b. 排气装置安装不正确或漏装；

c. 管道冲洗不净，有异物、泥沙等堵塞三通、弯头或阀门等处；

d. 变径位置安装不正确，局部阻力增大，造成了水力失调；

e. 蒸汽系统中疏水器疏水不畅或失灵，管道内凝结水过多，蒸汽流通不畅；

f. 散热器或支管坡度不当，蒸汽系统散热器放风位置不正确，使散热器内存有空气；园翼型散热器未安装偏心法兰，排气和泄水不畅；

g. 管道上阀门开启度不够，或阀门失灵；

h. 系统没做认真调试。

②控制措施：

a. 在施工时严格控制散热器和管道内的洁净。在安装前应倒空管内的泥沙、冰、雪等杂物，认真检查和清除管口的飞边、毛刺和残渣；

b. 散热器安装应牢固、平稳、垂直，托勾与散热器接触应紧密；散热器安装完应进行检查，用水平尺或吊线检查；

c. 散热器的支管应确保合理的坡度和坡向，使散热器中的空气顺利排出，应正确设置托钩或支架，避免立管及支管下沉造成倒坡；

d. 合理安装系统或散热器的放风装置；

e. 在多层或高层建筑的垂直顺序式采暖系统中，为避免出现顶层散热器过热，而底层散热器不热的垂直失调现象，应在顶层或上部 2～3 层的散热器支管上安装闭合管和调节阀，改善底层散热器温度偏低的现象。

（4）采暖系统主干管分支及连接支管不正确，存在质量隐患

①具体表现：

a. 采暖干管分支采用丁字管 90°直角弯做法，造成局部阻力增加；

b. 采暖干管在变径处、管道转弯处焊接分支管，或变径位置不正确，造成连接支管处局部阻力增加；

c. 在采用管道转弯作为自然补偿的受变形应力集中的地方连接支管，易造成接口开裂，渗、漏。

②控制措施：

a. 总立管分支和水平干管分支均应采用如图 6.0.32-1 的做法，同时也可以作为自然补偿；

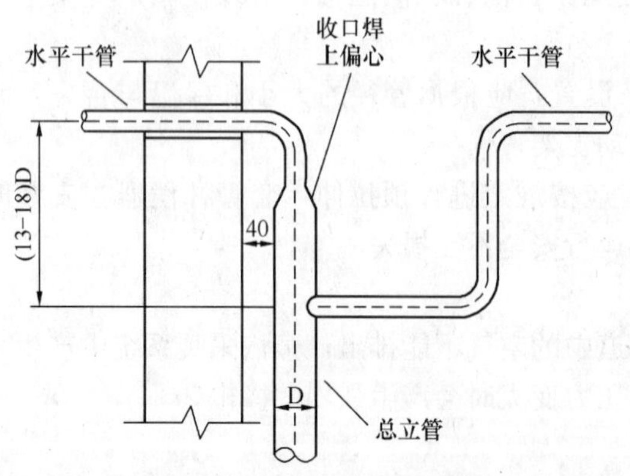

图 6.0.32-1　总立管分支和水平干管分支安装

b. 分支管道与墙体表面平行敷设

时，分支点应与墙体保留 100mm 的间距，如图 6.0.32-2 的做法；

c. 采暖系统水平干管在转弯处及变径、焊口处连接支管应采用如图 6.0.32-3 的做法。

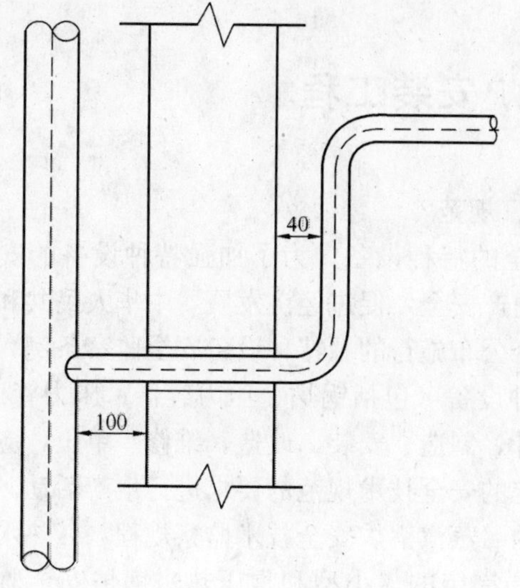

图 6.0.32-2　分支管道与墙体表面的间距

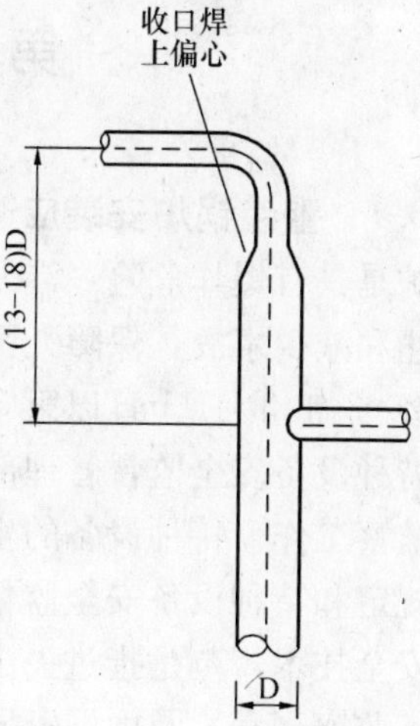

收口焊上偏心

(13~18)D

D

图 6.0.32-3　水平干管与支管在转弯处及变径、焊口处连接

（5）阀门渗、漏，开关不灵活

①产生的原因：

a. 阀门压盖不严或填料不满；

b. 冬季进行水压试验后，系统内的试压用水没有放净，被冻裂；

c. 阀门安装前未进行耐压强度和严密性试验，对不合格产品没有检查出来。

②控制措施：

a. 阀门安装前应按规定进行耐压强度和严密性试验，不合格产品不得安装；

b. 对压盖不严或填料不满的阀门应更换填料，重新紧固；

c. 冬季进行水压试验且不能立即投入使用的系统应采取措施将试压用水排放干净、吹干；

d. 管道与阀门丝扣连接时，应选用适当规格的管钳，以防用力过大，拧裂阀体。

（6）管道及设备的支、托架安装不符合要求的具体表现

a. 活动支架与固定支架不分，固定支架安装不符合要求，而活动支架又把管道紧固住不能自由伸缩；

b. 管道利用弯管做自然补偿时，未按管道伸缩情况合理安装固定支架，管道不能按设计方向伸缩；

c. 管道支架不设管卡或管卡圆钢过细，出现管道在运行时变形，甚至滑出支架的现象；

d. 散热器托勾数量不合要求，受力不均匀，个别托勾与散热器不接触；

e. 地板辐射采暖系统中加热盘管的固定卡子间距过大，卡件固定不牢固，造成加热盘管在地板内自由活动。由于加热盘管与充填层之间接触不紧密，影响辐射散热效果。

第七章　锅炉安装工程

7.0.1　整装锅炉安装应遵照哪些规程、规范？

锅炉是具有爆炸危险，涉及人员生命安全的特种设备。为了加强特种设备的安全监察，防止和减少事故，保障人民群众生命和财产安全，促进经济发展，中华人民共和国国务院于2003年3月11日以第373号国务院令公布施行的《特种设备安全监察条例》明文规定：特种设备安全监督管理部门负责对特种设备（包括锅炉、压力容器、压力管道等）的安全监察工作。特种设备的生产（包括设计、制造、安装、改造、维修）单位，应当依照条例规定和特种设备安全监督管理部门制定的安全技术规范的要求进行生产活动。这里所讲的安全技术规范是指过去由劳动部制定的《蒸汽锅炉安全技术监察规程》、《热水锅炉安全技术监察规程》及由国家质量技术监督局制定的《小型和常压热水锅炉安全监察规定》等。

应当指出的是，《蒸汽锅炉安全技术监察规程》等安全技术规范是保证锅炉安全、经济运行的基本要求，或者说是最低要求。也就是说锅炉的设计、制造、安装、使用必须达到安全技术规范的要求。其他标准、规范如果高于这个基本要求是可以的。例如《蒸汽锅炉安全技术监察规程》第50条规定：凡能引起锅筒（锅壳）壁或集箱壁局部热疲劳的连接管（给水管、高温水管等），在穿过锅筒（锅壳）壁或集箱壁处应加装套管。额定蒸汽压力小于或等于1.0MPa且额定蒸发量小于或等于1t/h的锅炉，可不加装给水套管。对这个问题，如果要求额定蒸汽压力1.0MPa且额定蒸发量1t/h的锅炉加装套管，就属于高于《蒸汽锅炉安全技术监察规程》的要求，是可以的。

整装供暖锅炉安装应遵循的规程、规范很多，主要有：

①《建筑给水排水及采暖工程施工质量验收规范》GB 50242—2002；

②《工业锅炉安装工程施工及验收规范》GB 50273—1998；

③《机械设备安装工程施工及验收通用规范》GB 50231—1998；

④《压缩机、风机、泵安装工程施工及验收规范》GB 50275—1998；

⑤《特种设备安全监察条例》（国务院2003年373号令）；

⑥《蒸汽锅炉安全技术监察规程》（劳安锅局［1996］76号文件）；

⑦《热水锅炉安全技术监察规程》（劳锅字［1997］74号文件）；

⑧《小型和常压热水锅炉安全监察规定》（国家质监局2000年11号令）；

⑨《工业自动化仪表工程施工及验收规范》GBJ 93—1986；

⑩《工业设备及管道绝热工程施工及验收规范》GBJ 126—1989等。

7.0.2　整装锅炉安装包括哪些内容？

整装锅炉分立式锅炉和卧式锅炉两种。立式锅炉从锅炉本体看，燃煤锅炉分为立式大横水管锅炉、立式多横水管锅炉、立式直水管锅炉、方式弯水管锅炉和立式竖水管锅炉等；燃油、燃气的立式锅炉分为立式大管锅炉、立式横水管锅炉、贯流锅炉等。卧式整装锅炉分为各种单锅筒的大水管锅炉、双锅筒的水管锅炉、卧式燃油水管锅炉等。各种锅炉的外形、结构和尺寸各不相同，即使是同一种类型，相同参数的锅炉，经锅炉厂各自设计、计算，其外形和尺寸也不相同。因此，不同的锅炉，其安装的内容和要求也不相同。有的锅炉还装有省煤器，空气预热器等尾部受热面。

整装锅炉本体安装工作包括放线、就位、找正、调平。锅炉安装的主要工作是安全附件安装、辅机安装、静置设备安装、管道安装、电气仪表安装、锅炉水压试验、烘炉、煮炉和试运行。

①安全附件包括安全阀、压力表、水位表、温度计、排污阀以及水位、压力、温度的报警和联锁保护装置。

②辅机包括上煤、出渣、鼓风、引风、炉排减速机和除尘器及给水泵、循环水泵等。

③静置设备包括水箱、分汽（水）缸、软化水装置、除污器、锅水取样器、蒸汽取样器、除氧装置、除污器和热交换器等。

④管道包括汽、水管道和烟、风管道。蒸汽锅炉的汽、水系统包括水软化系统、除氧系统、给水系统、蒸汽系统、排污系统、冷凝水回收系统、换热系统、以及安全阀排汽管和疏水管道等。

⑤烟、风管道的烟管是从锅炉至省煤器（或空气预热器）、除尘器、引风机至烟道（烟囱）的管道；风管是由鼓风机至锅炉的管道。

⑥水压试验是分别对锅炉和省煤器单独试压，因为他们的水压试验压力是不同的。

⑦烘炉、煮炉之前应对机械设备做单机试运行。需做单机试运行的机械设备包括炉排、减速机、上煤机、出渣机、鼓风机、引风机和各类水泵等。烘炉一般都用火焰，用小火缓慢将炉墙和前、后拱烘干。煮炉是向锅炉内加入碱性的氢氧化钠和磷酸三纳的水溶液，加热后将锅筒和受热面管内的油垢、铁锈除去。试运行包括冲洗水位表、压力表，严密性检查，调试安全阀和带负荷试运行。

7.0.3 锅炉安装前应注意做哪些准备?

①按《特种设备安全监察条例》规定，安装前应将安装有关情况书面告知市特种设备安全监督管理部门，书面告知的内容包括：使用单位名称、安装锅炉的型号、生产日期、产品编号、锅炉生产厂名称、安装工程主要内容、工程计划开工、竣工日期等。同时出示锅炉房平面图、锅炉安装施工方案、锅炉总图、锅炉质量证明书和锅炉出厂检验证书等。

②审查锅炉房设计图纸和锅炉厂提供的图纸及安装使用说明书。主要应审查以下几点：

a. 锅炉图纸有无审查鉴定的签章；

b. 安全阀排放管的设置及安全阀的开启压力；

c. 蒸汽锅炉水位表在汽、水连管上应装设阀门，应有冲洗水位表的泄水管；

d. 排污阀阀体材料不得采用灰铸铁；

e. 热水锅炉烘炉、煮炉操作的具体要求；

f. 压力表的量程；

g. 锅炉找正时的测量点和要求；

h. 对于常压热水锅炉，主要看管道系统设计是否合理；

I. 对于燃油锅炉，看油箱的液面计和试漏方法，锅炉房应适量通风换气；

J. 对于燃气锅炉，应有可燃气体浓度超标时报警和通风换气的措施。

③锅炉及辅机、附件的清点。核对锅炉、辅机、附件的名称、规格、型号，锅炉名牌的产品编号是否与锅炉质量证明书的产品编号相同；核对安全阀规格、型号是否与安全阀排放量计算书一致；排污阀型号是否与设计符合。在清点时要检查外观，看有无表面缺陷、磕碰损坏、扭曲变形、严重锈蚀等。还要检查链条炉排风门调节是否灵活可靠等。

④安装用的管子、焊条、阀门等都应有质量证明。其上应盖有生产单位红色公章或者在复印件上盖经销单位红色公章。

焊接钢管应符合《低压流体输送用焊接钢管》GB/T 3091—2001 标准；无缝钢管应符合《输送流体用无缝钢管》GB/T 8163—1999 标准。外形等检查可按《无缝钢管尺寸、外形、质量及允许偏差》GB/T 17395—1998 规定执行。

焊条应采用 E4303 碳钢焊条。阀门按锅炉房设计图纸选用，如果设计不明确时，切断阀应采用截止阀或闸阀。热水管道也可以采用蝶阀，但应注意蝶阀密封面橡胶，若是普通橡胶，其允许使用温度仅为 60℃，而锅炉一般进出水温度是 70℃和 95℃，所以应采用耐热橡胶。同样道理，法兰间垫片若使用普通橡胶垫也只可用在不大于 60℃的场合，如自来水、软化水管道上，而热水锅炉进出水管上应使用橡胶石棉垫。在水泵进水管上的切断阀应采用闸阀而不应选用截止阀，因闸阀水流阻力小，以免水泵因吸水温度高、吸程大而产生汽蚀。

7.0.4 整装锅炉主机怎样安装？

整装锅炉在制造厂内已完成总装，其安装工作主要是放线、就位、找正和调平。

(1) 放线

按设备布置平面图和有关建筑物的轴线或边缘线及标高线，在基础上划出安装的基准线；在设备上选定找正、调平的定位基准面、线或点，并划出中心线。基础放线前，应对基础进行检查验收，以保证安装工作的顺利进行。锅炉基础的检查应符合表 7.0.4-1 的规定：

锅炉设备基础的允许偏差和检验方法　　表 7.0.4-1

项　次	项　目		允许偏差（mm）	检验方法
1	基础坐标位置		20	经纬仪、拉线和尺量检查
2	基础各不同平面的标高		0，−20	水准仪、拉线和尺量检查
3	基础平面外形尺寸		20	尺量检查
4	凸台上平面尺寸		0，−20	
5	凹穴 尺寸		+20，0	
6	基础上平面水平度	每　米	5	水平仪（水平尺）和楔形塞尺检查
		全　长	10	
7	竖向偏差	每　米	5	经纬仪或吊线和尺量检查
		全　高	10	

续表

项次	项目		允许偏差（mm）	检验方法
8	预埋地脚螺栓	标高（顶端）	+20，0	水准仪、拉线和尺量检查
		中心距（根部）	2	
9	预留地脚螺栓孔	中心位置	10	尺量检查
		深度	−20，0	
		孔壁垂直度	10	吊线和尺量检查
10	预埋活动地脚螺栓锚板	中心位置	5	拉线和尺量检查
		标高	+20，0	
		水平度（带槽锚板）	5	水平尺和楔形塞尺检查
		水平度（带螺纹孔锚板）	2	

当地脚螺栓埋设的尺寸有偏差时，一般处理原则是：

①地脚螺栓平面坐标尺寸偏差的处理：一种办法是将地脚螺栓在基础内的部分用氧气—乙炔焰加热后校正，然后在弯曲部位焊上钢板加固，如图 7.0.4-1 所示；另一种办法是将螺栓割断，另准备一个螺栓，再用钢板焊接，如图 7.0.4-2 所示。

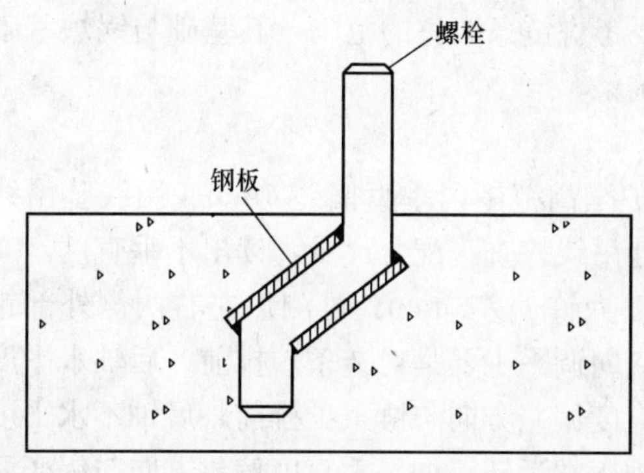

图 7.0.4-1

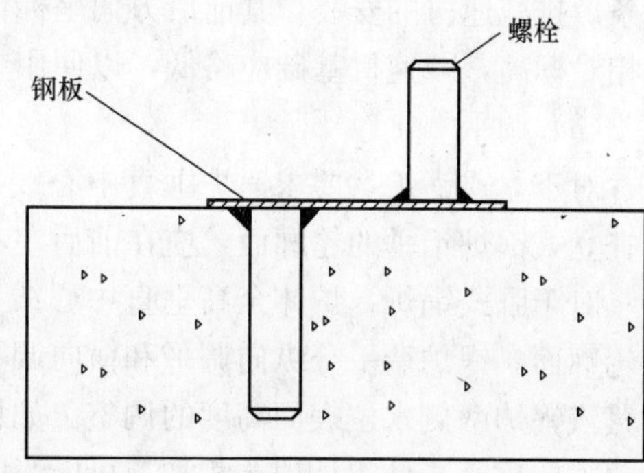

图 7.0.4-2

②地脚螺栓高度不够时的处理：地脚螺栓高度不够而偏差较小时，可以用氧气—乙炔焰将地脚螺栓加热，然后将它拉长，再对缩颈部分焊钢板加强。如果偏差很大，可以将螺栓割断，另准备一个螺栓，再焊钢板加强，如图 7.0.4-3 所示。

基础放线时对于互相有连接、排列关系的设备，应划定共同的安装基准线。例如锅炉房内并排安装 3～4 台相同的锅炉，则应划一根共同的安装基准线，保证几台锅炉排列整齐。基础的安装基准线与基础实际轴线或与厂房柱、墙的距离，其允许偏差为±20mm。设备划中心线，首先要选定定位基准面。当设备技术文件无规定时，一般在下列部位中选择：

a. 设备的主要工作面；

b. 设备上加工精度较高的表面；

c. 设备上水平或铅垂的主要轮廓面。

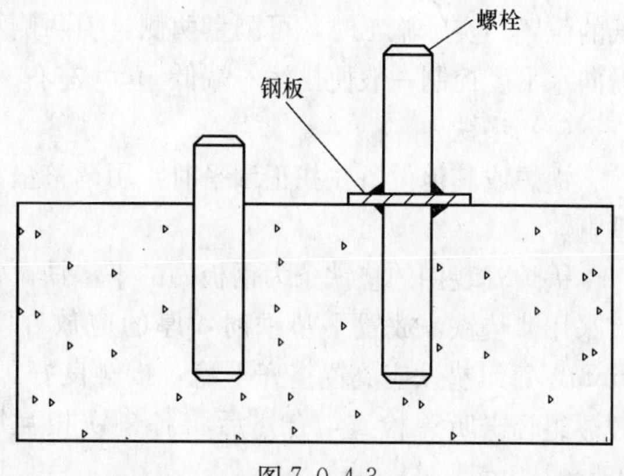

图 7.0.4-3

（2）就位找正

锅炉设备就位前，应将基础表面及设备底座底面的油污、泥土等脏物清除，预留地脚螺栓孔内的模板、杂物除去，需灌浆处的基础表面应凿成麻面，受油污的混凝土应予凿除。设备搬运就位的方法要根据设备的重量及外形尺寸结合施工现场的具体情况而定。锅炉安装常用的是底座下放置约 ϕ108 钢管的滚杠，用电动卷扬机通过滑轮组拖运。设备就位后，要对其位置进行调整，使设备中心线与基础的安装基准线对正，设备的平面位置和标高安装的允许偏差应符合表 7.0.4-2。

锅炉安装的平面位置和标高的允许偏差和检验方法　　　　**表 7.0.4-2**

项　　目	允许偏差（mm）		检验方法
	平面位置	标高	
与其他设备无机械联系的	±10	＋20，−10	水准仪、拉线和尺量检查
与其他设备有机械联系的	±2	±1	

几台锅炉并排安装时，应划出共同的安装基准线，找正时应按规定要求，排列整齐。链条炉排减速机的安装，其前后方向坐标位置要考虑链条调整的范围，其基础与锅炉基础的相对标高，减速机基础应略低，以便用垫铁调整。

（3）调平

对于立式锅炉，要求锅炉垂直中心线在锅炉全高范围内垂直偏差 4mm。用线坠吊线检查立式锅炉铅垂的轮廓面，应在前后左右四处吊线检查，配合尺量，读出不垂直度。

对于卧式锅炉，炉体全高垂直中心线垂直度允许偏差 3mm。可测量左右两侧外部铅垂轮廓面。锅炉调平分纵向调平和横向调平。横向调平主要是对链条炉排前、后轴水平度和蒸汽锅炉两侧水位表面高度的调整。如果垂直度偏差方向与链条炉排前、后轴不水平度偏差方向重叠，使累计误差相加，可能影响炉排正常运转；如果垂直度偏差方向与锅壳两侧水位表不水平度偏差方向重叠，将使两个水位表面显示的水位不同。所以应明确卧式锅炉横向垂直度偏差应补偿炉排前、后轴的水平度偏差，以补偿锅壳两侧水位表的水平度偏差。实际施工时，可直接测量炉排前轴水平度和两侧水位表水平度，二者不水平度偏差不大于 3mm 为合格。

纵向调平主要考虑锅壳排污效果。如果锅壳排污管在后部，纵向调平应调至排污管较低的位置。实际施工时，可测量两侧。因两侧箱是无缝钢管，相对而言其表面精度较高。纵向水平度控制一般使排污一端低 5mm 左右。

（4）垫铁

锅炉或其他设备在找正调平时，用调整垫铁厚度的方法使锅炉或其他设备保持水平或垂直。

锅炉安装用的垫铁条为钢板做的平垫铁。每一垫铁组垫铁的块数不宜超过 3 块，并不宜采用薄垫铁。放置平垫铁时，厚的应放在下面，薄的应放在中间，且厚度不宜小于 2mm，每组垫铁应放置整齐平稳，接触良好。锅炉调平后，每组垫铁都应压紧，可用手锤逐组轻击听音检查，合格后将各垫铁相互用定位焊焊牢。相邻两垫铁组的距离宜为 0.5～1.0m。

7.0.5　安全阀安装应注意哪些问题?

安全阀是一种自动阀门，当管道系统或设备中介质的压力超过规定数值时，阀门自动开启，排出一定数量的流体，以防止系统内压力超过预定的安全值。当压力恢复正常后，阀门自动关闭，阻止介质继续流出。常用的弹簧安全阀、杠杆安全阀、静重式安全阀都是直接利用机械载荷即弹簧、杠杆加重锤或重锤来克服由阀瓣下介质压力所产生作用力的安全阀，称为直接载荷式安全阀。其中使用最广泛的是弹簧式。

安全阀安装应注意以下几点：

①安全阀的结构：蒸汽锅炉应采用全启式、带扳手的弹簧式安全阀；热水锅炉一般采用微启式、带扳手的弹簧式安全阀。

②安全阀的数量与直径：每台蒸汽锅炉至少应装设两个安全阀（不包括省煤器安全阀）。符合下列规定之一的，可只装设一个安全阀：

a. 额定蒸发量小于或等于 0.5t/h 的蒸汽锅炉；

b. 额定蒸发量小于 4t/h 且装有可靠的超压联锁保护装置的蒸汽锅炉。

热水锅炉额定热功率大于 1.4MW 时，至少应装设两个安全阀；额定热功率小于或等于 1.4MW 时至少应装设一个安全阀。

对于额定出口热水温度低于 100℃ 的热水锅炉，当额定热功率小于或等于 1.4MW 时，安全阀流道直径应不小于 20mm；当额定热功率大于 1.4MW 时，安全阀流道直径应不小于 32mm。对于额定出口热水温度大于或等于 100℃的锅炉，安全阀的数量和直径需通过计算。热水锅炉用微启式安全阀，微启式安全阀的流道直径一般较其公称直径小一个规格尺寸。

③安全阀安装：安全阀应垂直安装，装在锅筒（锅壳）、集箱的最高位置。在安全阀和锅筒（锅壳）之间或安全阀和集箱之间，不得装设阀门，不得装设取用蒸汽或热水的管道。

④安全阀的整定压力：蒸汽锅炉安全阀的整定压力规定如下：二个安全阀的整定压力分别为锅炉工作压力加 0.02MPa 和 0.04MPa。

上述工作压力指安全阀装置地点的工作压力。对于有过热器的锅炉，按较低压力进行整定的安全阀必须是过热器上的安全阀，以保证过热器上的安全阀先开启。对于只有一个安全阀的锅炉，其安全阀按较低的整定压力调整。蒸汽锅炉省煤器安全阀的整定压力应为安全阀装设地点工作压力的 1.1 倍。

热水锅炉安全阀的整定压力规定如下：一个安全阀的整定压力为 1.12 倍工作压力，但不小于工作压力加 0.07MPa；另一个安全阀的整定压力为 1.14 倍工作压力，但不小于工作压力加 0.10MPa。

上述工作压力指安全阀直接连接部件的工作压力。对于强制循环热水锅炉，与蒸汽锅炉的要求类似，应调整为锅炉出口的安全阀先开启。对于只有一个安全阀的锅炉，其安全阀按较低压力整定。

⑤安全阀出口泄放管的安装：蒸汽锅炉过热蒸汽出口集箱和锅筒上的安全阀出口应装设排汽管，排汽管直径应不小于安全阀出口法兰直径。排汽管应直通室外安全处，两个独立安全阀的排汽管不应相连。排气管应设支、吊架，排汽管的重量不能压在安全阀上，同时考虑排汽管排汽时的反冲力由支、吊架支承，还要注意排汽时的热膨胀。

因排汽管都是向上排放，为避免因安全阀渗漏造成阀内积水，可能使阀瓣和阀座锈死，安全阀排汽管底部应装设有接到安全地点的泄水管，泄水管还可以判断安全阀是否渗漏。排汽管和泄水管上都不得装设阀门。

省煤器安全阀应装设泄水管，泄水管上不得安装阀门，泄水管水平段应有坡度，保证安全阀内不存水。泄水管接至安全地点，同样应使操作人员能看到泄水管出水。

热水锅炉安全阀的泄水管安装同上述相似，即泄水管管径不小于安全阀出口法兰直径，管上不得安装阀门，安装坡度应保证安全阀内不存水，通至安全处且司炉工能看得到。

安全阀安装的数量可根据锅炉的蒸发量而定，对蒸发量大于 0.5t/h、发热量大于 0.4MW 的锅炉至少应安装两个安全阀。

7.0.6　压力表安装应注意哪些问题？

（1）压力表安装基本要求

压力表在安装前必须经劳动局有关计量校验部门进行校验，合格了才能安装。对于已经安装的压力表应该定期进行复验。不能私自拆除铅封进行修理或者超期使用未经校验的压力表。

压力测点应选择在介质流动稳定的直线管段上，其位置应便于观察和吹洗，并应防止受到高温、冰冻和震动的影响；压力表安装处应有足够的照明。压力表应安装在锅筒（汽包）、分汽缸等蒸汽空间位置上，在管道上安装应在直管段上。取压装置的端部不应伸入锅筒、集箱或管子的内壁并应与锅筒、集箱或管子表面垂直。

压力表在水平（或倾斜不大于 60°）管道上安装时，其方位应符合下列规定：

①测量蒸汽压力时，在管道的上半部及下半部与管道水平中心线成 0°～45°夹角范围内，如图 7.0.6（*a*）所示；

②测量液体压力时，在管道下半部与管道水平中心线成 0°～45°夹角范围内，如图 7.0.6（*b*）所示；

③测量气体压力时，在管道的上半部，如图 7.0.6（*c*）所示。

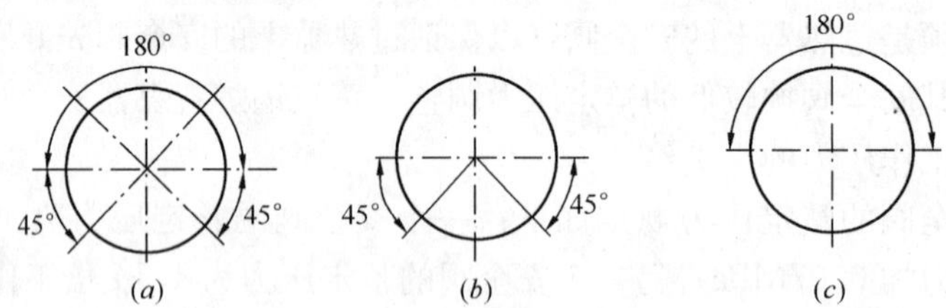

图 7.0.6　压力表测点的安装位置

（*a*）流体为蒸汽时；（*b*）流体为液体时；（*c*）流体为气体时

压力表表盘应垂直安装，向前倾斜不大于 30°。测量温度高于 60℃的液体或蒸汽时，应有表弯管或存水弯。表弯管或存水弯管其内径不应小于 10mm。压力表与表弯管或存水弯管之间应装设三通旋塞。压力表与温度计安装在同一直管段上时，按介质流动方向压力表应装设在温度计的上游。如温度计需在压力表的上游安装时，其间距不应小于 300mm。

（2）锅炉压力表安装应注意的问题：

①选用的压力表应符合规定。对于多数降压运行的锅炉，压力表的量程应在工作压力的 1.5～3.0 倍，最好选用 2 倍。压力表的精度应不小于 2.5 级；压力表表盘直径依据压力表装设位置的高度、距离和照明情况，应保证司炉人员能看清楚，但不得小于 100mm。

②压力表安装使用前应进行校验。校验合格后压力表应有铅封并妥善保存检验合格证。查看合格证编号与压力表编号应相同。

③锅炉的锅筒（锅壳）必须装设压力表，其他如可分式省煤器出口、给水调节阀前也应装设压力表。强制循环的热水锅炉，其进水阀出口和出水阀入口都应装设压力表。循环水泵和补水泵出口也应装设压力表。

④燃油锅炉油泵的进、出口和燃气锅炉的气源入口也应装设压力表。

⑤锅炉压力表的刻度盘上应划红线指示出工作压力。

7.0.7 水位表安装有哪些规定？

蒸汽锅炉装设水位表用以显示、控制锅炉水位，防止缺水事故和满水事故，确保锅炉安全运行。承压热水锅炉皆满水运行，在锅筒上不装设水位表。常压热水锅炉应装设水位表以显示、控制水位，对于在锅炉本体上开孔的常压热水锅炉，应在锅炉本体上装设水位表；对于锅炉本体是满水运行的常压热水锅炉，应在分离式锅炉水箱上安装水位表。

每台蒸汽锅炉至少应装设两个彼此独立的水位表。但符合下列条件之一的锅炉可只装设一个直读式水位表：

①额定蒸发量小于或等于 0.5t/h 的蒸汽锅炉；

②额定蒸发量小于或等于 2t/h，且装有一套可靠的水位示控装置的蒸汽锅炉；

③装有两套各自独立的远程水位显示装置的锅炉。

蒸汽锅炉常用的直读式水位表有玻璃管式水位表、玻璃板式水位表和双色水位表。小型低压蒸汽锅炉一般采用玻璃管式水位表，为防止水位表损坏时伤人，玻璃管式水位表应有防护装置，如保护罩、自动闭锁珠等。阀门的流道直径和玻璃管的内径都不得小于 8mm。玻璃管应采用耐热玻璃。一般卧式蒸汽锅炉采用板式水位表和双色水位表。

水位表安装时，汽连管旋塞在上，放水旋塞在下，放水旋塞下接泄水管，接至安全处。由于经常要冲洗水位表，水位表位置应便于操作，或者设置平台、梯子。水位表应有良好的照明（双色水位表除外）以便观察水位。锅炉房内所有锅炉的水位表，其手柄方位应一致。

水位表和水表柱与锅筒（锅壳）之间的汽、水连接管上应装有阀门，锅炉运行时阀门必须处于全开位置，也可用这两个阀门在锅炉正常运转时检验高、低水位报警或低水位联锁保护装置。

水位表表盘上应划出最高水位和最低水位标志。对于整装锅炉，一般在水位表可见边缘处留 25mm 划线。如锅炉总图上给出锅炉正常水位和最高、最低水位时，可以按图纸尺寸加以核对。

双色水位表应调整至红、绿颜色鲜明，界面清晰。水表柱应垂直，按图纸及说明书接好电源线。每台锅炉上只可安装一个双色水位表，另一个为直读式水位表。

7.0.8　排污阀安装有哪些规定?

锅炉锅筒、立式锅炉的下脚圈、每组水冷壁下集箱的最低处以及强制循环锅炉每个回路的最低处都应装设排污阀。额定蒸发量大于或等于1t/h、额定蒸汽压力大于或等于0.7MPa的蒸汽锅炉及额定出口热水温度大于或等于120℃的热水锅炉，排污管应装设两个串联的排污阀。

锅炉的排污阀对结构、材料、尺寸都有要求。排污阀要求快开、流动阻力小，一般应用齿轮齿条闸阀、球阀等快开阀门，普通阀门应采用直流式截止阀等阻力较小的阀门；排污阀不得采用螺纹连接，而应采用法兰连接；排污阀的壳体材料，不得采用灰铸铁，应采用球墨铸铁、可锻铸铁或碳钢等壳体材料。

排污阀的公称直径一般在20～65mm之间，对于卧式锅壳锅炉，其锅壳上的排污阀，公称直径不得小于40mm。

对于一些容量较大、带过热器的蒸汽锅炉，在上锅筒锅水表面处应采取连续排污。连续排污管上的排污阀不是要求快开，而是被要求控制连续排污量，所以应采用节流阀。节流阀工作时受介质快速冲刷，其严密性很难保证，为此在节流阀两端各装设一个切断阀，一般是一个切断阀装在上锅筒连续排污管上，中间的节流阀装在便于操作的位置，另一个切断阀装设在连续排污扩容器进口处。

串联安装的两个排污阀如果一个为快开阀另一个为慢开阀时，应将慢开阀安装在快开阀与锅筒或集箱之间，以便在快开阀渗漏时，可以将慢开阀关闭，然后进行修理或更换。

锅炉在排污时，会产生冲击和振动，所以排污阀不得采用螺纹连接，不得用灰铸铁做阀体。排污管在安装时，每台锅炉应装设独立的排污管，排污管应尽量减少弯头，保证排污畅通并接到室外安全处。排污管应有必要的管卡固定，关卡不能影响排污时管道的热膨胀。当几台锅炉合用一根排污母管时，每台锅炉的排污干管与排污母管连接处必须装设切断阀门，最好还装设止回阀。

7.0.9　锅炉汽、水管道安装有哪些要求?

锅炉汽、水管道安装应按图施工。施工图包括锅炉厂提供的《管道阀门仪表图》和设计院的锅炉房管道平、立剖面施工图。锅炉范围内的汽、水管道安装应符合《蒸汽锅炉安全技术监察规程》和《热水锅炉安全技术监察规程》的要求。管道按《工业锅炉安装工程施工及验收规范》GB 50273—1998、《建筑给水排水及采暖工程施工质量验收规范》GB 50242—2002和《工业金属管道工程施工及验收规范》GB 50235—1997进行施工。

（1）管道安装的基本要求

①管道应便于安装和检修，阀门位置应便于操作，阀门手轮不应向下安装；

②管道安装不应妨碍人孔、手孔、炉门、灰门、拨火门等启闭，也不应妨碍锅炉房门窗的开闭；

③管道安装在通道上方时，管道（包括保温层和支架）最低点与通道地面的净高不应小于2m，管道应沿墙和柱安装；

④管道应满足仪表装设的要求；

⑤热力管道必须考虑热膨胀的补偿，首先应充分利用管道拐弯的自然补偿，只有在无法满足要求时考虑设置伸缩器；

⑥管道的坡向、坡度应符合设计要求；

⑦管道的最高处及门形管的高处应设排气阀和排气管，低点应设疏、放水管及阀门；

⑧穿墙或穿过楼板的管道，应加装套管。穿墙套管长度不应小于墙厚，穿过楼板的套管应高出地面30～50mm。管道与套管的间隙应选用不燃材料填塞；

⑨法兰、焊缝及其他连接件的安装位置应便于检修，不应紧贴墙壁、楼板或管架，也不得设在套管内；

⑩锅炉范围内的汽、水管道应由持《锅炉压力容器压力管道焊工证》的焊工施焊，无损探伤比例按规程规定执行；

⑪法兰连接时两法兰应保持同轴，不得用强力对口、加偏垫或多层垫的办法消除两法兰密封面之间的偏斜等缺陷；同一法兰上应使用同一规格的螺栓，安装方向应相同，紧固后螺栓宜与螺母平齐。对于设计温度高于100℃及安装在露天的法兰，螺栓及螺母的螺纹处应涂石墨机油、石墨粉或二硫化钼油脂；法兰垫片按介质温度和压力选用，一般都用橡胶石棉板，普通橡胶板只能用在温度小于或等于60℃的部位。垫片表面不应有影响密封性能的缺陷存在；

⑫用管螺纹连接时，宜采用聚四氟乙烯密封带或密封膏做辅助密封填料。要注意不应将密封材料挤入管内；

⑬接至漏斗的排水管，末端应稍高出漏斗的上边缘平面。漏斗下的排水管管径应能将来水排净，以免漏斗溢流；

⑭锅炉汽、水管道安装的允许偏差和检验方法应符合表7.0.9的要求；

锅炉汽、水管道安装的允许偏差和检验方法 **表7.0.9**

项次	项目		允许偏差（mm）	检验方法
1	坐标	架空	15	经纬仪、拉线和尺量
		地沟	10	
2	标高	架空	±15	水准仪、拉线和尺量
		地沟	±10	
3	水平管道纵、横方向弯曲	$DN\leqslant100$mm	2‰，最大50	直尺和拉线检查
		$DN>100$mm	3‰，最大70	
4	立管垂直		2‰，最大15	吊线和尺量
5	成排管道间距		3	直尺尺量
6	交叉管的外壁或绝热层间距		10	直尺尺量

⑮管道安装时应及时安装支、吊架。支、吊架位置及标高应正确，安装应平整、牢固。固定支架应严格按设计图纸安装，并在补偿器预拉伸前固定。导向支架或滑动支架的滑动面应洁净平整，不得歪斜、卡涩，其安装位置应向位移方向反向偏移，偏移值为位移值的1/2。保温层不应妨碍热位移。对无热膨胀的管道，吊杆应垂直安装。有热膨胀的管道，吊杆应在位移相反方向，按位移值之半倾斜安装。两根热膨胀方向相反或热膨胀量不相同的管道，除设计有规定外，不得使用同一吊杆。

（2）蒸汽锅炉汽、水管道的安装还应满足的要求

①蒸汽锅炉主汽阀应装在靠近锅筒的主汽管上，对于立式锅壳锅炉的主汽阀可以装设在锅炉房内便于操作的地方，每台蒸汽锅炉的主汽管与蒸汽母管或分汽缸连接的每根蒸汽

管上，应装设两个切断阀门，其中一个装设在靠近锅筒的主汽管上，另一个装设在靠近蒸汽母管处或分汽缸上。在两阀之间靠近蒸汽母管或分汽缸处应装设通向大气的疏水管和阀门，其内径不得小于20mm；

②可分式省煤器入口处和通向锅筒（锅壳）的给水管上都应分别装设给水切断阀和给水止回阀。给水切断阀应装在锅筒（锅壳）或省煤器入口集箱与给水止回阀之间，并与给水止回阀紧接相连；

③当铸铁可分式省煤器不设旁路烟道时，为防止锅炉升火过程中因省煤器内的水静止不动导致冷却不足而可能将省煤器烧坏，所以省煤器出口应装设一根流回软化水箱的旁通管；

④额定蒸发量大于4t/h的锅炉，应装设自动给水调节器，并在司炉工人便于操作的地点设手动控制给水的装置；

⑤锅炉汽、水管道的对接焊缝中心线至管子弯曲起点、管子支、吊架边缘的距离应不小于管道直径，且不小于100mm。如采用无直段弯头，无直段弯头应满足《钢制对焊无缝管件》GB/T 12459的有关要求，且无直段弯头与管道对接焊缝应经100%射线探伤检查合格；

⑥额定蒸发量大于或等于1t/h的锅炉应有锅水取样装置。对蒸汽品质有要求时，还应有蒸汽取样装置。

7.0.10 锅炉本体管道及管件焊接的焊缝质量应符合哪些要求?

锅炉本体管道是指上水阀、主出汽阀或出水阀、安全阀及排污阀等与锅炉相连接的管道，一般称“三阀”以内的管道。本体管道须全部采用焊接连接。本体管道及管件焊接缝表面质量应符合下列规定：

①焊缝外形尺寸应符合图纸和工艺文件的规定，焊缝高度不得低于母材表面，焊缝与母材应圆滑过渡；

②焊缝及热影响区表面应无裂纹、未熔合、未焊透、夹渣、弧坑和气孔等缺陷。

管道焊口的允许偏差应符合表7.0.10的规定要求。

管道焊口允许偏差和检验方法 **表 7.0.10**

<table>
<tr><th>项 次</th><th colspan="3">项 目</th><th>允许偏差</th><th>检验方法</th></tr>
<tr><td>1</td><td>焊口平直度</td><td colspan="2">管壁厚10mm以内</td><td>管壁厚1/4</td><td rowspan="3">焊接检验尺和游标卡尺检查</td></tr>
<tr><td rowspan="2">2</td><td rowspan="2">焊缝加强面</td><td colspan="2">高 度</td><td rowspan="2">+1mm</td></tr>
<tr><td colspan="2">宽 度</td></tr>
<tr><td rowspan="3">3</td><td rowspan="3">咬 边</td><td colspan="2">深 度</td><td>小于0.5mm</td><td rowspan="3">直尺检查</td></tr>
<tr><td rowspan="2">长度</td><td>连续长度</td><td>25mm</td></tr>
<tr><td>总长度（两侧）</td><td>小于焊缝长度的10%</td></tr>
</table>

无损探伤的检测结果应符合锅炉本体设计的相关要求。这样规定是为了保证锅炉本体焊接的质量不低于锅炉制造的焊接质量，不降低锅炉的使用年限。

当锅炉本体设计的无损探伤的数量和等级要求不明确时，可按下列要求执行：

①蒸汽锅炉管道直径大于159mm时，应对管道环焊缝100%探伤；等于或小于

159mm 且锅炉额定蒸汽压力等于或大于 0.1MPa 的探伤比例为 2%～5%；

②额定出水温度等于或大于 120℃的热水锅炉管道直径大于 159mm 时，应对管道环焊缝 100%探伤；等于或小于 159mm 时为 2%；

③额定出水温度小于 120℃的热水锅炉管道直径大于 159mm 时管道环焊缝探伤为 25%；等于或小于 159mm 时可以不作探伤检查。

④无损探伤应采用射线探伤，蒸汽锅炉也可以采用超声波探伤。

⑤对于蒸汽压力大于或等于 0.1MPa 的蒸汽锅炉和额定出水温度大于或等于 120℃的热水锅炉，管道焊缝的射线探伤质量等级不应低于Ⅱ级；小于 0.1MPa 的蒸汽锅炉和小于 120℃的热水锅炉管道焊缝的射线探伤质量等级不应低于Ⅲ级。

管道焊接接头经外观检查或无损探伤检验发现不允许的缺陷时，可以进行返修。返修前应彻底清除缺陷，补焊后重新做无损探伤检查。同一位置上的返修不得超过三次，否则应错开重新焊接。

7.0.11 热水锅炉及热水循环系统安装有哪些要求？

热水锅炉管道系统主要由热水循环系统、软化补水系统及其管道上设置的除污器、分（集）水器、锅炉出口集气罐等设备组成。热水锅炉的管道循环系统主要由循环水泵、分（集）水器、集气罐、除污器及其管道等组成。

（1）承压热水锅炉供热系统

承压锅炉是满水的，没有水位表，锅炉和供热系统连在一起，安装时应注意以下几点：

①热水循环系统，尤其是热水温度超过 100℃时，首先要保持一定压力，以免压力低于相应热水温度的饱和压力而汽化。所以规定：钢制锅炉的出水压力不应低于额定出口热水温度加 20℃后相应的饱和压力；铸铁锅炉的出水压力不应低于额定出口热水温度加 40℃后相应的饱和压力；

②每台热水锅炉进水管上应安装切断阀，在切断阀前宜装设止回阀。锅炉出水管上应安装切断阀，出水管与热水母管或分水缸相连时在靠近热水母管或分水缸处还应装设切断阀；

③锅炉出水阀前出水管的最高处应装设集气装置，以排出空气，减少氧腐蚀。集气装置为了利于水中气泡分离，一是在集气装置中直径增大，热水流速减慢；二是水流向上拐弯后水平流出集气装置，而气泡则向上聚集在集气装置上；三是集气装置上部需要一定体积的储气空间。为便于操作，排气阀应从炉顶引下至距地面 1.4m 左右处。一般多在集气装置上装设一个阀门，排气管引到下面再装设一个阀门。有的工程在水平的出水管上部开孔接一细管与一个集气罐相连，这时，因锅炉出水管的流速较快，管内属于紊流，水中夹带的汽泡分离较差，这样做排气效果不佳；

④为防止循环水泵突然停止产生水击，一种方法是在循环水泵进水与出水管路之间安装一根带止回阀的旁通管；另一种方法是在循环水泵进水管上安装安全阀泄压；

⑤高位定压膨胀水箱的最低水位应高于热水循环系统最高点 1m 以上，膨胀管上不得安装阀门，设置在露天或不采暖的空间时，应装设循环管或采取其他防冻措施；

⑥锅炉最高处都应装设排气阀和排气管。自然循环热水锅炉的排气阀和排气管设置在

集气装置上部；强制循环热水锅炉每一个回路的最高处都应装设放气阀和放气管；每一回路的放气管应单独引出放气，放气阀应便于操作；每一个回路最低处应装有放水排污阀。为防止突然停电时炉膛高温使停止流动的锅水汽化，强制循环热水锅炉在集气装置上装设内径不小于25mm的泄放管，当开启泄放阀时使锅水流动并排出。对于自然循环热水锅炉可通过下降管使锅水循环，必要时可利用集气装置上面的排气管排水降温；

⑦热水循环系统的回水干管上应装设除污器，除污器应安装在便于除污和维修的位置，不应放在地沟内等不便于操作的地方；

⑧额定出水温度大于或等于100℃的热水锅炉，在其受热面管子和锅炉范围内管道采用无直段弯头时，应满足《钢制对焊无缝管件》GB/T 12459的有关要求，且无直段弯头与管道对接焊接缝应经100%射线探伤检查合格。

(2) 常压热水锅炉供热系统

常压热水锅炉是指锅炉本体开孔与大气相通，在任何情况下锅炉水位线处表压力为零的锅炉。

常压热水锅炉有的在顶部设置一个大气连通管，这样的常压热水锅炉有水位表，水位线处表压力为零。有的常压热水锅炉是满水的，这就需要增设一个锅炉外开式水箱，用连通管与锅炉相连，水箱上有水位表。与锅炉相连的大气连通管有三点要求：首先大气连通管当量直径应满足要求；其次，大气连通管上不得安装阀门，且需防冻；第三，水箱应敞口通大气。如果水箱是密闭的，则水箱必须有大气连通管与大气相通，此连通管的要求与上述相同。锅炉外水箱的高度应比锅炉略高，水箱溢流管至锅炉顶部的垂直距离小于或等于2m为宜。

常压热水锅炉循环系统的循环泵应在锅炉出水管道上安装。

7.0.12 非承压锅炉锅筒顶部敞口或大气连通管的当量直径应如何确定？

近几年非承压热水锅炉（也称常压锅炉）被广泛地应用，技术监督部门已经对非承压锅炉的安装和使用进行监管。非承压锅炉的安装如果忽视了它的特殊性，不严格按设计或产品说明书的要求进行施工，也会成为不安全运行的隐患。非承压锅炉最特殊的要求就是锅筒顶部必须敞口或装设大气连通管，以确保锅筒内始终保持与大气压力相等。

非承压锅炉在因突发停电停泵事故，而又不能使炉膛立即停火降温时，可能会使锅筒内热水产生汽化现象。如果大气连通管或敞口截面积过小，蒸汽不能及时排放，就会使锅筒内产生压力，变成有压锅筒，而锅炉又不是按有压锅炉设计和安装的，这时极有可能发生安全事故。合理确定大气连通管的直径或敞口的当量直径是确保非承压锅炉安全运行的关键。所谓当量直径是在计算中将敞口的面积折算成与之相同截面积的管道所对应的管直径。

大气连通管的直径或敞口的当量直径可用式7.0.12-1的计算方法确定和复核。

$$d = 88Q + 20 \tag{7.0.12-1}$$

式中 d——大气连通管直径或敞口当量直径（mm）；

Q——非承压锅炉的额定热功率（MW）。

计算公式推导如下：

根据《蒸汽锅炉安全技术监察规程》，锅筒安全阀的排汽量计算公式为：

$$E = C \cdot A(10.2P + 1) \cdot K \qquad (7.0.12\text{-}2)$$

式中 E——安全阀的排汽量（kg/h）；

P——安全阀入口处蒸汽压力（MPa）；

A——安全阀的排汽面积（mm^2）；

d——安全阀直径，即大气连通管直径或敞口当量直径（mm）；

C——安全阀排放系数；

K——安全阀入口处蒸汽比容修正系数，当 $P \leqslant 11.77$ MPa 时，$K=1$。

将上述公式应用于非承压锅炉的大气连通管时，$P=0$，$K=1$，则公式简化为 $E=CA$，E 被视为大气连通管的排放量。查阅有关的数表，按最大值取 $C=0.235$，则 $E=0.235$。将 E 的两个等式代入两侧计算简化后 $d=88Q$，考虑到管内径或敞口边缘的腐蚀余量，直径再增加 20mm。

7.0.13 锅炉省煤器的出口或入口处应安装哪些阀门?

根据锅炉安全技术监察规程的规定，在省煤器的出口处或入口处应安装多种阀门及管道，如："不可分式省煤器入口的给水管上应装设给水截止阀和止回阀"；"可分式省煤器的入口处和通向锅筒的给水管上都应分别装设给水截止阀和止回阀"；"省煤器可能集聚空气的地方应装设排气阀"；"每组省煤器的最低处都应装设排污阀"；"省煤器的安全阀应装设排水管，并通至安全地点"；应在"可分式省煤器出口"部位装设压力表；"装有可分式铸铁省煤器的锅炉，为防止省煤器被烧坏，宜采用旁路烟道或其他有效措施，同时应装设旁通水路"；"为防止不可分式省煤器在升火时损坏，应装设再循环管或采取其他措施"等。这些规定都应在阀门及管道设计图纸或锅炉图纸上标明。而有的设计或是标注不全，或是笼统说明按有关规程要求施工，对于这些情况在施工图会审时应加以重视，否则盲目施工，将可能造成锅炉运行的事故隐患。

在施工实际中对不可分式省煤器上的再循环管的安装上存在一种错误接法，就是将省煤器出口处接一旁路，直通排污总管。当开炉升火时，打开旁路上的排污阀，将经过省煤器的热水放掉。这样既浪费了水和热能资源，也有可能因操作失误而造成省煤器缺水过热，甚至被烧坏。

7.0.14 锅炉安装后水压试验如何进行?

整装锅炉在锅炉制造厂出厂前虽然都做了水压试验，因锅炉再置放或运输中可能出现保管不当或吊装时发生碰撞等原因造成锅炉损伤、锈蚀、异物堵塞等情况，故安装时还应对投入运行之前的锅炉做水压试验，再次检验锅炉的强度和严密性；另一方面，锅炉在制造厂作水压试验是只对锅炉本体试压，未安装阀门，而安装时的水压试验除了检验锅炉本体外，同时还检验其管道、阀门的强度和严密性，只有这样做才能保证安全、经济的运行。

（1）水压试验前的准备工作

①锅炉及管道、阀门安装完毕，检查合格。这项工作包括所有焊缝的药皮已清除，自检合格，并打上焊工钢印；

②准备试压用水，宜采用软化水，水温应高于露点温度。水温过低时易产生结露，

渗、漏不易发现；水温过高时渗、漏产生的水珠可能汽化也不易发现。上水可用临时给水管道，也可以用锅炉给水泵；

③安装试压泵和压力表，水压试验用压力表的量程应为试验压力的2倍左右，压力表精度宜选用1.5级，压力表经校验合格并在有效期内。试压系统应安装不少于两块压力表，包括锅筒上部引出的压力表；锅炉若装设可分式省煤器，宜将试压泵接至省煤器。待省煤器试压合格后，再对锅炉本体试压时，可不再另行安装试压泵；

④水压试验要求环境温度在5℃以上，否则应采取防冻措施；

⑤水压试验除施工人员外，安装单位的质检、技术部门应参加，并有明确分工，包括水压试验指挥、监表、记录、试压泵计压及泄压等。建设单位有关部门及现场代表应参加，当地特种设备检验检测机构的检验检测人员应到场；

⑥水压试验的压力应符合表7.0.14的规定。

水压试验压力规定 **表7.0.14**

项　次	设备名称	工作压力 P（MPa）	试验压力（MPa）
1	锅炉本体	$P<0.59$	$1.5P$但不小于0.2
		$0.59\leqslant P\leqslant 1.18$	$P+0.3$
		$P>1.18$	$1.25P$
2	可分式省煤器	P	$1.25P+0.5$
3	非承压锅炉	大气压力	0.2

注：①工作压力 P 对于蒸汽锅炉指锅筒工作压力，对于热水锅炉指锅炉额定出水压力；
②铸铁锅炉水压试验同热水锅炉。

（2）系统上水

将锅筒上的放气阀、压力表上的旋塞、水位表的汽、水连管旋塞开启，其余阀门关闭。开启进水管阀门经系统进水，直至锅筒顶部放气阀出水，说明锅炉已满水。

对于用锅炉给水泵上水的系统，在锅筒上的放气阀要装设临时泄水管。往锅炉上水时，在锅筒上放气管出水后，先停止给水泵上水，待放气管出水停止后，方可关闭放气阀。

对于强制循环热水锅炉，不仅要开启锅筒上的放气阀，第一回路最高处的放气阀都应开启。待放气阀出水即关闭。

（3）升压试验

①系统上满水后，检查无渗、漏，无结露，即开始用试压泵缓慢升压。升压速度控制在每分钟0.1～0.2MPa；

②升至额定工作压力的10%～20%时，暂停升压，作初步检查。如发现法兰、人孔、手孔等轻微渗、漏，可以拧紧法兰、人孔、手孔的螺栓；

③如无渗、漏，继续升压至额定工作压力（热水锅炉为额定出水压力），停止升压，全面检查有无渗、漏，观察5min压降多少，根据观察情况，决定是否继续进行超压试验；

④进行超压试验前，将水位表汽、水连管旋塞关闭，放水旋塞开启，然后继续缓慢升压，升压速度0.1MPa/min，当压力升至试验压力时，立即停止升压，关闭试压泵出口阀门，记录时间和压力。超压试验合格后开始缓慢卸压。所谓缓慢卸压是指用试压泵针形阀或压力表三通旋塞缓慢卸压，不得开启排污阀等控制卸压。压力下降速度以0.1～0.2MPa/min为宜。待压力降至锅筒额定工作压力时，关闭卸压阀门，进行全面详细检

查，检查期间压力应保持不变，若压力下降可用试压泵保压；

⑤对于带有可分式铸铁省煤器的锅炉，试压泵出口接至省煤器。试压时先将省煤器出口至锅炉的给水管切断阀门关闭，单独对省煤器规定压力（1.25+0.5MPa）做水压试验，其过程与上述相同。省煤器试压合格后，缓慢卸压至锅炉工作压力的50%时，可以缓慢开启省煤器出口至锅炉的给水管切断阀，对锅炉进行水压试验。

水压试验合格标准：

a. 在受压元件金属壁和焊缝上没有水珠和水雾；

b. 如有胀口，胀口在降至工作压力后不滴水珠；

c. 铸铁锅炉的锅片的密封处在降至额定出水压力后不滴水珠；

d. 水压试验后，无可见残余变形。

锅炉在制造厂做本体水压试验和散装锅炉安装时，锅炉的锅筒、集箱和受热面管子都可以看见，都可以检查。但整装锅炉和组装锅炉由于有炉墙、钢架、护板的遮盖，如果做水压试验时出现压降，无法区别是锅炉本体渗、漏还是阀门不严渗、漏，这时整装锅炉做水压试验时就可以把阀门都用盲板盲死，没有压降就说明锅炉本体无渗、漏。锅炉上阀门很多，阀门渗、漏是难免的，所以在锅炉安装的施工验收规范中都允许有一定量的压降。

水压试验是检验强度和严密性的试验，一般分强度试验和严密性试验。强度试验指检验在某个试验压力下做强度试验的设备是否有足够的强度，也就是没有可见的残余变形。严密性试验一般是在工作压力下，一种是关闭试压泵，根据一定时间内的压降值来评价严密性；另一种是在一定的工作压力下，保持这个压力不变（可用试压泵升压）。

（4）水压试验发现缺陷的处理

①金属表面或焊缝的渗、漏应消除缺陷后进行补焊或其他处理，并重新做水压试验；

②仅是因人孔、手孔、法兰密封面或者阀门渗、漏，一般修理后不再做超压水压试验，需要时可做工作压力的水压试验；

③有水印和泪水的胀口可不补胀，漏水的胀口在放水后应立即补胀。

7.0.15 风机和风、烟管道安装应注意哪些问题？

风机安装前应核对风机的名称、型号、规格是否符合要求，风机完整的表示一般包括名称、型号、机号、转动方式、旋转方向和出风口位置。如图7.0.15-1所示。

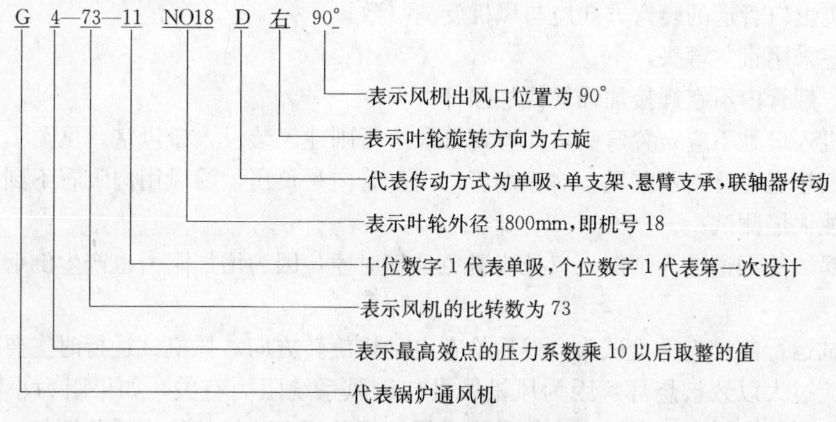

图7.0.15-1 风机型号的意义

整体出厂的风机，进气口和排气口应有盖板遮盖，叶轮进口与机壳进风口的经向间隙和插入深度应符合风机说明书的要求，叶轮应平衡，用手盘动时不得与机壳刮碰外，叶轮停止前不应来回摆动。

组件出厂的风机还应注意风机外壳的旋向必须和叶轮旋向相同，对水冷轴承的水冷夹层进行试压，当设备技术文件无规定时，试验压力不应低于0.4MPa。

整体出厂的传动方式A的风机安装，一般用临时支承固定，穿入地脚螺栓，检查其位置，电机座水平合格后，即可浇筑混凝土基础。组件出厂的风机先找正轴承座和叶轮轴，风机外壳以叶轮找正。具体要求按设备技术文件规定。当设备技术文件未规定时，机壳进风口轴向插入叶轮深度为叶轮外径的10/1000；经向间隙应均匀，为叶轮外径的1.5‰～2.0‰。

风、烟管道与风机外壳相连时，管道应有支、吊架承重，机壳不应承受外力。风机直接通大气的进风口应装设防护网，风机传动装置的外露部分应装设防护罩。

如果风、烟管道没有设计尺寸时，风、烟管道截面积可按10～15m/s流速计算，也可按下列数值取用：

风、烟道未设计尺寸时的取用数值 **表7.0.15**

锅 炉 容 量	风管截面积（m^2）	烟管截面积（m^2）
1t/h或0.7MW	0.03～0.04	0.06～0.08
2t/h或1.4MW	0.06～0.08	0.12～0.16
4t/h或2.8MW	0.12～0.16	0.24～0.32
6t/h或4.2MW	0.18～0.25	0.36～0.50
10t/h或7.0MW	0.30～0.40	0.60～0.80

因多管除尘器阻力较大，引风机都选用风压较高的风机，其出口截面积都较小，烟管截面积需增大。对于水平的烟道，为防止积灰，烟气流速不宜太小，即其截面积不宜大于上表推荐值。

风、烟管道的结构布置应避免增加阻力，需注意以下几点：

①串联两个弯头，当距离很近时，其总阻力往往比两个弯头的阻力之和要大，所以在两个弯头之间应有一直管段。对于平面Z形弯头，直管段宜大于2倍管径；对于平面Π形弯头或非平面弯头，直管段宜大于管径；

②风机出口管道的转弯方向应与风机旋向一致；

③不应采用直角弯头；

④风、烟管内不宜焊接加强筋或加强杆；

⑤风机入口处不应布置弯头，应有直管段，否则建议装设入口风室，见图7.0.15-2。

风、烟管道应严密不漏风。对于烟管，由于管内是负压，漏风用肉眼看不到，应用手摸或用蜡烛火焰测试。

几台锅炉的烟道进入烟囱入口处应避免烟气对撞，因为增加阻力也产生倒烟。应设置导流隔板。

风机试运行前，应手盘试验，然后检查电动机旋转方向。风机试运行时主要注意防止电动机电流过大以致被烧坏，因为风机风量与送风系统阻力有关，如果阻力小则风量增大，电动机电流也增大，所以应先将风机进风挡板关闭，待转速稳定后逐渐打开并测试电

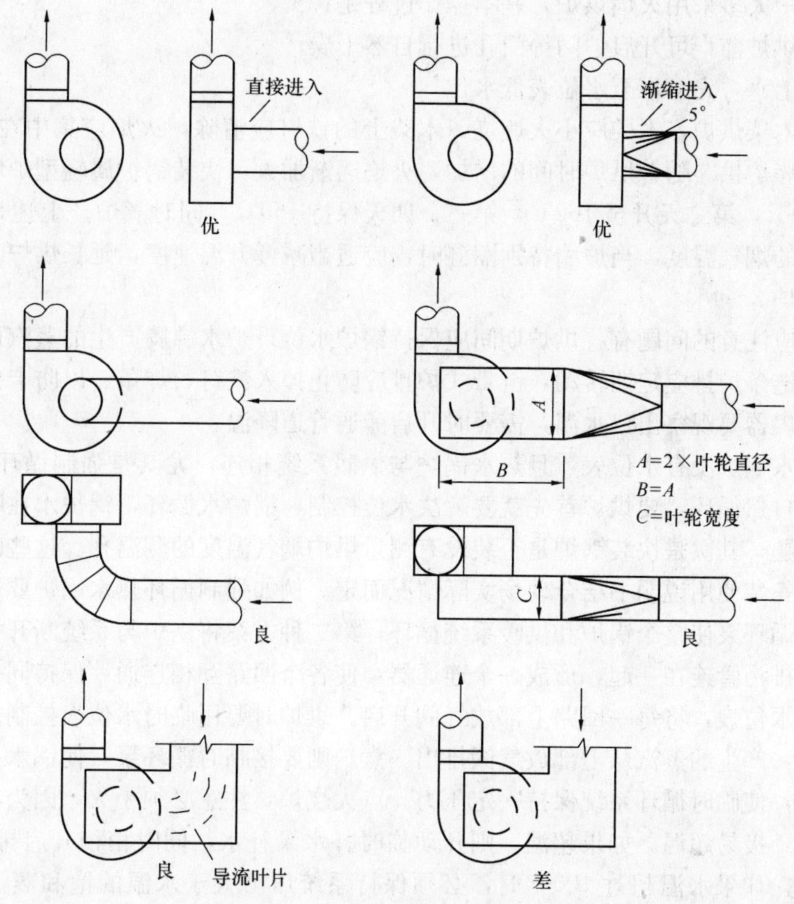

图 7.0.15-2　通风机入口的做法

（图中风机入口为 D，风室入口截面 $A \times B$，$A : B$ 约为 $1:2 \sim 1:3$，图上 $C \approx 0.2D$）

动机电流。鼓风机要求连续试运行 2h，引风机试运行时若电动机电流过大，允许适当减少试运行时间。

7.0.16　烘炉、煮炉如何进行？

锅炉及其管道系统安装完毕，再投入运行前应进行烘炉和煮炉。

（1）烘炉

锅炉的目的是把刚完工的炉膛内耐火衬里、隔墙、烟道、砖墙、砖砌烟囱等延期通道进行烘烤。在砌筑完毕后，炉墙中含有水分，如果不用小火烘烤，炉墙与温度很高的烟气接触，将使炉墙所含的水分急剧蒸发，可能使炉墙产生裂纹、变形。所以在炉墙投入运行前必须烘炉，使炉墙缓慢干燥，炉墙所含水分缓慢地蒸发逸出。在烘炉时一般可采用木材、干树枝、树皮作为烘烤燃料，但应去除铁钉。炉墙内含水分的多少与炉墙结构、重量、气温、自然干燥时间长短等有关，所以烘炉时间、烟气温度等应根据实际情况，结合锅炉厂提供的安装使用说明书确定。烘炉时锅炉应安装完毕、水压试验合格、辅机、管道、安全附件安装完毕、辅机试运行合格。

快装锅炉大多采用火焰烘炉，基本操作过程是：

①锅炉烘炉前，可开启炉门等门孔进行自然干燥；

②锅炉上水，先上水至水位表低水位；

③先用木柴烘炉，木柴应小火燃烧，木柴上的铁钉应清除，火焰应集中在炉膛中央，不应直接烧烤炉拱。随着烘炉时间的增加，火焰逐渐加大。快装锅炉属轻型炉墙，第一天烟温升至 80℃，第二天升至 160℃，第三、四天保持 160℃，同时煮炉。上述烟温为测量炉膛出口处的烟气温度。当炉墙特别潮湿时，应适当减慢升温速度，延长烘炉时间。一般快装锅炉烘炉 2～4d。

烘炉时应注意的问题有：烘炉期间应保持锅炉水位；炉水沸腾产生的蒸汽可由锅筒放气阀放空；链条炉排应定期转动，链带式炉排应防止掉入铁钉、焊条、以防卡住炉排；可分式铸铁省煤器要观察出口水温，需要时开启旁通管道降温。

由于热水锅炉没有水位表，且热水锅炉与供暖系统相连，尤其是强制循环热水锅炉，锅炉内不能自然循环，要烘炉首先就要解决水位控制、锅炉水循环，锅炉水在哪散热以防止超温等问题；其次是快装锅炉是否装设有测量烘炉烟气温度的测温孔。这些问题都得依据锅炉厂的安装使用说明书结合现场实际情况而定。例如强制循环热水锅炉要烘炉，一种方案可以用循环泵使整个锅炉和供暖系统循环；第二种方案将锅炉与系统断开，将每一个回路的下部排污管连在一起，形成一个连通器，使各个回路互相连通，保持同一水位，并接一个临时水位表，将每一回路上部放气阀开启。烘炉时要用临时水位表控制水位，接临时水管加水，产生的蒸汽从上部放气阀排出。煮炉则要接临时循环泵，使锅水循环，再接临时补水泵，使临时循环系统保持一定压力。点火烧炉，注意必须小火，因为循环水未进入供暖系统，极易超温。如果超温，则开动临时补水泵补水，同时稍稍开启排污阀放水。还必须注意，如果水温超过 100℃时，必须保持系统压力大于水温的饱和蒸汽压力再加 0.2MPa，否则可能出现压力降至饱和蒸汽压力以下引起过热水突然沸腾，这种情况下临时水位表将不显示水位，循环泵产生汽蚀，这是不允许的。所以目前热水锅炉在安装竣工后当时并不进行烘炉，待采暖期前几天再进行烘炉，若快装锅炉在出厂时未在炉膛烟气出口处留设测温孔则只能用木柴烘炉两天，再掺煤燃烧烘炉 1～2d。

(2) 煮炉

煮炉的目的是对锅炉设备在安装完成后和投入运行前的一次清洗。由于锅炉经制造、生产、运输、存放和安装过程要有一定的时间间隔，锅筒及管束内难免有污垢、锈蚀及油脂等情况，其中的氧化铁、硅化合物杂质积聚在受热面上会影响传热，油类和硅化合物等还会影响蒸汽的品质，引起汽、水共腾，分解后的物质将加速金属受热面腐蚀。

煮炉的方法是加入氢氧化钠等碱性物质进行碱煮炉。加药量应符合锅炉厂提供的安装使用说明书的规定，当无规定时，每立方米锅炉水可加氢氧化钠和磷酸三钠各 2kg，如用碳酸钠代替磷酸三钠，则每立方米加氢氧化钠 2kg 和碳酸钠 3kg。若单独使用碳酸钠则每立方米炉水加碳酸钠 6kg。

上述药品按《工业锅炉安装工程施工及验收规范》GB 50273—1998 规定要按 100% 纯度计算，实际工作中可采用工业品。氢氧化钠是指固体氢氧化钠而不是液体氢氧化钠，因固体氢氧化钠含量 95%，而液体氢氧化钠含量是 40%。碳酸钠指无水碳酸钠。

上述固体物质要配制成20%的溶液才可加入锅炉，即每1kg药品加入4kg水搅拌溶解即可。要注意固体氢氧化钠在水中溶解时是放热的，每公斤氢氧化钠在水中溶解时约放出250kcal的溶解热，所以不能用热水溶解氢氧化钠，以免氢氧化钠水溶液沸腾造成灼伤。无水碳酸钠溶解在水中每公斤放热140kcal，而含十个结晶水碳酸钠溶解时每公斤吸热405kcal。

溶解药品和加入炉内时应采取安全措施，氢氧化钠水溶解溅入眼中时应立即用清水冲洗，用稀硼酸中和并就医。加药时炉水应在低水位，煮炉时应尽量提高炉水温度，蒸汽锅炉宜在额定压力的75%保持24h。煮炉一般为两天。

非砌筑或浇筑保温材料保温的锅炉虽然不进行烘炉，但安装完毕后，投入使用前也应进行煮炉。煮炉时要接临时循环泵，使锅水循环，然后再接临时补水泵，使临时循环系统保持一定压力。煮炉后应进行水清洗，即上水、排污直到水质达到运行标准。必要时检查锅筒、集箱内壁，清除内部沉积物。检查内壁应无油垢，擦去附着物后，金属表面应无锈斑。

一般情况下，烘炉与煮炉可以同时进行，也可以先烘后煮。

7.0.17 整装锅炉安装完成后为什么要进行48h带负荷试运行?

锅炉在烘炉、煮炉合格后，应进行48h的带负荷连续试运行，同时应进行安全阀的热状态定压检验和调整。为了真实地检验锅炉设备的制造、工艺的设计及安装施工的质量情况，并尽可能地减少投入正常运行中的隐患，规范规定了锅炉在烘炉、煮炉合格后应进行48h的带负荷连续试运行，并作为强制性条文。

由于受客观一些条件的限制，有时新建的锅炉在试运行时可能无处输送汽、水介质或实际使用的压力或流量均低于设计指标，条文没有强制规定满负荷试运行，规定带负荷试运行，主要是考虑可操作性，但并不排除在有条件的系统应进行满负荷运行。连续48h的运行既可以完成各种检验和调试，又可以充分地反映出整装锅炉的制造、安装和运行的质量情况，还可以便于使用单位全面了解和掌握锅炉及系统的性能和操作规律。

试运行过程中应注意查看设备油箱的油位、轴承温升、运行电流、设备振动等情况是否正常；检查热膨胀状态下的各部位变化情况；检查炉排及输煤机皮带是否跑偏；查看运行中各系统是否协调；检验安全阀的开启压力、自动报警器及联锁保护装置是否符合要求等。对于试运行中发现的缺陷和问题应予以消除，并应适当延长运行时间，直至锅炉及全部辅助设备运行正常，满足设计要求达到合格。

锅炉试运行过程，还应对高、低水位报警系统、超温、超压报警系统及联锁保护装置进行试验和调试，并应达到下列要求：

①报警系统。带有报警信号接点的仪表，应按工艺要求的参数值进行整定，并在相应的方向上（上升或下降）进行至少三次闭合试验，其接点动作误差应不超过允许基本误差；

②联锁系统。带有控制接点的仪表和设备，应按工艺要求的参数值进行整定，并在相应的方向上（上升或下降）进行不少于三次闭合试验，其接点动作误差应不超过允许基本误差。联锁系统应进行分项和整套联动的试验，其动作应正确、可靠。

7.0.18　高温水系统中，循环水泵和换热器的相对安装位置有什么要求？

高温水系统的工作压力一般比较高，系统中一旦由于某种原因，如开式系统热水供应消耗局部阻力增大等而致使系统或回水的压力降低到高温水温度所对应的饱和蒸汽压力以下时，高温水就会产生汽化现象，汽化产生的蒸汽体积急剧膨胀，管道或设备内的压力也急剧加大，则有可能出现管道或设备爆裂的危险。

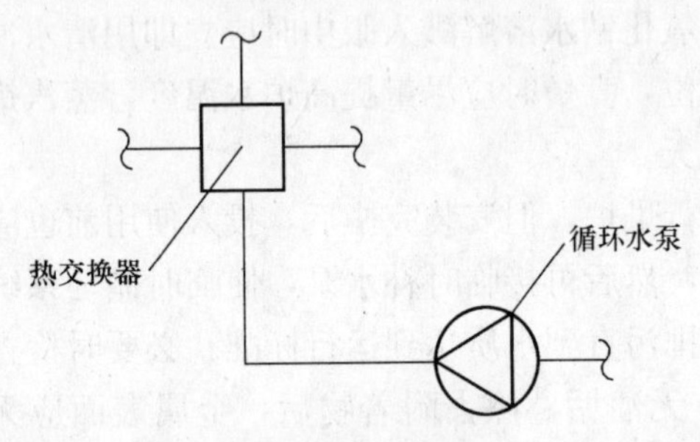

图 7.0.18　热交换器安装在循环水泵的出口侧

热交换器安装在循环水泵出口处，由于循环泵前的定压装置以及循环泵的加升作用，可以使热交换器始终处于较大的工作压力下，从而避免了汽化现象。

在高温水开式系统或闭式系统中，供水管和回水管的压差较小需在换热站内再加循环泵时，热交换器应安装在循环水泵（图 7.0.18）的出口侧，以防止由于系统内一旦压力降低而产生高温水汽化现象。

如高温水系统为闭式系统而压差足以克服换热器阻力或系统有可靠的自动定压装置时，循环水泵也可以安装在热水交换器出口处。

7.0.19　供热锅炉及辅助设备安装工程中应注意哪些质量问题？

①锅炉基础下沉、断裂。造成此质量问题的施工原因可能有四个方面：一是地基处理不当；二是基础混凝土强度没有达到设计要求或存在蜂窝、裂纹等方面的严重缺陷；三是锅炉就位过早，混凝土没有达到安装需要的强度；四是锅炉垫铁安装间距过大，受力不均。由于基础的下沉或倾斜会产生严重的质量或安全事故。

②非承压炉的大气连通管或锅筒顶部的敞口随意安装。一种情况是没有严格按设计要求或产品说明书要求进行安装；第二种情况是当设计或产品说明书没有明确规定时不知如何确定连通管管径而胡乱安装；其三是有的封闭锅筒连接敞口水箱，但在连接管上安装了止回阀。如不能正确安装大气连通管或锅筒顶部敞口，一旦出现停泵、汽化或管道系统故障时，锅炉内有可能产生压力，甚至对锅炉造成损坏。

③设备基础的预留螺栓孔不准确。其原因一，是对各种辅助设备的基础重视不够，施工时随意性大，加之基础交接时不认真；二是预留时没有核对进场设备支架或底座的螺栓孔的相对位置尺寸，图纸与实际设备有误差。由于辅助设备基础一般较小，返修空间不大，因此设备安装时有的将基础破坏，有的改用焊接，有的改变了设备安装的位置。这些做法带来的直接质量后果是基础强度达不到设计要求；设备由螺栓固定改为焊接固定后给检修造成困难；改变设备位置影响到后续安装的质量。

④螺旋除渣机的渣斗内水封高度不够。原因一，是连接法兰的衬垫薄厚不均、四周不严而导致法兰处漏水；原因二是采用石棉绳作法兰垫料时，为方便施工把石棉绳垫在法兰螺栓的外周边，水由螺栓孔漏出；原因三是冷却进口位置及浮球阀定位过低，保证不了水封深度。由于渣斗内水封深度不够，甚至没有水封，造成炉膛漏风量加大，影响炉膛温度，降低锅炉热效率。

⑤阀门安装前没有进行强度和严密性试验。按照目前阀门市场的质量状况及使用要

求，应在安装前对主管道上起切断作用的阀门逐一进行水压试验，对其他阀门做抽查试验，以确保阀门的耐压强度和严密性，满足锅炉安全可靠的运行要求。有的施工人员认为阀门与汽、水管道系统一起进行水压试验即可代替阀门的水压试验，这是不正确的做法。因为阀门与管道系统一起试验时，阀门多数是呈开启状态，这种试验检验不了阀门的关闭是否严密和开启是否灵活，因此阀门应单独进行强度和严密性试验。

⑥系统水压试验不符合规定，表现在：

a. 不根据管道工作压力的不同要求系统分别进行试验，而且试验压力就低不就高；

b. 试验时，系统只装设一块压力表且设置在处于较低位置的试压泵出口处，不能反映出系统其他部分，尤其是最高或最不利位置的受压情况；

c. 采用上水泵进行试验，升压速度太快，不便于观察和处理试压过程中出现的问题或事故；

d. 一些设备或容器以有出厂合格证为由不进行安装前的水压试验。

由于上述操作的不规范，不能真实、准确地反映出管道、阀门、容器及设备的承压能力，水压试验流于形式，以致成为安全隐患。

⑦用膨胀螺栓代替地脚螺栓。一些施工单位图方便，在辅助设备基础的施工时不留地脚螺栓孔，一律采用膨胀螺栓来代替地脚螺栓安装。膨胀螺栓是靠膨胀部分的表面与混凝土的摩擦力而工作的，对于有机械运动的设备来说用膨胀螺栓固定是不合适的，因为机械的反复振动会使混凝土的接触面变得越来越平滑，摩擦力越来越小，最终导致膨胀螺栓失去它的固定作用。

⑧安全阀排汽管安装不正确。一种情况是排汽管截面积不够，当两个以上安全阀共用一根总排汽管时，对总管管径不进行计算确定，随意安装，截面积不能满足几个安全阀同时排汽时的要求；另一种情况是排汽管管道上弯头较多，管道较长；第三种情况是排汽管道低点不设置泄水管，易产生积水；第四种情况是寒冷地区室外部分的排汽管不做防寒处理，以致管道末端出现冰冻现象。这几种情况都不利于安全阀启动和迅速、畅通地排汽，形成安全阀的背压较大，影响安全阀的起跳时间，削弱了它应有的作用，同时管道低点积水可能会造成安全阀及排汽管道的腐蚀。

⑨压力表选用不合要求。有的施工单位在供热系统工作压力不大的情况下仍选用锅炉出厂时配置的压力表，使压力表量程过大。锅炉出厂的额定工作压力一般较大，有的可达1.25MPa，则所配置的压力表极限刻度应为2.5MPa。而一些系统的工作压力较低，只有0.5～0.6MPa，这时选取量程较大的压力表，观察时会精确度较差，因而观察结果的误差也较大。

还有一种情况是压力表表盘较小，在锅炉的锅筒上方仍然装设直径为50mm表盘的压力表，表盘小，刻度也不明显，观察时既不清晰，误差也较大。

⑩炉墙裂缝。造成炉墙裂缝的原因，一是当炉墙湿度较大时烘炉前未经过自然风干；二是烘炉时炉膛升温过急；三是烘炉时火焰中心靠近了炉墙；四是烘炉过程没有按规定操作，没达到烘干要求，投入使用后较高的火焰温度烧烤所致。要杜绝上述问题，应在烘炉前编制切合实际的、详尽的施工方案和升温控制曲线，操作人员应严格执行。因为炉墙裂缝将直接影响锅炉使用年限，甚至在短期内炉墙还会脱落。

⑪忽视锅炉机组的48h联合试运行。对于48h试运行的要求，有的以冷态单车试运行

代替，有的以投入正式运行的初期阶段代替，不按规定进行试运行。上述做法是不正确的，单车试运行时间都比较少，而且是冷状态下的运行，机械设备在热状态下由于热膨胀，运行的情况会有一些变化，需要检验和调整；正式运行的初期阶段的负荷一般都不能达到最大值，有的工作压力不能达到满负荷，因此不可能真实地反映设备制造、系统设计及安装的质量情况，有些问题不能充分地暴露出来，有可能形成以后运行中的隐患。

第八章　工程质量验收

8.0.1　建筑给水排水及采暖工程的子分部、分项工程和检验批是如何划分的?

建筑工程质量验收根据规定应划分为单位（子单位）工程、分部（子分部）工程、分项工程和检验批分层次进行。

单位工程应是具备独立施工条件并能形成独立使用功能的建筑物和构筑物，由建筑工程和设备安装工程共同组成。另外，室外的给水排水、供热、燃气、供电等也可组成为单位工程。建筑规模较大的单位工程，可将其能形成独立使用功能的部分划分为子单位工程。

分部工程的划分是按工程施工工种专业的性质或建筑部位确定的。建筑给水、排水及采暖工程是建筑工程中的一个分部工程。当分部工程较大或较复杂时，可按材料种类、施工程序、专业系统、设备的用途和类别等划分为若干子分部工程。在国家标准《建筑给水排水及采暖工程施工质量验收规范》中将建筑给水排水及采暖分部工程划分为10个子分部工程。

分项工程是按设备的组别、管道及配件的系统或独立的施工工序等进行划分的。

建筑给水排水及采暖工程的子分部、分项工程的具体划分见表8.0.1。

在较大工程或高层建筑中，由于分项工程的检验数量较大，可根据施工及质量控制和专业验收的需要按区域、施工段、楼层或管道系统等划分为若干个检验批进行分批检验。所谓检验批，就是按相同的施工条件和操作工艺施工的，由一定数量的供检验的样本组成的检验体。建筑给水排水及采暖工程的检验批的划分原则是：住宅工程以建筑单元为一个检验批；高层住宅按建筑分区（段）划分；大型公共建筑按楼层、管道系统或系统环路划分。

建筑给水排水及采暖工程子分部、分项工程划分表　　**表8.0.1**

	序号	子分部工程	分项工程
建筑给水排水及采暖工程	1	室内给水系统安装	给水管道及配件安装、室内消火栓系统安装、给水设备安装、管道防腐、绝热
	2	室内排水系统安装	排水管道及配件安装、雨水管道及配件安装
	3	室内热水供应系统安装	管道及配件安装、辅助设备安装、防腐、绝热
	4	卫生器具安装	卫生器具安装、卫生器具给水配件安装、卫生器具排水管道安装
	5	室内采暖系统安装	管道及配件安装、辅助设备及散热器安装、金属辐射板安装、低温热水地板辐射采暖系统安装、系统水压试验及调试、防腐、绝热
	6	室外给水管网安装	给水管道安装、消防水泵接合器及室外消火栓安装、管沟及井室
	7	室外排水管网安装	排水管道安装、排水管沟与井池
	8	室外供热管网安装	管道及配件安装、系统水压试验及调试、防腐、绝热
	9	建筑中水系统及游泳池水系统安装	建筑中水系统管道及辅助设备安装、游泳池水系统安装
	10	供热锅炉及辅助设备安装	锅炉安装、辅助设备及管道安装、安全附件安装、烘炉、煮炉和试运行、换热站安装、防腐、绝热

8.0.2　什么是强制性条文？什么是主控项目和一般项目？

（1）强制性条文

工程建设标准强制性条文是工程建设全过程的强制性技术规定，是参与工程建设活动各方执行国家强制性标准的依据，也是政府执行对工程建设的强制性标准情况监督的依据，是具有法律效力的技术法规。

在《建筑给水排水及采暖工程施工质量验收规范》GB 50242—2002 中对直接涉及工程质量、保护人体健康和安全、保护自然环境和维护公共利益等方面的内容规定了 20 条强制性条文，这些条文是工程施工和验收中必须严格执行的。如在第三章中第 3.3.16 条规定“各种承压管道系统和设备应做水压试验，非承压管道系统和设备应做灌水试验”。这一条文列为强制性条文，放在基本规定一章中，其后的其他章、节中凡是涉及到管道和设备的水压试验或灌水试验的规定都应与第 3.3.16 条一致，视为强制性条文执行。

（2）主控项目

主控项目是指施工中控制工程质量、保证工程使用功能和用户使用安全的关键环节及工序。主控项目的条文规定也是应该严格执行的，主控项目在工程验收中是全数检查的项目。

一般项目是可以根据工程实际进行选择和推荐的技术要求，即是允许有缺陷和偏差的项目，在执行中只要不超出项目标准的允许范围应通过验收。如超出允许范围，可根据实际情况由验收各方协商做出结论或处理。

8.0.3　在建筑给水排水及采暖工程中涉及安全、卫生和使用功能的检验、检测包括哪些内容？

根据《建筑给水排水及采暖工程施工质量验收规范》GB 50242—2002 的规定，建筑给水排水及采暖分部工程中涉及安全、卫生和使用功能的检验和检测应包括下列内容：

①承压管道系统和设备及阀门的水压试验；

②排水管道的灌水、通球及通水试验；

③室内雨水管道灌水及通水试验；室外雨水管道通水试验；

④给水管道通水试验及冲洗、消毒检测；

⑤卫生器具的通水试验和具有溢流功能的器具满水试验；

⑥地漏及地面清扫口的排水试验；

⑦消火栓系统的试射测试；

⑧采暖系统的冲洗和通热测试；

⑨锅炉及设备安全阀和报警联动系统的动作测试；

⑩锅炉及辅助设备 48h 负荷试运行。

8.0.4　建筑给水排水及采暖工程质量验收时应具备哪些文件和资料？

工程质量验收时应提供的文件和资料包括下列主要内容：

①开工报告、竣工报告（如属于配套工程的可利用土建工程的开工报告和竣工报告）；

②图纸会审记录、设计变更及洽商记录；

③施工组织设计或施工方案；

④主要材料、成品、半成品、配件、器具和设备的出厂合格证明及进场验收单；
⑤隐蔽工程验收及中间试验记录；
⑥设备试运行记录；
⑦安全、卫生和使用功能的检验和检测记录；
⑧检验批、分项、子分部和分部工程质量验收记录；
⑨竣工图。

8.0.5　什么是抽样检验？什么是见证取样检测？

所谓抽样检验，是按照规定根据检验项目的特性所确定的抽取样本的方法和数量，随机从进场的材料、构配件、设备或建筑工程检验项目中抽取样本进行的检验。抽样检验一般适用于进入施工现场的主要材料、构件、配件及小型设备的验收和工程质量验收中一般项目的检验。如阀门安装前的耐压强度和严密性试验、管材材质的检测、允许偏差项目的质量检验等。

所谓见证取样检测，是指在监理单位或建设单位的监督下，由施工单位的有关人员现场取样并直接送交到具备相应资质的检测机构所进行的检测。实行见证取样检测制度是为防止弄虚作假，保证检测的规范性、准确性和检测数据的可靠性。在给水排水及采暖工程中需要进行见证取样检测的项目有《建筑给水排水及采暖工程施工质量验收规范》GB 50242—2000的第 3.2.1 条、4.2.3 条、9.2.7 条和 13.5.2 条等条文规定的检测内容。

8.0.6　建筑给水、排水及采暖工程质量验收的表格有哪些？应如何填写？

建筑给水排水及采暖工程竣工后，施工单位在自行组织工程质量检查评定后，报请专业监理工程师对工程按分项内容进行检验、审核，并填写分项工程（或分若干检验批）质量检验表、子分部及分部工程质量检验表。

建筑给水排水及采暖工程的分项安装工程质量检验表的内容及填写说明详见以下附表。各省、市、自治区建设行政主管部门在附表的内容及要求的基础上都制定了本地区的建筑工程施工质量验收实施细则。在实际执行中，应遵守工程所在地区的“实施细则”的更详尽规定。

室内给水管道及配件安装工程质量检验表　　表 S-1

工程名称			
分部（子分部）工程名称		验收部位	
施工单位	专业队长（施工员）	项目经理	
施工执行标准名称及编号			
分包单位	分包项目经理	施工班、组长	

项目	序号	《规范》章、节、条号	内容				1	2	3	4	5	6	7	8	9	10	施工单位检查评定记录	监理、建设单位验收记录
主控项目	1	4.2.1	给水管道水压试验															
	2	4.2.2	给水系统通水试验															
	3	4.2.3	生活给水系统管道冲洗和消毒															
	4	4.2.4	直埋金属给水管道防腐															
一般项目	1	4.2.5	给水与排水管道铺设的平行、垂直净距															
	2	4.2.6	金属给水管道及管件焊接															
	3	4.2.7	给水水平管道坡度、坡向															
	4	4.2.8	检查内容			允许偏差（mm）	1	2	3	4	5	6	7	8	9	10		
			水平管道纵、横方向弯曲	钢管	每米	1												
					全长 25m 以上	≤25												
				塑料管复合管	每米	1.5												
					全长 25m 以上	≤25												
				铸铁管	每米	2												
					全长 25m 以上	≤25												
			立管垂直度	钢管	每米	3												
					5m 以上	≤8												
				塑料管复合管	每米	2												
					5m 以上	≤8												
				铸铁管	每米	3												
					5m 以上	≤10												
			成排管段和成排阀门在同一平面上的间距			3												
	5	4.2.9	管道支、吊架安装															
	6	4.2.10	水表安装															

施工单位检查评定结果	项目专业质量检查员：　　　年　月　日
监理（建设）单位验收结论	监理工程师： （建设单位项目专业技术负责人）　　　年　月　日

表 S-1 填写说明

主控项目

1. 室内给水管道的水压试验必须符合设计要求。当设计未注明时，各种材质的给水管道系统试验压力均为工作压力的 1.5 倍，但不得小于 0.6MPa。

检验方法：金属及复合管给水管道系统在试验压力下观测 10min，压力降不应大于 0.02MPa，然后降到工作压力进行检查，应不渗、不漏；塑料管给水系统应在试验压力下稳压 1h，压力降不得超过 0.05MPa，然后在工作压力的 1.15 倍状态下稳压 2h，压力降不得超过 0.03MPa，同时检查各连接处不得渗、漏。

2. 给水系统交付使用前必须进行通水试验并做好记录。

检验方法：开启阀门、水嘴等放水观察。

检查数量：全部系统或分区（段）。

3. 生活给水系统管道在交付使用前必须冲洗和消毒，并经有关部门取样检验，符合国家《生活饮用水卫生标准》方可使用。

检验方法：检查有关部门提供的检测报告。

检查数量：全部工程检测记录。

4. 室内直埋给水管道（塑料管道和复合管道除外）应做防腐处理。埋地管道防腐层材质和结构应符合设计要求。

检验方法：观察或局部解剖检查。

检查数量：每 20m 一处，不少于 5 处。

一般项目

1. 给水引入管与排水排出管的水平净距不得小于 1m。室内给水与排水管道平行敷设时，两管间的最小水平净距不得小于 0.5mm；交叉铺设时，垂直净距不得小于 0.15m。给水管应铺在排水管上面，若给水管必须铺在排水管的下面时，给水管应加套管，其长度不得小于排水管管径的3 倍。

检验方法：尺量检查。

检查数量：全数检查。

2. 管道及管件焊接的焊缝表面质量应符合下列要求：

1）焊缝外形尺寸应符合图纸和工艺文件的规定，焊缝高度不得低于母材表面，焊缝与母材应圆滑过渡；

2）焊缝及热影响区表面应无裂纹、未熔合、未焊透、夹渣、弧坑和气孔等缺陷。

检验方法：观察检查。

检查数量：抽查 5%，不少于 5 处。

3. 给水水平管道应有 0.2%～0.5%的坡度，坡向泄水装置。

检验方法：水平尺和尺量检查。

检查数量：抽查 5%，不少于 5 段。

4. 给水管道和阀门安装的允许偏差应符合检验表的要求。

检验方法：用水平尺、直尺、拉线和尺量检查。

检查数量：抽查 5%，不少于 10 个。

5. 管道的支、吊架安装应平整牢固，其间距应符合本规范第 3.3.8 条、第 3.3.10 条的规定。

检验方法：观察、尺量及手扳检查。

检查数量：抽查 5%，不少于 5 个。

6. 水表应安装在便于检修、不受曝晒、污染和冻结的地方。安装螺翼式水表，表前与阀门应有不小于 8 倍水表接口直径的直线管段。表外壳距墙表面净距为 10～30mm；水表进水口中心标高按设计要求，允许偏差为±10mm。

检验方法：观察和尺量检查。

检查数量：全数检查。

室内消火栓系统安装工程质量检验表 表 S-2

<table>
<tr><td colspan="3">工程名称</td><td colspan="13"></td></tr>
<tr><td colspan="4">分部（子分部）工程名称</td><td colspan="7"></td><td colspan="4">验收部位</td><td></td></tr>
<tr><td colspan="2">施工单位</td><td colspan="2"></td><td colspan="7">专业队长（施工员）</td><td colspan="4">项目经理</td><td></td></tr>
<tr><td colspan="4">施工执行标准名称及编号</td><td colspan="12"></td></tr>
<tr><td colspan="2">分包单位</td><td colspan="2"></td><td colspan="7">分包项目经理</td><td colspan="4">施工班、组长</td><td></td></tr>
<tr><td>项目</td><td>序号</td><td>《规范》章、节、条号</td><td colspan="2">内容</td><td colspan="10">施工单位检查评定记录</td><td>监理、建设单位验收记录</td></tr>
<tr><td>主控项目</td><td>1</td><td>4.3.1</td><td colspan="2">室内消火栓试射试验</td><td colspan="10"></td><td></td></tr>
<tr><td rowspan="6">一般项目</td><td>1</td><td>4.3.2</td><td colspan="2">室内消火栓水龙带在箱内安装</td><td colspan="10"></td><td></td></tr>
<tr><td rowspan="5">2</td><td rowspan="5">4.3.3</td><td>检查内容</td><td>允许偏差(mm)</td><td>1</td><td>2</td><td>3</td><td>4</td><td>5</td><td>6</td><td>7</td><td>8</td><td>9</td><td>10</td><td rowspan="5"></td></tr>
<tr><td>栓口朝向</td><td></td><td></td><td></td><td></td><td></td><td></td><td></td><td></td><td></td><td></td><td></td></tr>
<tr><td>栓口中心距地面 1.1m</td><td>±20</td><td></td><td></td><td></td><td></td><td></td><td></td><td></td><td></td><td></td><td></td></tr>
<tr><td>阀门中心距箱侧面 140mm；距箱后内表面 100mm</td><td>±5</td><td></td><td></td><td></td><td></td><td></td><td></td><td></td><td></td><td></td><td></td></tr>
<tr><td>消火栓安装的垂直度</td><td>3</td><td></td><td></td><td></td><td></td><td></td><td></td><td></td><td></td><td></td><td></td></tr>
<tr><td colspan="3">施工单位检查评定结果</td><td colspan="13">项目专业质量检查员： 年 月 日</td></tr>
<tr><td colspan="3">监理（建设）单位验收结论</td><td colspan="13">监理工程师：
（建设单位项目专业技术负责人） 年 月 日</td></tr>
</table>

表 S-2 填写说明

主控项目

室内消火栓系统安装完成后取屋顶层（或水箱间内）试验消火栓和首层取两处消火栓做试验，达到设计要求为合格。

检验方法：实地试射检查。

检查数量：按系统检查。

一般项目

1. 安装消火栓水龙带，水龙带与水枪和快速接头绑扎好后，应根据箱内构造将水龙带挂放在箱内的挂钉、托盘或支架上。

检验方法：观察检查。

检查数量：抽查 20%，不少于 10 个。

2. 箱式消火栓的安装应符合检验表的要求：

1）栓口应朝外，并不应安装在门轴侧；

2）栓口中心距地面为 1.1m，允许偏差±20mm；

3）阀门中心距箱侧面为 140mm，距箱后内表面为 100mm，允许偏差±5mm；

4）消火栓箱体安装的垂直度允许偏差为 3mm。

检验方法：观察和尺量检查。

检查数量：抽查 20%，不少于 10 个。

给水设备安装工程质量检验表　　表S-3

工程名称					
分部（子分部）工程名称				验收部位	
施工单位		专业队长（施工员）		项目经理	
施工执行标准名称及编号					
分包单位		分包项目经理		施工班、组长	

项目	序号	《规范》章、节、条号	内容	允许偏差（mm）	1	2	3	4	5	监理、建设单位验收记录
					施工单位检查评定记录					
主控项目	1	4.4.1	水泵基础验收							
主控项目	2	4.4.2	水泵试运转的轴承温升							
主控项目	3	4.4.3	敞口水箱满水试验和密闭水箱（罐）水压试验							
一般项目	1	4.4.4	水箱支架或底座安装							
一般项目	2	4.4.5	水箱溢流管和泄放管安装							
一般项目	3	4.4.6	立式水泵减振器安装							
一般项目	4	4.4.7	检查内容	允许偏差（mm）	1	2	3	4	5	
一般项目	4	4.4.7	静置设备 / 坐标	15						
一般项目	4	4.4.7	静置设备 / 标高	±5						
一般项目	4	4.4.7	静置设备 / 垂直度（每米）	5						
一般项目	4	4.4.7	离心式水泵 / 立式水泵垂直度（每米）	0.1						
一般项目	4	4.4.7	离心式水泵 / 卧式水泵水平度（每米）	0.1						
一般项目	4	4.4.7	离心式水泵 / 联轴器同心度 / 轴向倾斜（每米）	0.8						
一般项目	4	4.4.7	离心式水泵 / 联轴器同心度 / 径向移位	0.1						
一般项目	5	4.4.8	保温层 / 厚度 δ	$+0.1\delta$ -0.05δ						
一般项目	5	4.4.8	保温层 / 表面平整度 / 卷材	5						
一般项目	5	4.4.8	保温层 / 表面平整度 / 涂抹	10						

施工单位检查评定结果	项目专业质量检查员：　　　　年　月　日
监理（建设）单位验收结论	监理工程师： （建设单位项目专业技术负责人）　　　　年　月　日

表 S-3 填写说明

主控项目

1. 水泵就位前的基础混凝土强度、坐标、标高、尺寸和螺栓孔位置必须符合设计规定。

检验方法：对照图纸用仪器和尺量检查。

检查数量：全数检查。

2. 水泵试运行的轴承温升必须符合设备说明书的规定。

检验方法：温度计实测检查。

检查数量：全数检查。

3. 敞口水箱的满水试验和密闭水箱（罐）的水压试验必须符合设计与《建筑给水排水及采暖工程施工质量验收规范》GB 50242—2002 的规定。

检验方法：满水试验静置 24h 观察，不渗、不漏；水压试验在试验压力下 10min 压力不降，不渗、不漏。

检查数量：全数检查。

一般项目

1. 水箱支架或底座安装，其尺寸及位置应符合设计规定，埋设平整牢固。

检验方法：对照图纸，尺量检查。

检查数量：全数检查。

2. 水箱溢流管和泄放管应设置在排水地点附近但不得与排水管直接连接。

检验方法：观察检查。

检查数量：全数检查。

3. 立式水泵的减振装置不宜采用弹簧减振器。

检验方法：观察检查。

检查数量：全数检查。

4. 室内给水设备安装的允许偏差应符合检验表的要求。

检验方法：经纬仪、水准仪、直尺等实量实测。

检查数量：抽查 5%，不少于 5 处（段）。

5. 管道及设备保温层的厚度和平整度的允许偏差应符合检验表的要求。

检验方法：用钢针刺入，用 2m 靠尺和楔形塞尺检查。

检查数量：抽查 5 处。

室内排水管道及配件安装工程质量检验表　　　　表 S-4

工程名称					
分部（子分部）工程名称				验收部位	
施工单位		专业队长（施工员）		项目经理	
施工执行标准名称及编号					
分包单位		分包项目经理		施工班、组长	

项目	序号	《规范》章、节、条号	内容	施工单位检查评定记录	监理、建设单位验收记录
主控项目	1	5.2.1	排水管道灌水试验		
	2	5.2.2/5.2.3	生活污水铸铁管、塑料管坡度		
	3	5.2.4	排水塑料管伸缩节安装		
	4	5.2.5	排水立管及水平干管通球试验		
一般项目	1	5.2.6/5.2.7	生活污水管道上检查口和清扫口安装		
	2	5.2.8/5.2.9	金属和塑料排水管支、吊架安装		
	3	5.2.10	排水通汽管安装		
	4	5.2.11/5.2.12	医院污水和饮食业工艺排水安装		
	5	5.2.13/5.2.14/5.2.15	室内排水管道安装		
	6	5.2.16	见下表		

检查内容				允许偏差(mm)	1	2	3	4	5	6	7	8	9	10	监理、建设单位验收记录
坐标				15											
标高				±15											
横管纵、横方向弯曲	铸铁管	每 1m		≤1											
		全长（25m 以上）		≤25											
	钢管	每 1m	管径≤100mm	1											
			管径＞100mm	1.5											
		全长≤25m	管径≤100mm	≤25											
			管径＞100mm	≤38											
	塑料管	每 1m		1.5											
		全长（25m 以上）		≤38											
	钢筋混凝土管	每 1m		≤3											
		全长（25m 以上）		≤75											
立管垂直度	铸铁管	每 1m		3											
		全长（5m 以上）		≤15											
	钢管	每 1m		3											
		全长（5m 以上）		≤10											
	塑料管	每 1m		3											
		全长（5m 以上）		≤15											

施工单位检查评定结果	项目专业质量检查员：　　　　年　月　日
监理（建设）单位验收结论	监理工程师： （建设单位项目专业技术负责人）　　　　年　月　日

表 S-4 填写说明

主控项目

1. 隐蔽或埋地的排水管道在隐蔽前必须做灌水试验，其灌水高度应不低于底层卫生器具的上边缘或底层地面高度。

检验方法：满水 15min 水面下降后，再灌满水观察 5min，液面不降，管道及接口无渗、漏为合格。

检查数量：全部系统或区（段）。

2. 管道坡度。

1）生活污水铸铁管道的坡度必须符合设计或《建筑给水排水及采暖工程施工质量验收规范》GB 50242—2002表 5.2.2 的规定；

2）生活污水塑料管道的坡度必须符合设计或《建筑给水排水及采暖工程施工质量验收规范》GB 50242—2002表 5.2.3 的规定。

检验方法：水平尺、拉线尺量检查。

检查数量：每 30m 抽查 2 段，不少于 10 段。

3. 排水塑料管必须按设计要求及位置装设伸缩节。如设计无要求时，伸缩节间距不得大于 4m。高层建筑中明设排水塑料管道应按设计要求设置阻火圈或防火套管。

检验方法：观察检查。

检查数量：不少于 5 个。

4. 排水主立管及水平干管均应做通球试验，通球球径不小于排水管道管径的 2/3，通球率必须达到 100%。

检验方法：通球检查。

检查数量：全数检查。

一般项目

1. 检查口、清扫口安装：

1）在生活污水管道上设置的检查口或清扫口，当设计无要求时应符合《建筑给水排水及采暖工程施工质量验收规范》GB 50242—2002 第 5.2.6 条的规定；

2）埋在地下或地板下的排水管道的检查口，应设在检查井内。井底表面标高与检查口的法兰相平，井底表面应有 5%坡度，坡向检查口。

2. 支、吊架安装：

1）金属排水管道上的吊钩或卡箍应固定在承重结构上。固定件间距：横管不大于 2m；立管不大于 3m。楼层高度小于或等于 4m，立管可安装 1 个固定件。立管底部的弯管处应设支墩或采取固定措施；

2）排水塑料管道支、吊架间距应符合《建筑给水排水及采暖工程施工质量验收规范》GB 50242—2002 中表 5.2.9 的规定。

检验方法：观察和尺量检查。

检查数量：各项抽查 5%，不少于 5 个。

3. 排水通气管不得与风道或烟道连接，且应符合下列规定：

1）通气管应高出屋面 300mm，且必须大于最大积雪厚度；

2）在通气管出口 4m 以内有门、窗时，通气管应高出门、窗顶 600mm 或引向无门、窗一侧；

3）在经常有人停留的平屋顶上，通气管应高出屋面 2m，并应根据防雷要求设置防雷装置；

4）屋顶有隔热层应从隔热层板面算起。

检验方法：观察和尺量检查。

检查数量：各项抽查 10%，不少于 5 个。

4. 污水、工艺排水：

1）安装未经消毒处理的医院含菌污水管道，不得与其他排水管道直接连接；

2）饮食业工艺设备引出的排水管及饮用水水箱的溢流管，不得与污水管道直接连接，并应留出不小于100mm的隔断空间。

检验方法：观察和尺量检查。

检查数量：以上各项全数检查。

5. 排水管道安装。

1）通向室外的排水管，穿过墙壁或基础必须下返时，应采用45°三通和弯头连接，并应在垂直管段顶部设置清扫口；

2）由室内通向室外排水检查井的排水管，井内引入管应高于排出管或两管顶相平，并有不小于90°的水流转角，如跌落差大于300mm可不受角度限制；

3）用于室内排水的水平管道与水平管道、水平管道与立管的连接，应采用45°三通或45°四通和90°斜三通或90°斜四通。立管与排出管端部的连接，应采用两个45°弯头或曲率半径不小于4倍管径的90°弯头。

检验方法：观察和尺量检查。

检查数量：各项抽查5%，不少于5个。

6. 室内排水管道安装的允许偏差应符合检验表的要求。

检验方法：用水准仪、拉线和尺量检查。

检查数量：横管每30m抽查2段，立管抽查20%，不少于10段。

雨水管道及配件安装工程质量检验表　　表 S-5

工程名称					
分部（子分部）工程名称				验收部位	
施工单位		专业队长（施工员）		项目经理	
施工执行标准名称及编号					
分包单位		分包项目经理		施工班、组长	

项目	序号	《规范》章、节、条号	内容			施工单位检查评定记录	监理、建设单位验收记录
主控项目	1	5.3.1	室内雨水管道灌水试验				
	2	5.3.2	塑料雨水管道伸缩节安装				
	3	5.3.3	悬吊雨水管和埋地雨水管的最小坡度				
一般项目	1	5.3.4	雨水管道不得与生活污水管道相连接				
	2	5.3.5	雨水斗安装				
	3	5.3.6	悬吊管检查口安装				
	4	5.3.8	检查内容		允许偏差（mm）		
			焊口平直度	管壁厚 10mm 以内	管壁厚 1/4		
			焊缝加强面	高度	+1mm		
				宽度			
			咬边	深度	<0.5mm		
				长度：连续长度	25mm		
				长度：总长度（两侧）	小于焊缝长度的 10%		
	5	5.3.7	雨水管道安装的允许偏差见 S-4 第 6 项				

施工单位检查评定结果	项目专业质量检查员：　　　　年　月　日
监理（建设）单位验收结论	监理工程师： （建设单位项目专业技术负责人）　　　　年　月　日

表 S-5 填写说明

主控项目

1. 安装在室内的雨水管道安装后应做灌水试验，灌水高度必须到每根立管上部的雨水斗。

检验方法：满水试验持续 1h，不渗、不漏。

检查数量：全部系统或区（段）。

2. 雨水管道如采用塑料管，其伸缩节安装应符合设计要求。

检验方法：对照图纸检查。

检查数量：不少于 5 个。

3. 悬吊式雨水管道的敷设坡度不得小于 5‰；埋地雨水管道的最小坡度应符合下表规定。

项　次	管径（mm）	最小坡度（‰）	项　次	管径（mm）	最小坡度（‰）
1	50	20	4	125	6
2	75	15	5	150	5
3	100	8	6	200～400	4

检验方法：水平尺、拉线尺量检查。

检查数量：每 30m 抽查 2 段，不少于 5 段。

一般项目

1. 雨水管道不得与生活污水管道相连接。

检验方法：观察检查。

检查数量：全数检查。

2. 雨水斗管的连接应固定在屋面承重结构上。雨水斗边缘与屋面相连处应严密不漏。连接管管径当设计无要求时，不得小于 100mm。

检验方法：观察和尺量检查。

检查数量：全数检查。

3. 悬吊式雨水管道的检查口或带法兰堵口的三通的间距不得大于下表的规定。

悬吊管检查口间距

项　次	悬吊管直径（mm）	检查口间距（m）
1	≤150	≤15
2	≥200	≤20

检验方法：拉线、尺量检查。

检查数量：抽查 20%，不少于 10 处。

4. 雨水钢管管道焊接的焊口允许偏差应符合检验表的要求。

检验方法：焊接检验尺、游标卡尺和直尺检查。

检查数量：抽查 10%，不少于 10 处。

5. 雨水管道安装的允许偏差的检验方法和检查数量见表 S-4 第 6 项。

室内热水供应管道及配件安装工程质量检验表　　表 S-6

工程名称					
分部（子分部）工程名称				验收部位	
施工单位		专业队长（施工员）		项目经理	
施工执行标准名称及编号					
分包单位		分包项目经理		施工班、组长	

项目	序号	《规范》章、节、条号	内容				施工单位检查评定记录										监理、建设单位验收记录
主控项目	1	6.2.1	热水供应系统管道水压试验														
	2	6.2.2	热水供应系统管道补偿器安装														
	3	6.2.3	热水供应系统管道冲洗														
一般项目	1	6.2.4	管道坡度安装														
	2	6.2.5	温度控制器和阀门安装														
	3	6.2.6	检查内容			允许偏差(mm)	1	2	3	4	5	6	7	8	9	10	
			水平管道纵、横方向弯曲	钢管	每米	1											
					全长25m以上	≤25											
				塑料管复合管	每米	1.5											
					全长25m以上	≤25											
			立管垂直度	钢管	每米	3											
					全长5m以上	≤8											
				塑料管复合管	每米	2											
					全长5m以上	≤8											
			成排管道和成排阀门在同一平面上间距			3											
	4	6.2.7	保温层	厚度		$+0.1\delta$ -0.05δ											
				表面平整度	卷材	5											
					涂抹	10											

施工单位检查评定结果	项目专业质量检查员：　　　年　月　日
监理（建设）单位验收结论	监理工程师： （建设单位项目专业技术负责人）　　　年　月　日

表 S-6 填写说明

主控项目

1. 热水供应系统安装完毕，管道保温之前应进行水压试验。试验压力应符合设计要求。当设计未注明时，热水供应系统水压试验压力应为系统顶点的工作压力加 0.1MPa，同时在系统顶点的试验压力不小于 0.3MPa。

检验方法：钢管或复合管道系统在试验压力下 10min 内压力降不大于 0.02MPa，然后降至工作压力检查，压力应不降，且不渗、不漏；塑料管道系统在试验压力下稳压 1h，压力降不得超过 0.05MPa，然后在工作压力 1.15 倍状态下稳压 2h，压力降不得超过 0.03MPa，连接处不得渗、漏。

检查数量：全部系统或分区（段）。

2. 热水供应管道应尽量利用自然弯曲补偿热伸缩，直线段过长则应设置补偿器。补偿器形式、规格、位置应符合设计要求，并按有关规定进行预拉伸。

检验方法：对照设计图纸检查。

检查数量：全数检查。

3. 热水供应系统竣工后必须进行冲洗。

检验方法：现场观察检查。

检查数量：全部工程系统。

一般项目

1. 管道安装坡度应符合设计规定。

检验方法：水平尺、拉线尺量检查。

检查数量：每 30m 抽查 2 段，不少于 10 处。

2. 温度控制器及阀门应安装在便于观察和维护的位置。

检验方法：观查检查。

检查数量：全数检查。

3. 热水供应管道和阀门安装的允许偏差应符合检验表的要求。

检验方法：水平尺、直尺、拉线和尺量检查。

检查数量：抽查 5%，不少于 10 段。

4. 热水供应系统管道应保温（浴室内明装管道除外），保温材料、厚度、保护壳等应符合设计规定。保温层厚度和平整度的允许偏差应符合检验表的要求。

检验方法：针刺和塞尺检查。

检查数量：抽查 10 处。

热水供应系统辅助设备安装工程质量检验表 　　表 S-7

工　程　名　称					
分部（子分部）工程名称				验收部位	
施工单位		专业队长（施工员）		项目经理	
施工执行标准名称及编号					
分包单位		分包项目经理		施工班、组长	

项目	序号	《规范》章、节、条号	内　容	施工单位检查评定记录	监理、建设单位验收记录
主控项目	1	6.3.1/6.3.2/6.3.5	热交换器，太阳能热水器排管和水箱等水压试验和灌水试验		
	2	6.3.3	水泵基础验收		
	3	6.3.4	水泵试运转温升		
一般项目	1	6.3.6/6.3.8/6.3.9	太阳能热水器安装		
	2	6.3.7	太阳能热水器循环管道坡度		
	3	6.3.10/6.3.11/6.3.12	太阳能热水器集箱、管道保温		

项目	序号	《规范》章、节、条号	检查内容			允许偏差（mm）	1	2	3	4	5	6	7	8	9	10	监理、建设单位验收记录
一般项目	4	6.3.13	静止设备	坐　标		15											
				标　高		±5											
			离心式水泵	垂直度（每米）		3											
				立式水泵垂直度（每米）		0.1											
				卧式水泵水平度（每米）		0.1											
				联轴器同心度	轴向倾斜（每米）	0.8											
					径向位移	0.1											
	5	6.3.14	板式直管太阳能热水器	标高	中心线距地面（mm）	±20											
				固定安装朝向	最大偏移角	≤15°											

施工单位检查评定结果	项目专业质量检查员：　　　　　　年　　月　　日
监理（建设）单位验收结论	监理工程师： （建设单位项目专业技术负责人）　　　　　　年　　月　　日

表 S-7 填写说明

主控项目

1. 水压试验和灌水试验

1）在安装太阳能集热器玻璃前，应对集热排管和上、下集管作水压试验，试验压力为工作压力的1.5倍。

检验方法：试验压力下10min内压力不降，不渗、不漏。

检查数量：全系统检查。

2）热交换器应以工作压力的1.5倍作水压试验。蒸汽部分应不低于蒸汽供汽压力加0.3MPa；热水部分应不低于0.6MPa。

检验方法：试验压力下10min内压力不降，不渗、不漏。

检查数量：全系统检查。

3）敞口水箱的满水试验和密闭水箱（罐）的水压试验必须符合设计与《建筑给水排水及采暖工程施工质量验收规范》GB 50242—2002的规定。

检验方法：满水试验静置24h，观察不渗、不漏；水压试验在试验压力下10min内压力不降，不渗、不漏。

检查数量：逐个检查。

2. 水泵就位前的基础混凝土的强度、坐标、标高、尺寸和螺栓孔位置必须符合设计要求。

检验方法：对照图纸用仪器和尺量检查。

检查数量：逐台检查。

3. 水泵试运转的轴承温升必须符合设备说明书的规定。

检验方法：温度计实测检查。

检查数量：逐台检查。

一般项目

1. 太阳能热水器安装：

1）安装固定式太阳能热水器，朝向应正南。如受条件限制时，其偏移角不得大于15°；集热器的倾角，对于春、夏、秋三个季节使用的，应采用当地纬度为倾角；若以夏季为主，可比当地纬度减少10°。

检验方法：观察和分度仪检查。

检查数量：逐台检查。

2）自然循环的热水箱底部与集热器上集管之间的距离为0.3～1.0m。

检验方法：尺量检查。

检查数量：逐台检查。

3）制作吸热钢板凹槽时，其圆度应准确，间距应一致。安装集热排管时，应用卡箍和钢丝紧固在钢板凹槽内。

检验方法：手板和尺量检查。

检查数量：抽查5处。

2. 由集热器上、下集管接往热水箱的循环管道，应有不小于5‰的坡度。

检验方法：尺量检查。

检查数量：抽查5%，不少于5段。

3. 太阳能热水器保温、防冻：

1）太阳能热水器的最低处应安装泄水装置。

检验方法：观察检查。

检查数量：逐台检查。

2）水箱及上、下集管等循环管道均应保温。

检验方法：观察检查。

检查数量：抽查5处。

3）以水作介质的太阳能热水器，在0℃以下地区使用，应采取防冻措施。

检验方法：观察检查。

检查数量：逐台检查。

4. 热水供应辅助设备安装的允许偏差应符合检验表的要求。

5. 太阳能热水器安装的允许偏差应符合检验表的要求。

检验方法：尺量、分度仪检查。

检查数量：逐台检查。

卫生器具及给水配件安装工程质量检验表　　**表S-8**

工程名称					
分部（子分部）工程名称				验收部位	
施工单位		专业队长（施工员）		项目经理	
施工执行标准名称及编号					
分包单位		分包项目经理		施工班、组长	

项目	序号	《规范》章、节、条号	内容		允许偏差（mm）	1	2	3	4	5	6	7	8	9	10	施工单位检查评定记录	监理、建设单位验收记录
主控项目	1	7.2.2	卫生器具满水试验和通水试验														
主控项目	2	7.2.1	排水栓与地漏安装														
主控项目	3	7.3.1	卫生器具给水配件安装														
一般项目			检查内容		允许偏差（mm）	1	2	3	4	5	6	7	8	9	10		
一般项目	1	7.2.3	坐标	单独器具	10												
			坐标	成排器具	5												
			标高	单独器具	±15												
			标高	成排器具	±10												
			器具水平度		2												
			器具垂直度		3												
	2	7.3.2	大便器高、低水箱角阀及截止阀		±10												
			水咀		±10												
			淋浴器喷头下沿		±15												
			浴盆软管淋浴器挂钩		±20												
	3	7.2.4 7.2.5	浴盆检修门、小便槽冲洗管安装														
	4	7.2.6	卫生器具的支、托架安装														
	5	7.3.3	浴盆淋浴器挂钩安装														

施工单位检查评定结果	项目专业质量检查员：　　　　年　月　日
监理（建设）单位验收结论	监理工程师： （建设单位项目专业技术负责人）　　　　年　月　日

表 S-8 填写说明

主控项目

1. 卫生器具交工前应做满水和通水试验。

检验方法：满水后各连接件不渗、不漏；通水试验时给水、排水畅通。

检查数量：全数检查。

2. 排水栓和地漏的安装应平正、牢固，低于排水表面，周边无渗、漏。地漏水封高度不得小于50mm。

检验方法：试水观察检查。

检查数量：抽查5%，不少于5处。

3. 卫生器具给水配件应完好无损伤，接口严密，启闭部分灵活。

检验方法：观察及手扳检查。

检查数量：抽查10%，不少于10个。

一般项目

1. 卫生器具的安装允许偏差应符合检验表的要求。

检验方法：拉线、吊线和尺量检查。

检查数量：抽查5%，不少于10个。

2. 卫生器具给水配件安装标高的允许偏差应符合检验表的要求。

检验方法：尺量检查。

检查数量：抽查5%，不少于10个。

3. 浴盆、小便槽安装。

1）有饰面的浴盆，应留有通向浴盆排水口的检修门。

检验方法：观察检查。

检查数量：全数检查。

2）小便槽冲洗管，应采用镀锌钢管或硬质塑料管。冲洗孔应斜向下方安装，冲洗水流同墙面成45°角。镀锌钢管钻孔后应进行二次镀锌。

检验方法：观察检查。

检查数量：全数检查。

4. 卫生器具的支、托架必须防腐良好，安装平整、牢固，与器具接触紧密、平稳。

检验方法：观察和手扳检查。

检查数量：抽查5%，不少于5个。

5. 浴盆软管淋浴器挂勾的高度，如设计无要求时，应距地面1.8m。

检验方法：尺量检查。

检查数量：全数检查。

卫生器具排水管道安装工程质量检验表　　表 S-9

工程名称					
分部（子分部）工程名称				验收部位部分	
施工单位		专业队长（施工员）		项目经理	
施工执行标准名称及编号					
分包单位		分包项目经理		施工班、组长	

项目	序号	《规范》章、节、条号	内容				施工单位检查评定记录										监理、建设单位验收记录
主控项目	1	7.4.1	卫生器具受水口与立管，管道与楼板接合处安装														
主控项目	2	7.4.2	卫生器具排水管道及支托架安装														
一般项目	1	7.4.3	检查内容			允许偏差（mm）	1	2	3	4	5	6	7	8	9	10	
			横管弯曲度	每 1m		2											
			横管弯曲度	横管长度≤10m，全长		<8											
			横管弯曲度	横管长度>10m，全长		10											
			卫生器具管口及横支管坐标	单独器具		10											
			卫生器具管口及横支管坐标	成排器具		5											
			卫生器具接口标高	单独器具		±10											
			卫生器具接口标高	成排器具		±5											
一般项目	2	7.4.4	卫生器具名称		排水管管径（mm）	管道最小坡度（mm）	1	2	3	4	5	6	7	8	9	10	
			污水盆（池）		50	25											
			单、双格洗涤盆（池）		50	25											
			洗手盆、洗脸盆		32～50	20											
			浴盆		50	20											
			淋浴器		50	20											
			大便器	高、低水箱	100	12											
			大便器	自闭式冲洗阀	100	12											
			大便器	拉管式冲洗阀	100	12											
			小便器	手动、自闭式冲洗阀	40～50	20											
			小便器	自动冲洗水箱	40～50	20											
			化验盆（无塞）		40～50	25											
			净身器		40～50	20											
			饮水器		20～50	10～20											

施工单位检查评定结果	项目专业质量检查员：　　　　年　月　日
监理（建设）单位验收结论	监理工程师： （建设单位项目专业技术负责人）　　　　年　月　日

表 S-9 填写说明

主控项目

1. 与排水横管连接的各卫生器具受水口和立管均应采取妥善可靠的固定措施；管道与楼板的接合部位应采取牢固可靠的防渗、防漏措施。

检验方法：观察和手扳检查。

检查数量：抽查 5%，不少于 5 个。

2. 连接卫生器具的排水管道接口应紧密不漏，其固定支架、管卡等支撑位置应正确、牢固，与管道的接触应平整。

检验方法：观察及通水检查。

检查数量：抽查 5%，不少于 5 个。

一般项目

1. 卫生器具排水管道安装的允许偏差应符合检验表的要求。

检验方法：用水平尺和尺量检查。

检查数量：抽查 5%，不少于 10 个。

2. 连接卫生器具的排水管管径和最小坡度，如设计无要求时，应符合检验表的要求。

检验方法：用水平尺和尺量检查。

检查数量：抽查 5%，不少于 10 个。

室内采暖管道及配件安装工程质量检验表　　表 N-1

工程名称					
分部（子分部）工程名称				验收部位	
施工单位		专业工长（施工员）		项目经理	
施工执行标准名称及编号					
分包单位		分包项目经理		施工班、组长	

项目	序号	《规范》章、节、条号	内容	施工单位检查评定记录	监理、建设单位验收记录
主控项目	1	8.2.1	管道坡度		
	2	8.6.1	采暖系统水压试验		
	3	8.6.2,8.6.3	采暖系统冲洗、试运行和调试		
	4	8.2.2,8.2.5,8.2.6	补偿器的制作、安装及预拉伸		
	5	8.2.3,8.2.4	平衡阀、调节阀、减压阀安装		
一般项目	1	8.2.7	热量表、疏水器、除污器、过滤器安装		
	2	8.2.8	钢管焊接		
	3	8.2.9	采暖入口及分户计量入户装置安装		
	4	8.2.10，8.2.11，8.2.12，8.2.13，8.2.14，8.2.15	管道连接及散热器支管安装		
	5	8.2.16	管道及金属支架的防腐、涂漆		

项目	序号	《规范》章、节、条号	检查内容			允许偏差（mm）	1	2	3	4	5	6	7	8	9	10	监理、建设单位验收记录
一般项目	6	8.2.18	横管道纵、横方向弯曲（mm）	每 1m	管径≤100mm	1											
					管径>100mm	1.5											
				全长（25m以上）	管径≤100mm	≤13											
					管径>100mm	≤25											
			立管垂直度（mm）	每 1m		2											
				全长（5m 以上）		≤10											
			弯管	椭圆率	管径≤100mm	10%											
					管径>100mm	8%											
				折皱不平度（mm）	管径≤100mm	4											
					管径>100mm	5											
	7	8.2.17	管道保温	厚度		$+0.1\delta$ -0.05δ											
				表面平整度	卷材	5											
					涂抹	10											

施工单位检查评定结果	项目专业质量检查员：　　　　年　月　日
监理（建设）单位验收结论	监理工程师： （建设单位项目专业技术负责人）　　　　年　月　日

表 N-1 填写说明

主控项目

1. 管道安装坡度应符合设计或《建筑给水排水及采暖工程施工质量验收规范》GB 50242—2002 第 8.2.1 条的规定。

检验方法：观察、水平尺、拉线、尺量检查。

检查数量：抽查 5%，不少于 10 段。

2. 采暖系统安装完毕，管道保温之前应进行水压试验。

检验方法：查看水压试验的全过程。

检查数量：全系统检查。

3. 系统管道的冲洗、试运行和调试结果应符合规定。

检验方法：现场观察，测量室温。

检查数量：全系统检查。

4. 补偿器的制作、安装及预拉伸应符合设计和《建筑给水排水及采暖工程施工质量验收规范》GB 50242—2002第 8.2.2 条、第 8.2.5 条和第 8.2.6 条的要求。

检验方法：对照图纸现场观察，并检查预拉伸记录。

检查数量：全数检查。

5. 平衡阀、调节阀、减压阀安装完，应进行调试并做上标志。

检验方法：对照图纸现场察看，并检查调试记录。

检查数量：全数检查。

一般项目

1. 热量表、疏水器、除污器、过滤器安装应符合设计要求。

检验方法：对照图纸检验产品合格证，必要时进行解体检查。

检查数量：全数检查。

2. 钢管管道焊口尺寸应符合《建筑给水排水及采暖工程施工质量验收规范》GB 50242—2002 表 S-5 第 4 项的要求。

检验方法：焊接检验尺、游标卡尺和直尺检查。

检查数量：抽查 10%，但不少于 5 处。

3. 系统入口及分户计量系统入户装置应符合设计要求，并应便于检修和观察。

检验方法：现场观察。

检查数量：全数检查。

4. 管道连接及散热器支管安装应符合规范的相关要求。

检验方法：现场观察及尺量检查。

检查数量：抽查 10%，但不少于 5 处。

5. 管道、金属支架和设备的防腐和涂漆应附着良好，无脱皮、起泡、流淌和漏涂缺陷。

检验方法：现场观察。

检查数量：各不少于 5 处。

6. 采暖管道安装的允许偏差应符合检验表的要求。

检验方法：水平尺、直尺、吊线坠和尺量检查。

检查数量：抽查 10%，但不少于 10 处。

7. 管道和设备保温的允许偏差应符合检验表的要求。

检验方法：用钢针、靠尺和塞尺检查。

检查数量：抽查 5%，但不少于 10 处。

室内采暖辅助设备及散热器安装工程质量检验表　　表 N-2

工程名称					
分部（子分部）工程名称			验收部位		
施工单位		专业队长（施工员）		项目经理	
施工执行标准名称及编号					
分包单位		分包项目经理		施工班、组长	

项目	序号	《规范》章、节、条号	内容	施工单位检查评定记录	监理、建设单位验收记录
主控项目	1	8.3.1	散热器水压试验		
	2	8.4.1	金属辐射板水压试验		
	3	8.4.2，8.4.3	金属辐射板安装		
	4	8.3.2	水泵、水箱安装见下表		
一般项目	1	8.3.3，8.3.4 8.3.5，8.3.6	散热器的组对及安装		
	2	8.3.8	散热器表面防腐涂漆		

项目	序号	《规范》章、节、条号	检查内容			允许偏差（mm）	1	2	3	4	5	6	7	8	9	10	监理、建设单位验收记录
一般项目	3	8.3.7	散热器背面与墙内表面距离			3											
			与窗中心线或设计定位尺寸			20											
			散热器垂直度			3											
	4	8.3.2	水箱	坐标		15											
				标高		±5											
				垂直度（每米）		±20											
			离心水泵	立式泵体垂直度（每米）		0.1											
				卧式泵体水平度（每米）		0.1											
				联轴器同心度	轴向倾斜（每米）	0.8											
					径向位移	0.1											

施工单位检查评定结果	项目专业质量检查员：　　　　年　月　日
监理（建设）单位验收结论	监理工程师： （建设单位项目专业技术负责人）　　　　年　月　日

表 N-2 填写说明

主控项目

1. 散热器组对后以及整组出厂的散热器在安装前应作水压试验。

检验方法：试验压力下观察 2～3min，压力不降，且不渗、不漏。

检查数量：全数检查。

2. 金属辐射板在安装前应作水压试验，试验压力为工作压力的 1.5 倍，但不得小于 0.6MPa。

检验方法：试验压力下观察 2～3min，压力不降，且不渗、不漏。

检查数量：全数检查。

3. 金属辐射板安装应有不小于 5‰的坡度，应使用法兰连接。

检验方法：观察，水平尺、拉线和尺量检查。

检查数量：抽查少于 5 处。

4. 水泵、水箱安装应符合检验表的要求。

检验方法：坐标用经纬仪或拉线、尺量检查；标高用水准仪、拉线和尺量检查；垂直度用吊线坠和尺量检查；水平度用水平和塞尺检查；同心度用水准仪、百分表或测微螺钉和塞尺检查。

检查数量：全数检查。

一般项目

1. 散热器的组对应平直、紧密；垫片应合格；支、托架牢固，数量符合要求；距墙满足规定。

检验方法：观察、拉线、尺量及现场清点等。

检查数量：抽查不少于 10 处。

2. 铸铁或钢制散热器表面防腐及面漆应附着良好，色泽均匀、无脱皮、起泡、流淌和漏涂缺陷。

检验方法：现场观察。

检查数量：抽查不少于 10 处。

3. 散热器安装的允许偏差应符合检验表的要求。

检验方法：用吊线坠和尺量检查。

检查数量：抽查 5%，但不少于 10 处。

低温热水地板辐射采暖安装工程质量检验表　　表 N-3

<table>
<tr><td colspan="3">工 程 名 称</td><td colspan="5"></td></tr>
<tr><td colspan="3">分部（子分部）工程名称</td><td colspan="3"></td><td>验收部位</td><td></td></tr>
<tr><td colspan="2">施工单位</td><td></td><td colspan="2">专业队长（施工员）</td><td></td><td>项目经理</td><td></td></tr>
<tr><td colspan="3">施工执行标准名称及编号</td><td colspan="5"></td></tr>
<tr><td colspan="2">分包单位</td><td></td><td colspan="2">分包项目经理</td><td></td><td>施工班、组长</td><td></td></tr>
<tr><td>项目</td><td>序号</td><td>《规范》章、节、条号</td><td colspan="3">内　容</td><td>施工单位检查评定记录</td><td>监理、建设单位验收记录</td></tr>
<tr><td rowspan="3">主控项目</td><td>1</td><td>8.5.1</td><td colspan="3">加热盘管埋地安装</td><td></td><td></td></tr>
<tr><td>2</td><td>8.5.2</td><td colspan="3">加热盘管水压试验</td><td></td><td></td></tr>
<tr><td>3</td><td>8.5.3</td><td colspan="3">加热盘管弯曲的曲率半径</td><td></td><td></td></tr>
<tr><td rowspan="4">一般项目</td><td>1</td><td>8.5.4</td><td colspan="3">分水器、集水器安装</td><td></td><td></td></tr>
<tr><td>2</td><td>8.5.5</td><td colspan="3">加热盘管管径、间距及长度安装</td><td></td><td></td></tr>
<tr><td>3</td><td>8.5.6</td><td colspan="3">防潮层、防水层、隔热层、伸缩缝施工</td><td></td><td></td></tr>
<tr><td>4</td><td>8.5.7</td><td colspan="3">填充层施工</td><td></td><td></td></tr>
<tr><td colspan="3">施工单位检查评定结果</td><td colspan="5">项目专业质量检查员：　　　　年　月　日</td></tr>
<tr><td colspan="3">监理（建设）单位验收结论</td><td colspan="5">监理工程师：
（建设单位项目专业技术负责人）　　　　年　月　日</td></tr>
</table>

表 N-3 填写说明

主控项目

1. 加热盘管埋地部分不应有接头。

检验方法：隐蔽前现场察看。

检查数量：全数检查。

2. 加热盘管隐蔽前必须进行水压试验，试验压力为工作压力的 1.5 倍，但不得小于 0.6MPa。

检验方法：稳压 1h 内压力降不大于 0.05MPa 且不渗、不漏。

检查数量：全数检查。

3. 弯曲部分不得出现硬折弯，弯曲半径规定：塑料管不应小于管道外径的 8 倍；复合管不应小于管道外径的 5 倍。

检验方法：尺量和观察。

检查数量：全数检查。

一般项目

1. 分水器、集水器型号、规格、公称压力及安装位置、高度等应符合设计要求。

检验方法：对照图纸及产品说明书，尺量检查。

检查数量：全数检查。

2. 加热盘管管径、间距和长度应符合设计要求，间距偏差不大于±10mm。

检验方法：拉线和尺量检查。

检查数量：抽查 10%，不少于 5 处。

3. 防潮层、防水层、隔热层、伸缩缝应符合设计要求。

检验方法：填充层浇灌前观察检查。

检查数量：各项抽查不少于 5 处。

4. 填充层混凝土强度标号应符合设计要求。

检验方法：做混凝土试块的拉压强度试验，检查试压报告。

检查数量：全数检查。

室外给水管道安装工程质量检验表　　表 S-10

<table>
<tr><td colspan="3">工 程 名 称</td><td colspan="16"></td></tr>
<tr><td colspan="4">分部（子分部）工程名称</td><td colspan="10"></td><td colspan="4">验收部位</td><td></td></tr>
<tr><td colspan="2">施工单位</td><td colspan="2"></td><td colspan="4">专业队长（施工员）</td><td colspan="6"></td><td colspan="4">项目经理</td><td></td></tr>
<tr><td colspan="4">施工执行标准名称及编号</td><td colspan="15"></td></tr>
<tr><td colspan="2">分包单位</td><td colspan="4"></td><td colspan="4">分包项目经理</td><td colspan="4"></td><td colspan="4">施工班、组长</td><td></td></tr>
<tr><td>项目</td><td>序号</td><td>《规范》章、节、条号</td><td colspan="5">内　容</td><td colspan="10">施工单位检查评定记录</td><td>监理、建设单位验收记录</td></tr>
<tr><td rowspan="7">主控项目</td><td>1</td><td>9.2.1</td><td colspan="5">埋地管道覆土深度</td><td colspan="10"></td><td></td></tr>
<tr><td>2</td><td>9.2.2</td><td colspan="5">给水管道不得穿越污染源</td><td colspan="10"></td><td></td></tr>
<tr><td>3</td><td>9.2.3</td><td colspan="5">管道上可拆卸件和易腐件不得埋在土壤中</td><td colspan="10"></td><td></td></tr>
<tr><td>4</td><td>9.2.4</td><td colspan="5">管井内操作距离</td><td colspan="10"></td><td></td></tr>
<tr><td>5</td><td>9.2.5</td><td colspan="5">管道的水压试验</td><td colspan="10"></td><td></td></tr>
<tr><td>6</td><td>9.2.6</td><td colspan="5">埋地管道的防腐施工</td><td colspan="10"></td><td></td></tr>
<tr><td>7</td><td>9.2.7</td><td colspan="5">管道冲洗和消毒</td><td colspan="10"></td><td></td></tr>
<tr><td rowspan="16">一般项目</td><td>1</td><td>9.2.9</td><td colspan="5">管道和支架的涂漆</td><td colspan="10"></td><td></td></tr>
<tr><td>2</td><td>9.2.10</td><td colspan="5">阀门、水表安装</td><td colspan="10"></td><td></td></tr>
<tr><td>3</td><td>9.2.11</td><td colspan="5">给水管与污水管平行铺设</td><td colspan="10"></td><td></td></tr>
<tr><td>4</td><td>9.2.12～9.2.17</td><td colspan="5">管道连接安装</td><td colspan="10"></td><td></td></tr>
<tr><td rowspan="12">5</td><td rowspan="12">9.2.8</td><td colspan="4">检查内容</td><td>允许偏差(mm)</td><td>1</td><td>2</td><td>3</td><td>4</td><td>5</td><td>6</td><td>7</td><td>8</td><td>9</td><td>10</td><td rowspan="12"></td></tr>
<tr><td rowspan="4">坐标</td><td rowspan="2" colspan="2">铸铁管</td><td>埋　地</td><td>100</td><td></td><td></td><td></td><td></td><td></td><td></td><td></td><td></td><td></td><td></td></tr>
<tr><td>敷设在沟槽内</td><td>50</td><td></td><td></td><td></td><td></td><td></td><td></td><td></td><td></td><td></td><td></td></tr>
<tr><td rowspan="2" colspan="2">钢管、塑料管、复合管</td><td>埋　地</td><td>100</td><td></td><td></td><td></td><td></td><td></td><td></td><td></td><td></td><td></td><td></td></tr>
<tr><td>敷设沟槽内或架空</td><td>40</td><td></td><td></td><td></td><td></td><td></td><td></td><td></td><td></td><td></td><td></td></tr>
<tr><td rowspan="4">标高</td><td rowspan="2" colspan="2">铸铁管</td><td>埋　地</td><td>±50</td><td></td><td></td><td></td><td></td><td></td><td></td><td></td><td></td><td></td><td></td></tr>
<tr><td>敷设在沟槽内</td><td>±30</td><td></td><td></td><td></td><td></td><td></td><td></td><td></td><td></td><td></td><td></td></tr>
<tr><td rowspan="2" colspan="2">钢管、塑料管、复合管</td><td>埋　地</td><td>±50</td><td></td><td></td><td></td><td></td><td></td><td></td><td></td><td></td><td></td><td></td></tr>
<tr><td>敷设沟槽内或架空</td><td>±30</td><td></td><td></td><td></td><td></td><td></td><td></td><td></td><td></td><td></td><td></td></tr>
<tr><td rowspan="2">水平管纵横向弯曲</td><td colspan="2">铸铁管</td><td>直段（25m 以上）起点—终点</td><td>40</td><td></td><td></td><td></td><td></td><td></td><td></td><td></td><td></td><td></td><td></td></tr>
<tr><td colspan="2">钢管、塑料管、复合管</td><td>直段（25m 以上）起点—终点</td><td>30</td><td></td><td></td><td></td><td></td><td></td><td></td><td></td><td></td><td></td><td></td></tr>
<tr><td colspan="15"></td></tr>
<tr><td colspan="3">施工单位检查评定结果</td><td colspan="16">项目专业质量检查员：　　　　年　月　日</td></tr>
<tr><td colspan="3">监理（建设）单位验收结论</td><td colspan="16">监理工程师：
（建设单位项目专业技术负责人）　　　　年　月　日</td></tr>
</table>

表 S-10 填写说明

主控项目

1. 给水管道在埋地敷设时，应符合《建筑给水排水及采暖工程施工质量验收规范》GB 50242—2002 要求。

检验方法：现场观察检查。

检查数量：每 100m 抽查三处，不少于 5 处。

2. 给水管道不得直接穿越污水井、化粪池、公共厕所等污染源。

检验方法：现场观察检查。

检查数量：每 100m 抽查三处，不少于 5 处。

3. 管道接口法兰、卡扣、卡箍等应安装在检查井或地沟内，不应埋在土中。

检验方法：观察检查。

检查数量：全数检查。

4. 给水系统各种井、室内管道安装，如设计无要求时，井壁距法兰或承口的距离：管径小于或等于 450mm 时，不得小于 250mm；管径大于 450mm 时，不得小于 350mm。

检验方法：尺量检查。

检查数量：全数检查。

5. 管网必须进行水压试验，试验压力为工作压力的 1.5 倍，但不得小于 0.6MPa。

检验方法及数量：见表 S-6。

6. 镀锌钢管、钢管的埋地防腐应符合设计要求，卷材与管材间应粘贴牢固。

检验方法：观察和切开防腐层检查。

检查数量：每 50m 抽查一处，不少于 5 处。

7. 管道在竣工后应进行冲洗，饮用水管道还要在冲洗后消毒，满足饮用水卫生要求。

检验方法：观察冲洗水的浊度，查看有关部门提供的检验报告。

检查数量：全数检查。

一般项目

1. 管道和金属支架的涂漆应附着良好，无脱皮、起泡、流淌和漏涂等缺陷。

检验方法：现场观察。

检查数量：各项抽查均不少于 10 处。

2. 管道连接应符合工艺要求，阀门、水表等安装位置应正确。

检验方法：现场观察。

检查数量：各项抽查均不少于 5 处。

3. 给水管道与污水管道在不同标高平行敷设时，其垂直间距和水平间距应符合规定。

检验方法：现场观察、尺量检查。

检查数量：各项抽查均不少于 5 处。

4. 管道连接应符合下列要求：

1）铸铁管承插捻口连接的对口间隙应不小于 3mm，最大间隙不得大于《建筑给水排水及采暖工程施工质量验收规范》GB 50242—2002 中表 9.2.12 的规定；

2）铸铁管沿直线敷设，承插捻口连接的环型间隙和接口转角应符合规定；

3）捻口用的油麻填料必须清洁，填塞后应捻实，其深度应占整个环型间隙深度的 1/3；

4）捻口用水泥强度应不低于 32.5MPa，接口水泥应密实饱满，其接口水泥面凹入承口边缘的深度不得大于 2mm；

5）采用水泥捻口的给水铸铁管，在有侵蚀性的地下水时，应在接口处涂抹沥清防腐层；

6）采用橡胶圈接口的埋地给水管道，在有腐蚀的地段，应用沥青胶泥、沥青麻丝或沥青锯末等材料封闭橡胶圈接口。橡胶圈接口的管道，每个接口的最大偏转角不得超过3°～5°。

检验方法：现场观察、尺量检查。

检查数量：各项抽查均不少于10处。

5. 管道的坐标、标高、坡度应符合设计要求，安装的允许偏差应符合检验表的要求。

检验方法：观察、拉线和尺量检查。

检查数量：上述各项抽查10%，不少于10处。

室外消防水泵接合器及室外消火栓安装工程质量检验表　　表S-11

<table>
<tr><td colspan="3">工程名称</td><td colspan="5"></td></tr>
<tr><td colspan="4">分部（子分部）工程名称</td><td colspan="2"></td><td>验收部位</td><td></td></tr>
<tr><td colspan="2">施工单位</td><td></td><td>专业队长（施工员）</td><td></td><td></td><td>项目经理</td><td></td></tr>
<tr><td colspan="4">施工执行标准名称及编号</td><td colspan="4"></td></tr>
<tr><td colspan="2">分包单位</td><td></td><td>分包项目经理</td><td></td><td></td><td>施工班、组长</td><td></td></tr>
<tr><td>项目</td><td>序号</td><td>《规范》章、节、条号</td><td colspan="3">内容</td><td>施工单位检查评定记录</td><td>监理、建设单位验收记录</td></tr>
<tr><td rowspan="3">主控项目</td><td>1</td><td>9.3.1</td><td colspan="3">系统水压试验</td><td></td><td></td></tr>
<tr><td>2</td><td>9.3.2</td><td colspan="3">管道冲洗</td><td></td><td></td></tr>
<tr><td>3</td><td>9.3.3</td><td colspan="3">消防水泵结合器和室外消火栓位置和标识安装</td><td></td><td></td></tr>
<tr><td rowspan="2">一般项目</td><td>1</td><td>9.3.4
9.3.5</td><td colspan="3">室外消火栓和消防水泵结合器安装</td><td></td><td></td></tr>
<tr><td>2</td><td>9.3.6</td><td colspan="3">阀门安装</td><td></td><td></td></tr>
<tr><td colspan="3">施工单位检查评定结果</td><td colspan="5">项目专业质量检查员：　　　　年　月　日</td></tr>
<tr><td colspan="3">监理（建设）单位验收结论</td><td colspan="5">监理工程师：
（建设单位项目专业技术负责人）　　　　年　月　日</td></tr>
</table>

表 S-11　填写说明

主控项目

1. 系统必须进行水压试验，试验压力为工作压力的 1.5 倍，但不得小于 0.6MPa。

检验方法：试验压力下，10min 内压力降不大于 0.05MPa，然后降至工作压力进行检查，压力保持不变，不渗、不漏。

检查数量：全数检查。

2. 消防管道在竣工前，必须对管道进行冲洗。

检验方法：观察冲洗出水的浊度。

检查数量：全数检查。

3. 消防水泵接合器和消火栓的位置标志应明显，栓口的位置应方便操作。消防水泵接合器和室外消火栓当采用墙壁式时，如设计未要求，进、出水栓口的中心安装高度距地面应为 1.10m，其上方应设有防坠落物打击的措施。

检验方法：观察和尺量检查。

检查数量：全数检查。

一般项目

1. 室外消火栓和消防水泵接合器安装应符合下列规定：

1）室外消火栓和消防水泵接合器的各项安装尺寸应符合设计要求，栓口安装高度允许偏差为±20mm。

检验方法：尺量检查。

检查数量：全数检查。

2）地下式消防水泵接合器顶部进水口或地下式消火栓的顶部出水口与消防井盖底面的距离不得大于 400mm，井内应有足够的操作空间，并设爬梯。寒冷地区井内应做防冻保护。

检验方法：尺量和观察检查。

检查数量：全数检查。

2. 消防水泵接合器的安全阀及止回阀安装位置和方向应正确，阀门启闭应灵活。

检验方法 ：现场观察和手扳检验。

检查数量：各项抽查 10%，不少于 5 处。

室外给水管（热力）管沟及井室工程质量检验表　　表 S-12

<table>
<tr><td colspan="3">工程名称</td><td colspan="4"></td></tr>
<tr><td colspan="3">分部（子分部）工程名称</td><td colspan="2"></td><td>验收部位</td><td></td></tr>
<tr><td>施工单位</td><td colspan="2"></td><td>专业队长（施工员）</td><td></td><td>项目经理</td><td></td></tr>
<tr><td colspan="3">施工执行标准名称及编号</td><td colspan="4"></td></tr>
<tr><td>分包单位</td><td colspan="2"></td><td>分包项目经理</td><td></td><td>施工班、组长</td><td></td></tr>
<tr><td>项目</td><td>序号</td><td>《规范》章、节、条号</td><td colspan="2">内容</td><td>施工单位检查评定记录</td><td>监理、建设单位验收记录</td></tr>
<tr><td rowspan="4">主控项目</td><td>1</td><td>9.4.1</td><td colspan="2">管沟的基层处理和井室的地基施工</td><td></td><td></td></tr>
<tr><td>2</td><td>9.4.2</td><td colspan="2">各类井盖的标识安装</td><td></td><td></td></tr>
<tr><td>3</td><td>9.4.3</td><td colspan="2">通车路面上的各类井盖、上表面与路面施工</td><td></td><td></td></tr>
<tr><td>4</td><td>9.4.4</td><td colspan="2">重型井圈与墙体结合部施工</td><td></td><td></td></tr>
<tr><td rowspan="3">一般项目</td><td>1</td><td>9.4.5</td><td colspan="2">管沟及各类井、室的坐标及沟底标高安装</td><td></td><td></td></tr>
<tr><td>2</td><td>9.4.6
9.4.7
9.4.8</td><td colspan="2">管沟的回填</td><td></td><td></td></tr>
<tr><td>3</td><td>9.4.9～9.4.10</td><td colspan="2">井、室砌筑及抹灰施工</td><td></td><td></td></tr>
<tr><td colspan="2">施工单位检查评定结果</td><td colspan="5">项目专业质量检查员：　　　年　月　日</td></tr>
<tr><td colspan="2">监理（建设）单位验收结论</td><td colspan="5">监理工程师：
（建设单位项目专业技术负责人）　　　年　月　日</td></tr>
</table>

表 S-12 填写说明

主控项目

1. 管沟的基层处理和井、室的地基必须符合设计要求。

检验方法：现场观察检查。

检查数量：全数检查。

2. 各类井、室的井盖应符合设计要求，应有明显的文字标识，各种井盖不得混用。

检验方法：现场观察检查。

检查数量：全数检查。

3. 设在通车路面下或小区道路下的各种井、室必须使用重型井圈和井盖，井盖上表面应与路面相平，允许偏差为±5mm。绿化带上和不通车的地方可采用轻型井圈和井盖，井盖的上表面应高出地坪50mm，并在井口周围以2%的坡度向外做水泥砂浆护坡。

检验方法：观察和尺量检查。

检查数量：全数检查。

4. 重型铸铁或混凝土井圈，不得直接放在井、室的砖墙上，砖墙上应做不少于80mm厚的细石混凝土垫层。

检验方法：观察和尺量检查。

检查数量：全数检查。

一般项目

1. 管沟的坐标、位置、沟底标高应符合设计要求。

检验方法：观察、尺量检查。

检查数量：抽查不少于5处。

2. 管沟回填符合下列要求：

1）管沟的沟底层应是原土层，或是夯实的回填土，沟底应平整，坡度应顺畅，不得有尖硬的物体，块石等。

检验方法：观察检查。

检查数量：抽查不少于5处。

2）沟基为岩石、不易清除的块石或为砾石层时，沟底应下挖100～200mm，填铺细砂或粒径不大于5mm的细土，夯实到沟底标高后，方可进行管道敷设。

检验方法：观察和尺量检查。

检查数量：抽查不少于5处。

3）管沟回填土，管顶上部200mm以内应用砂子或无块石及冻土块的土，并不得用机械回填；管顶上部500mm以上部分回填土中的块石或冻土块不得集中。上部用机械回填时，机械不得在管沟上行走。

检验方法：观察和尺量检查。

检查数量：抽查不少于5处。

3. 井、室内施工应符合下列要求：

1）井室的砌筑应按设计或给定的标准图施工。井、室的底标高在地下水位以上时，基层应为素土夯实；在地下水位以下时，基层应打100mm厚的混凝土底板。砌筑应采用水泥砂浆，内表面抹灰后应严密不透水。

检验方法：观察和尺量检查。

检查数量：抽查不少于5处。

2）管道穿过井壁处，应用水泥砂浆分两次填塞严密、抹平，不得渗、漏。

检验方法：观察检查。

检查数量：抽查不少于5处。

室外排水管道安装工程质量检验表　　表 S-13

<table>
<tr><td colspan="4">工程名称</td><td colspan="17"></td></tr>
<tr><td colspan="4">分部（子分部）工程名称</td><td colspan="8"></td><td colspan="6">验收部位</td><td colspan="3"></td></tr>
<tr><td colspan="2">施工单位</td><td colspan="2"></td><td colspan="3">专业队长（施工员）</td><td colspan="5"></td><td colspan="6">项目经理</td><td colspan="3"></td></tr>
<tr><td colspan="4">施工执行标准名称及编号</td><td colspan="17"></td></tr>
<tr><td colspan="2">分包单位</td><td colspan="4"></td><td colspan="2">分包项目经理</td><td colspan="4"></td><td colspan="6">施工班、组长</td><td colspan="3"></td></tr>
<tr><td>项目</td><td>序号</td><td>《规范》章、节、条号</td><td colspan="4">内　容</td><td colspan="11">施工单位检查评定记录</td><td colspan="3">监理、建设单位验收记录</td></tr>
<tr><td rowspan="3">主控项目</td><td>1</td><td>3.3.12</td><td colspan="4">管道严禁铺设在冻土和松土上</td><td colspan="11"></td><td colspan="3"></td></tr>
<tr><td>2</td><td>10.2.1</td><td colspan="4">管道坡度应符合设计要求，严禁无坡和倒坡</td><td colspan="11"></td><td colspan="3"></td></tr>
<tr><td>3</td><td>10.2.2</td><td colspan="4">管道的灌水试验和通水试验</td><td colspan="11"></td><td colspan="3"></td></tr>
<tr><td rowspan="11">一般项目</td><td>1</td><td>10.2.4</td><td colspan="4">排水铸铁管水泥捻口安装</td><td colspan="11"></td><td colspan="3"></td></tr>
<tr><td>2</td><td>10.2.5</td><td colspan="4">排水铸铁管除锈和涂漆</td><td colspan="11"></td><td colspan="3"></td></tr>
<tr><td>3</td><td>10.2.6</td><td colspan="4">承插接口安装</td><td colspan="11"></td><td colspan="3"></td></tr>
<tr><td>4</td><td>10.2.7</td><td colspan="4">混凝土管或钢筋混凝土管抹带接口安装</td><td colspan="11"></td><td colspan="3"></td></tr>
<tr><td rowspan="7">5</td><td rowspan="7">10.2.3</td><td colspan="2">检　查　内　容</td><td>允许偏差（mm）</td><td></td><td>1</td><td>2</td><td>3</td><td>4</td><td>5</td><td>6</td><td>7</td><td>8</td><td>9</td><td>10</td><td></td><td colspan="3"></td></tr>
<tr><td rowspan="2">坐　标</td><td>埋　地</td><td>100</td><td></td><td></td><td></td><td></td><td></td><td></td><td></td><td></td><td></td><td></td><td></td><td></td><td colspan="3"></td></tr>
<tr><td>敷设在沟槽内</td><td>50</td><td></td><td></td><td></td><td></td><td></td><td></td><td></td><td></td><td></td><td></td><td></td><td></td><td colspan="3"></td></tr>
<tr><td rowspan="2">标　高</td><td>埋　地</td><td>±20</td><td></td><td></td><td></td><td></td><td></td><td></td><td></td><td></td><td></td><td></td><td></td><td></td><td colspan="3"></td></tr>
<tr><td>敷设在沟槽内</td><td>±20</td><td></td><td></td><td></td><td></td><td></td><td></td><td></td><td></td><td></td><td></td><td></td><td></td><td colspan="3"></td></tr>
<tr><td rowspan="2">水平管道纵、横向弯曲</td><td>每 5m</td><td>10</td><td></td><td></td><td></td><td></td><td></td><td></td><td></td><td></td><td></td><td></td><td></td><td></td><td colspan="3"></td></tr>
<tr><td>全长（两井间）</td><td>30</td><td></td><td></td><td></td><td></td><td></td><td></td><td></td><td></td><td></td><td></td><td></td><td></td><td colspan="3"></td></tr>
<tr><td colspan="3">施工单位检查评定结果</td><td colspan="18">项目专业质量检查员：　　　　年　月　日</td></tr>
<tr><td colspan="3">监理（建设）单位验收结论</td><td colspan="18">监理工程师：
（建设单位项目专业技术负责人）　　　　年　月　日</td></tr>
</table>

表 S-13 填写说明

主控项目

1. 管道及管道支墩（座）严禁铺设在冻土和未经处理的松土上。

检验方法：观察检验。

检查数量：全数检查。

2. 排水管道的坡度必须符合设计要求，严禁无坡或倒坡。

检验方法：用水准仪、拉线和尺量检查。

检查数量：全数检查。

3. 管道埋设前必须做灌水试验和通水试验，排水应畅通，无堵塞，管接口无渗、漏。

检验方法：按排水检查井分段试验，试验水头应以试验段上游管顶加 1m 的静水高度，时间不少于 30min，逐段观察。

检查数量：全数检查。

一般项目

1. 排水铸铁管采用水泥捻口时，油麻填塞应密实，接口水泥应密实饱满，其接口面凹入承口边缘深度不得大于 2mm。

检验方法：观察检查。

检查数量：抽查 10%，不少于 10 处。

2. 排水铸铁管外壁在安装前应除锈，涂两遍石油沥青漆。

检验方法：观察检查。

检查数量：抽查 10%，不少于 10 处。

3. 承插接口的排水管道安装时，管道和管件的承口应与水流方向相反。

检验方法；观察检查。

检查数量：抽查 10%，不少于 10 处。

4. 混凝土管或钢筋混凝土管采用抹带接口时，应符合下列规定：

1）抹带前应将管口的外壁凿毛，扫净，当管径小于或等于 500mm 时，抹带可一次完成；当管径大于 500mm 时，应分两次抹成，抹带不得有裂纹；

2）钢丝网应在管道就位前放入下方，抹压砂浆时应将钢丝网抹压牢固，钢丝网不得外露；

3）抹带厚度不得小于管壁的厚度，宽度宜为 80～200mm。

检验方法：观察和尺量检查。

检查数量：抽查 10%，不少于 10 处。

5. 管道的坐标和标高应符合设计要求，安装的允许偏差应符合检验表的要求。

检验方法：用水平仪、拉线和尺量检查。

检查数量：抽查 10%，不少于 5 处。

室外排水管管沟及井池工程质量检验表　　表 S-14

<table>
<tr><td colspan="3">工 程 名 称</td><td colspan="4"></td></tr>
<tr><td colspan="3">分部（子分部）工程名称</td><td colspan="2"></td><td>验收部位</td><td></td></tr>
<tr><td>施工单位</td><td colspan="2"></td><td>专业队长（施工员）</td><td></td><td>项目经理</td><td></td></tr>
<tr><td colspan="3">施工执行标准名称及编号</td><td colspan="4"></td></tr>
<tr><td>分包单位</td><td colspan="2"></td><td>分包项目经理</td><td></td><td>施工班、组长</td><td></td></tr>
<tr><td>项目</td><td>序号</td><td>《规范》章、节、条号</td><td colspan="2">内　容</td><td>施工单位检查评定记录</td><td>监理、建设单位验收记录</td></tr>
<tr><td rowspan="2">主控项目</td><td>1</td><td>10.3.1</td><td colspan="2">沟基和井池的底板施工</td><td></td><td></td></tr>
<tr><td>2</td><td>10.3.2</td><td colspan="2">检查井、化粪池的底板及进、出口水管安装</td><td></td><td></td></tr>
<tr><td rowspan="2">一般项目</td><td>1</td><td>10.3.3</td><td colspan="2">井、池的规格、尺寸和位置及砌筑、抹灰</td><td></td><td></td></tr>
<tr><td>2</td><td>10.3.4</td><td colspan="2">井盖标识的使用</td><td></td><td></td></tr>
<tr><td colspan="2">施工单位检查评定结果</td><td colspan="5">项目专业质量检查员：　　　　年　月　日</td></tr>
<tr><td colspan="2">监理（建设）单位验收结论</td><td colspan="5">监理工程师：
（建设单位项目专业技术负责人）　　　　年　月　日</td></tr>
</table>

表 S-14 填写说明

主控项目

1. 沟基的处理和井、池的底板强度必须符合设计要求。

检验方法：现场观察和尺量检查，检查混凝土强度报告。

检查数量：全数检查。

2. 排水检查井、化粪池的底板及进、出水管的标高，必须符合设计要求，其允许偏差为±15mm。

检验方法：用水准仪及尺量检查。

检查数量：全数检查。

一般项目

1. 井、池的规格、尺寸和位置应正确，砌筑和抹灰符合要求。

检验方法：观察及尺量检查。

检查数量：抽查 10%，不少于 5 处。

2. 井盖选用应正确，标志应明显，标高应符合设计要求。

检验方法：观察、尺量检查。

检查数量：抽查 10%，不少于 5 处。

室外供热管网安装工程质量检验表 表 N-4

工程名称					
分部（子分部）工程名称				验收部位	
施工单位		专业队长（施工员）		项目经理	
施工执行标准名称及编号					
分包单位		分包项目经理		施工班、组长	

项目	序号	《规范》章、节、条号	内容	施工单位检查评定记录	监理、建设单位验收记录
主控项目	1	11.2.1	平衡阀及调节阀安装、调试		
	2	11.2.2	直埋无补偿供热管道预热伸长及三通加固		
	3	11.2.3	补偿器的预拉伸和固定支架安装		
	4	11.2.4	检查井及入户井内管道安装		
	5	11.2.5	直埋管道现场发泡保温层安装		
	6	11.3.1	管道系统的水压试验		
	7	11.3.2	管道冲洗		
	8	11.3.3	通热试运行和调试		
一般项目	1	11.2.6	管道的坡度		
	2	11.2.7	除污器安装		
	3	11.2.9～11.2.10	管道的焊接		
	4	11.2.1～11.2.13	管道相对位置安装		
	5	11.2.14	管道防腐施工		

序号	《规范》章、节、条号	检查内容			允许偏差	1	2	3	4	5	6	7	8	9	10	监理、建设单位验收记录
6	11.2.8	坐标（mm）	敷设在沟槽内及架空		20											
			埋地		50											
		标高（mm）	敷设在沟槽内及架空		±10											
			埋地		±15											
		水平管道纵、横方向弯曲（mm）	每米	管径≤100mm	1											
				管径＞100mm	1.5											
			全长（25m以上）	管径≤100mm	≤13											
				管径＞100mm	≤25											
7	11.2.15	管道保温（mm）	厚度 δ		$+0.1\delta$ -0.05δ											
			表面平整度	卷材	5											
				涂抹	10											

施工单位检查评定结果	项目专业质量检查员： 年 月 日
监理（建设）单位验收结论	监理工程师： （建设单位项目专业技术负责人） 年 月 日

表 N-4 填写说明

主控项目

1. 平衡阀及调节阀型号、规格及公称压力应符合设计要求。安装后应根据系统要求进行调试，并作出标志。

检验方法：对照设计图纸及产品合格证，现场观察。

检查数量：全数检查。

2. 直埋无补偿供热管道预热伸长及三通加固应符合设计要求。

检验方法：回填前现场验核和观察。

检查数量：全数检查。

3. 补偿器的位置必须符合设计要求，并应按设计要求或产品说明书进行预拉伸。管道固定支架的位置和构造必须符合设计要求。

检验方法：对照图纸，并查验预拉伸记录。

检查数量：全数检查。

4. 检查井室，用户入口处管道布置应便于操作及维修，支、吊、托架稳固，并满足设计要求。

检验方法：对照图纸，观察检查。

检查数量：抽查 10%，不少于 5 处。

5. 直埋管道的保温应符合设计要求，接口在现场发泡时，接头处保护层必须与管道保护层成一体。

检验方法：对照图纸，观察检查。

检查数量：抽查 10%，不少于 5 处。

6. 供热管道的水压试验压力应为工作压力的 1.5 倍，但不得小于 0.6MPa。

检验方法：在试验压力下 10mm 内压力降不大于 0.05MPa，然后降至工作压力下检查，不渗、不漏。

检查数量：全数检查。

7. 管道试压合格后，应进行冲洗。

检验方法：现场观察，以水色不浑浊为合格。

检查数量：全系统检查。

8. 管道冲洗完毕应通水、加热，进行试运行和调试。当不具备加热条件时，应延期进行。

检验方法：测量各建筑物热力入口处供、回水温度及压力。

检查数量：全数检查。

一般项目

1. 管道水平敷设其坡度应符合设计要求。

检验方法：用水准仪（水平尺）、拉线和尺量检查。

检查数量：抽查 10%，不少于 5 处。

2. 除污器构造应符合设计要求，安装位置和方向应正确。管网冲洗后应清除内部污物。

检验方法：打开清扫口检查。

检查数量：全数检查。

3. 管道焊口的允许偏差应符合表 S-5 第 4 项检验表的要求；管道及管件焊接的焊缝外形尺寸应符合图纸和工艺文件的规定，焊缝高度不得低于母材表面，焊缝与母材应圆滑过渡；焊缝及热影响区表面应无裂纹、未熔合、未焊透、夹渣、弧坑和气孔等缺陷。

检验方法：焊接检验尺、游标卡尺测量。

检查数量：抽查 10%，不少于 10 处。

4. 管道安装相对位置尺寸应符合《建筑给水排水及采暖工程施工质量验收规范》GB 50242—2002 第 11.2.10 条和第 11.2.13 条的规定。

1）供热管道的供水管或蒸汽管，如设计无规定时，应敷设在载热介质前进方向的右侧或上方；

2）地沟内的管道安装位置，其净距（保温层外表面）应符合规定：与沟壁 100～150mm；与沟底 100～200mm；与不通行地沟沟顶 50～100mm；与通行地沟沟顶 200～300mm；

3）架空敷设的供热管道安装高度，如设计无规定时，应符合下列规定（以保温层外表面计算）：

人行地区，不小于 2.5m；通行车辆地区，不小于 4.5m 跨越铁路，距轨顶不小于 6m。

检验方法：对照图纸观察和尺量检查。

检查数量：抽查 10%，不少于 5 处。

5. 防锈漆的厚度应均匀，不得有脱皮、起泡、流淌和漏涂等缺陷。

检验方法：观察和检查。

检查数量：抽查 10%，不少于 5 处。

6. 室外供热管道安装的允许偏差应符合检验表的要求。

检验方法：用水准仪（水平尺）直尺、拉线和外卡钳和尺量检查。

检查数量：抽查 10%，不少于 5 处。

7. 管道保温层的厚度和平整度的允许偏差应符合检验表的要求。

检验方法：对照图纸观察和尺量检查。

检查数量：抽查 10%，不少于 5 处。

建筑中水系统及游泳池水系统安装工程质量检验表　　表 S-15

工程名称					
分部（子分部）工程名称				验收部位	
施工单位		专业队长（施工员）		项目经理	
施工执行标准名称及编号					
分包单位		分包项目经理		施工班组长	
项目	序号	《规范》章、节、条号	内容	施工单位检查评定记录	监理、建设单位验收记录
主控项目	1	12.2.1	中水水箱安装		
	2	12.2.2	中水管道上用水器安装		
	3	12.2.3 12.2.4	中水管道安装		
	4	12.3.1	游泳池给水配件材质应符合要求		
	5	12.3.2	游泳池毛发采集器、过滤网安装		
	6	12.3.3	游泳池地面防止冲洗排水流入池内设施安装		
一般项目	1	12.2.5	中水管道及配件材质应符合要求		
	2	12.2.6	中水管道与其他管道平行交叉铺设的安装		
	3	12.3.4 12.3.5	游泳池加药和消毒设备及管材的选用应符合要求		
施工单位检查评定结果	项目专业质量检查员：　　年　月　日				
监理（建设）单位验收结论	监理工程师： （建设单位项目专业技术负责人）　　年　月　日				

表 S-15 填写说明

主控项目

1. 中水高位水箱应与生活高位水管分设在不同的房间内，如条件不允许只能设在一个房间时，与生活高位水箱的净距应大于 2m。

检验方法：观察和尺量检查。

检查数量：全数检查。

2. 中水给水管道不得装设取水水嘴。便器冲洗宜采用密闭型设备和器具。绿化、浇洒、汽车冲洗宜采用壁式或地下式的给水栓。

检验方法：观察检查。

检查数量：全数检查。

3. 中水管道安装应符合下列规定：

1）中水供水管道严禁与生活饮用水给水管道连接，并应采取下列措施：

① 中水管道外壁应涂浅绿色标志；

② 中水池（箱）、阀门、水表及给水栓均应有“中水”标志。

2）中水管道不宜暗装于墙体和楼板内。如必须暗装于墙槽内时，必须在管道上有明显且不会脱落的标志。

检验方法：观察检查。

检查数量：抽查 20%，不少于 10 处。

4. 游泳池的给水口、回水口、泄水口应采用耐腐蚀的铜、不锈钢、塑料等材料制造。溢流槽、格栅应为耐腐蚀材料制造，并为组装型。安装时其外表应与池壁或池底面相平。

检验方法：观察检查。

检查数量：抽查 20%，不少于 10 处。

5. 游泳池的毛发聚集器应采用铜或不锈钢等耐腐蚀材料制造，过滤筒（网）的孔径应不大于 3mm，其面积应为连接管截面积的 1.5～2 倍。

检验方法：观察和尺量计算方法。

检查数量：全数检查。

6. 游泳池地面应采取有效措施防止冲洗排水流入池内。

检验方法：观察检查。

检查数量：抽查 20%，不少于 10 处。

一般项目

1. 中水给水管道管材及配件应采用耐腐蚀的给水管管材及配件。

检验方法：观察检查。

检查数量：抽查 20%，不少于 10 处。

2. 中水管道与生活饮用水管道、排水管道平行埋设时，其水平净距离不得小于 0.5m；交叉埋设时，中水管道应位于生活饮用水管道下面，排水管道的上面，其净距离不应小于 0.15m。

检验方法：观察和尺量检查。

检查数量：抽查 20%，不少于 10 处。

3. 游泳池设备及管材的选用应符合下列要求：

1）游泳池循环系统加药（混凝剂）的药品溶解池、溶液池及定量投加设备应选用耐腐蚀材料制作。输送溶液的管道应采用塑料管、胶管或铜管；

2）游泳池的浸脚、浸腰消毒池的给水管、投药管、溢流管、循环管和泄空管应采用耐腐蚀材料制成。

检验方法：观察检查。

检查数量：抽查 20%，不少于 10 处。

锅炉安装工程质量检验表

表 G-1

工程名称					
分部（子分部）工程名称				验收部位	
施工单位		专业队长（施工员）		项目经理	
施工执行标准名称及编号					
分包单位		分包项目经理		施工班、组长	

项目	序号	《规范》章、节、条号	内容			允许偏差(mm)	施工单位检查评定记录					监理、建设单位验收记录
主控项目	1	13.2.1	锅炉基础验收									
主控项目	2	13.2.2～13.2.4	燃油、燃汽及非承压锅炉安装									
主控项目	3	13.5.1～13.5.3	锅炉烘炉和试运行									
主控项目	4	13.2.5	排污管和排污阀安装									
主控项目	5	13.2.6	锅炉和省煤器的水压试验									
主控项目	6	13.2.7	机械炉排冷态试运行									
主控项目	7	13.2.8	本体管道焊接									
一般项目	1	13.5.4	锅炉煮炉									
一般项目	2	13.2.12	铸铁省煤器肋片破损数应在规定范围内									
一般项目	3	13.2.13	锅炉本体的坡度									
一般项目	4	13.2.14	锅炉炉底风室安装									
一般项目	5	13.2.15	省煤器出、入口管道及阀门安装									
一般项目	6	13.2.16	电动调节阀安装									
一般项目			检查内容			允许偏差(mm)	1	2	3	4	5	
一般项目	7	13.2.9	锅炉	坐标		10						
一般项目	7	13.2.9	锅炉	标高		±5						
一般项目	7	13.2.9	锅炉	中心线垂直度	立式锅炉炉体全高	4						
一般项目	7	13.2.9	锅炉	中心线垂直度	卧式锅炉炉体全高	3						
一般项目	8	13.2.10	链条炉排	炉排中心线位置		2						
一般项目	8	13.2.10	链条炉排	前后中心线的相对标高差		5						
一般项目	8	13.2.10	链条炉排	前轴、后轴的水平度(每米)		1						
一般项目	8	13.2.10	链条炉排	墙板间两对角线长度之差		5						
一般项目	9	13.2.11	往复炉排	炉排片间隙	纵向	1						
一般项目	9	13.2.11	往复炉排	炉排片间隙	两侧	2						
一般项目	9	13.2.11	往复炉排	两侧板对角线长度之差		5						
一般项目	10	13.2.12	铸铁省煤器	支承架的水平方向位置		3						
一般项目	10	13.2.12	铸铁省煤器	支承架的标高		−5						
一般项目	10	13.2.12	铸铁省煤器	支承架纵、横水平度(每米)		1						

施工单位检查评定结果	项目专业质量检查员： 项目专业质量（技术）负责人：　　　　年　月　日
监理（建设）单位验收结论	监理工程师： （建设单位项目专业技术负责人）　　　　年　月　日

表 G-1 填写说明

主控项目

1. 锅炉设备基础的验收应符合《建筑给水排水及采暖工程施工质量验收规范》GB 50242—2002 表 13.2.1 的规定。

检验方法：用水准仪（水平尺）、经纬仪、拉线和尺量检查。

检查数量：全数检查。

2. 燃油、燃汽及非承压锅炉的安装应符合设计、产品说明书及《建筑给水排水及采暖工程施工质量验收规范》GB 50242—2002 第 13.2.2 条、第 13.2.3 条和 13.2.4 条的相关要求。

检验方法：对照设计图纸、产品说明书检查。

检查数量：全数检查。

3. 锅炉烘炉和试运行应符合《建筑给水排水及采暖工程施工质量验收规范》GB 50242—2002 第 13.5.1 条、第 13.5.2 条和第 13.5.3 的规定。

检验方法：观看烘炉及试运行全过程，检查烘炉记录。

检查数量：全数检查。

4. 锅炉排污管道及排污阀不得采用螺纹连接。

检验方法：观察检查。

检查数量：全数检查。

5. 锅炉和省煤器的水压试验应符合《建筑给水排水及采暖工程施工质量验收规范》GB 50242—2002 第 13.2.6 条规定。

检验方法：现场观察，在试验压力下 10min 内压力降不超过 0.02MPa；然后降至工作压力进行检查，压力不降，不渗、不漏。

检查数量：全数检查。

6. 机械炉排冷态试运行不应少于 8h。

检验方法：观察试运行全过程。

检查数量：全数检查。

7. 锅炉本体管道焊接质量应符合《建筑给水排水及采暖工程施工质量验收规范》GB 50242—2002 第 13.2.7 条的规定。

检验方法：焊接检验尺测量，表面观察和检查无损探伤检测报告。

检查数量：抽查焊口数量的 25%，不少于 5 处。

一般项目

1. 锅炉煮炉应符合《建筑给水排水及采暖工程施工质量验收规范》GB 50242—2002 第 13.5.4 条的要求。

检验方法：打开锅筒和集箱检查孔检查。

检查数量：全数检查。

2. 铸铁省煤器肋片破损数不大于总片数的 5%，有破损片的根数不大于总根数的 10%。

检验方法：现场观察。

检查数量：全数检查。

3. 锅炉本体安装应符合设计和产品说明书要求布置坡度并坡向排污阀。

检验方法：用水平或水准仪检查。

检查数量：全数检查。

4. 锅炉由炉底送风的风室及锅炉底座与基础之间必须封、堵严密。

检验方法：观察检查。

检查数量：全数检查。

5. 省煤器出、入口处的管道及阀门安装应符合锅炉图纸及设计的要求。

检验方法：对照设计或锅炉图纸检查。

检查数量：全数检查。

6. 电动调节阀安装应满足使用要求。

检验方法：运行时观察检查。

检查数量：全数检查。

7. 锅炉安装的允许偏差应符合检验表的要求。

检验方法：坐标用经纬仪、拉线和尺量；标高用水准仪、拉线和尺量；垂直度用吊线坠和尺量。

检查数量：逐台检查。

8. 组装链条炉排安装的允许偏差应符合检验表的要求。

检验方法：炉排中心位置用经纬仪、拉线和尺量检查；前后轴心线的相对标高用水准仪、拉线和尺量；水平度用拉线、水平尺和尺量；对角线长度差用钢丝线和尺量。

检查数量：逐台检查。

9. 往复炉排安装的允许偏差应符合检验表的要求。

检验方法：炉排片间隙用钢板尺量，每台检查不少于5处；对角线长度差用钢丝线和尺量。

检查数量：逐台检查。

10. 省煤器支承架安装的允许偏差应符合检验表的要求。

检验方法：支承架的位置用经纬仪、拉线和尺量；标高用水准仪、拉线和尺量；水平用水平尺和塞尺。

检查数量：逐台检查。

锅炉辅助设备安装工程质量检验表　　表 G-2

工程名称					
分部（子分部）工程名称				验收部位	
施工单位		专业队长（施工员）		项目经理	
施工执行标准名称及编号					
分包单位		分包项目经理		施工班、组长	

项目	序号	《规范》章、节、条号	内容	施工单位检查评定记录	监理、建设单位验收记录
主控项目	1	13.3.1	辅助设备基础验收		
	2	13.3.2	风机试运转		
	3	13.3.3	分汽缸、分水器、集水器水压试验		
	4	13.3.4	敞口水箱、密闭水箱满水或水压试验		
	5	13.3.5	地下直埋油罐气密性试验		
	6	13.3.7	各种设备的操作通道		
一般项目	1	13.3.12	斗式提升机安装		
	2	13.3.13	风机传动部位安全防护装置安装		
	3	13.3.15 13.3.17	手摇泵、注水器安装高度		
	4	13.3.14 13.3.16	水泵安装及试运转		
	5	13.3.18	除尘器安装		
	6	13.3.19	除氧器排汽管安装		
	7	13.3.20	软化水设备安装		
	8	13.3.10	（见下表）		

一般项目 8（13.3.10）：

检查内容			允许偏差（mm）	1	2	3	4	5	监理、建设单位验收记录
送、引风机	坐标		10						
	标高		±5						
各种静置设备	坐标		15						
	标高		±5						
	垂直度（每米）		2						
离心式水泵	泵体水平度（每米）		0.1						
	联轴器同心度	轴向倾斜（每米）	0.8						
		径向位移	0.1						

施工单位检查评定结果	项目专业质量检查员：　　年　月　日
监理（建设）单位验收结论	监理工程师： （建设单位项目专业技术负责人）　　年　月　日

表 G-2 填写说明

主控项目

1. 辅助设备基础的验收应符合《建筑给水排水及采暖工程施工质量验收规范》GB 50242—2002 表 13.2.1 的规定。

检验方法：用水准仪（水平尺）、经纬仪、拉线和尺量检查。

检查数量：全数检查。

2. 风机试运转的轴承温升和轴承径向振幅应符合《建筑给水排水及采暖工程施工质量验收规范》GB 50242—2002 规定。

检验方法：轴承温升用温度计或红外线测温仪，轴承径向振幅用测振仪表。

检查数量：全数检查。

3. 分汽缸、分水器、集水器水压试验压力为工作压力的 1.5 倍，但不小于 0.6MPa。

检验方法：试验压力下观察 10min 内无压降，不渗、不漏。

检查数量：全数检查。

4. 敞口水箱应做满水试验；密闭水箱应以工作压力的 1.5 倍，但不小于 0.4MPa 的压力做水压试验。

检验方法：满水试验静置 24h 观察不渗、不漏；密闭水箱水压试验观察 10min 内无压降，不渗、不漏。

检查数量：全数检查。

5. 地下直埋油罐埋地前应做气密性试验，试验压力应不小于 0.03MPa。

检验方法：试验压力下观察 30min 内无压降、不渗、不漏。

检查数量：全数检查。

6. 各种设备的操作通道净距应不小于 1.5m，辅助通道净距应不小于 0.8m。

检验方法：尺量检查。

检查数量：全数检查。

一般项目

1. 斗式提升机安装应符合下列规定：

1）导轨的间距偏差不大于 2mm；

2）垂直式导轨的垂直度偏差不大于 1‰；倾斜式导轨的间距偏差不大于 2‰；

3）料斗的吊点与垂心的重合度偏差不大于 10mm。

检验方法：吊线坠、拉线和尺量检查。

检查数量：全数检查。

2. 风机转动应灵活、无卡碰，传动部位应设置安全防护装置。

检验方法：观察和启动检查。

检查数量：全数检查。

3. 手摇泵安装高度为中心距地面为 0.8m；注水器安装高度为中心距地面为 1.0～1.2m。

检验方法：尺量检查。

检查数量：全数检查。

4. 水泵安装应符合《建筑给水排水及采暖工程施工质量验收规范》GB 50242—2002 第 13.3.14 条和第 13.3.16 条要求。

检验方法：观察和启动检查。

检查数量：全数检查。

5. 除尘器安装应平稳牢固，进、出口方向正确，烟管重量不得压在风机上。

检验方法：观察检查。

检查数量：全数检查。

6. 除氧器的排气管安装应直通室外，直接排入大气。

检验方法：观察检查。

检查数量：全数检查。

7. 软化水设备安装应符合设备说明书要求。

检验方法：对照说明书检查。

检查数量：全数检查。

8. 锅炉辅助设备安装的允许偏差应符合检验表的要求。

检验方法：坐标用经纬仪、拉线和尺；标高用水准仪、拉线和尺量；垂直度用吊线和尺量；水平度用水平仪（水平尺）和楔形塞尺；同心度用百分表或测微螺钉和塞尺。

检查数量：逐台检查。

锅炉辅助设备工艺管道安装工程质量检验表　　表 G-3

<table>
<tr><td colspan="3">工程名称</td><td colspan="9"></td></tr>
<tr><td colspan="3">分部（子分部）工程名称</td><td colspan="3"></td><td colspan="5">验收部位</td><td></td></tr>
<tr><td colspan="2">施工单位</td><td></td><td>专业队长（施工员）</td><td colspan="2"></td><td colspan="5">项目经理</td><td></td></tr>
<tr><td colspan="3">施工执行标准名称及编号</td><td colspan="9"></td></tr>
<tr><td colspan="2">分包单位</td><td></td><td>分包项目经理</td><td colspan="2"></td><td colspan="5">施工班、组长</td><td></td></tr>
<tr><td>项目</td><td>序号</td><td>《规范》章、节、条号</td><td colspan="3">内容</td><td colspan="5">施工单位检查评定记录</td><td>监理、建设单位验收记录</td></tr>
<tr><td rowspan="3">主控项目</td><td>1</td><td>13.3.6</td><td colspan="3">工艺管道水压试验</td><td colspan="5"></td><td></td></tr>
<tr><td>2</td><td>13.3.8</td><td colspan="3">仪表、阀门的安装</td><td colspan="5"></td><td></td></tr>
<tr><td>3</td><td>13.3.9</td><td colspan="3">管道焊接</td><td colspan="5"></td><td></td></tr>
<tr><td rowspan="17">一般项目</td><td>1</td><td>13.3.22</td><td colspan="3">管道及设备表面涂漆施工</td><td colspan="5"></td><td></td></tr>
<tr><td rowspan="12">2</td><td rowspan="12">13.3.11</td><td colspan="2">检查内容</td><td>允许偏差（mm）</td><td>1</td><td>2</td><td>3</td><td>4</td><td>5</td><td></td></tr>
<tr><td rowspan="2">坐标</td><td>架空</td><td>15</td><td></td><td></td><td></td><td></td><td></td><td></td></tr>
<tr><td>地沟</td><td>10</td><td></td><td></td><td></td><td></td><td></td><td></td></tr>
<tr><td rowspan="2">标高</td><td>架空</td><td>±15</td><td></td><td></td><td></td><td></td><td></td><td></td></tr>
<tr><td>地沟</td><td>±10</td><td></td><td></td><td></td><td></td><td></td><td></td></tr>
<tr><td rowspan="2">水平管道纵、横方向弯曲</td><td>DN≤100mm（每米）</td><td>2，最大 50</td><td></td><td></td><td></td><td></td><td></td><td></td></tr>
<tr><td>DN>100mm（每米）</td><td>3，最大 70</td><td></td><td></td><td></td><td></td><td></td><td></td></tr>
<tr><td colspan="2">立管垂直度量（每米）</td><td>2，最大 15</td><td></td><td></td><td></td><td></td><td></td><td></td></tr>
<tr><td colspan="2">成排管道间距</td><td>3</td><td></td><td></td><td></td><td></td><td></td><td></td></tr>
<tr><td colspan="2">交叉管的外壁或绝热层间距</td><td>10</td><td></td><td></td><td></td><td></td><td></td><td></td></tr>
<tr><td rowspan="2"></td><td rowspan="2"></td><td rowspan="2"></td><td rowspan="2"></td><td rowspan="2"></td><td rowspan="2"></td><td rowspan="2"></td><td rowspan="2"></td><td rowspan="2"></td></tr>
<tr></tr>
<tr><td rowspan="3">3</td><td rowspan="3">13.3.21</td><td rowspan="3">管道设备保温</td><td>厚度</td><td>+0.1δ
−0.05δ</td><td></td><td></td><td></td><td></td><td></td><td></td></tr>
<tr><td>表面平整度 卷材</td><td>5</td><td></td><td></td><td></td><td></td><td></td><td></td></tr>
<tr><td>表面平整度 涂抹</td><td>10</td><td></td><td></td><td></td><td></td><td></td><td></td></tr>
<tr><td colspan="3">施工单位检查评定结果</td><td colspan="9">项目专业质量检查员：　　　　年　月　日</td></tr>
<tr><td colspan="3">监理（建设）单位验收结论</td><td colspan="9">监理工程师：
（建设单位项目专业技术负责人）　　　　年　月　日</td></tr>
</table>

表 G-3 填写说明

主控项目

1. 连接锅炉及辅助设备的工艺管道安装完成后必须进行水压试验，试验压力为系统中最大工作压力的 1.5 倍。

检验方法：试验压力下观察 10min 内压降不超过 0.05MPa，然后降到工作压力下检查，不渗、不漏。

检查数量：全数检查。

2. 仪表、阀门、法兰及管件的安装不得紧贴墙壁、楼板或管架，应便于检修。

检验方法：观察检查。

检查数量：全数检查。

3. 管道焊接质量应符合《建筑给水排水及采暖工程施工质量验收规范》GB 50242—2002 第 11.2.10 条要求和表 5.3.8 的规定。管道及管件焊接的焊缝外形尺寸应符合图纸和工艺文件的规定，焊缝高度不得低于母材表面，焊缝与母材应圆滑过渡；焊缝及热影响区表面应无裂纹、未熔合、未焊透、夹渣、弧坑和气孔等缺陷。

检验方法：焊接检验尺、游标卡尺和直尺检查。

检查数量：抽查 10%，但不少于 5 处。

一般项目

1. 管道及设备表面涂漆，厚度应均匀，不得有脱皮、起泡、流淌和漏涂。

检验方法：现场观察。

检查数量：抽查 20%，不少于 5 处。

2. 连接锅炉及辅助设备的工艺管道安装的允许偏差应符合检验表的要求。

检验方法：坐标用经纬仪、拉线和尺量；标高用水准仪、拉线和尺量；管道弯曲用直尺和拉线；垂直度用吊线坠和直尺；管道间距用直尺尺量。

检查数量：抽查 20%，不少于 5 处。

3. 管道及设备保温层的厚度和平整度的允许偏差应符合检验表的要求。

检验方法：厚度用钢针和尺量检查；平整度用 2m 靠尺和楔形塞尺检查。

检查数量：各项抽查 10%，不少于 5 处。

锅炉安全附件安装工程质量检验表　　表 G-4

<table>
<tr><td colspan="3">工　程　名　称</td><td colspan="3"></td></tr>
<tr><td colspan="3">分部（子分部）工程名称</td><td></td><td>验收部位</td><td></td></tr>
<tr><td>施工单位</td><td colspan="2"></td><td>专业队长（施工员）</td><td>项目经理</td><td></td></tr>
<tr><td colspan="3">施工执行标准名称及编号</td><td colspan="3"></td></tr>
<tr><td>分包单位</td><td colspan="2"></td><td>分包项目经理</td><td>施工班、组长</td><td></td></tr>
<tr><td>项目</td><td>序号</td><td>《规范》章、节、条号</td><td>内　　容</td><td>施工单位检查评定记录</td><td>监理、建设单位验收记录</td></tr>
<tr><td rowspan="5">主控项目</td><td>1</td><td>13.4.1</td><td>锅炉和省煤器安全阀定压</td><td></td><td></td></tr>
<tr><td>2</td><td>13.4.2</td><td>压力表刻度极限和表盘直径应符合要求</td><td></td><td></td></tr>
<tr><td>3</td><td>13.4.3</td><td>水位表安装</td><td></td><td></td></tr>
<tr><td>4</td><td>13.4.4</td><td>锅炉的超温、超压及高、低水位报警装置安装</td><td></td><td></td></tr>
<tr><td>5</td><td>13.4.5</td><td>安全阀排汽管、泄水管安装</td><td></td><td></td></tr>
<tr><td rowspan="4">一般项目</td><td>1</td><td>13.4.6</td><td>压力表安装</td><td></td><td></td></tr>
<tr><td>2</td><td>13.4.7</td><td>测压仪表取源部件安装</td><td></td><td></td></tr>
<tr><td>3</td><td>13.4.8</td><td>温度计安装</td><td></td><td></td></tr>
<tr><td>4</td><td>13.4.9</td><td>压力表与温度计在管道上相对位置安装</td><td></td><td></td></tr>
<tr><td colspan="3">施工单位检查评定结果</td><td colspan="3">项目专业质量检查员：　　　　年　月　日</td></tr>
<tr><td colspan="3">监理（建设）单位验收结论</td><td colspan="3">监理工程师：
（建设单位项目专业技术负责人）　　　　年　月　日</td></tr>
</table>

表 G-4 填写说明

主控项目

1. 锅炉和省煤器安全阀定压应符合《建筑给水排水及采暖工程施工质量验收规范》GB 50242—2002 表 13.4.1 的规定。

检验方法：检查定压合格证书。

检查数量：全数检查。

2. 压力表刻度极限应大于或等于工作压力的 1.5 倍，表盘直径不小于 100mm。

检验方法：现场检查。

检查数量：全数检查。

3. 水位表安装应符合下列规定。

1）水位表应有指示最高、最低安全水位的明显标志；

2）玻璃管式水位表应有防护装置；

3）电接点式水位表的零点应与锅筒正常水位重合；

4）采用双色水位表时，每台锅炉只能装设一个，另一个装设普通水位表；

5）水位表应有放水旋塞（或阀门）和接到安全地点的放水管。

检验方法：现场观察和尺量。

检查数量：全数检查。

4. 锅炉的高、低水位报警器和超温、超压报警器及联锁保护装置应安装齐全、有效。

检验方法：启动、联动试验并查看相关记录。

检查数量：全数检查。

5. 安全阀排汽管应通向室外，泄水管应接到安全地点，在排汽管和泄水管上不得装设阀门。

检验方法：观察检查。

检查数量：全数检查。

一般项目

1. 压力表应安装在便于观察和吹洗的位置，并防止受高温、冰冻和振动的影响，同时要有足够的照明；压力表必须设有存水弯管，钢制弯管内径不应小于 10mm，铜制弯管内径不应小于 6mm；压力表与存水弯管之间应安装三通旋塞。

检验方法：观察和尺量检查。

检查数量：全数检查。

2. 测压仪表取源部件在水平管道上安装应符合下列规定：

1）测量液体压力的，在工艺管道的下半部与管道的水平中心线成 0°～45°夹角范围内；

2）测量蒸汽压力的，在工艺管道的上半部或下半部与管道的水平中心线成 0°～45°夹角范围内；

3）测量气体压力的，在工艺管道的上半部。

检验方法：观察和量角器检查。

检查数量：全数检查。

3. 温度计安装应符合下列规定：

1）套管温度计的底部应插入流动介质内，不得装在引出的管段上或死角处；

2）压力式温度计的毛细管应固定好并有保护措施，其转弯处的弯曲半径不应小于 50mm，温包必须全部浸入介质内；

3）热电偶温度计的保护套管应保证规定的插入深度。

检验方法：观察和尺量检查。

检查数量：全数检查。

4. 压力表与温度计在同一管道上安装时，按介质流动方向温度计应在压力表下游安装，如温度计需在压力表的上游安装时，其间距不应小于300mm。

检验方法：观察和尺检查。

检查数量：全数检查。

换热站安装工程质量检验表　　　　表G-5

工程名称			
分部（子分部）工程名称		验收部位	
施工单位	专业队长（施工员）	项目经理	
施工执行标准名称及编号			
分包单位	分包项目经理	施工班、组长	

项目	序号	《规范》章、节、条号	内容			允许偏差（mm）	施工单位检查评定记录					监理、建设单位验收记录
主控项目	1	13.6.1	热交换器水压试验									
	2	13.6.2	高温水循环泵与换热器相对位置安装									
	3	13.6.3	壳管式热交换器距墙及屋顶距离									
一般项目	1	13.6.5	阀门及仪表安装									
	2	13.6.4	检查内容			允许偏差（mm）	1	2	3	4	5	
			各种静置设备（各种箱、罐等）	坐标		15						
				标高		±5						
				垂直度（每米）		2						
			离心式水泵	泵体水平度（每米）		0.1						
				联轴器同心度	轴向倾斜（每米）	0.8						
					径向位移	0.1						
	3	13.6.6	管道坐标	架空		15						
				地沟		10						
			管道标高	架空		±15						
				地沟		±10						
			水平管道纵、横方向弯曲	DN≤100mm（每毫米）		2，最大50						
				DN>100mm（每毫米）		3，最大70						
			立管垂直度（每米）			2，最大15						
			成排管道间距			3						
			交叉管的外壁或绝热层间距			10						
	4	13.6.7	管道设备保温	厚度		+0.1δ，−0.05δ						
				表面平整度	卷材	5						
					涂抹	10						

施工单位检查评定结果	项目专业质量检查员：　　　　年　月　日
监理（建设）单位验收结论	监理工程师： （建设单位项目专业技术负责人）　　　　年　月　日

表 G-5 填写说明

主控项目

1. 热交换器应以最大工作压力的 1.5 倍做水压试验，蒸汽部分应不低于蒸汽供汽压力加 0.3MPa；热水部分应不低于 0.4MPa。

检验方法：试验压力下观察，10min 内压力不降。

检查数量：全数检查。

2. 高温水循环水泵和换热器的相对安装位置应按设计文件施工。

检验方法：对照设计图纸检查。

检查数量：全数检查。

3. 壳管式热交换器距墙或屋顶距离不得小于换热管的长度。

检验方法：观察和尺量检查。

检查数量：全数检查。

一般项目

1. 换热站内的调节阀、减压器、疏水器、除污器、流量表等安装应符合规范相关项目要求。

检验方法：观察、尺量和检查调试记录。

检查数量：全数检查。

2. 换热站内设备安装的允许偏差应符合检验表的要求。

检验方法：坐标用经纬仪、拉线和尺量；标高用水准仪、拉线和尺量；垂直度用吊线坠和尺量；水平度用水平仪（水平尺）和楔形塞尺；同心度用百分表或测微螺钉和塞尺。

检查数量：逐台检查。

3. 换热站内的管道安装的允许偏差应符合检验表的要求。

检验方法：坐标、标高、垂直度检验方法同 2；管道弯曲用直尺和拉线；管道间距用直尺。

检查数量：各抽查不少于 5 处。

4. 管道和设备保温层厚度和平整度的允许偏差应符合检验表的要求。

检验方法：保温层厚度用钢针和尺量；平整度用 2m 靠尺和楔形塞尺。

检查数量：各抽查不少于 5 处。